普通高等教育一流课程配套系列教材

山东省首批精品课程

山东省教学成果奖

APP 获全国多媒体课件大赛一等奖

U0653043

画法几何与机械制图习题集(含解答)

(第三版)

主　编　邱龙辉　叶　琳

参　编　程建文　李　旭　高晓芳　骆华锋　陈　东　梁振宁　宋晓梅　张慧英

主　审　王兰美

西安电子科技大学出版社

内 容 简 介

本习题集与同时修订的配套教材《画法几何与机械制图》(第三版)都是新形态移动智能 VR 3D 版信息化教材，能够全面满足本课程线上、线下深度融合式教学和“翻转课堂”的迫切需求。

本书嵌入了作者自主研发的教学资源：“Android 版智能手机 VR 3D 应用(APP)”(2014 年教育部多媒体课件大赛一等奖升级版)。习题集部分包含：习题的 VR 虚拟模型(扫描书中二维码即可快速打开)和 4 个附加模块：补画视图练习、表达方案选择练习、空间思维强化练习和徒手绘图练习，以满足不同的使用需求(免费提供，详细情况及资源下载请扫封底二维码关注微信公众号中的视频和说明)。为满足多方要求，本书仍保留习题解答，并根据配套教材和最新国家标准进行了修订。

与本书配套的第三版教材也同时修订出版。教材配备了多功能 APP、两种版本课件(立体图版和 VR 虚拟模型 3D 版，曾获教育部课件大赛优秀奖和其他奖项)，以及在超星平台上线的“工程图学在线开放课程”等。

本习题集的编排顺序与配套教材相同，按章编排。考虑到满足不同学时使用，习题留有一定余量，可根据教学实际情况选做。题目前有“*”的表示难度稍大。

本习题集可作为普通高等院校本专科机械类、近机类和其他专业开设的“画法几何与机械制图”“机械制图”“工程制图”与“工程图学”等相关课程的必备教材，也适用于自学读者。

前　　言

本书与同时修订的配套教材《画法几何与机械制图》(第三版)是新形态移动智能 VR 3D 版信息化教材，能够全面满足本课程线上、线下深度融合式教学和“翻转课堂”的迫切需求。可作为普通高等院校本专科机械类、近机类和其他专业开设的“画法几何与机械制图”“机械制图”、“工程制图”与“工程图学”等相关课程的必备教材，也适用于自学读者。

本书是山东省首批精品课程不断建设的重要成果，包含了山东省教学成果奖“移动智能＋图学教学模式的建立及实践”的最新研究成果。本书融合了作者采用先进信息技术与移动智能技术、自主研制开发的教学资源，嵌入了“Android 版智能手机 VR 3D 应用(APP)”(2014 年教育部多媒体课件大赛一等奖升级版)。习题集部分包含 5 个模块：VR 虚拟模型(扫描书中二维码即可快速打开)、补画视图练习、表达方案选择练习、空间思维强化练习、徒手绘图练习等，其中徒手绘图练习具有作图结果与答案、作图结果与虚拟模型同屏对照等多种功能，以满足不同的使用需求(免费提供，详情及资源下载请扫封底二维码关注微信公众号)。

为满足多方要求，本书仍保留习题解答，并根据配套教材和最新国家标准修改和补充了相应习题。

与本书配套的第三版教材也同时修订出版。教材配备了多功能工程图学 APP、两种版本课件(立体图版和 VR 虚拟 3D 模型版，曾获教育部课件大赛优秀奖和其他奖项)以及在超星平台上线的“工程图学在线开放课程”等。

本书由邱龙辉、叶琳任主编，并负责统稿、定稿。程建文、李旭、高晓芳、骆华锋、陈东、梁振宁、宋晓梅、张慧英参与编写，邱龙辉、叶琳完成了本书配套“Android 版智能手机 VR 3D 应用(APP)”的研制。参加本次修订工作的还有王刚、刘昆、楚电明等。本书由王兰美教授担任主审。

作　者

2019 年 3 月于青岛科技大学

第二版前言

本习题集与由叶琳、邱龙辉等主编的《画法几何与机械制图》(第二版)教材配套使用，也可作为练习单独使用。本习题集是在第一版的基础上，根据配套教材的修订结果修订而成的，对习题内容作了适当的增减和调整。

本习题集充分考虑了相关课程教学改革的方向，为满足教师对课后练习中问题的讲解和学生课后学习及自学的需要，编写了全部习题的纸质解答（附于习题集后）。可供高等院校机械类各专业、近机类各专业、非机械类较多学时各专业，以及高职、高专等其他院校相应学时的对应课程使用。因提供全部习题解答，更适合有关工程技术人员和自学读者使用。

本习题集的编排顺序与配套教材一致，考虑到不同专业，不同学时的需要，在保证教学基本要求的前提下，习题留有一定余量，可根据教学实际情况选做。在第 11 章零件图中，增加了由零件轴测图选择零件表达方案的练习题。因不常用，删去了附页的图例。

本习题集中涉及到国家标准的部分均按最新机械制图国家标准进行了更新。习题集中图形全部采用计算机绘制，以保证图形清晰。

本习题集由青岛科技大学邱龙辉、张慧英任主编，叶琳、高晓芳、宋晓梅、李旭、程建文、陈东、骆华锋任副主编。习题集中平面图形的处理及三维图形的渲染等均由邱龙辉完成。全书由邱龙辉、张慧英负责统稿、定稿。

本习题集由教育部工程图学教学指导委员会委员、国家级教学团队负责人、国家精品课程负责人王兰美教授担任主审。

参加本习题集编写工作的还有王刚、刘昆、楚电明、张惠敏、钟云晴、刘亚龙、杨瑞刚、李桂芳、张俊、李军、李琳、王喆、黄晓娥等。

由于编者水平有限，书中难免存在不妥之处，恳请读者批评指正。

编　者

2012 年 3 月于青岛科技大学

第一版前言

本习题集的编排顺序与配套教材一致，考虑到不同专业、不同学时的需要，在保证教学基本要求的前提下，对培养学生画图、读图能力的重点章节——第 7 章和第 8 章加大了习题量，其他章节的习题也有一定余量，可根据实际教学情况选用。

本习题集由青岛科技大学邱龙辉、叶琳任主编，程建文、宋晓梅、李旭、张慧英、高晓芳任副主编。习题集中平面图形的处理及三维图形的渲染等均由邱龙辉完成。全书由邱龙辉、叶琳负责统稿、定稿。

本习题集由山东省工程图学学会副理事长、山东理工大学王兰美教授担任主审。

参加本习题集编写工作的还有张惠敏、钟云晴、刘亚龙、杨瑞刚、王繁业、吴汝林、李桂芳、张俊、李军、李琳、王喆、黄晓娥。

由于编者水平有限，书中难免存在不妥之处，恳请读者批评指正。

编　者

2008 年 3 月

目　　录

第 1 章　制图的基本知识和基本技能......1
第 2 章　点、直线、平面的投影......11
第 3 章　投影变换......26
第 4 章　立体的投影......30
第 5 章　平面与立体表面相交......39
第 6 章　立体与立体表面相交......51
第 7 章　组合体的视图与尺寸标注......58
第 8 章　机件常用表达方法......87
第 9 章　螺纹、常用标准件和齿轮......120
第 10 章　机械图样中的技术要求......131
第 11 章　零件图......135
第 12 章　装配图......146
第 13 章　焊接图和展开图......159
习题解答......161

第 1 章

制图的基本知识和基本技能

班级　　　　　　姓名　　　　　　学号

1-1 字体练习(用削尖的HB或H铅笔书写)。

画法几何与机械制图国家标准制图的基本要求工程图

学校姓名班级校核图样技术要求计算机绘图取代图板

班级　　　　姓名　　　　学号

续1-1　字体练习。

A B C D E F G H
a b c d e f g h
0 1 2 3 4 5 6 7 8 9 0 1 2 3 4 5 6 7 8 9 0 1 2 3 4

班级　　　　姓名　　　　学号

1-2 在指定位置处，参照样例画出各图线或图形。

(1)

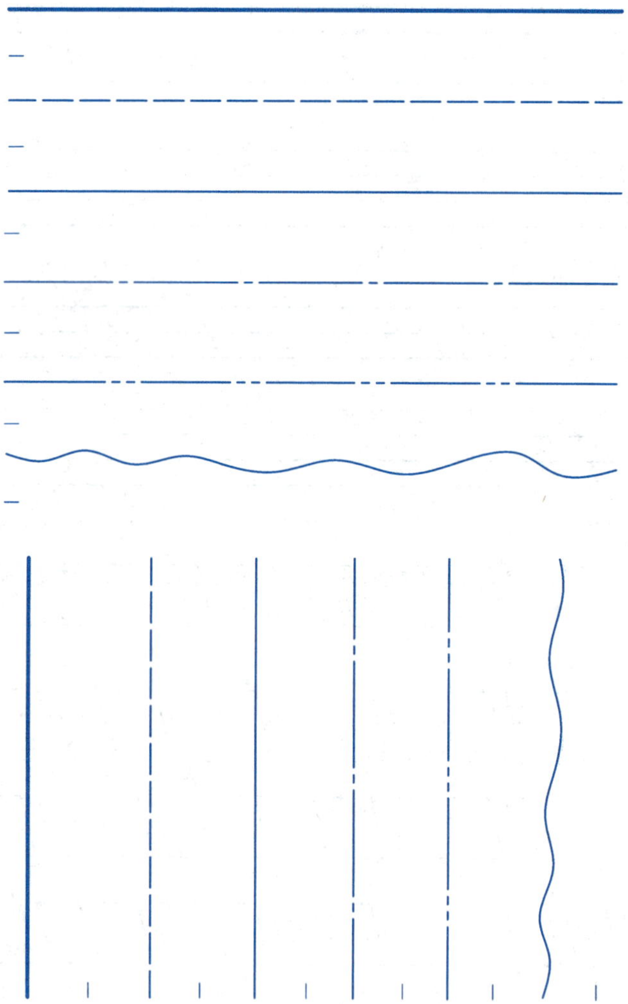

(2)

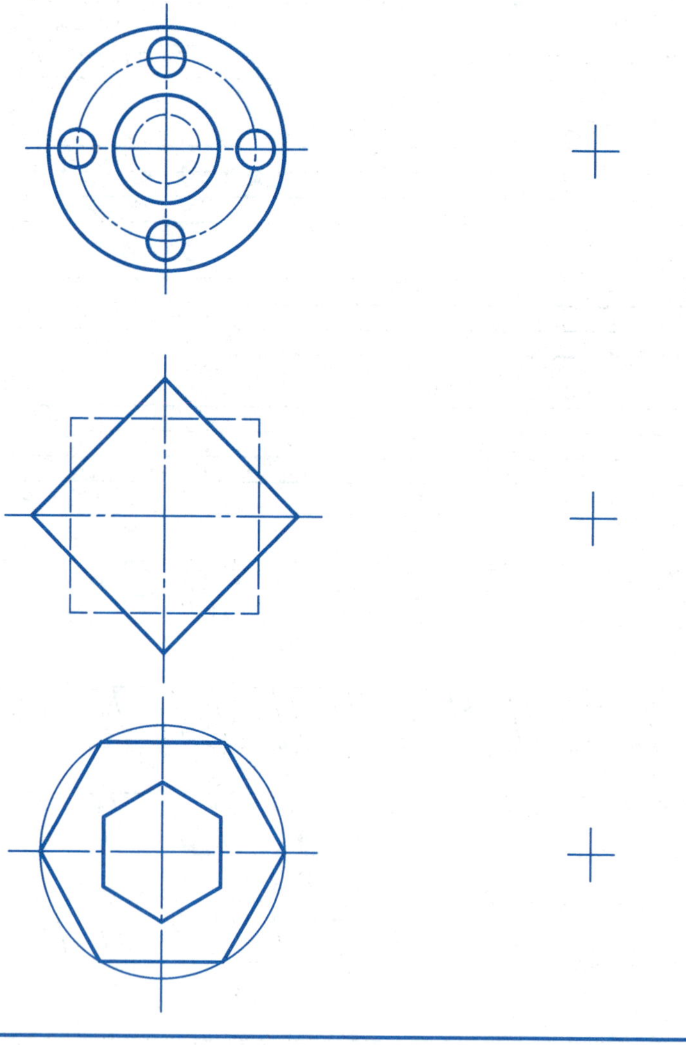

班级　　　　姓名　　　　学号

1-3　在尺寸线两端画出箭头并标注尺寸数值(数值从图中1∶1量取，取整数)。	1-4　在图中画出箭头并标注尺寸数值(数值从图中1∶1量取，取整数)。

(1)

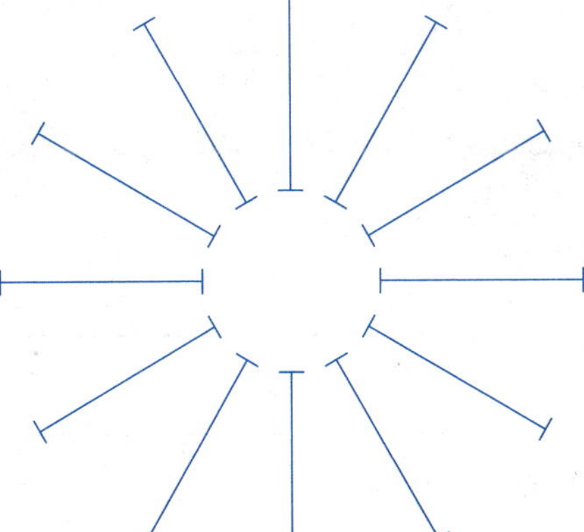

(2)

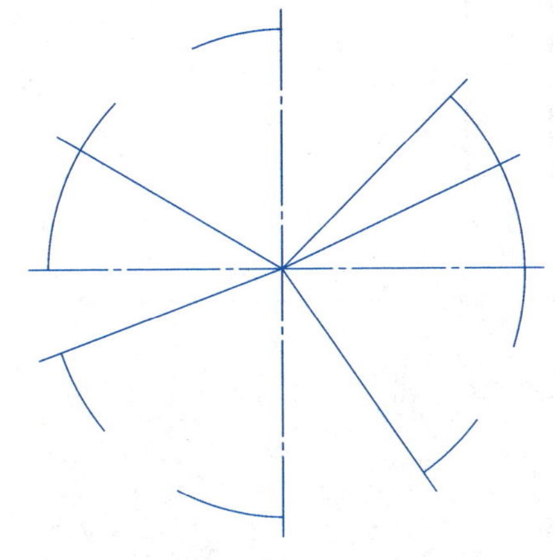

(1)

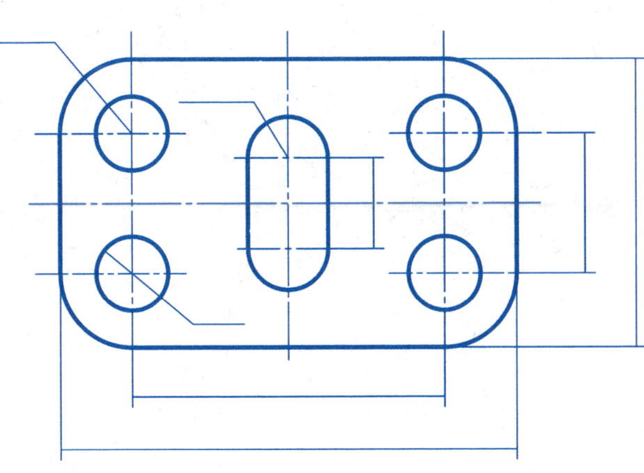

(2)

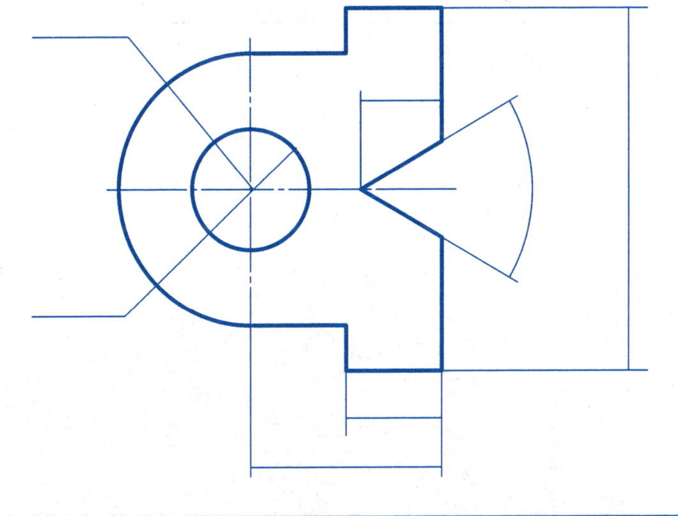

班级　　　　姓名　　　　学号

1-5　在指定位置处，按1∶1画出下列图形。

(1) 用四心圆弧法画椭圆：长轴80 mm，短轴50 mm（比例1∶1）。

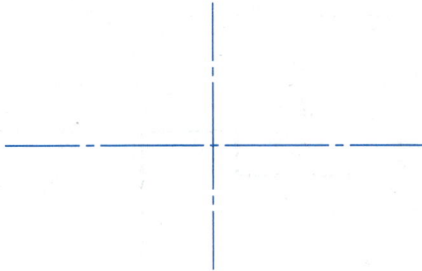

(2) 按给定的斜度补画图形中的图线（比例1∶1）。

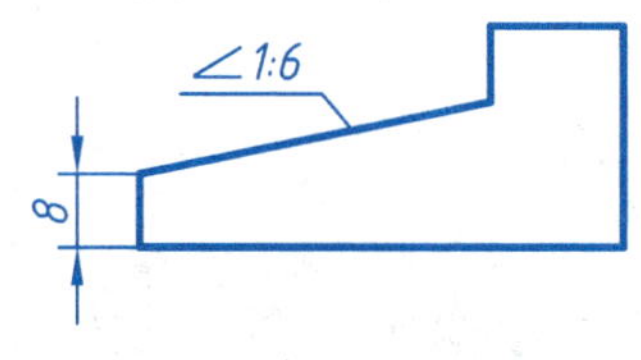

∠1:6
8

(3) 按给定的锥度补画图形中的图线（比例1∶1）。

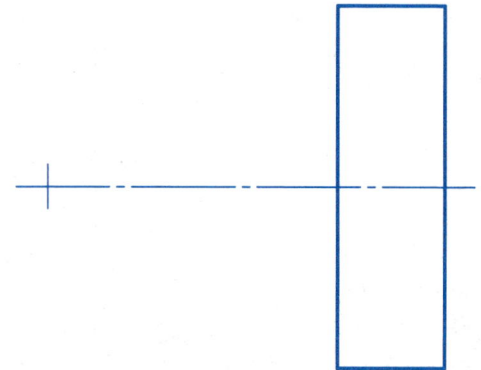

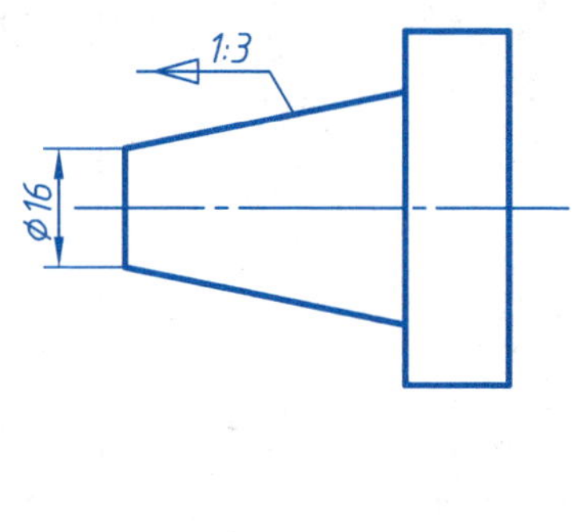

1:3
⌀16

1-6　参照所示图形，在指定位置处画出图形(准确找出圆心和切点)，不标注尺寸。

(1) 画图比例1∶1。

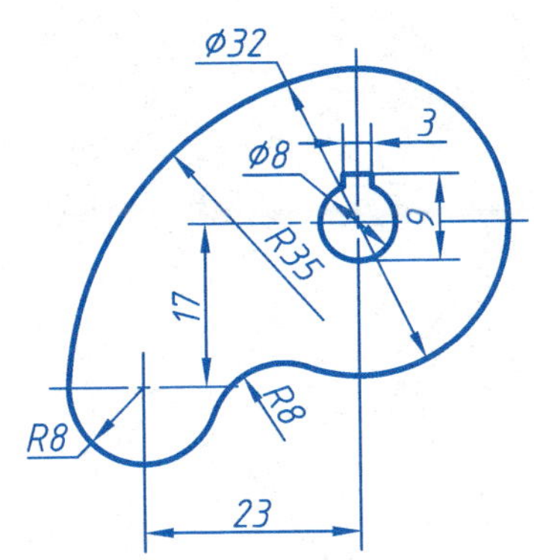

Ø32
3
Ø8
9
R35
17
R8
R8
23

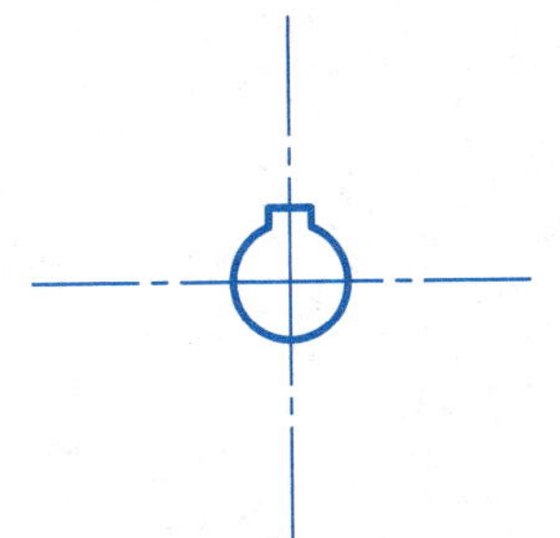

(2) 画图比例2∶1。

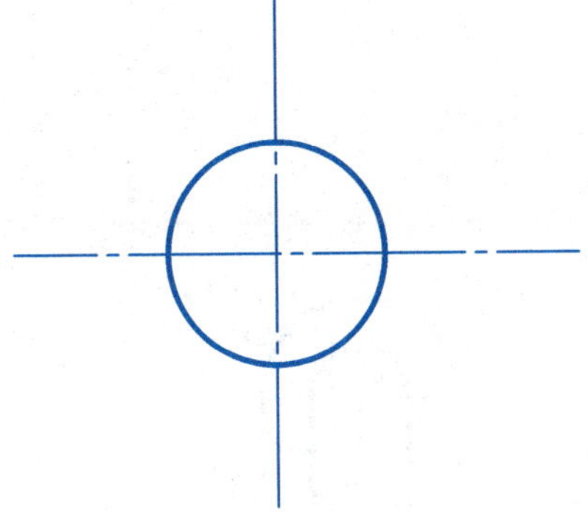

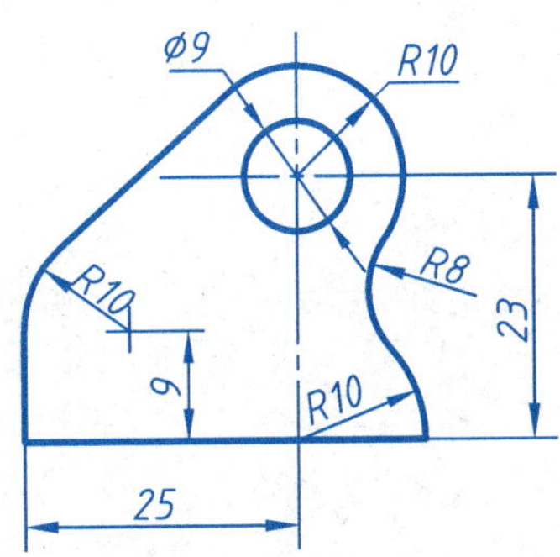

Ø9
R10
R8
R10
23
9
R10
25

班级　　　　　姓名　　　　　学号

1-7 参照所示图形，在指定位置处按2∶1画出图形(准确找出圆心和切点)，不标注尺寸。

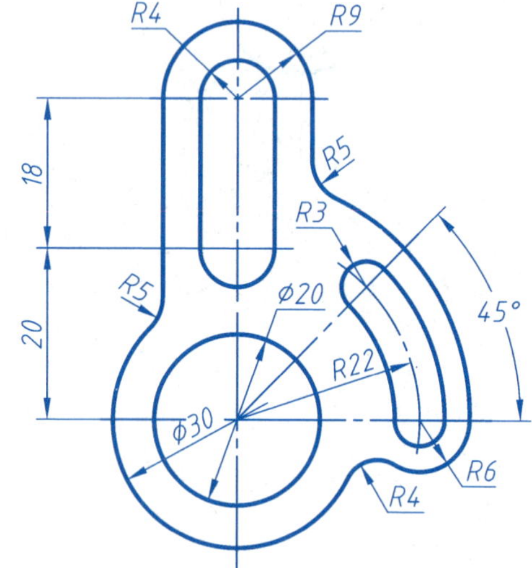

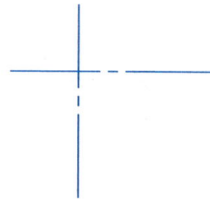

R4
R9
18
R5
R3
20
R5
φ20
45°
R22
φ30
R6
R4

班级　　　　　　姓名　　　　　　学号

1-8 标注下列平面图形尺寸,尺寸数值按1∶1从图上量取，取整数。

(1)

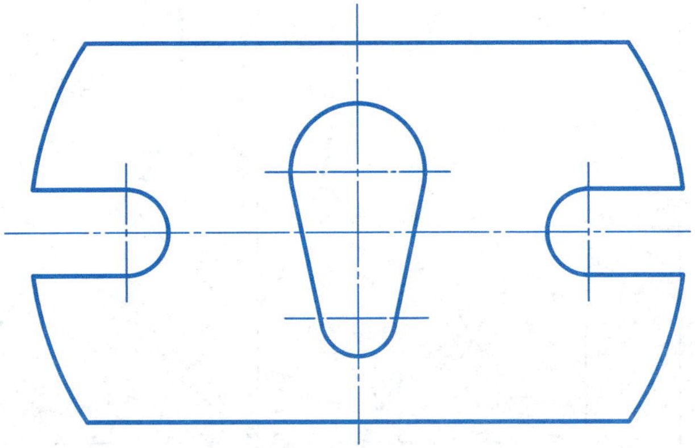

(2)

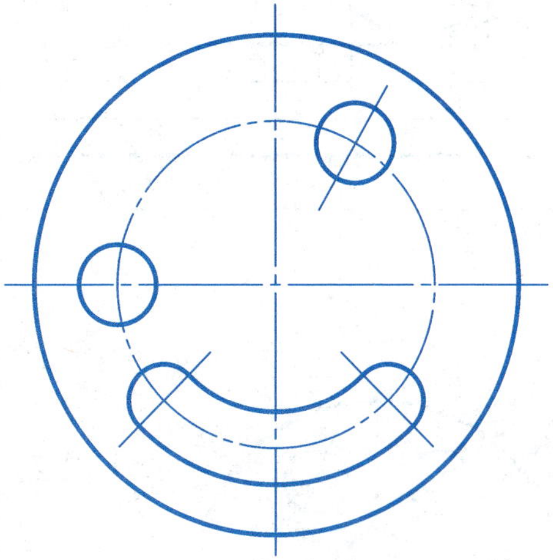

班级　　　　姓名　　　　学号

1-9　使用绘图仪器和工具，在同一张A3图纸上画出下列图形。图名：基本练习；图号：01。

(1) 图线练习(上图图线间隔为6 mm)：绘图比例1∶1，并抄画尺寸。

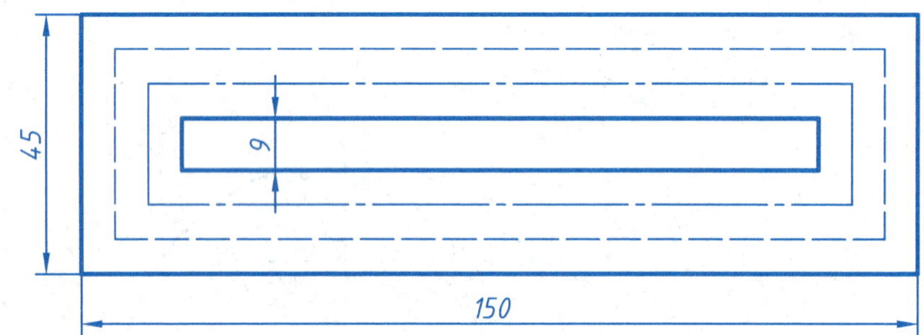

45
6
150

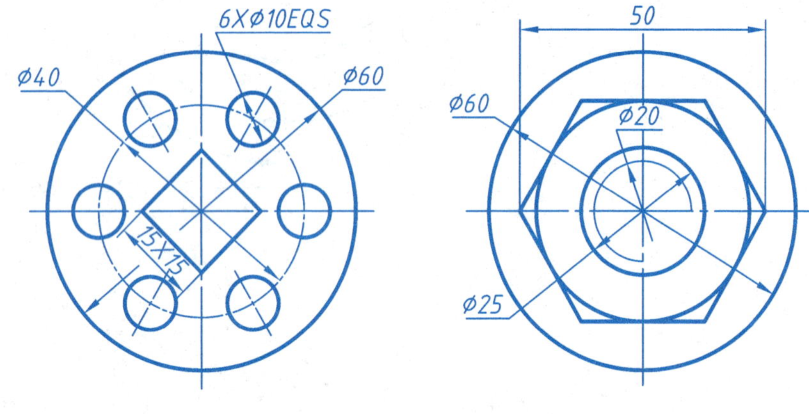

6XØ10EQS
Ø40
Ø60
15X15
50
Ø60
Ø20
Ø25

(2) 吊钩：绘图比例1∶1，并抄画尺寸。

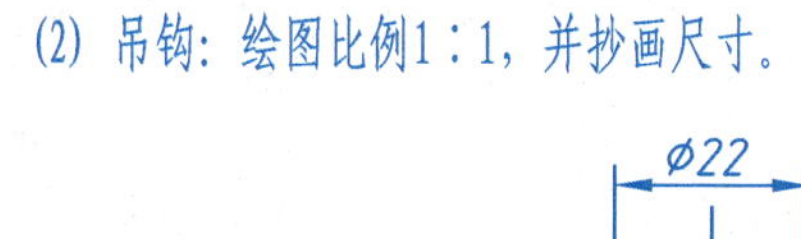

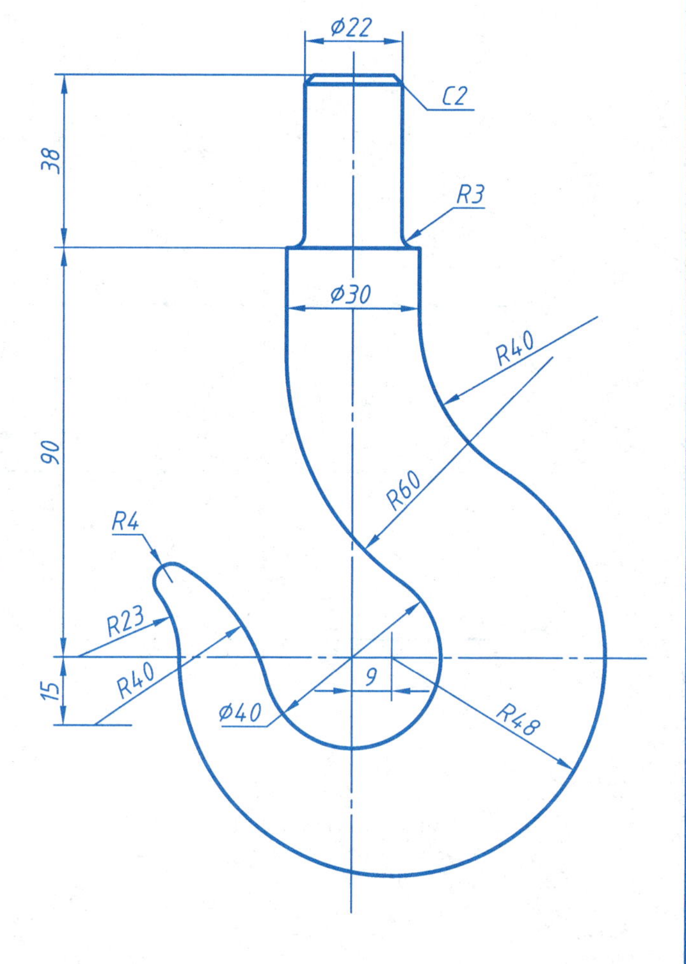

Ø22
C2
38
R3
Ø30
R40
90
R60
R4
R23
15
R40
Ø40
9
R48

第 2 章

点、直线、平面的投影

班级　　　　姓名　　　　学号

2-1 已知A、B、C三点在立体图中的位置，作出它们的三面投影。

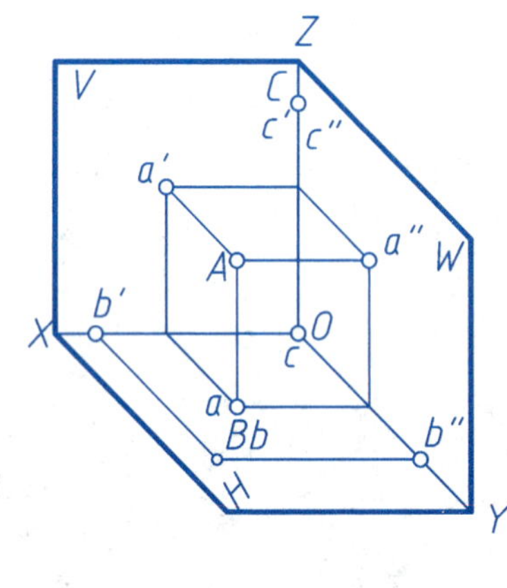

Z
V
C
c′
c″
a′
a″
W
A
b′
X
O
c
a
Bb
b″
H
Y

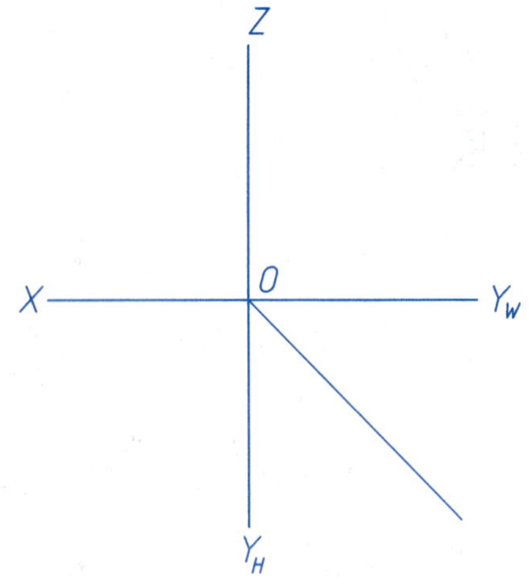

Z
X
O
Y_W
Y_H

2-2 已知A(10,18,15)、B(18,12,0)、C(0,0,20)三点，作出各点的三面投影，画出立体图，填写点A到三投影面的距离。

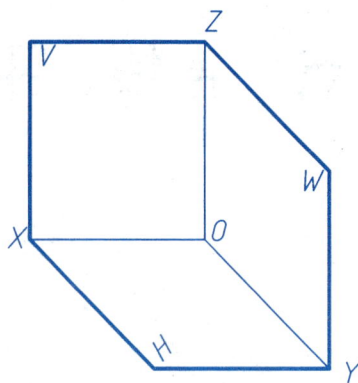

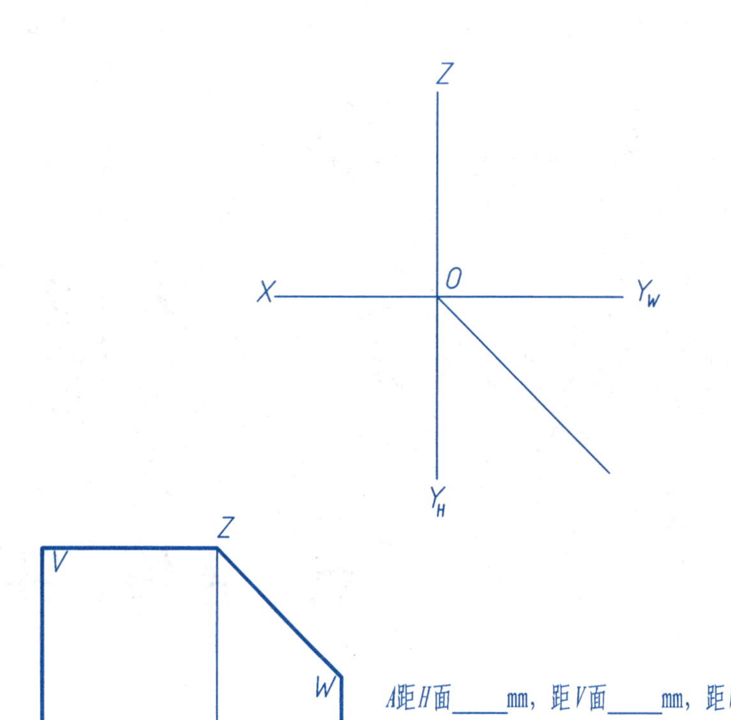

Z
X
O
Y_W
Y_H
Z
V
W
X
O
H
Y

A距H面____mm，距V面____mm，距W面____mm。

2-3 已知A、B、C三点到各投影面的距离(见表),画出三点的三面投影。

	距H面	距V面	距W面
A	23	0	17
B	15	12	10
C	0	20	0

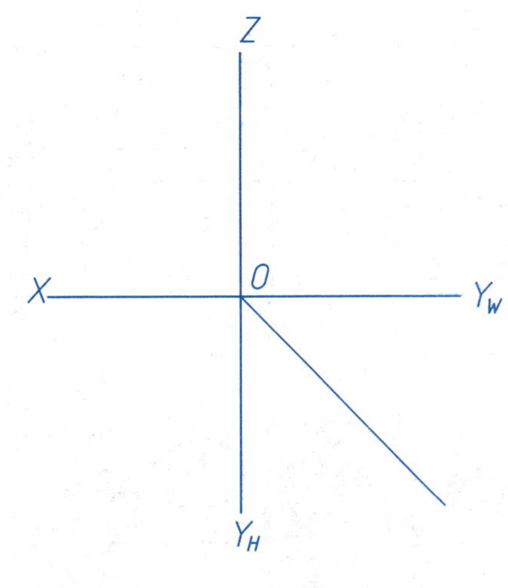
Z
X
O
Y_W
Y_H

2-4 已知A、B、C三点的两面投影,画出它们的第三投影。

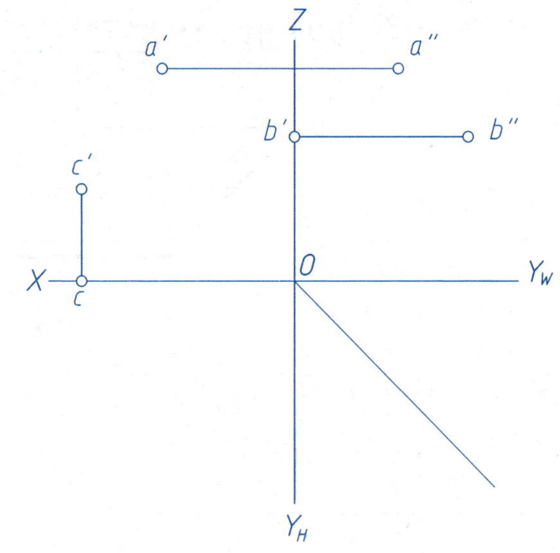
Z
a′
a″
b′
b″
c′
X
c
O
Y_W
Y_H

班级　　　　姓名　　　　学号

2-5 已知空间点A、B，试作出它们的三面投影图，并写出A点和B点的相对位置。

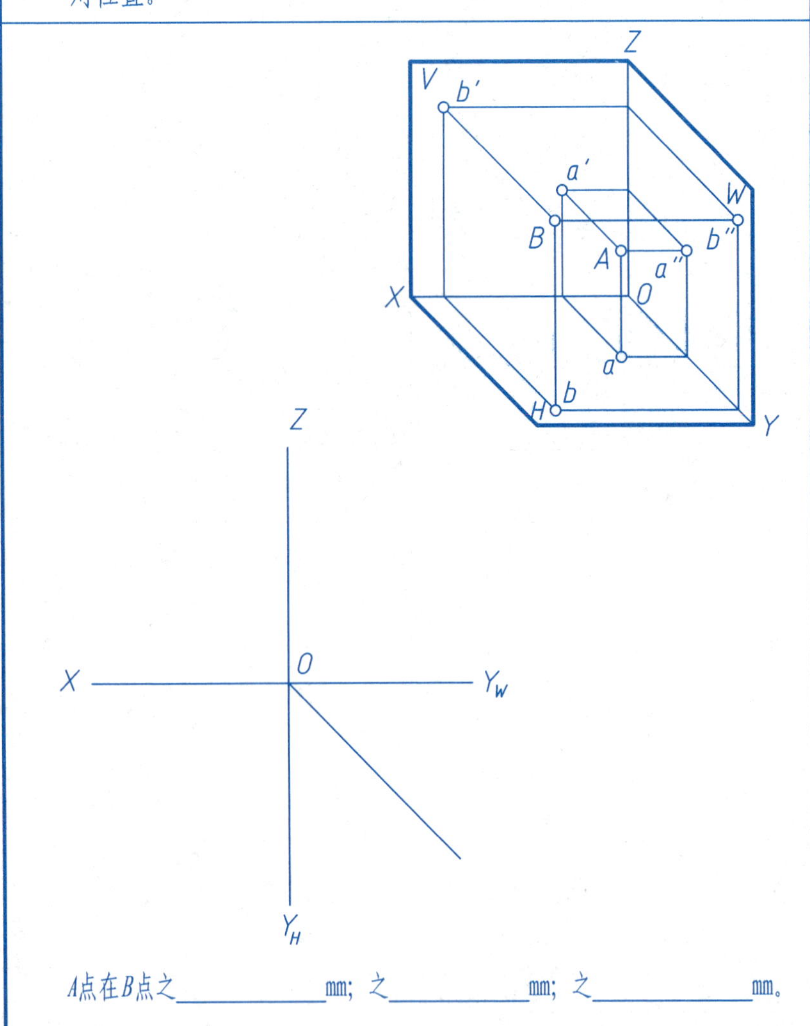
Z
V
b′
a′
W
B
A
b″
a″
X
O
a
H
b
Y
Z
X
O
Y_W
Y_H

A点在B点之________mm；之________mm；之________mm。

2-6 已知点B在点A正下方16 mm，点C在点B正左方12 mm，点D在点C正前方10 mm，作出B、C、D的三面投影，指出对三投影面的重影点（填空），并判断可见性。

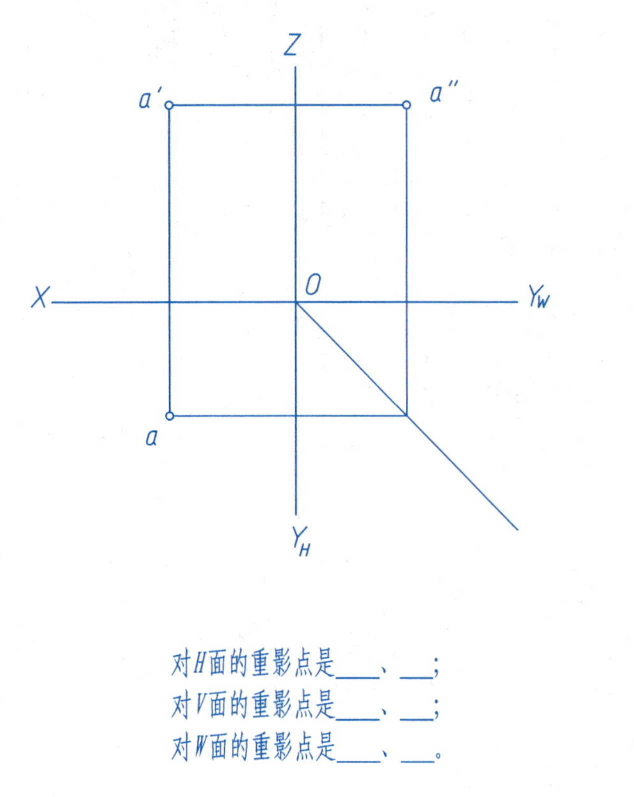
Z
a′
a″
X
O
Y_W
a
Y_H

对H面的重影点是___、__；

对V面的重影点是___、__；

对W面的重影点是___、__。

2-7 作出直线的三面投影：① 已知端点A(19, 8, 5)，B(5, 21, 20)；② 已知CD的两投影。

2-8 作出直线的三面投影：① 已知F点距H面为23 mm；② 已知G点距V面为5 mm。

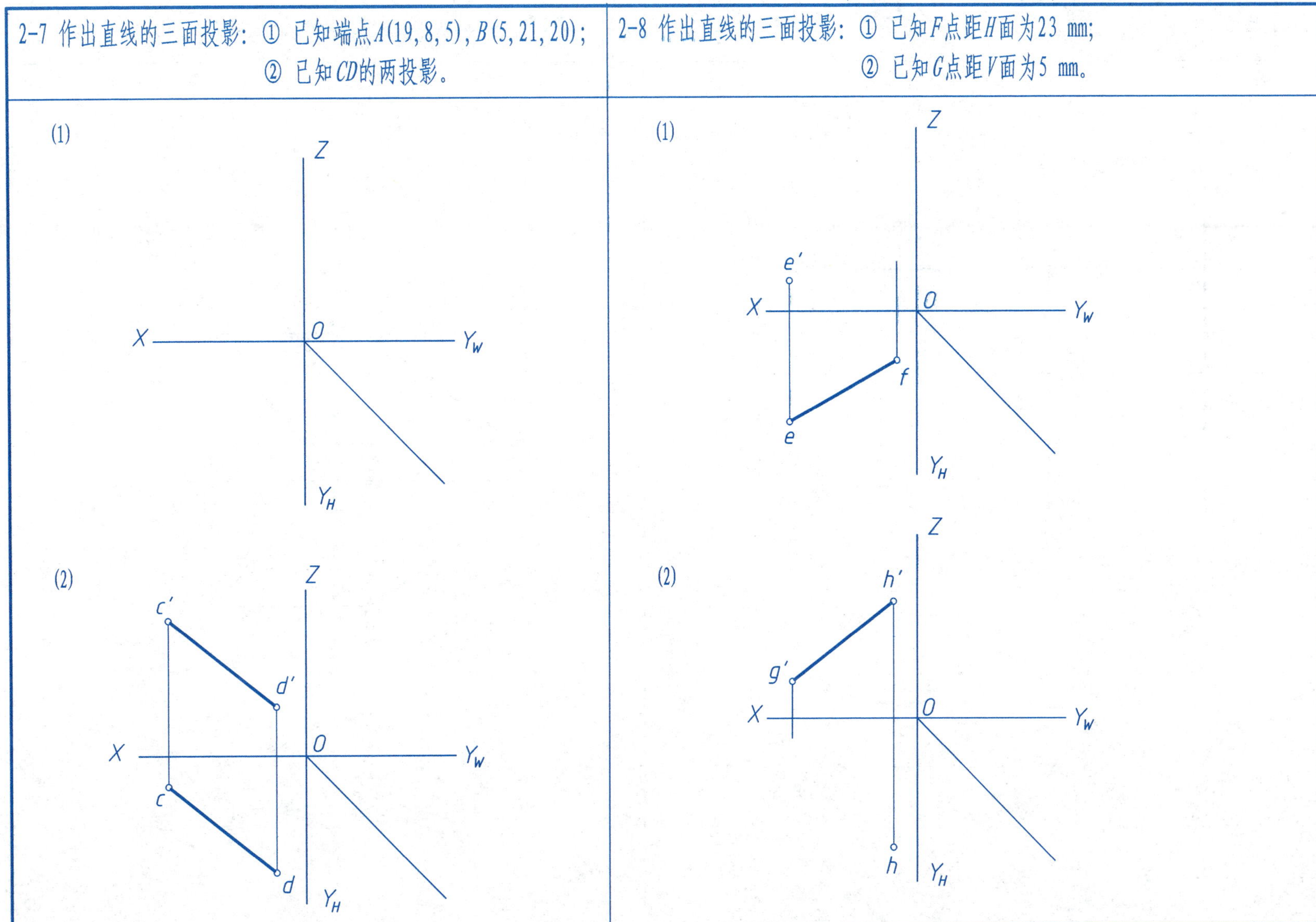
(1)
Z
X
O
Y_W
Y_H
(2)
Z
c′
d′
X
O
Y_W
c
d
Y_H
(1)
Z
e′
X
O
Y_W
f
e
Y_H
(2)
Z
h′
g′
X
O
Y_W
h
Y_H

2-9 填写下列直线的分类名称。

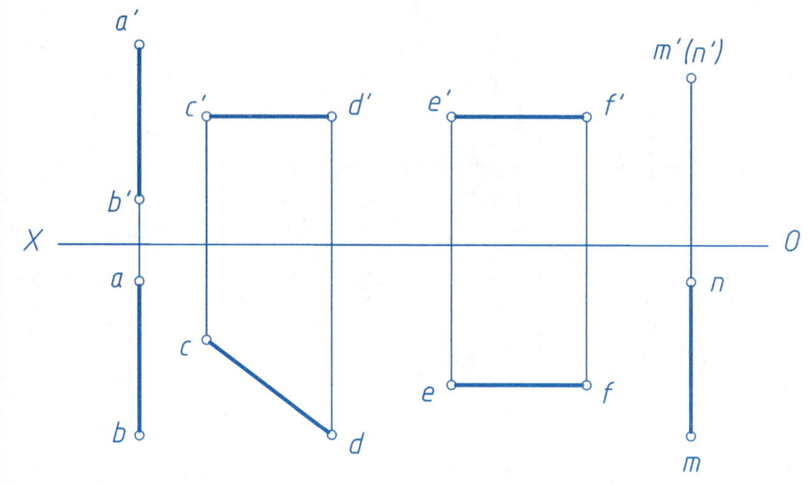
a′
b′
X
O
a
b
c′
d′
c
d
e′
f′
e
f
m′(n′)
n
m

AB是________，CD是________，

EF是________，MN是________。

2-10 用直角三角形法求直线AB的实长及对投影面的倾角α、β、γ。

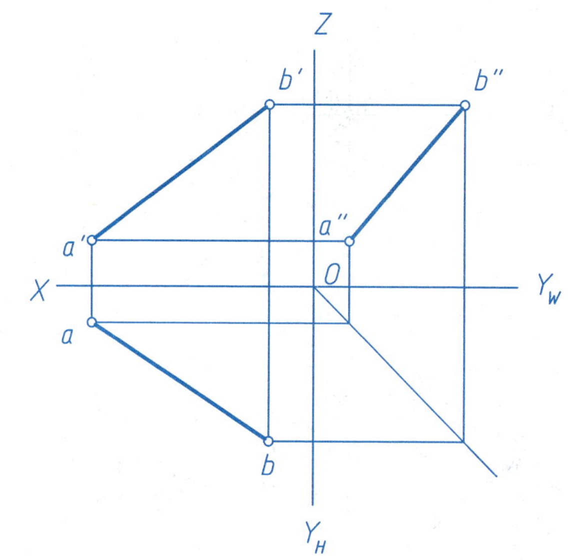
Z
b′
b″
a″
a′
O
X
Y_W
a
b
Y_H

班级　　　　姓名　　　　学号

2-11 点K在直线AB上，已知k，求k'和k''。

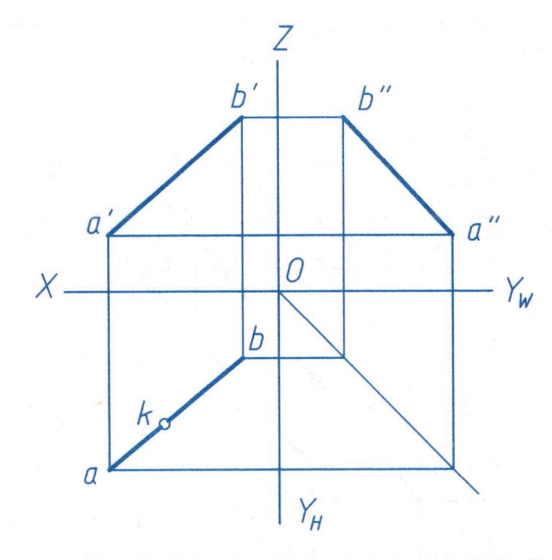
Z
b'
b''
a'
a''
X
O
Y_W
b
k
a
Y_H

2-12 在AB上求一点N，使AN：NB＝2：3。

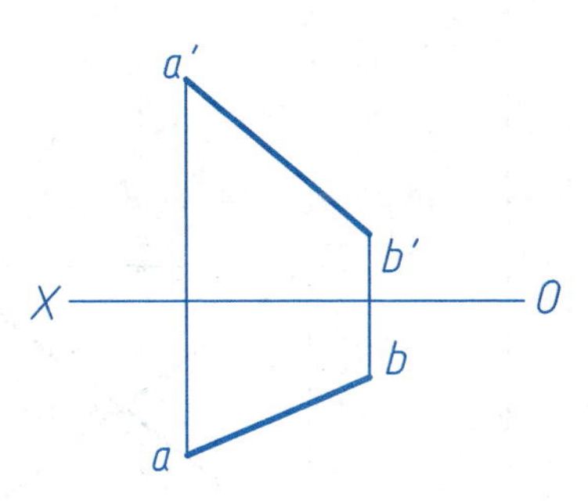
a'
b'
X
O
b
a

2-13 已知K点位于直线CD上，已知K点的正面投影k'，作出它的水平投影k。

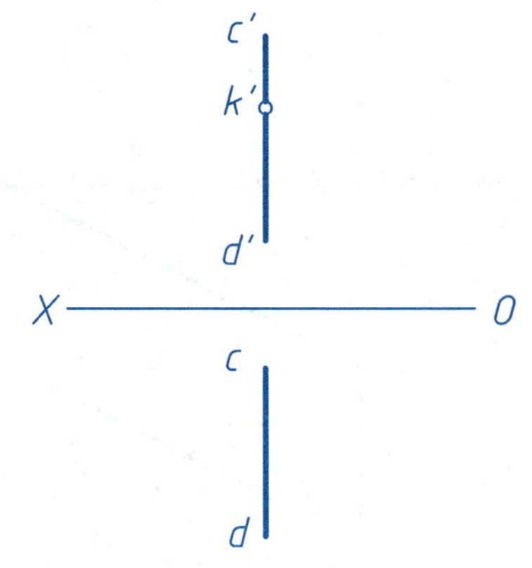
c'
k'
d'
X
O
c
d

2-14 判断AB和CD两直线的相对位置，并填空(平行、相交、交叉)。

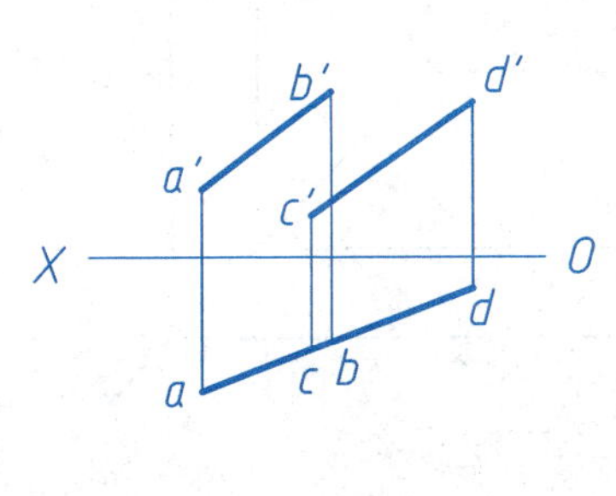
b'
d'
a'
c'
X
O
d
a
c b

(　　)

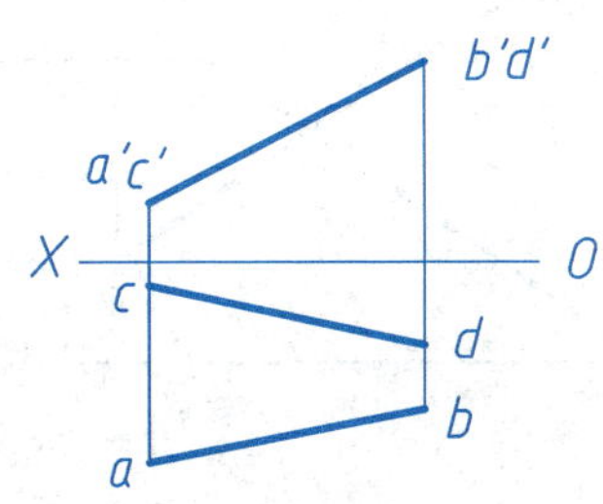
b'd'
a'c'
X
O
c
d
b
a

(　　)

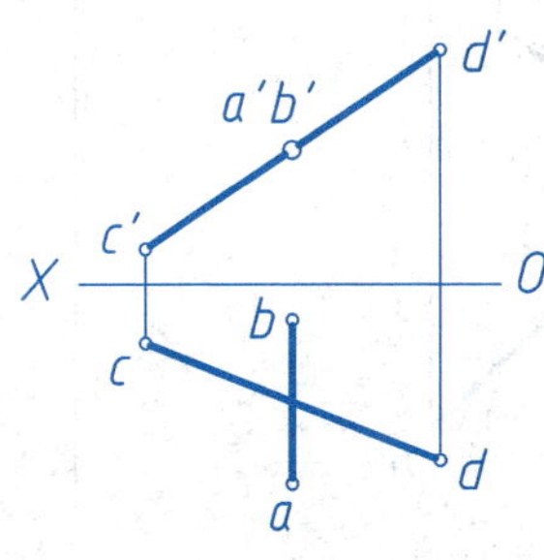
d'
a'b'
c'
X
O
b
c
d
a

(　　)

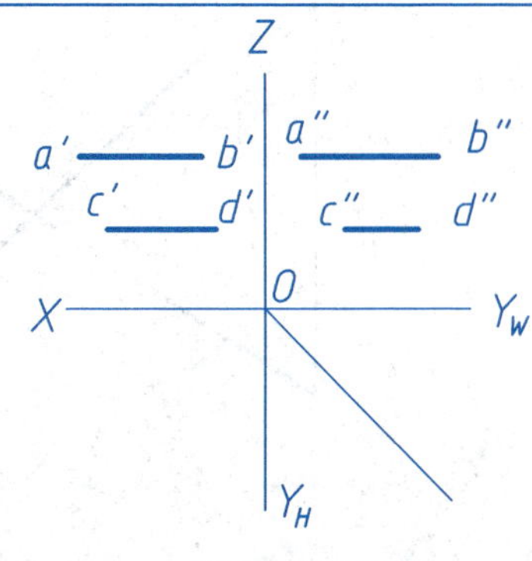
Z
a'
b'
a''
b''
c'
d'
c''
d''
O
X
Y_W
Y_H

该题需作图判断

(　　)

班级　　　　　　姓名　　　　　　学号

2-15 求直线AB、CD对水平面的重影点E、F的两面投影，并表明可见性(可见点写在前面)。

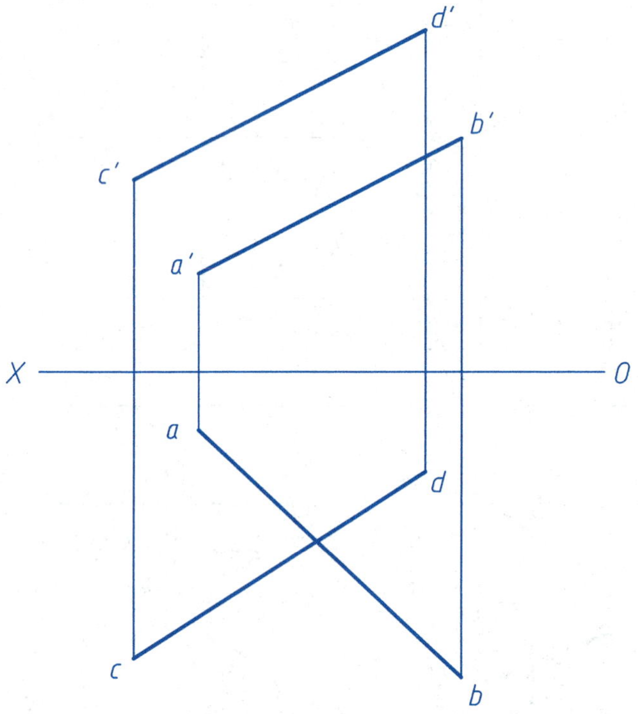

d′
b′
c′
a′
X
O
a
d
c
b

2-16 求直线AB、CD对正面的重影点E、F和对水平面的重影点M、N的三面投影，并表明可见性。

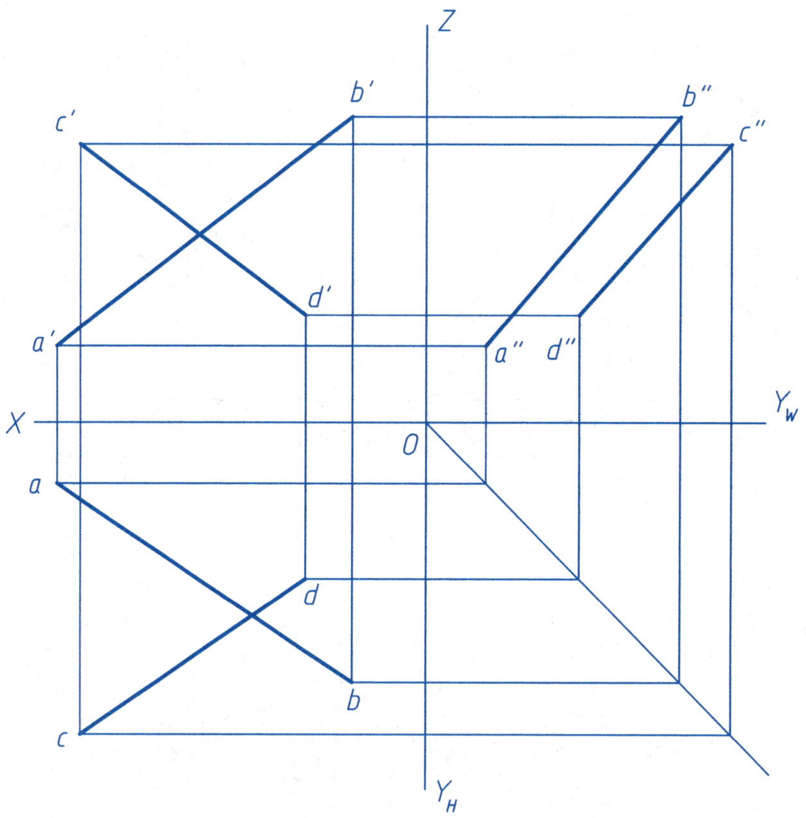

Z
b′
b″
c′
c″
d′
a′
a″
d″
X
Y_W
O
a
d
b
c
Y_H

2-17 已知直线AB、CD相交，CD为正平线，补画出CD的水平投影。

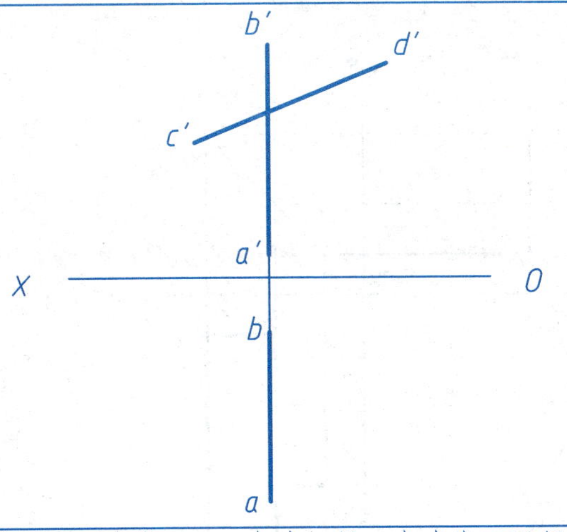
b′
d′
c′
a′
X
O
b
a

2-18 作水平线MN，距离H面为15 mm，MN与直线AB、CD均相交，且M在AB上，N在CD上。

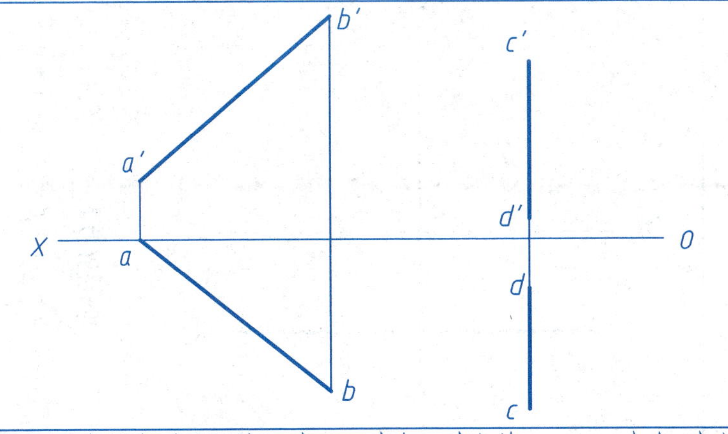
b′
c′
a′
d′
X
a
O
d
b
c

2-19 作一直线MN与两直线AB、CD相交，且MN与直线EF平行，M点在直线CD上。

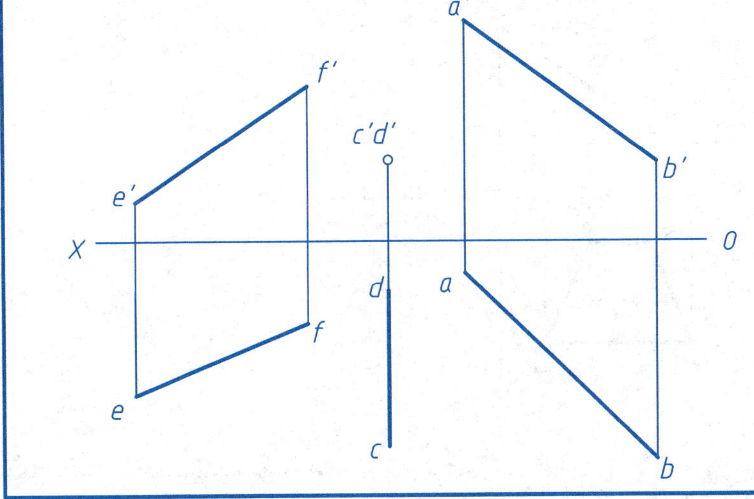
a′
f′
c′d′
b′
e′
X
O
d
a
f
e
c
b

*2-20 已知正方形ABCD的AB边，CD边在AB边之前15 mm，B点在C点之右，完成正方形的两面投影。

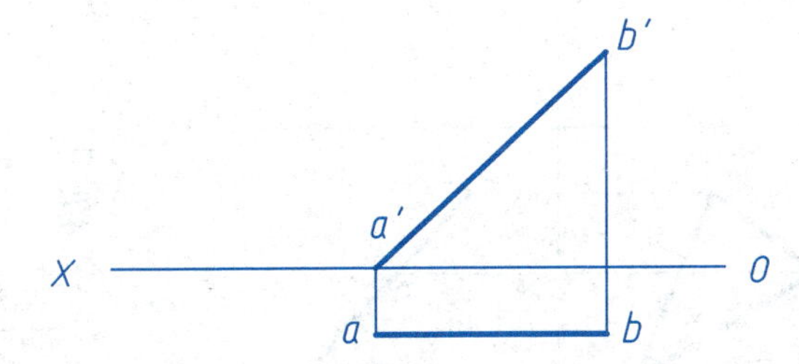
b′
a′
X
O
a
b

班级　　姓名　　学号

2-21 由平面图形的两投影，求作第三投影，填写平面的分类名称和倾角（0°、30°、45°、60°、90°）。

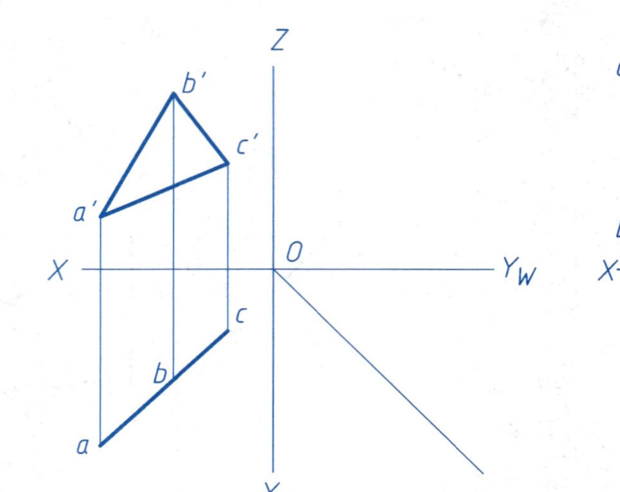

Z
b′
c′
a′
X
O
Y_W
c
b
a
Y_H

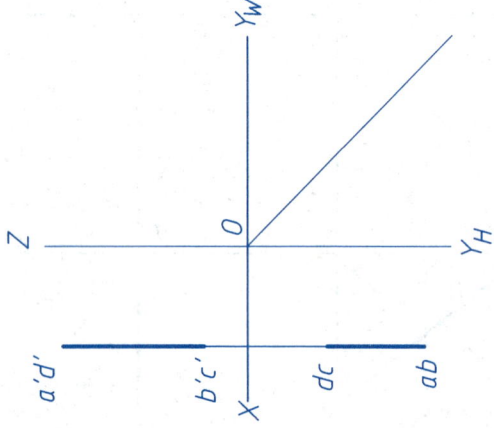

三角形ABC是______面；

α =___；β =___；γ =___。

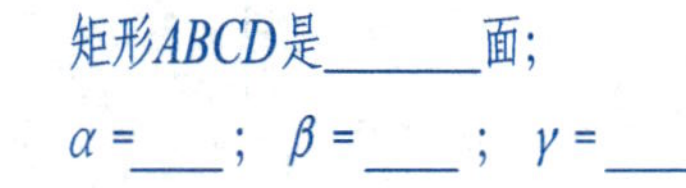

矩形ABCD是______面；

α =___；β =___；γ =___。

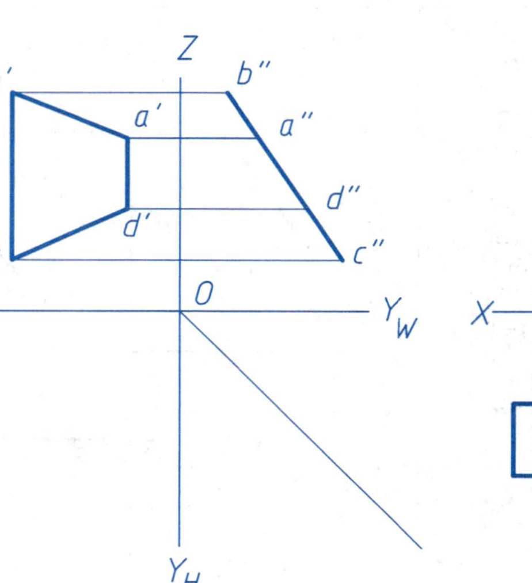

Z
b′
a′
d′
c′
b″
a″
d″
c″
X
O
Y_W
Y_H

梯形ABCD是______面；

α =___；β =___；γ =___。

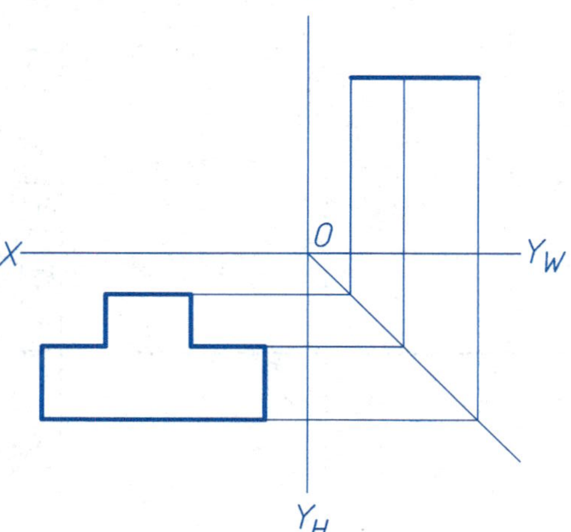

Z
X
O
Y_W
Y_H

平面图形是______面；

α =___；β =___；γ =___。

2-22 作图判断点或直线是否在下列平面上，填写“在”或“不在”。

2-23 作出平行四边形ABCD上△EFG的正面投影。

2-24 完成五边形ABCDE的水平投影。

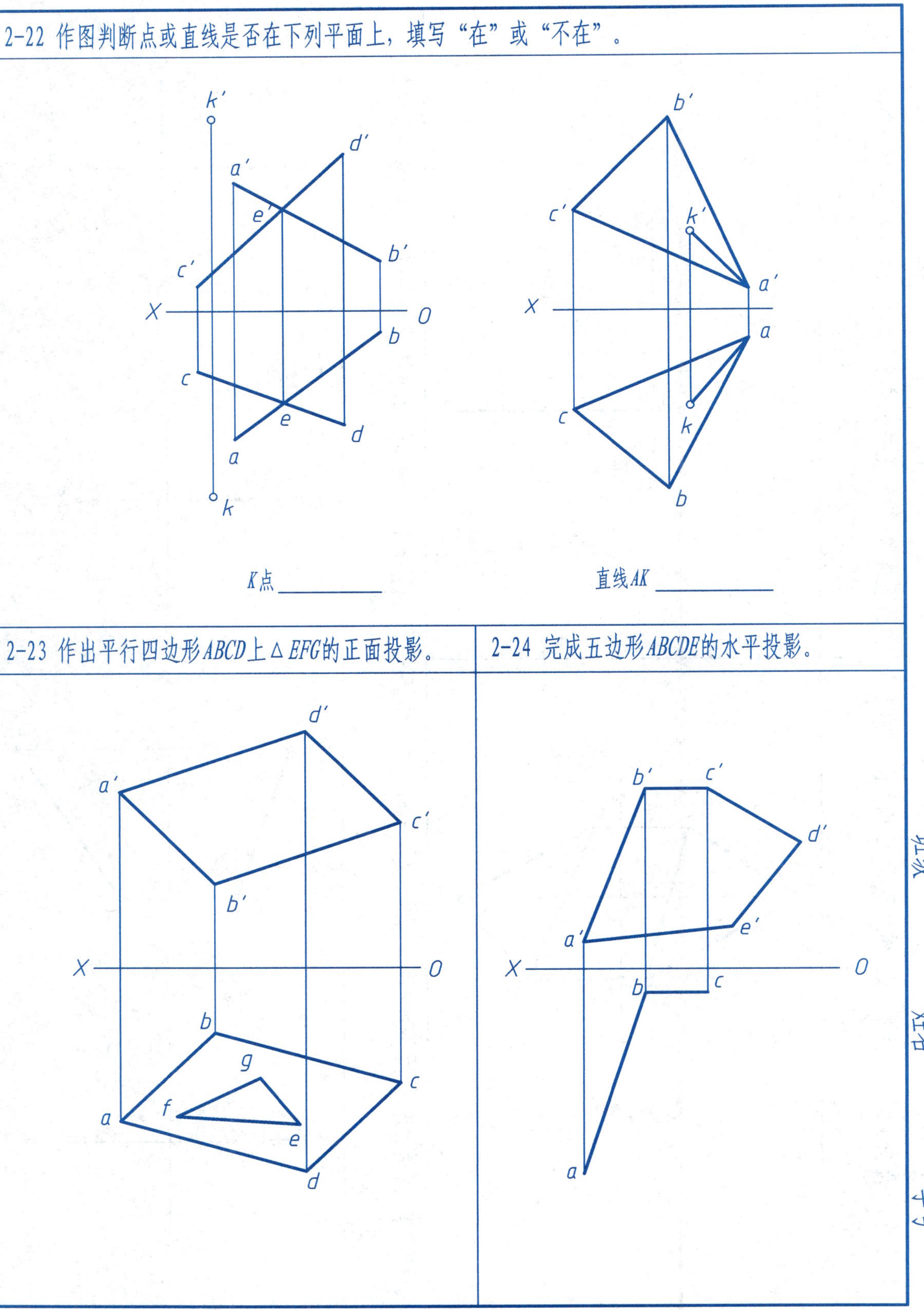
K点 ________
直线AK ________

班级　　　　　姓名　　　　　学号

2-25 在△ABC中过C点作一水平线CE；在距离V面22 mm处作一正平线MN。

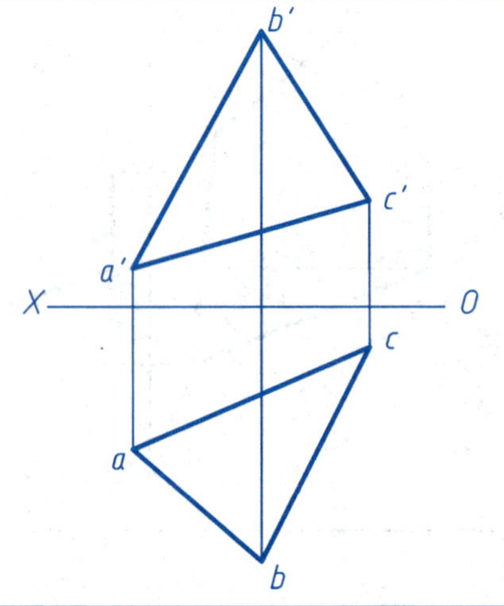
b′
c′
a′
X
O
c
a
b

2-26 正方形ABCD为正垂面(左低右高)，$\alpha = 30°$，已知一边AB的两面投影，作出该正方形的两面投影。

a′b′
X
O
b
a

2-27 用有积聚性的迹线表示下列平面(多解时，仅作一解)：过A点作正平面P；过直线BC作正垂面Q；过直线DE作正平面R；过直线MN作铅垂面S，$\beta = 60°$。

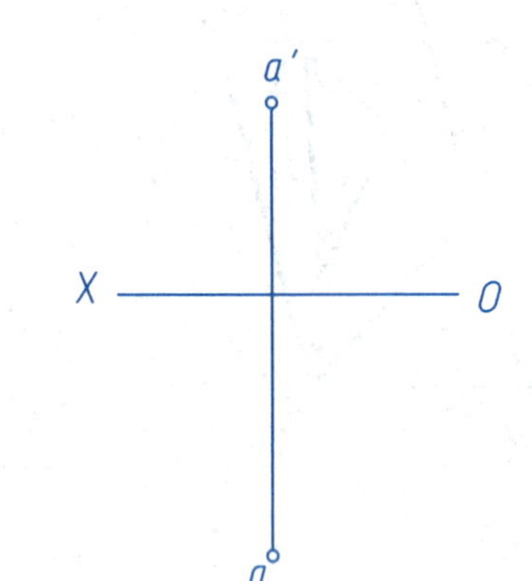
a′
X
O
a

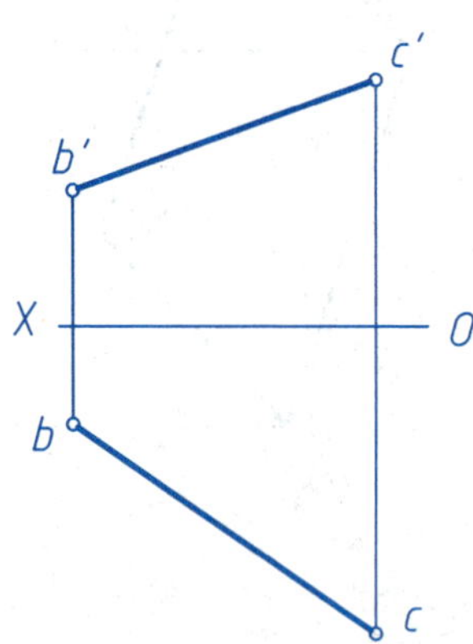
c′
b′
X
O
b
c

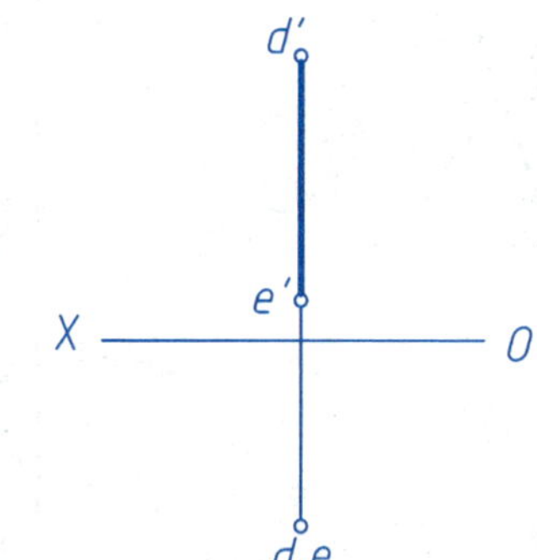
d′
e′
X
O
d e

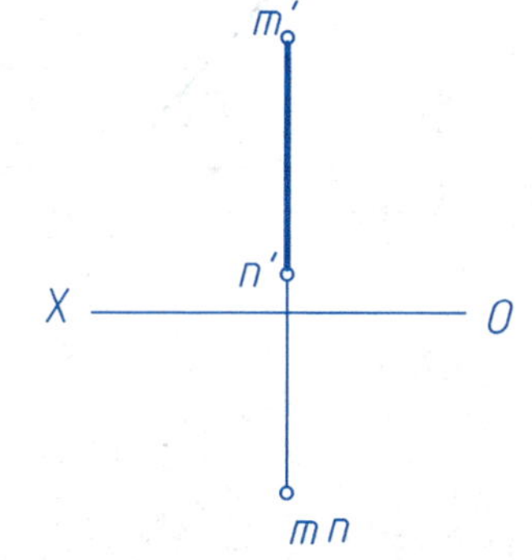
m′
n′
X
O
m n

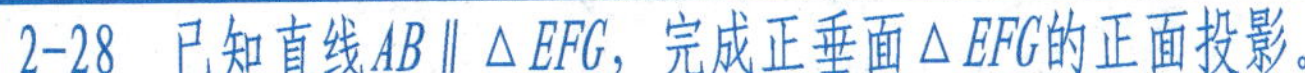

2-28　已知直线$AB \parallel \triangle EFG$，完成正垂面$\triangle EFG$的正面投影。

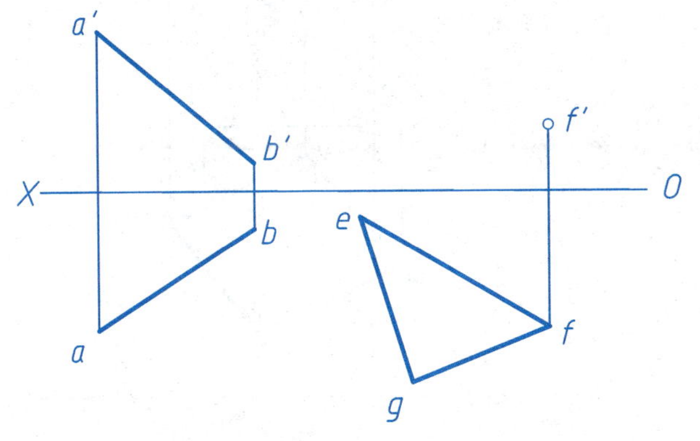
a′
b′
f′
X
O
b
e
f
a
g

2-29　已知$\triangle EFG \parallel$矩形$ABCD$，完成$\triangle EFG$的正面投影。

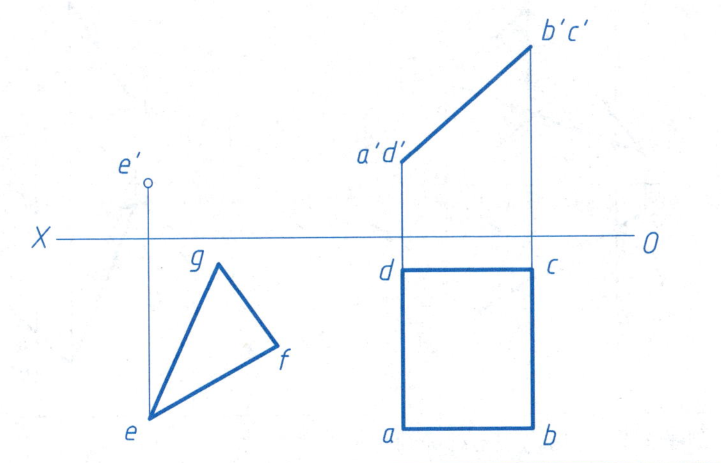
b′c′
a′d′
e′
X
O
g
d
c
f
e
a
b

2-30　已知$\triangle ABC \parallel DE$，完成$\triangle ABC$的水平投影（$\beta = 45°$）。

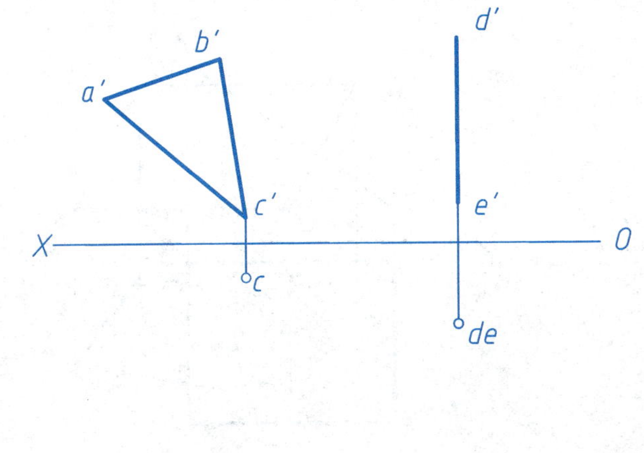
d′
b′
a′
c′
e′
X
O
c
de

2-31　过M点任作一个由相交二直线所决定的平面，该平面平行于由两平行直线AB和CD所决定的平面。

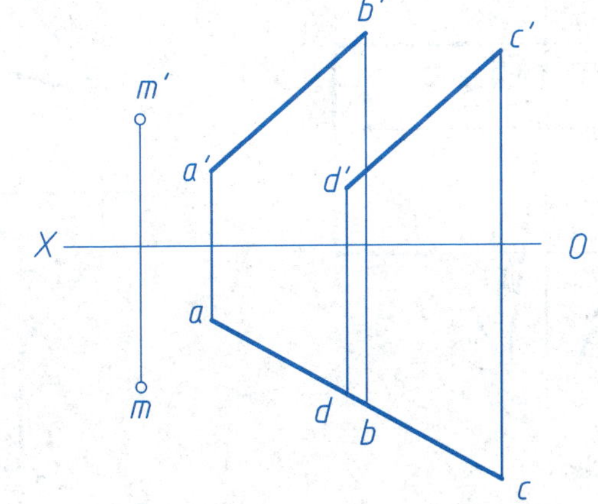
b′
c′
m′
a′
d′
X
O
a
m
d
b
c

2-32 求下列直线与平面的交点M，并判断可见性。

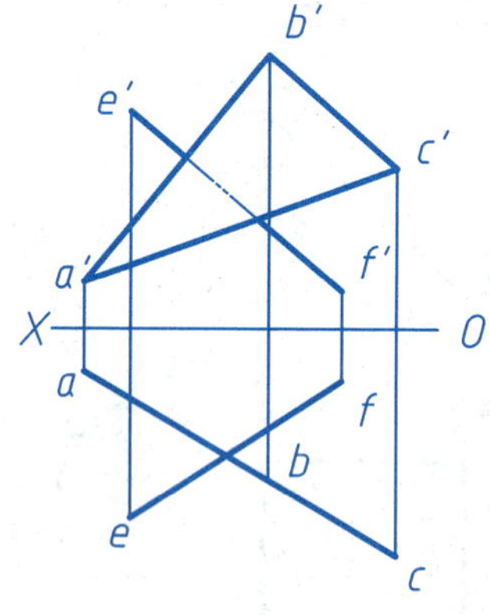
b′
e′
c′
a′
f′
X
O
a
f
b
e
c

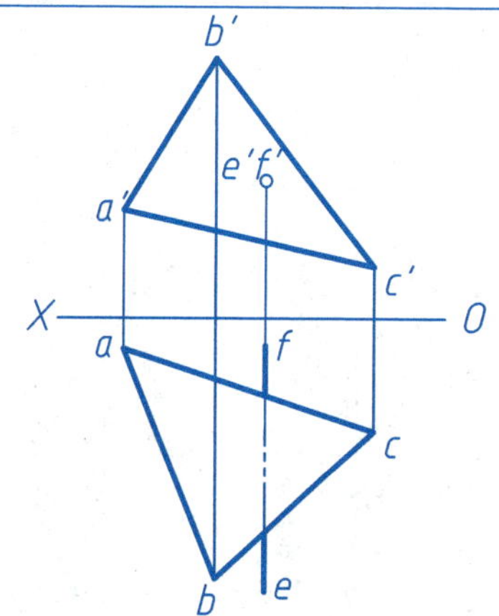
b′
e′f′
a′
c′
X
O
a
f
c
b
e

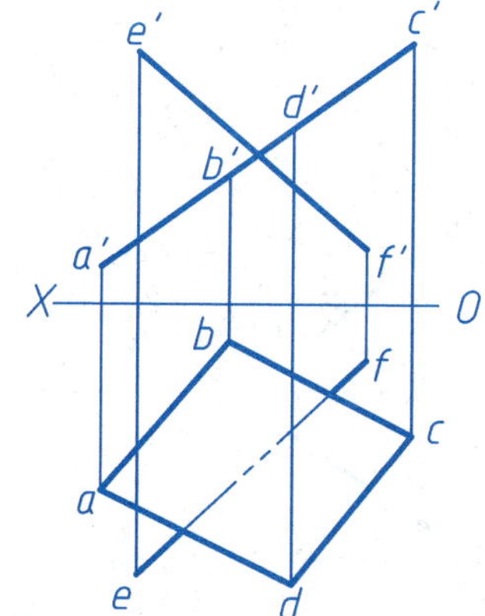
e′
c′
d′
b′
a′
f′
X
O
b
f
c
a
e
d

2-33 求下列平面与平面的交线ST，并判断可见性。

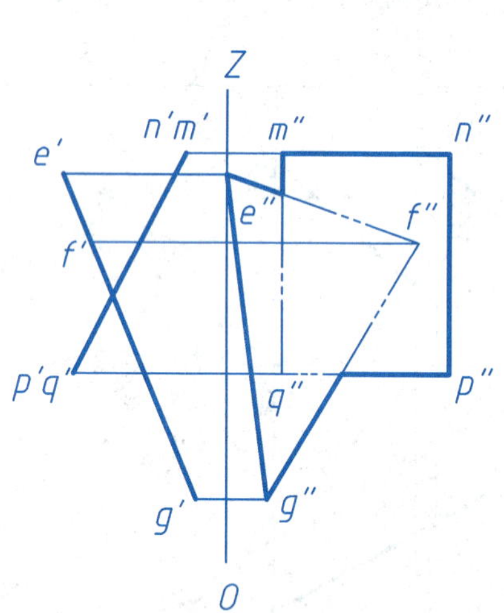
Z
n′m′
m″
n″
e′
e″
f″
f′
p′q′
q″
p″
g′
g″
O

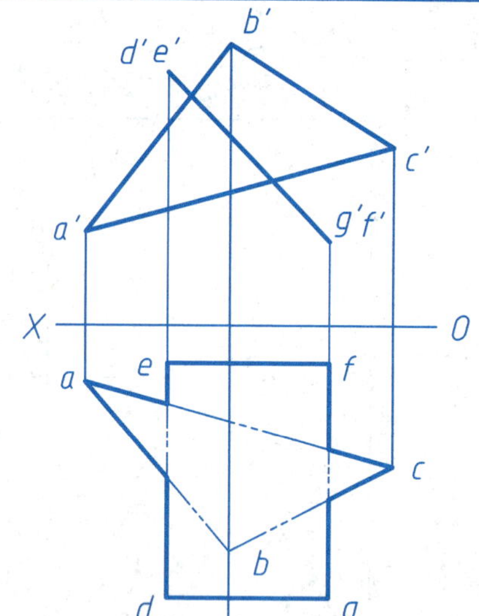
b′
d′e′
c′
a′
g′f′
X
O
a
e
f
c
b
d
g

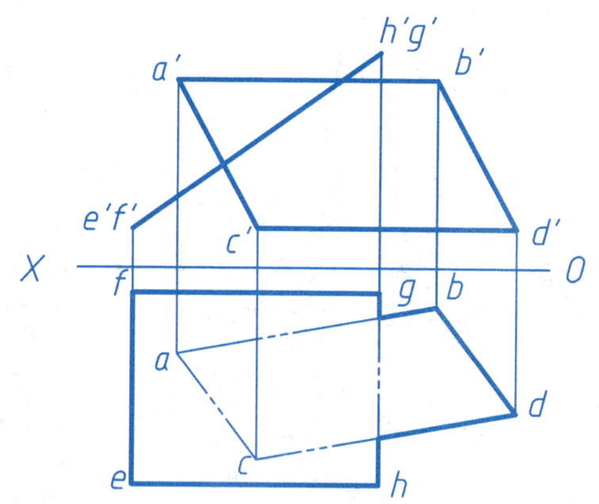
h′g′
a′
b′
e′f′
c′
d′
X
O
f
g
b
a
d
e
c
h

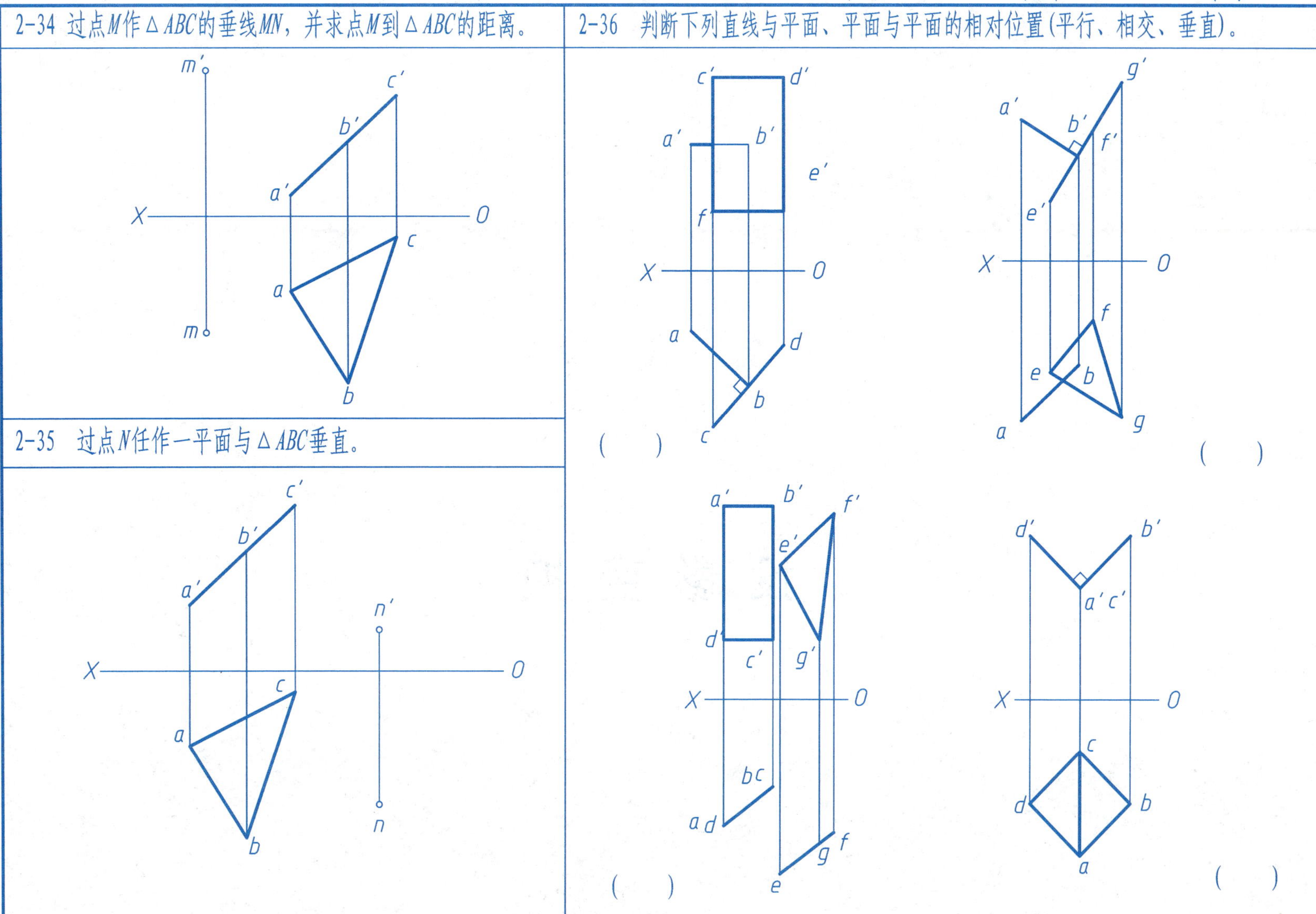
2-34 过点M作△ABC的垂线MN，并求点M到△ABC的距离。
2-35 过点N任作一平面与△ABC垂直。
2-36 判断下列直线与平面、平面与平面的相对位置(平行、相交、垂直)。
( )
( )
( )
( )

第 3 章

投影变换

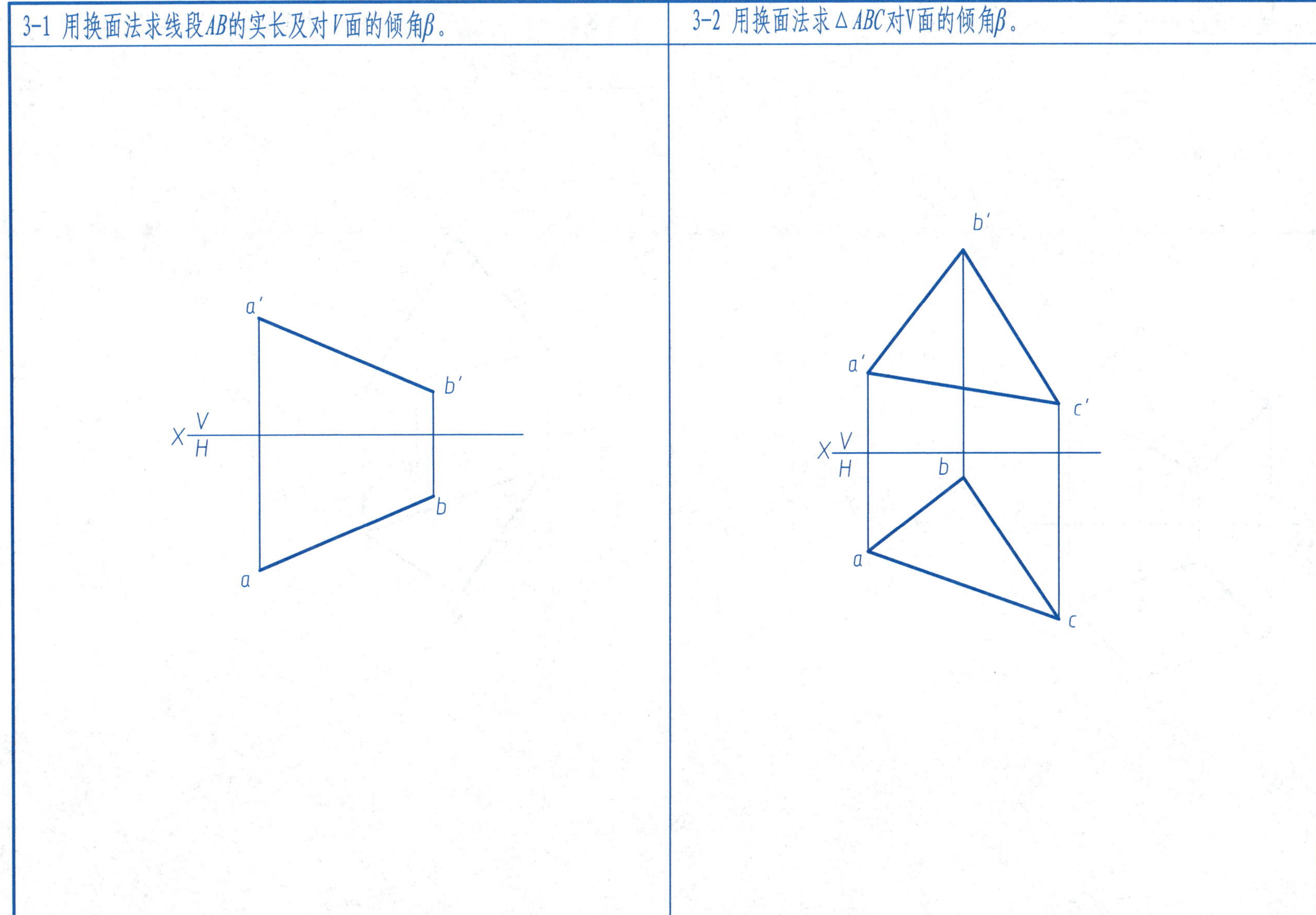
3-1 用换面法求线段AB的实长及对V面的倾角β。
a′
b′
X
V
H
b
a
3-2 用换面法求△ABC对V面的倾角β。
b′
a′
c′
X
V
H
b
a
c

3-3 求平面$ABCD$的实形。

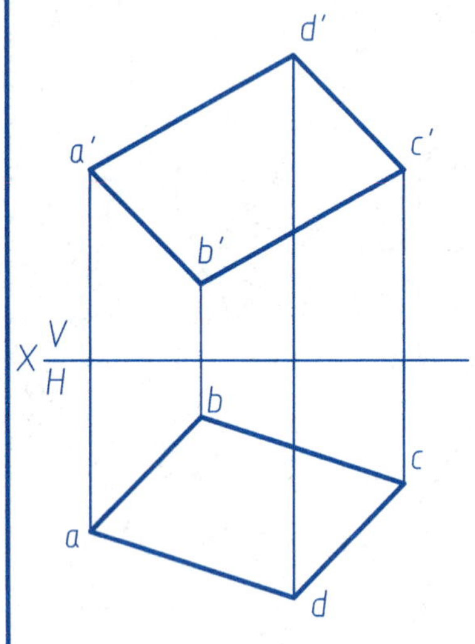
d′
a′
c′
b′
X
V
H
b
c
a
d

3-4 直线MN垂直于$\triangle ABC$，用换面法求直线MN的投影，N为垂足。并求出点M到$\triangle ABC$的距离。

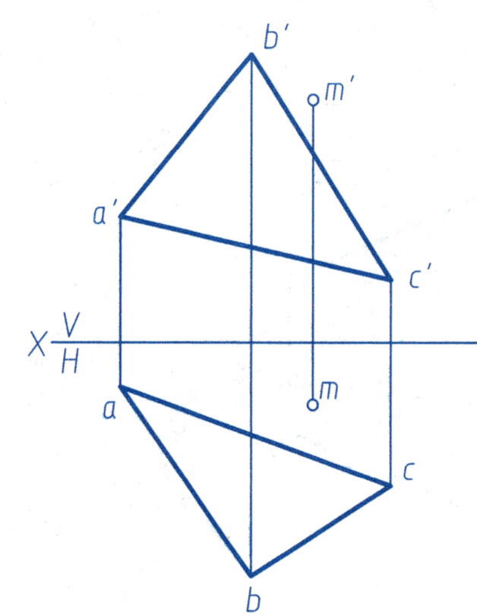
b′
m′
a′
c′
X
V
H
m
a
c
b

班级　　　　　　姓名　　　　　　学号

3-5 用换面法求交叉两直线*AB*、*CD*的公垂线*EF*。

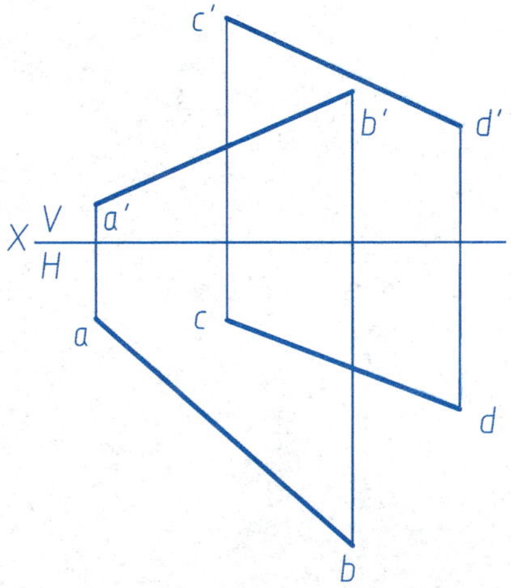

c′
b′
d′
X
V
H
a′
a
c
d
b

3-6 已知一漏斗，用换面法求出其中两平面*ABCD*与*ABEF*之间的夹角α。

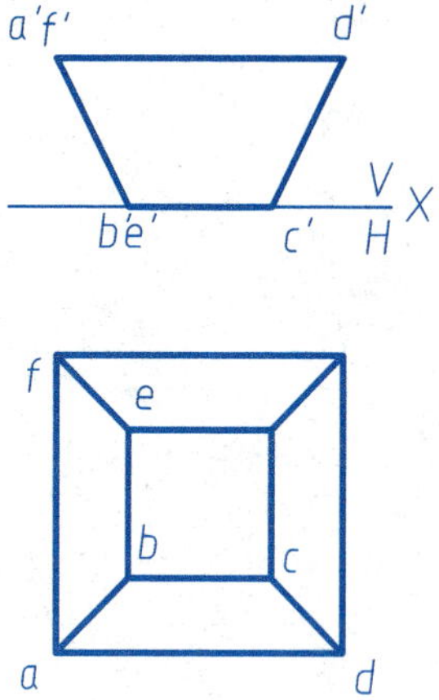

a′f′
d′
V
X
H
b′e′
c′
f
e
b
c
a
d

第 4 章

立体的投影

班级　　　　姓名　　　　学号

4-1 观察立体的三视图，在轴测图中找出对应的立体，并在括号内填写对应的序号。

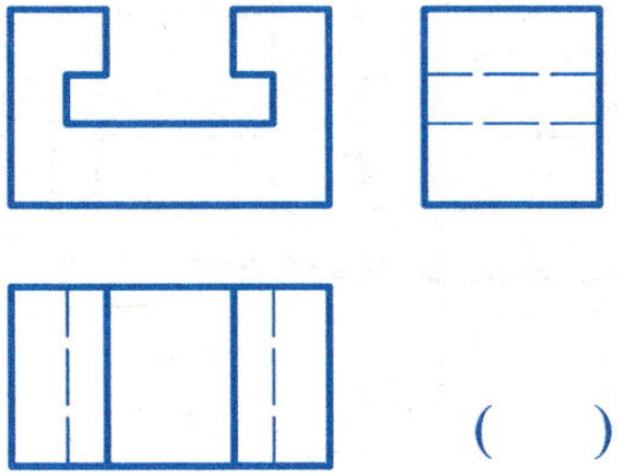

(　　)　(　　)　(　　)

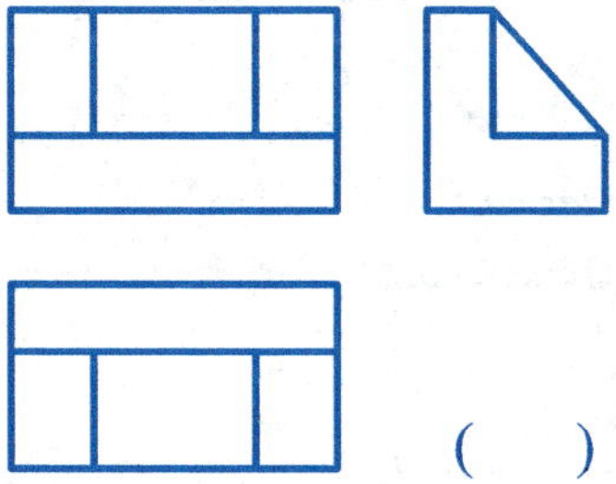

(　　)　(　　)　(　　)

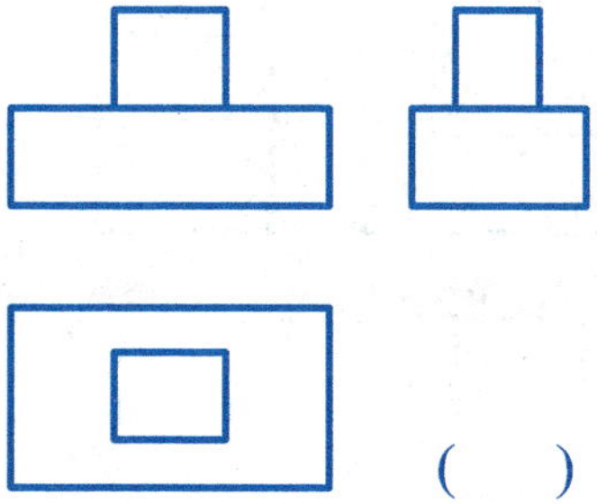

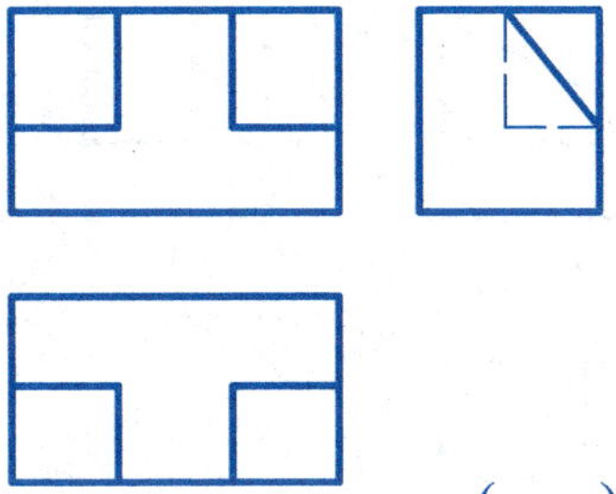

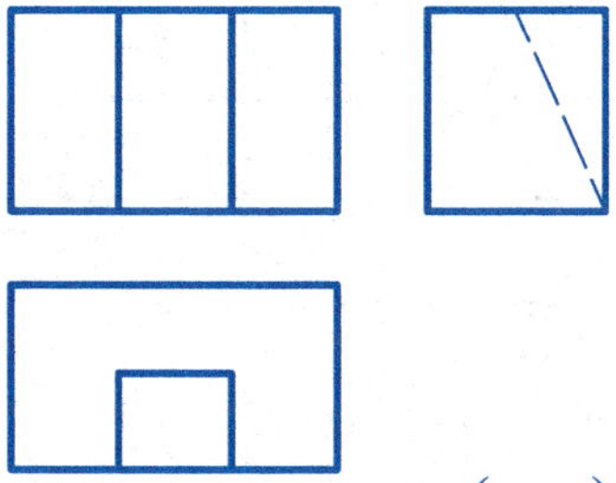

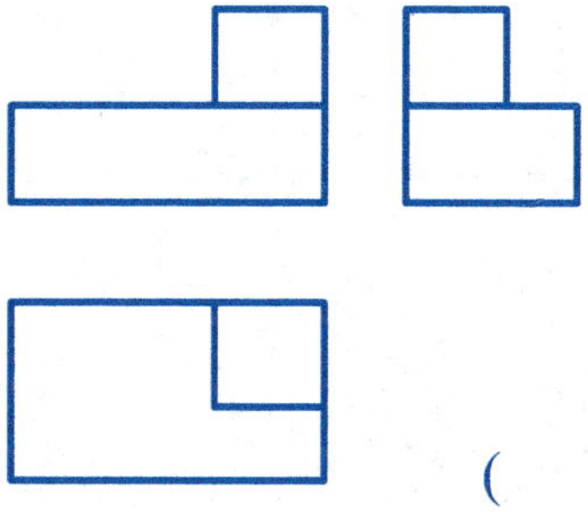

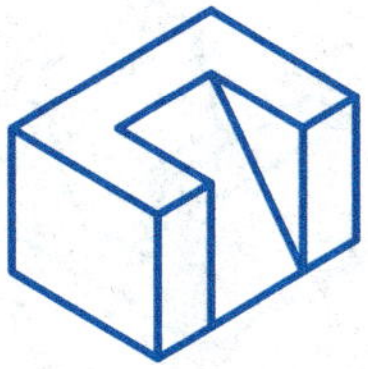

(1) 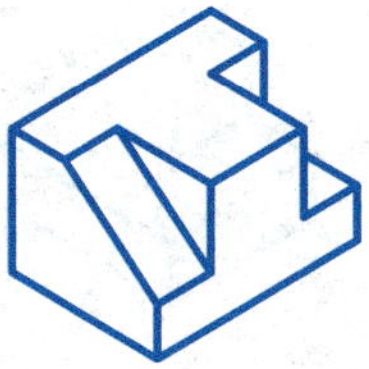　(2) 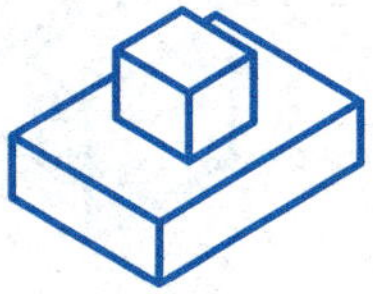　(3) 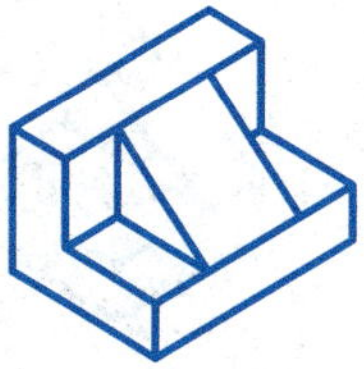　(4) 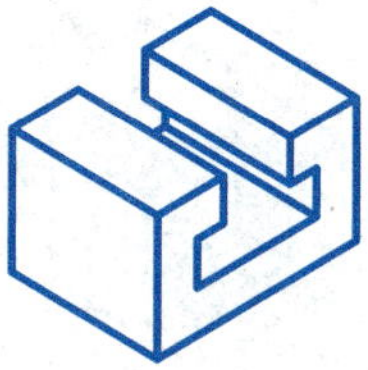　(5) 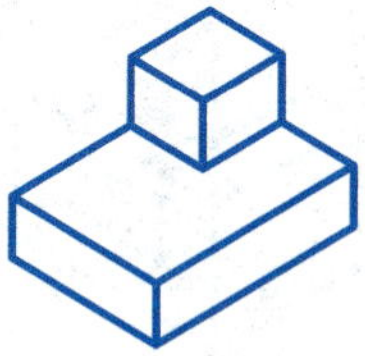　(6)

班级　　　　姓名　　　　学号

续4-1 观察立体的三视图，在轴测图中找出对应的立体，并在括号内填写对应的序号。

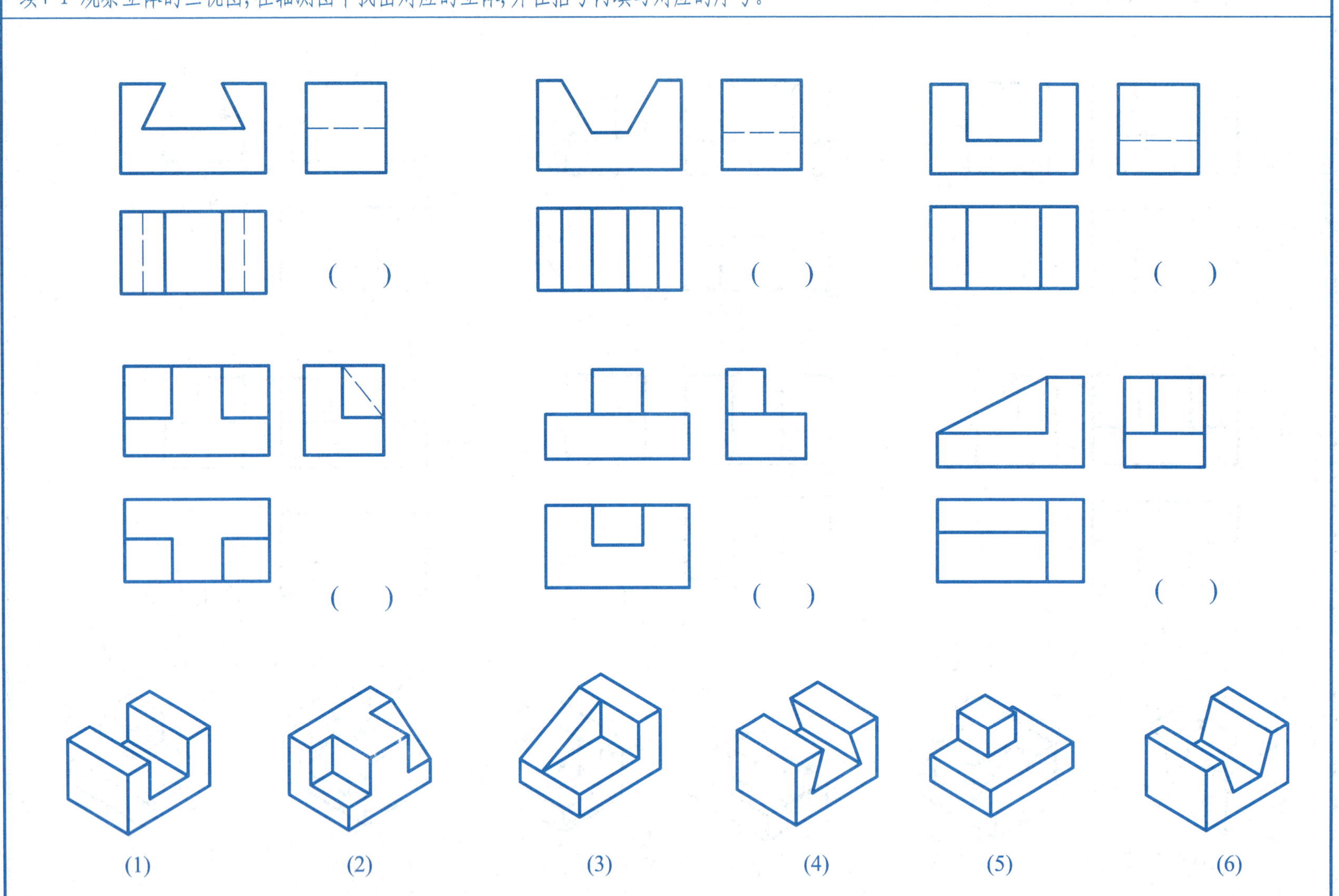

(　　)
(　　)
(　　)
(　　)
(　　)
(　　)
(1)
(2)
(3)
(4)
(5)
(6)

班级　　　　姓名　　　　学号

4-2 根据轴测图(立体图)画三视图，尺寸从图上按1∶1量取。

(1)

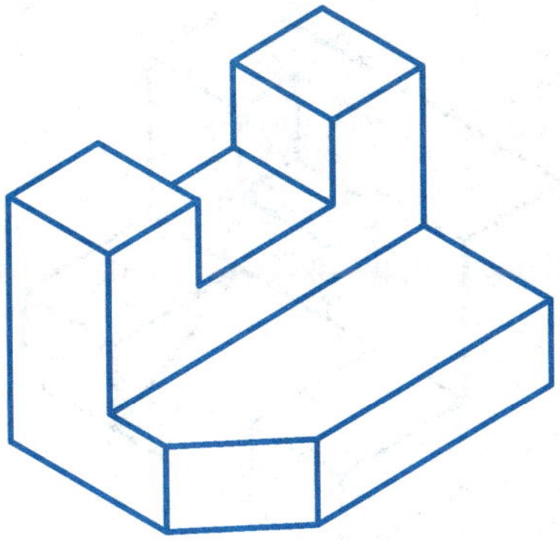

(2)

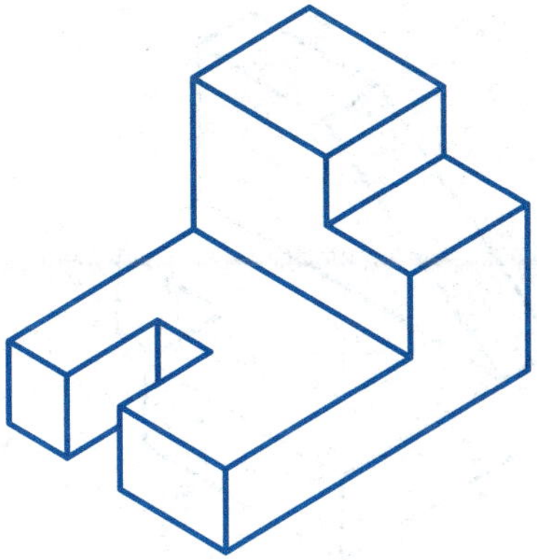

续4-2 根据轴测图(立体图)画三视图，尺寸从图上按1∶1量取。

(3)

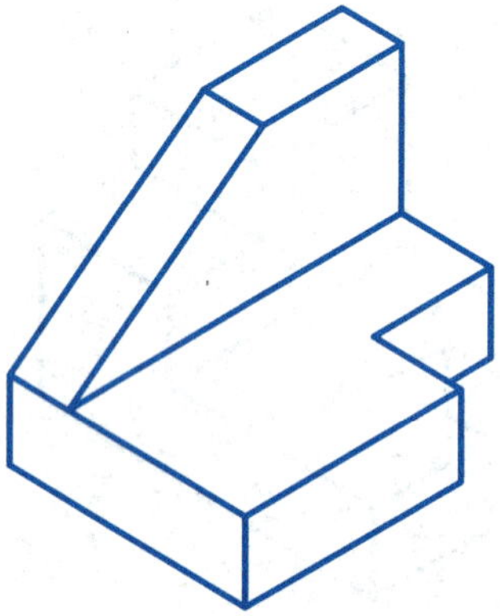

(4)

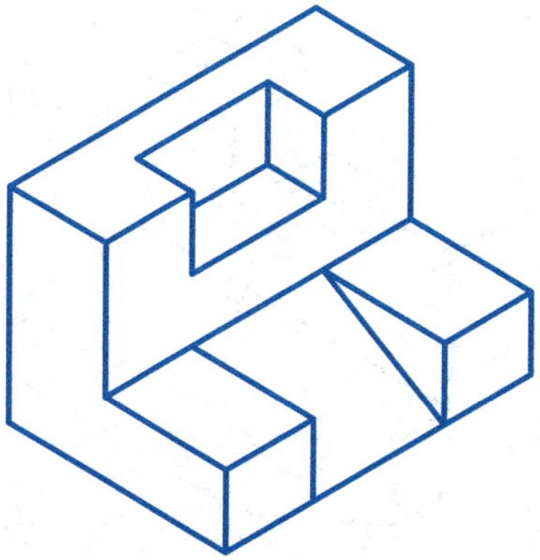

班级　　　　　　姓名　　　　　　学号

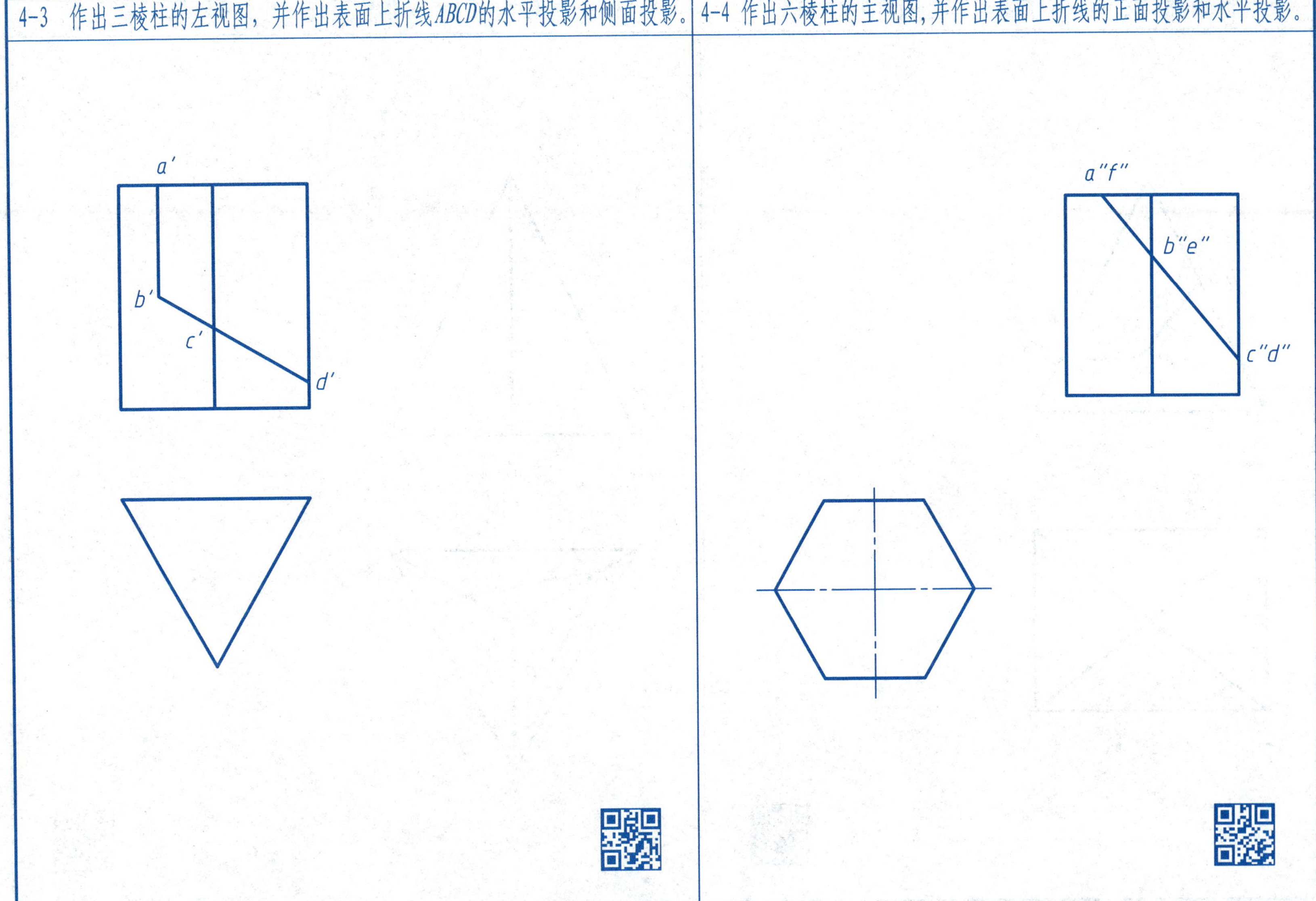
4-3 作出三棱柱的左视图，并作出表面上折线ABCD的水平投影和侧面投影。
a′
b′
c′
d′
4-4 作出六棱柱的主视图，并作出表面上折线的正面投影和水平投影。
a″f″
b″e″
c″d″

班级　　　　　　　　姓名　　　　　　　　学号

4-5 作出四棱锥的左视图，并作出表面上直线的其余两面投影。

4-6 作出三棱锥的左视图，并作出表面上直线的其余两面投影。

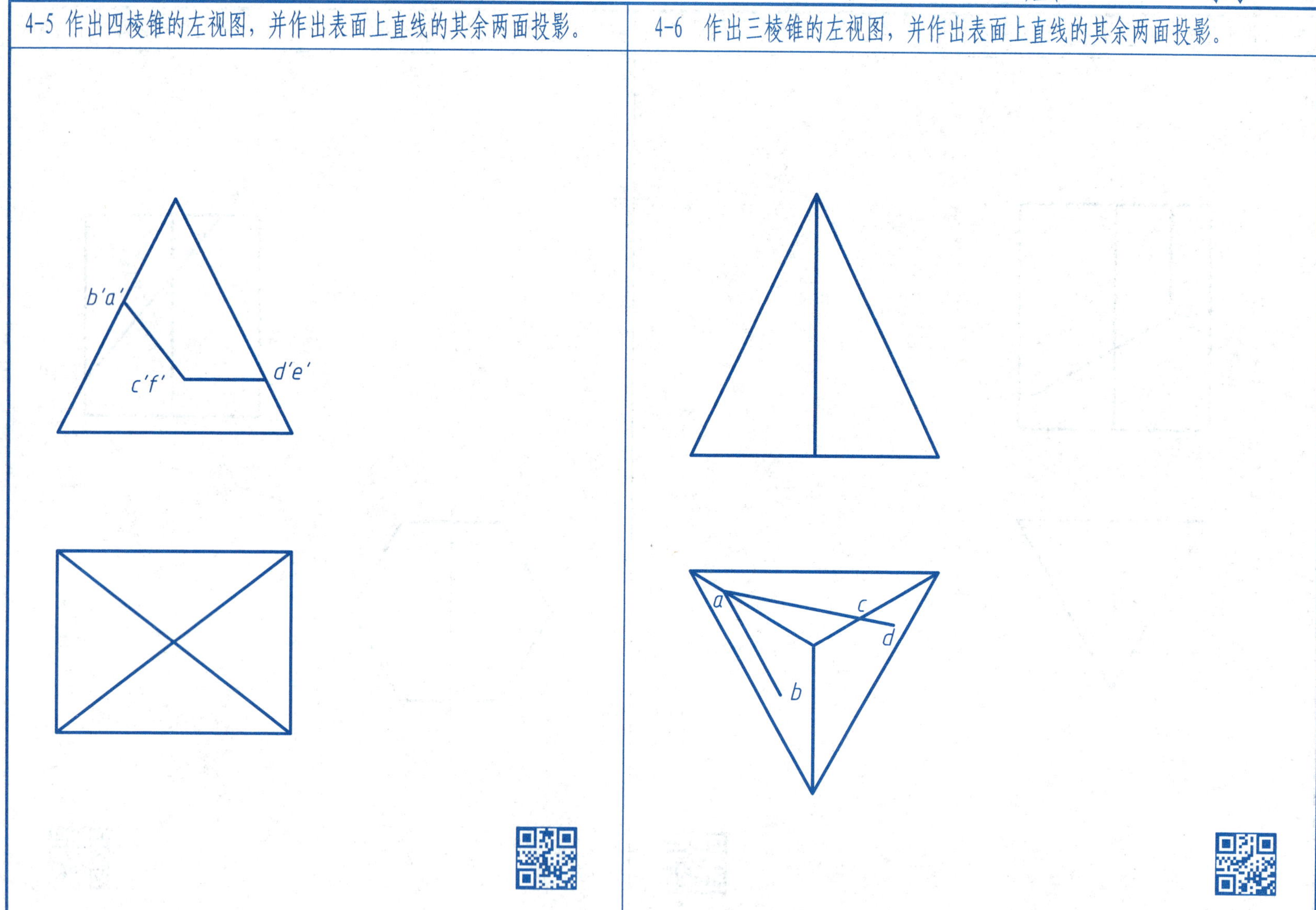
b′a′
c′f′
d′e′
a
c
d
b

班级　　　　姓名　　　　学号

4-7　作出圆柱体的左视图，并求出其表面直线和曲线的其余两面投影。

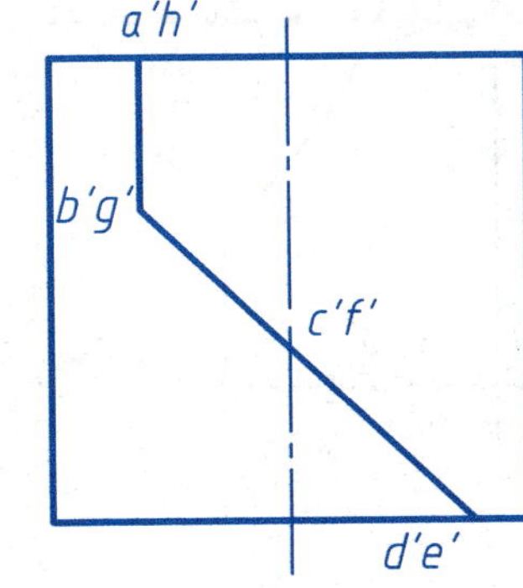

a′h′
b′g′
c′f′
d′e′

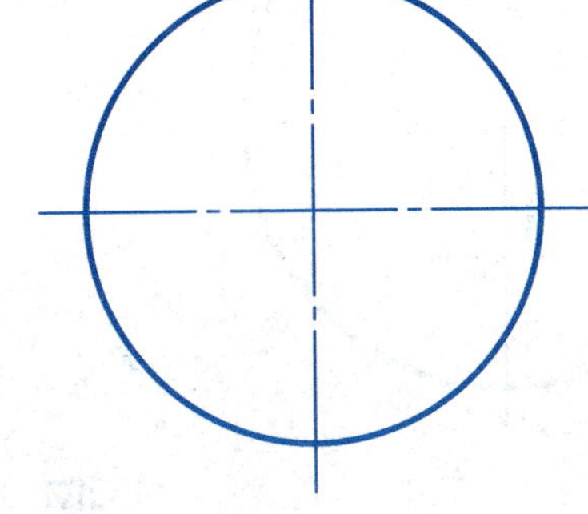

4-8　画出圆锥体的主视图，并作出表面曲线其余的两面投影。

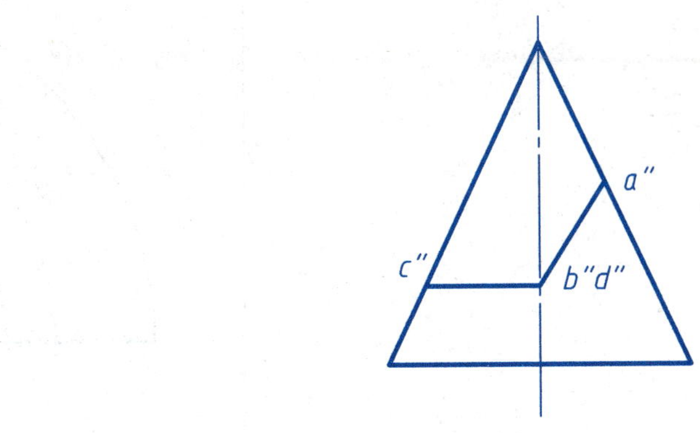

a″
c″
b″d″

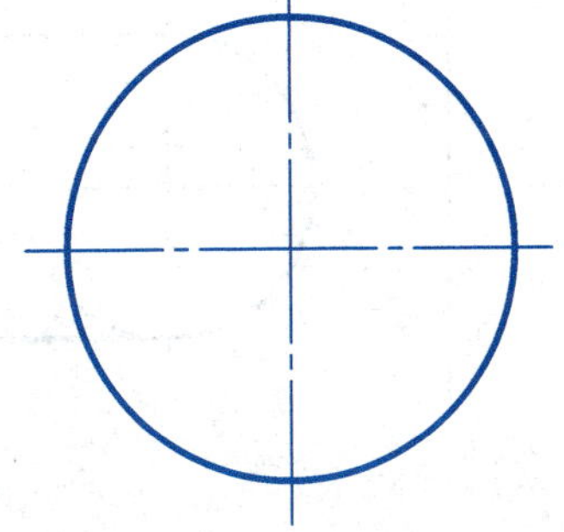

班级　　　　姓名　　　　学号

4-9 作出半球的主视图，并求出表面曲线的正面投影。

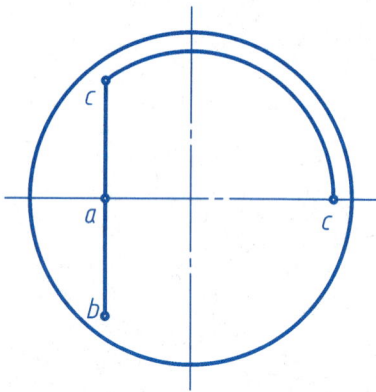

4-10 作出1/4圆环表面各点的其余投影。

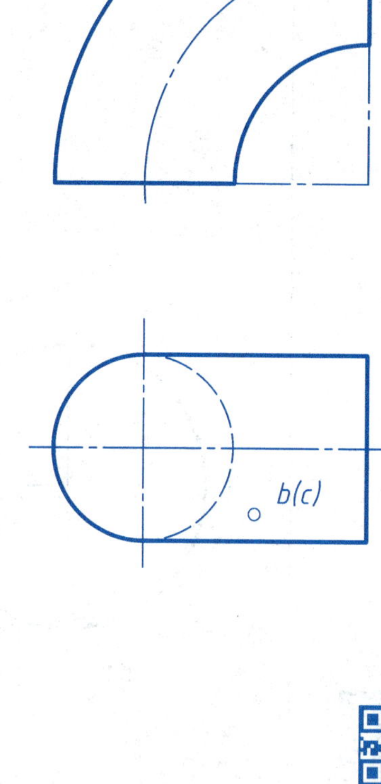

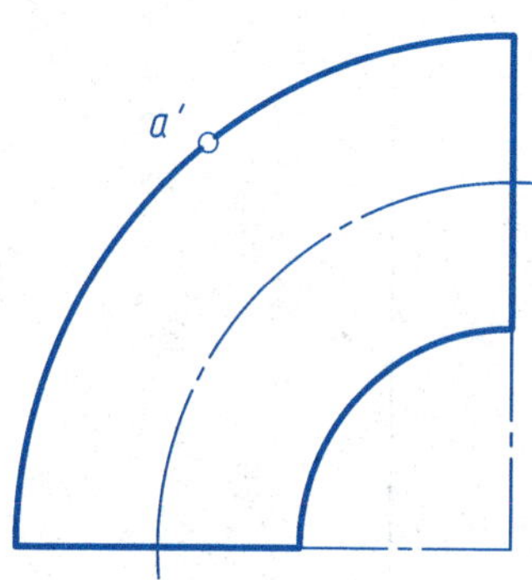

a′

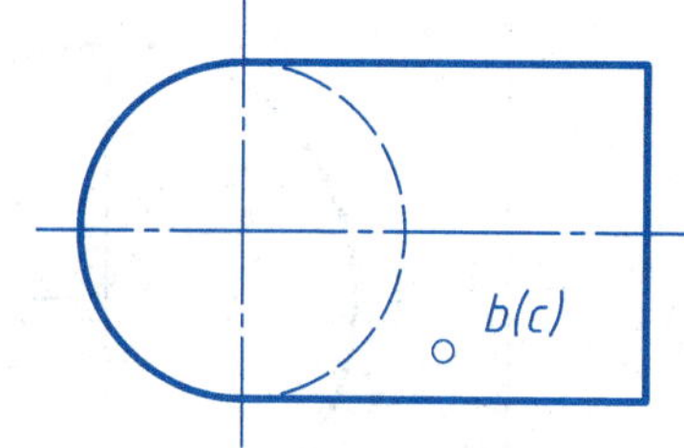

b(c)

4-11 完成同轴回转体的两视图，并求出表面各点的其余两投影。

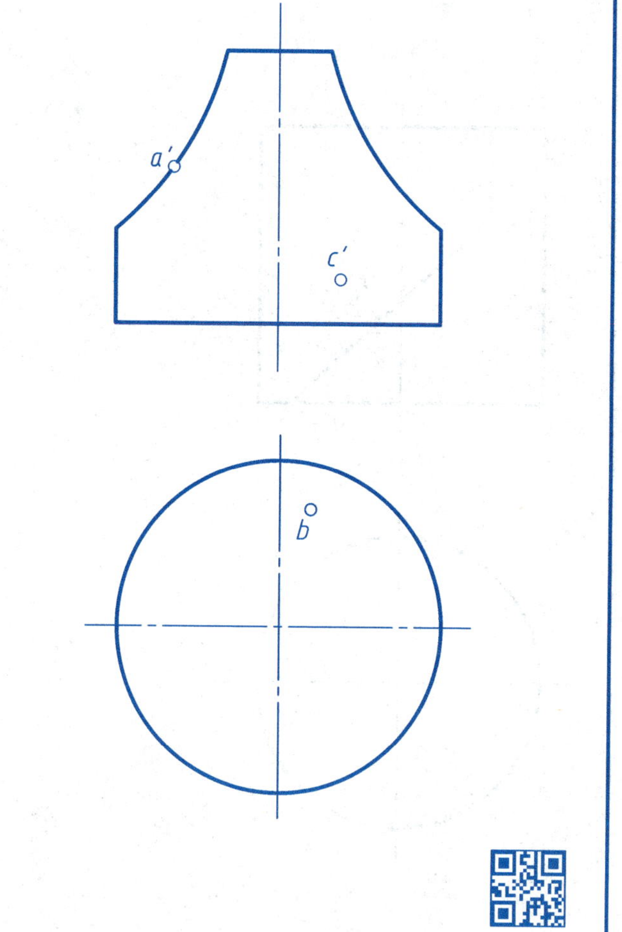

a′
c′
b

第 5 章

平面与立体表面相交

5-1　完成正四棱柱被切割后的左视图。

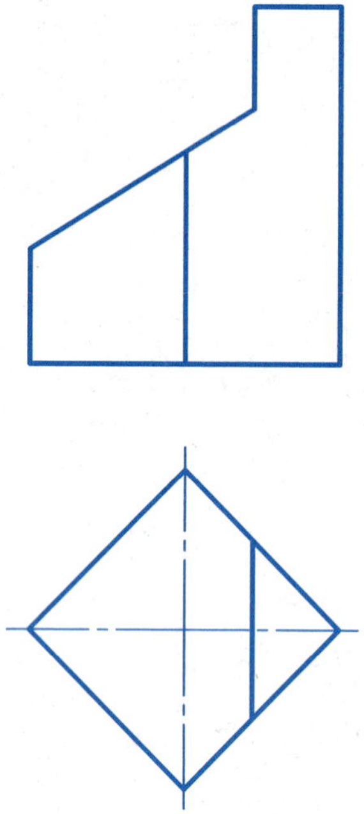

5-2　完成穿孔正六棱柱被切割后的左视图。

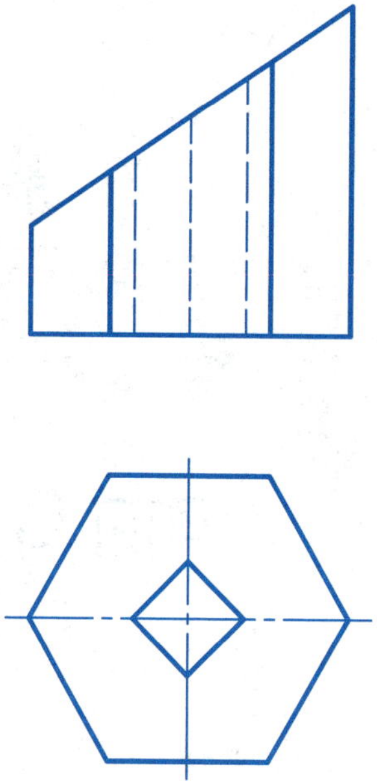

班级　　　　姓名　　　　学号

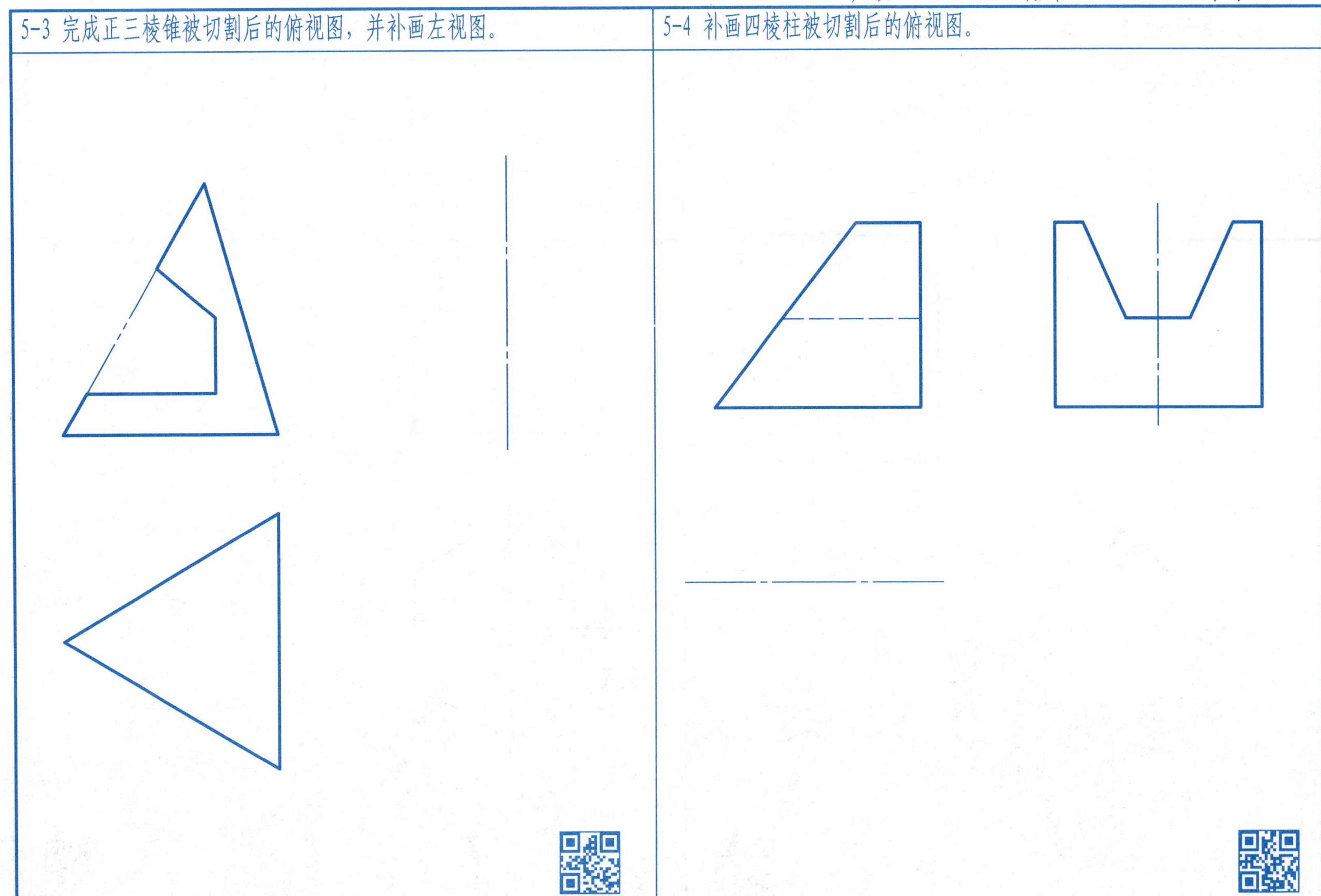
5-3 完成正三棱锥被切割后的俯视图，并补画左视图。
5-4 补画四棱柱被切割后的俯视图。

班级　　　　　　姓名　　　　　　学号

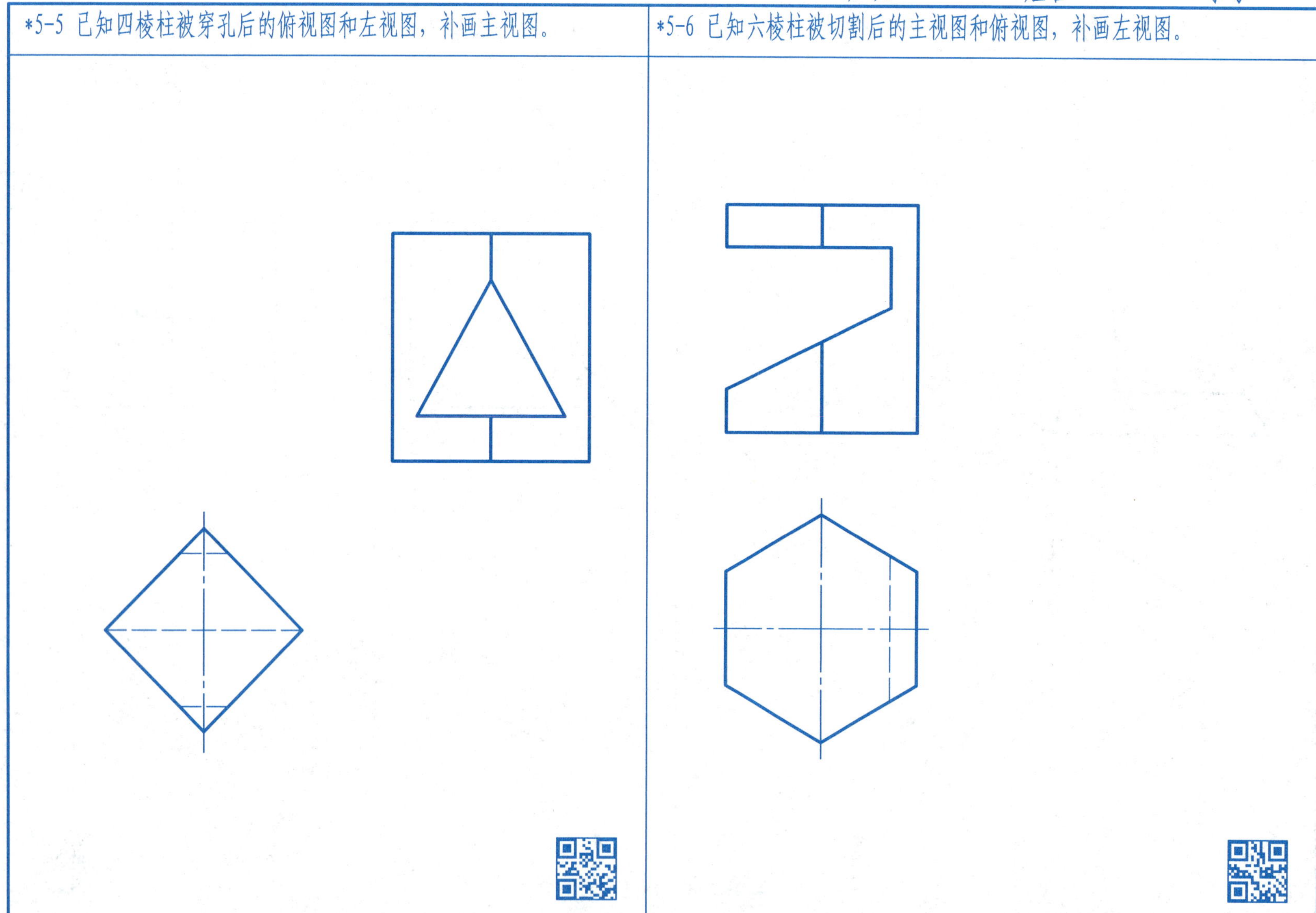

*5-5 已知四棱柱被穿孔后的俯视图和左视图，补画主视图。

*5-6 已知六棱柱被切割后的主视图和俯视图，补画左视图。

班级　　　　姓名　　　　学号

5-7 完成下列圆柱体被切割后的左视图。

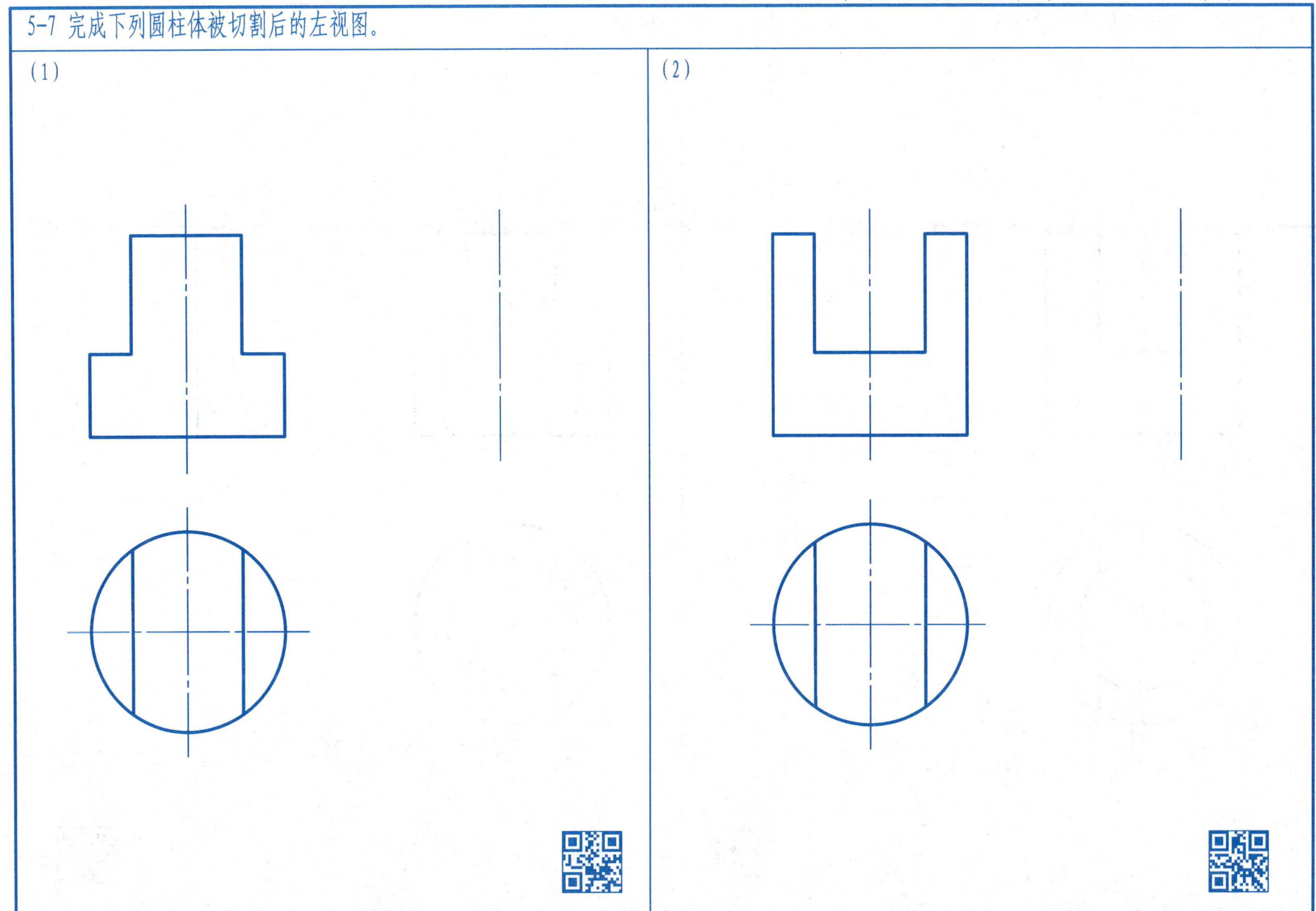
(1)
(2)

*5-8 完成下列圆柱体被切割后的左视图。

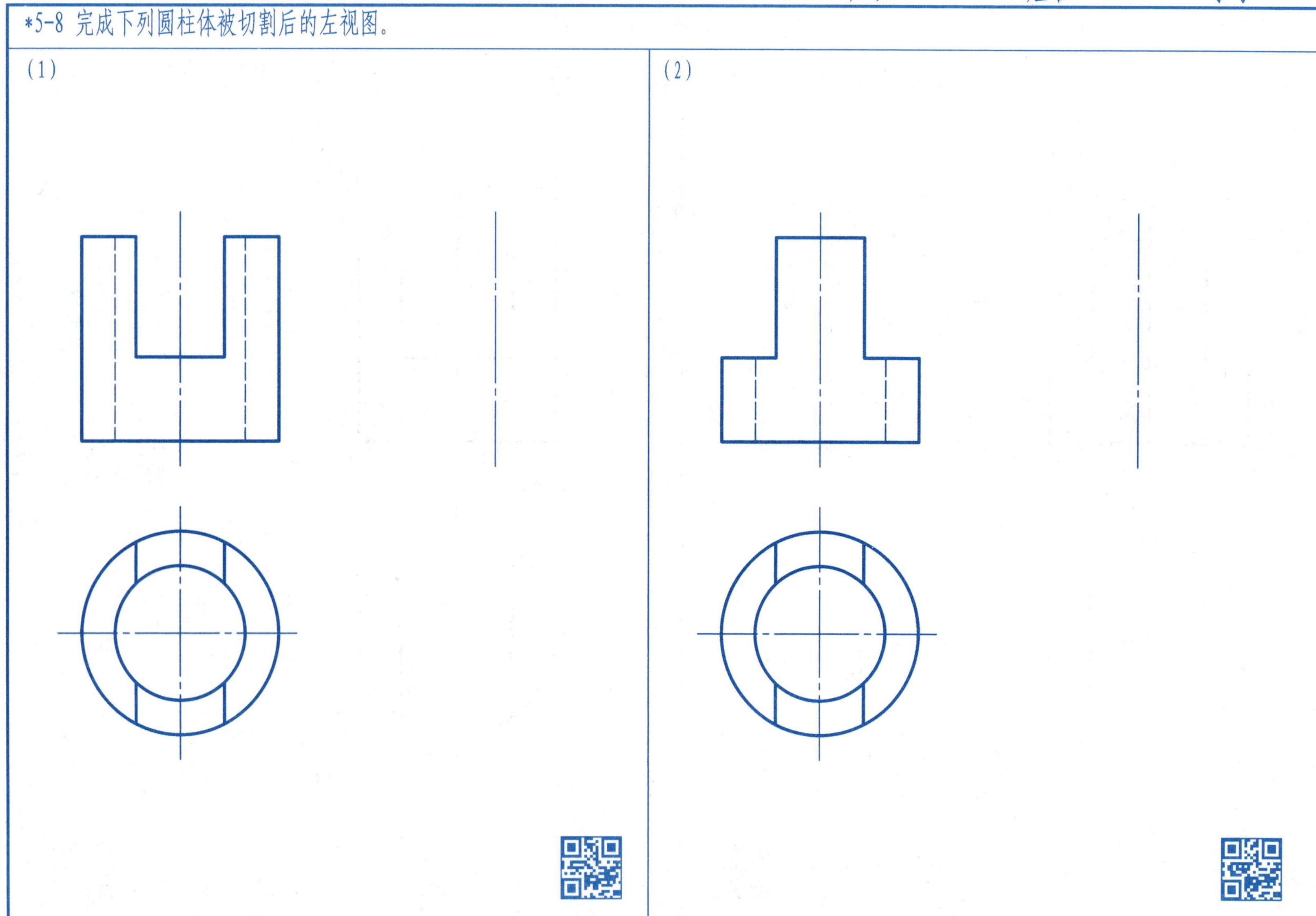
(1)
(2)

班级　　　　　　姓名　　　　　　学号

5-9 完成下列圆柱体被切割后的俯视图。

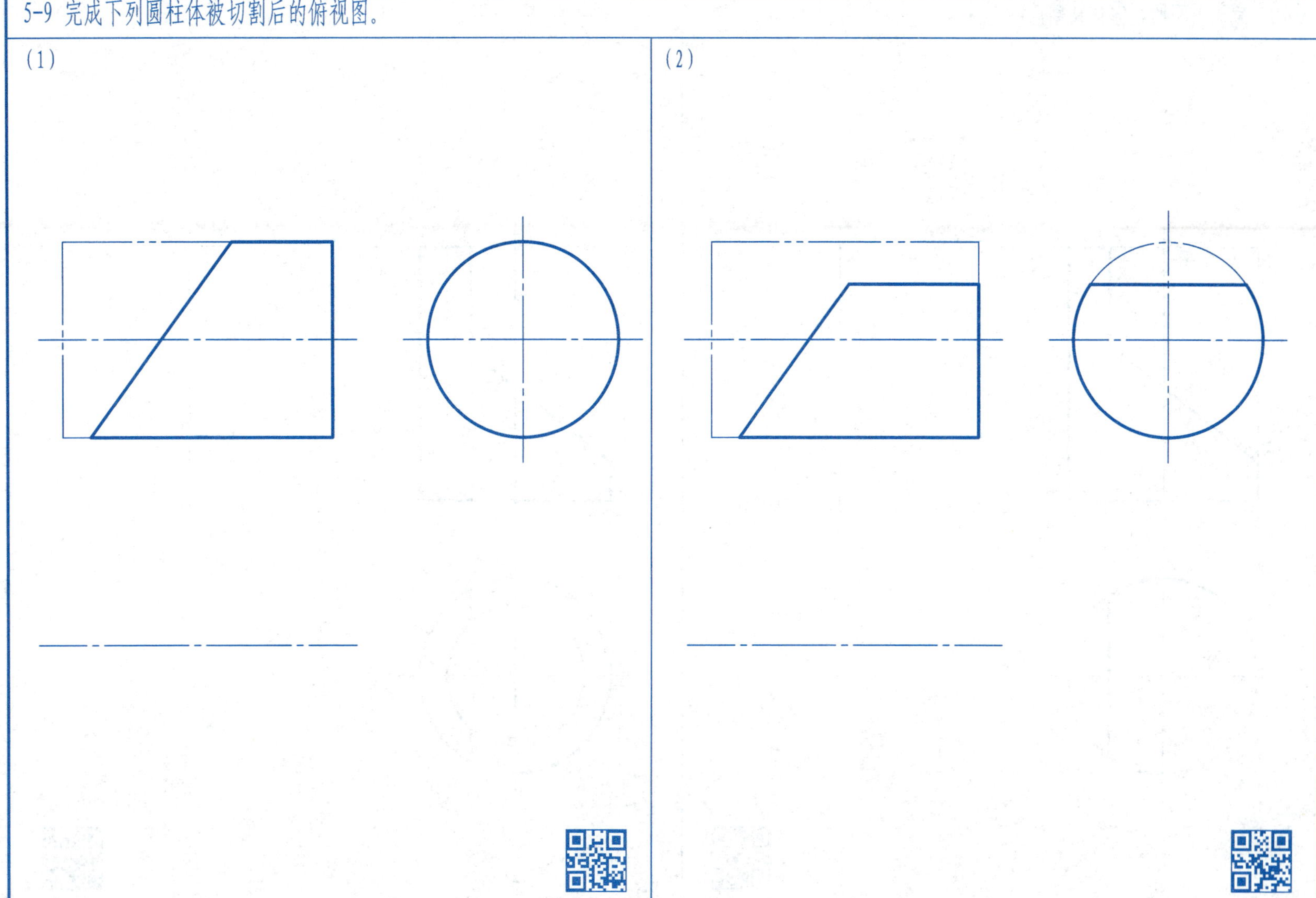
(1)
(2)

班级　　　　姓名　　　　学号

5-10　完成下列圆柱体被切割后的左视图。

(1)

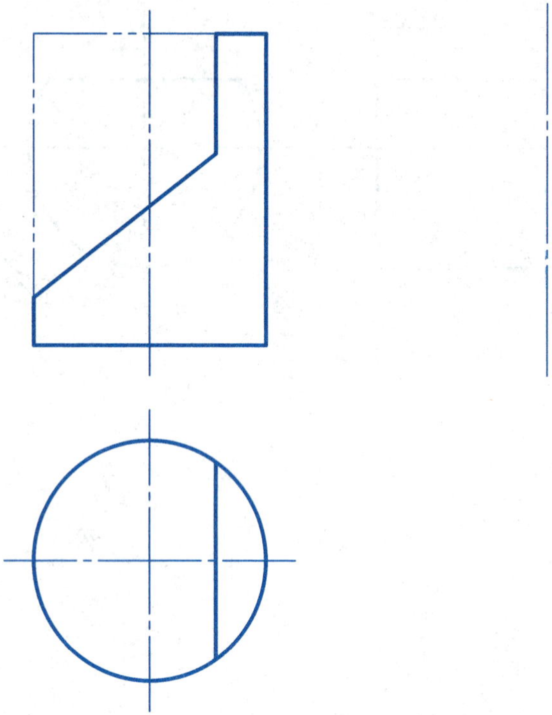

(2)

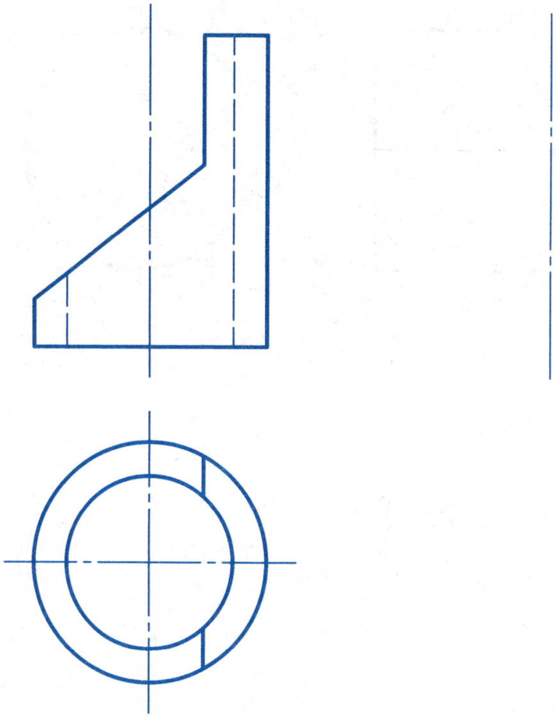

5-11　完成圆锥体被切割后的俯视图和左视图。

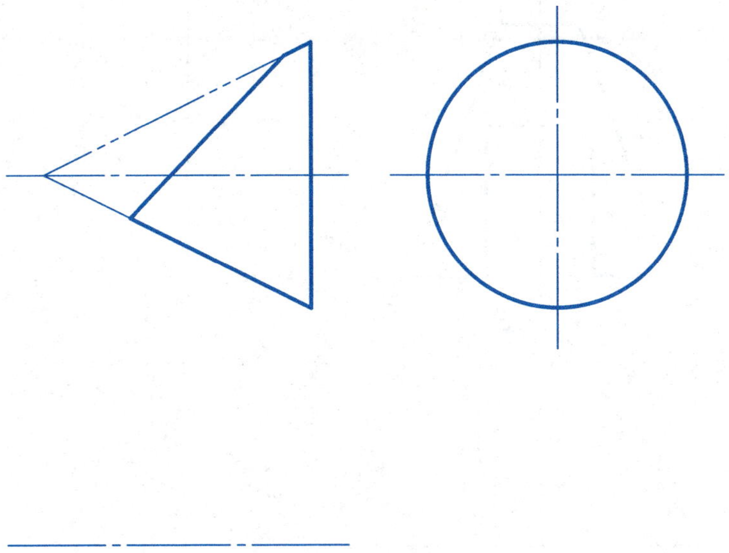

5-12　完成圆锥体被切割后的左视图。

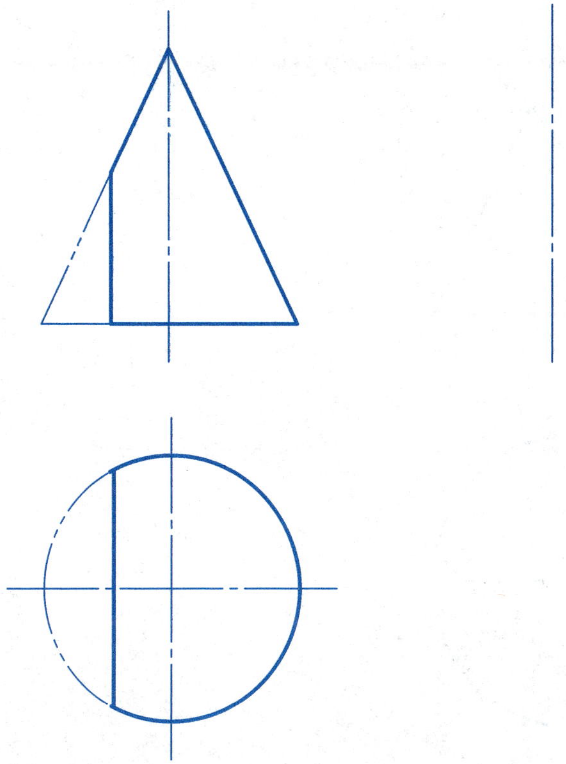

班级　　　　　　姓名　　　　　　学号

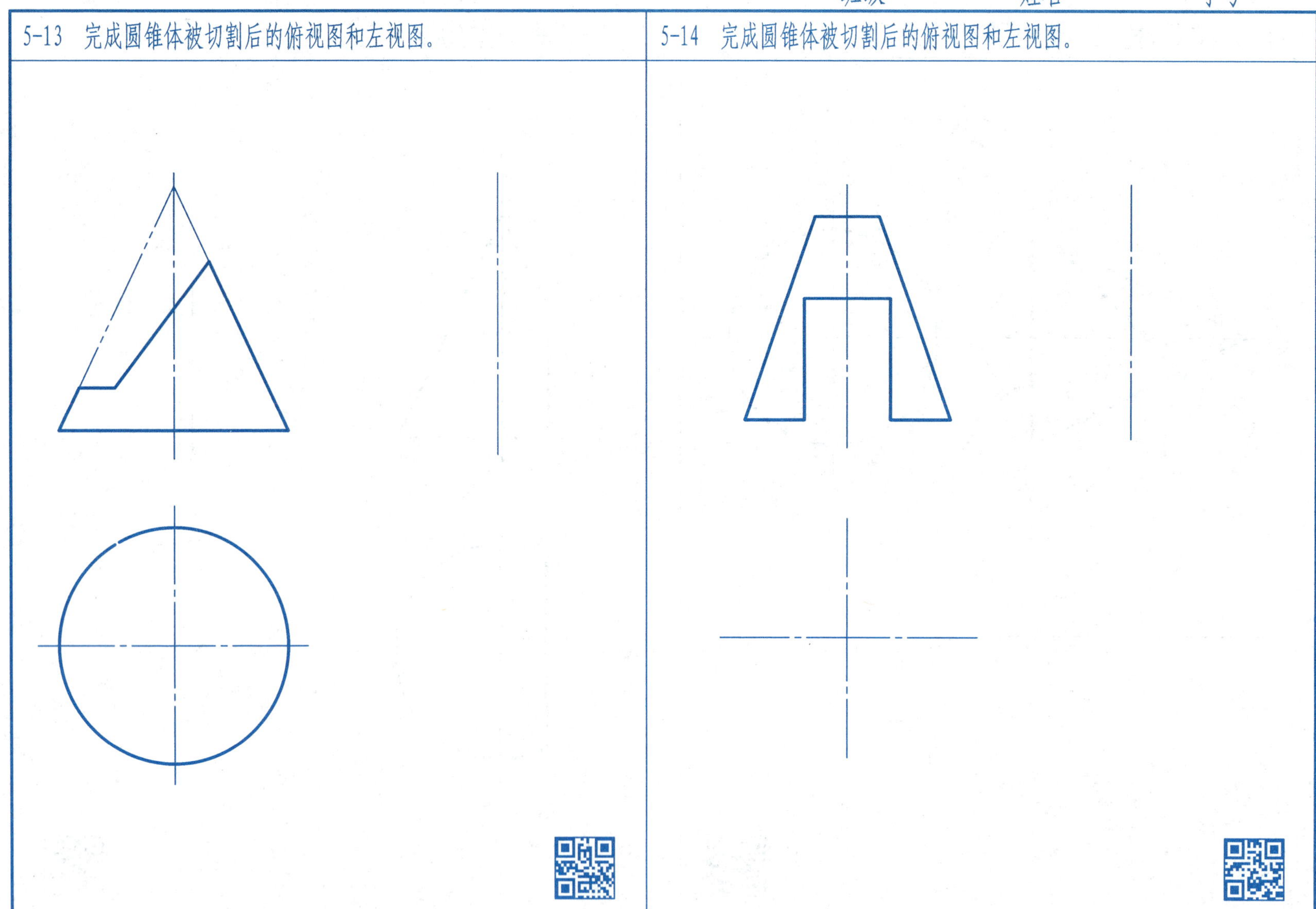
5-13　完成圆锥体被切割后的俯视图和左视图。
5-14　完成圆锥体被切割后的俯视图和左视图。

班级　　　　　姓名　　　　　学号

5-15　完成半球被切割后的主视图和俯视图。

5-16　完成圆球被切割后的俯视图和左视图。

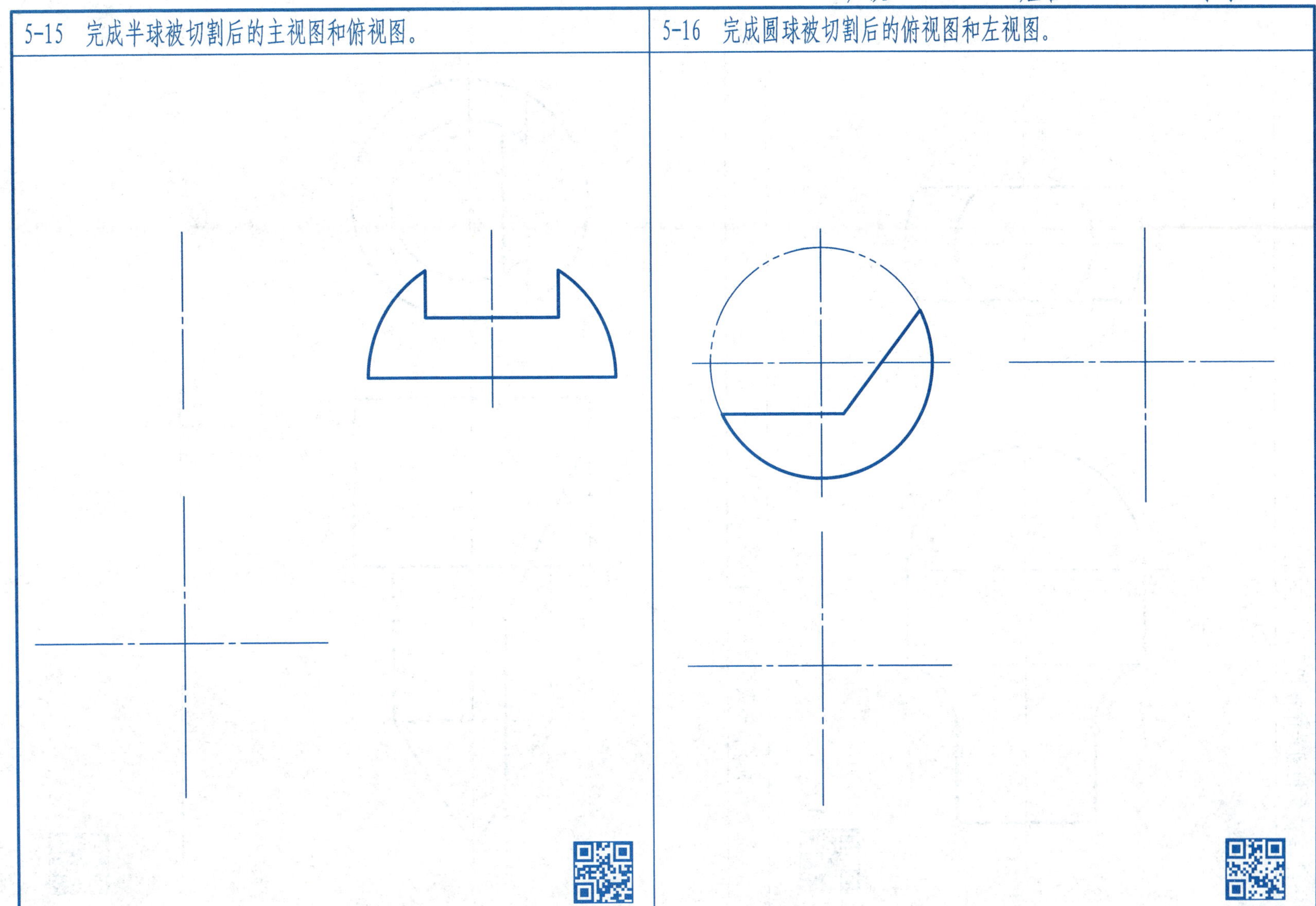

班级　　　　姓名　　　　学号

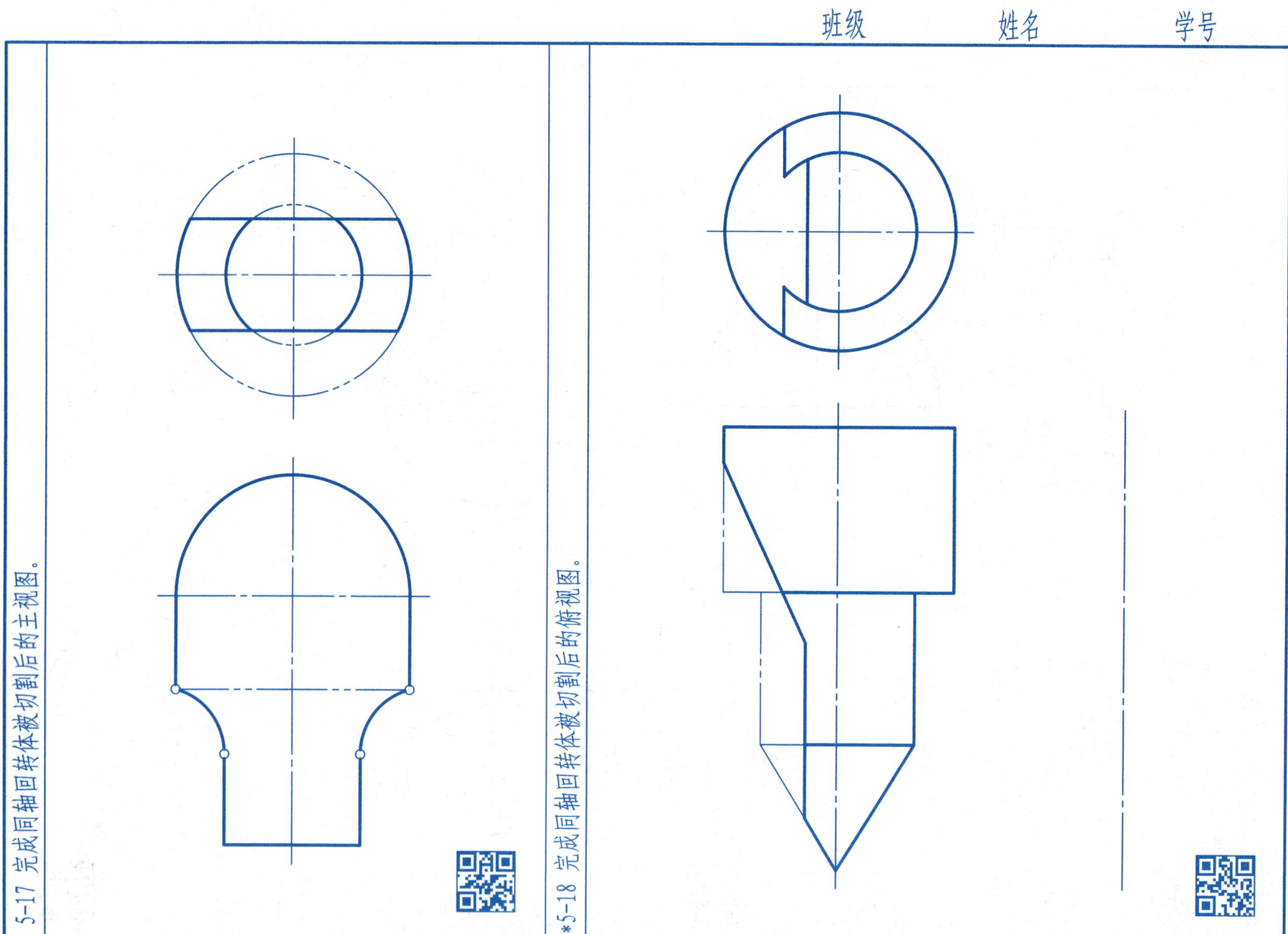

5-17 完成同轴回转体被切割后的主视图。

*5-18 完成同轴回转体被切割后的俯视图。

第 6 章

立体与立体表面相交

班级　　　　姓名　　　　学号

6-1 完成两圆柱相贯的三视图。

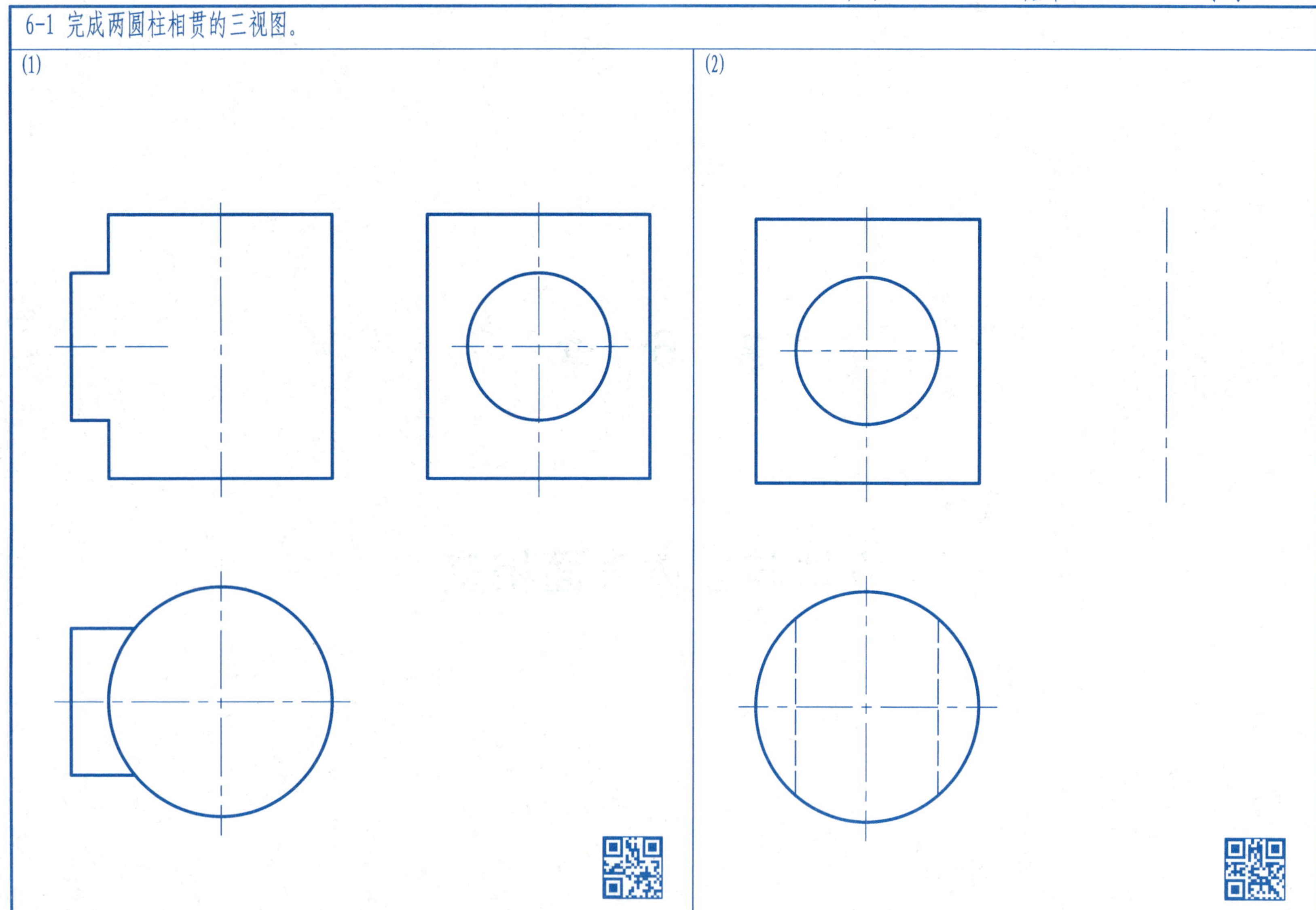
(1)
(2)

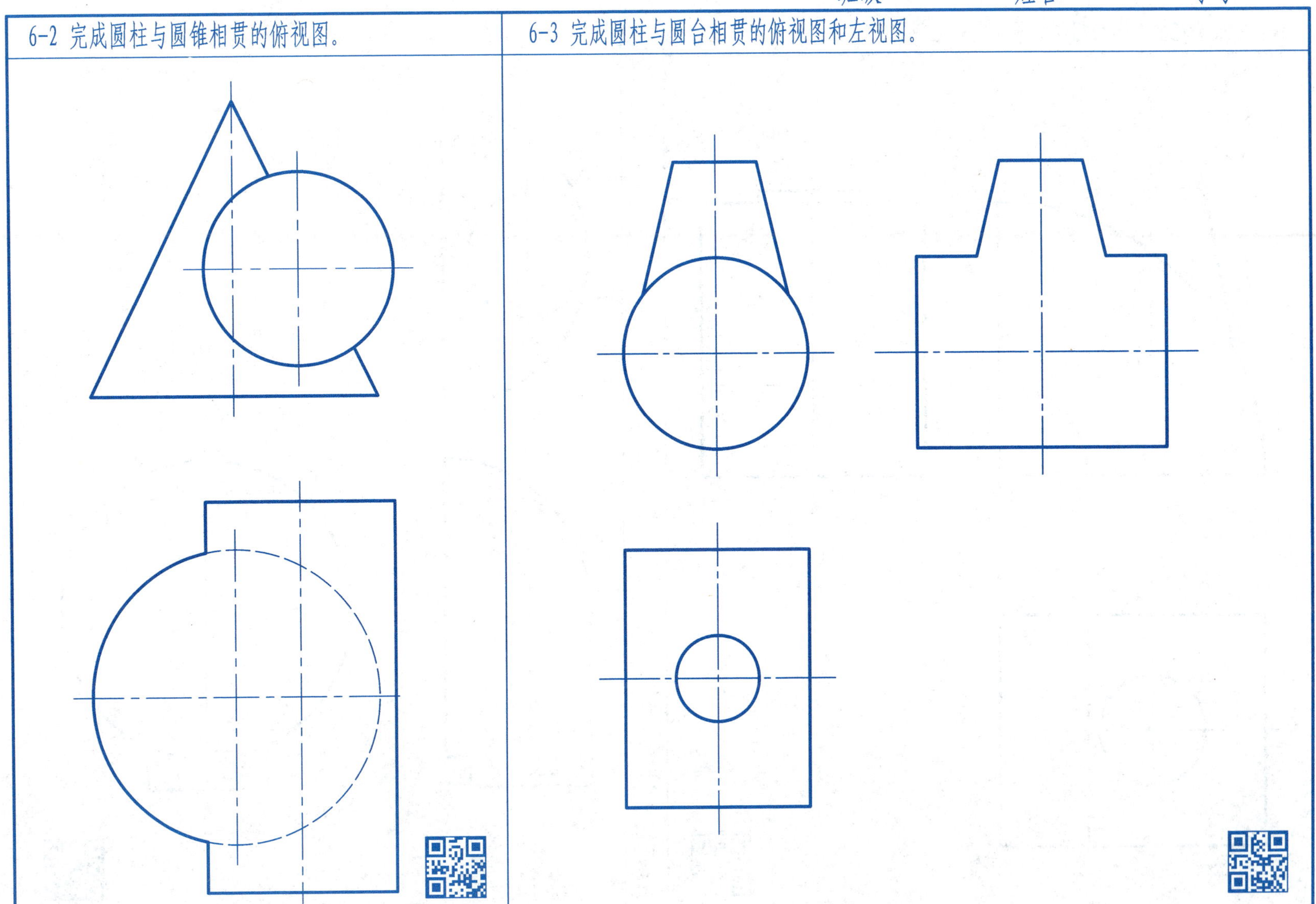
6-2 完成圆柱与圆锥相贯的俯视图。
6-3 完成圆柱与圆台相贯的俯视图和左视图。

6-4 完成圆柱面与圆台相贯的俯视图和左视图。

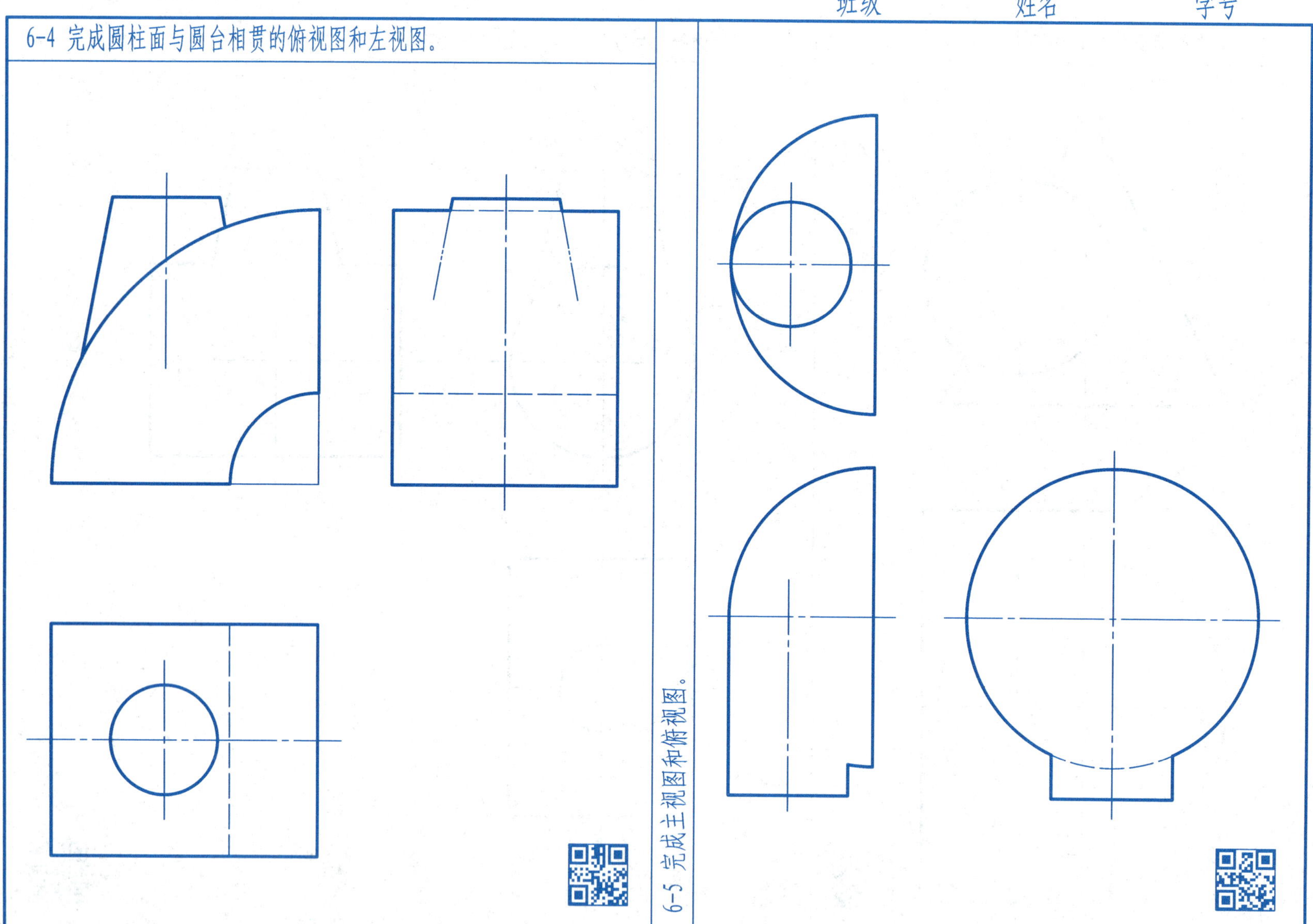

6-5 完成主视图和俯视图。

班级　　　　姓名　　　　学号

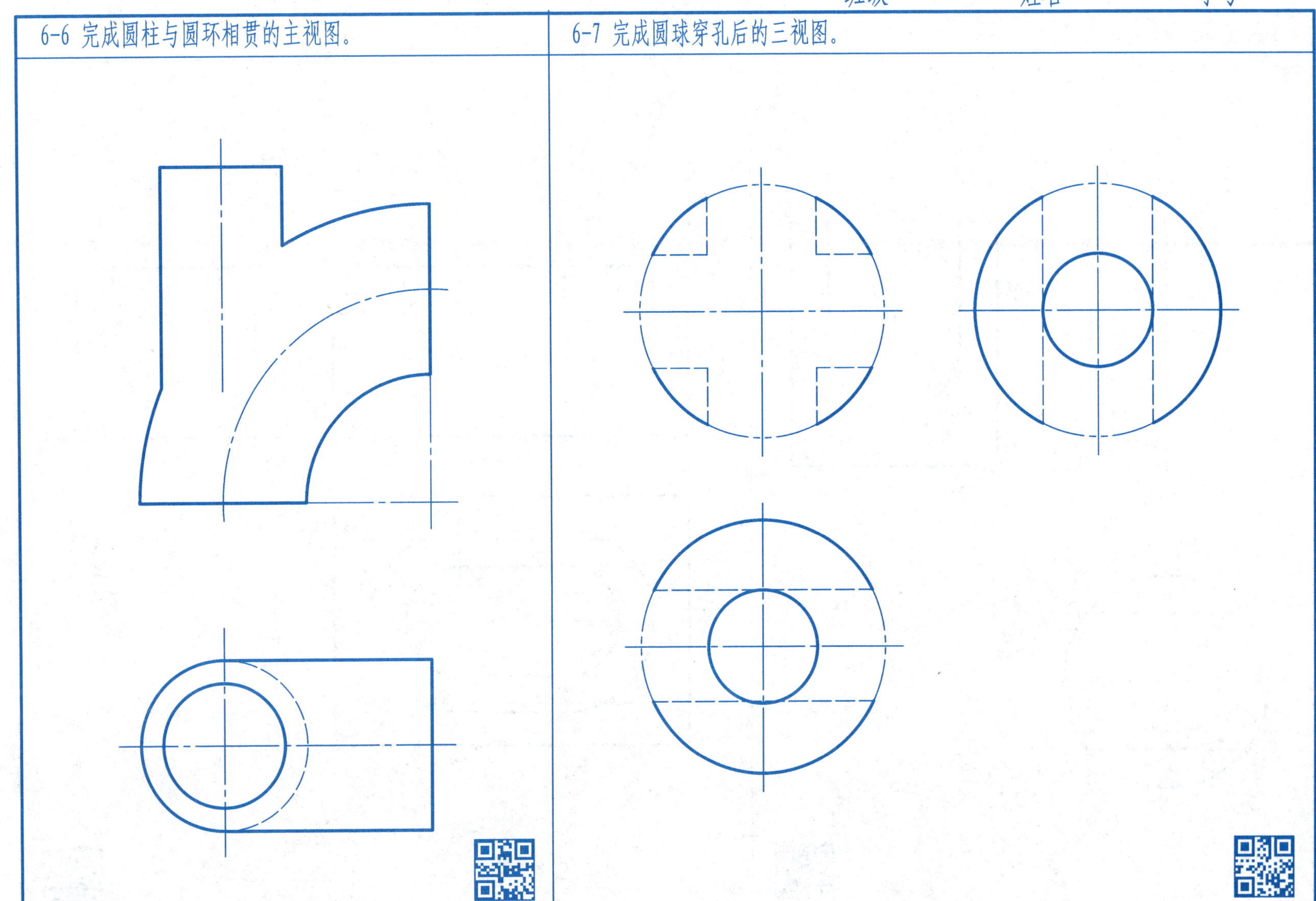

6-6 完成圆柱与圆环相贯的主视图。

6-7 完成圆球穿孔后的三视图。

6-8 补全组合相贯体的主视图。

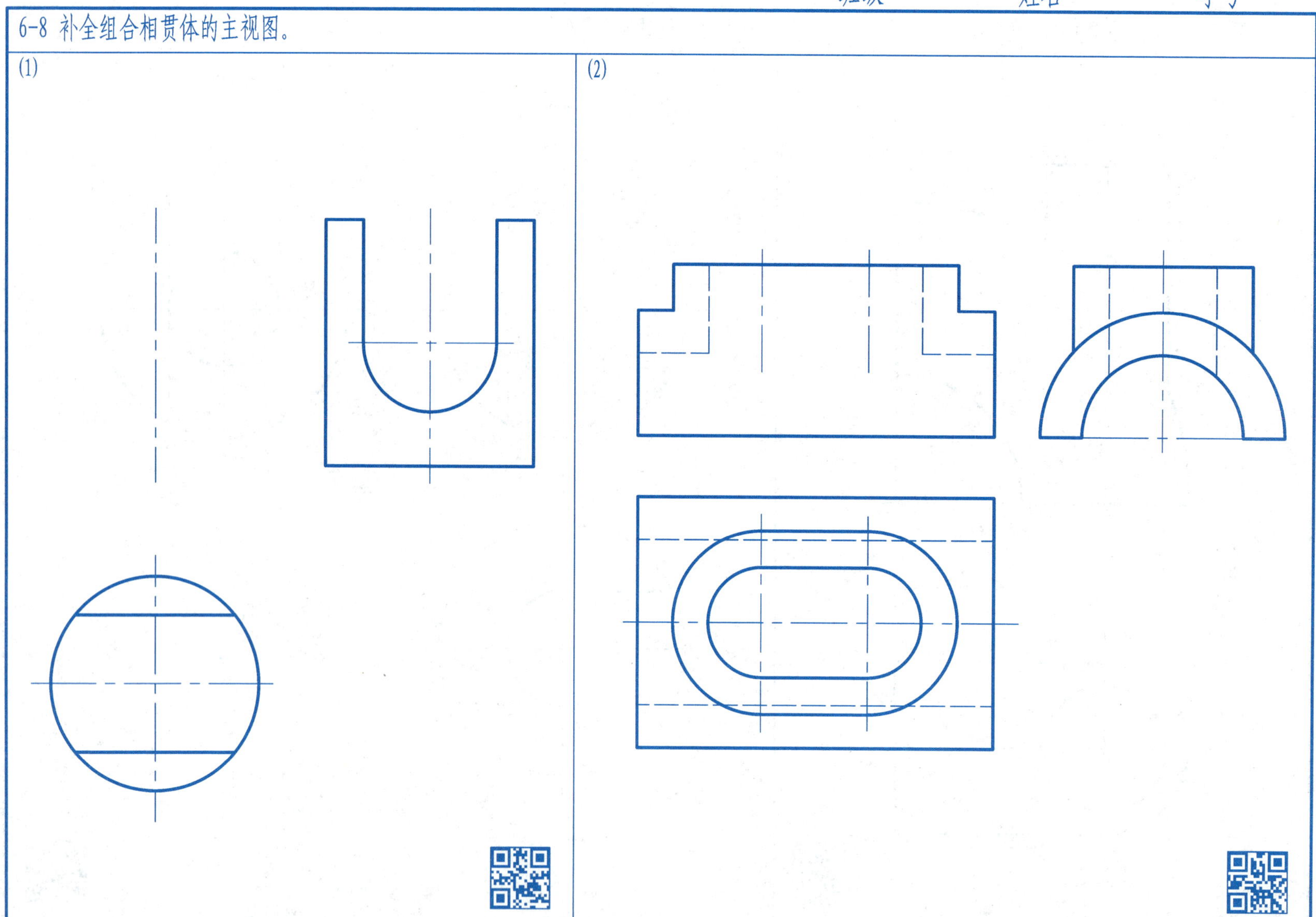
(1)
(2)

班级　　　　姓名　　　　学号

6-9 补全组合相贯体的主视图。

*6-10 补全组合相贯体的主视图和俯视图。

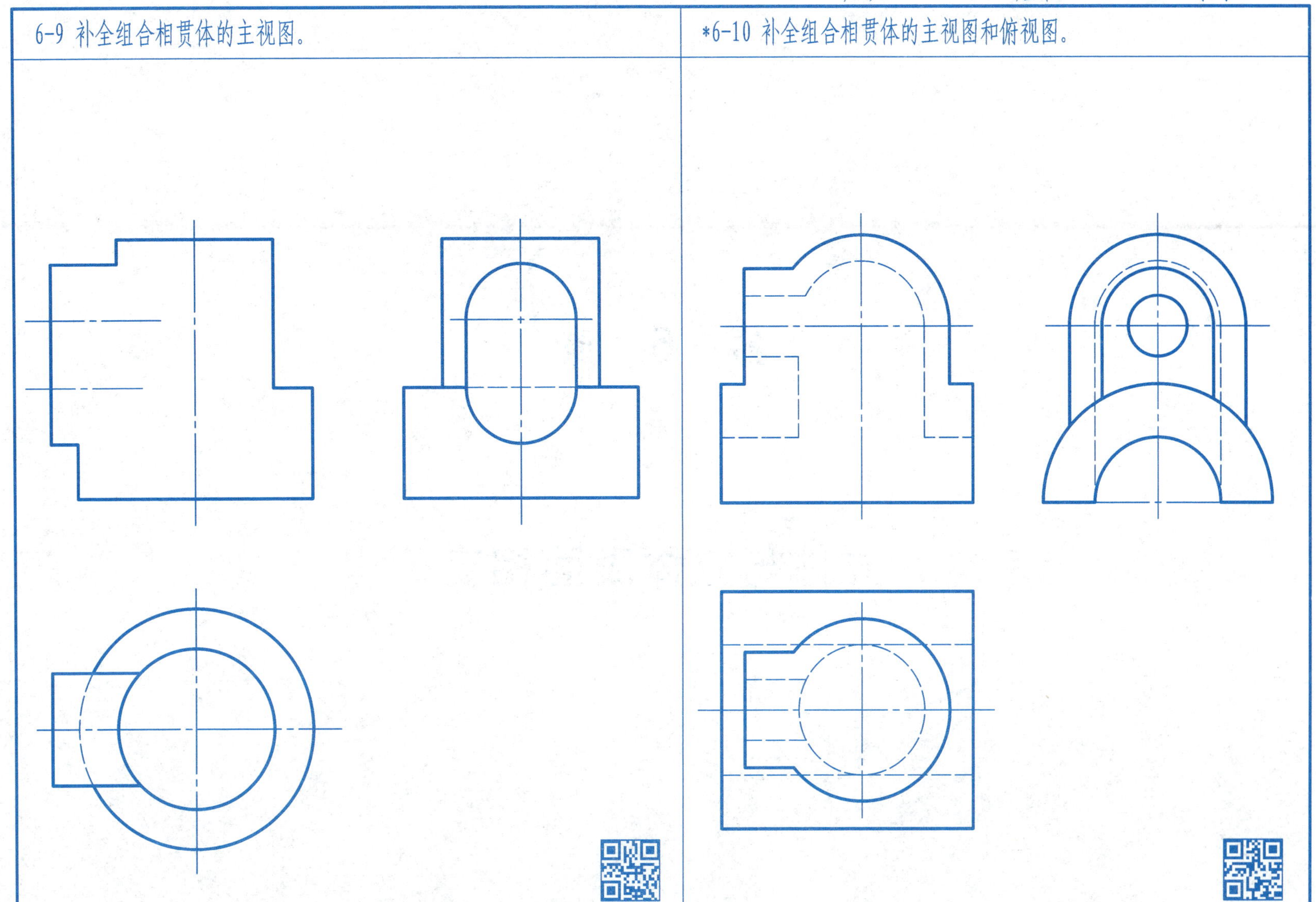

第 6 章

立体与立体表面相交

7-1 分析表面连接关系，补画主视图中缺少的图线。

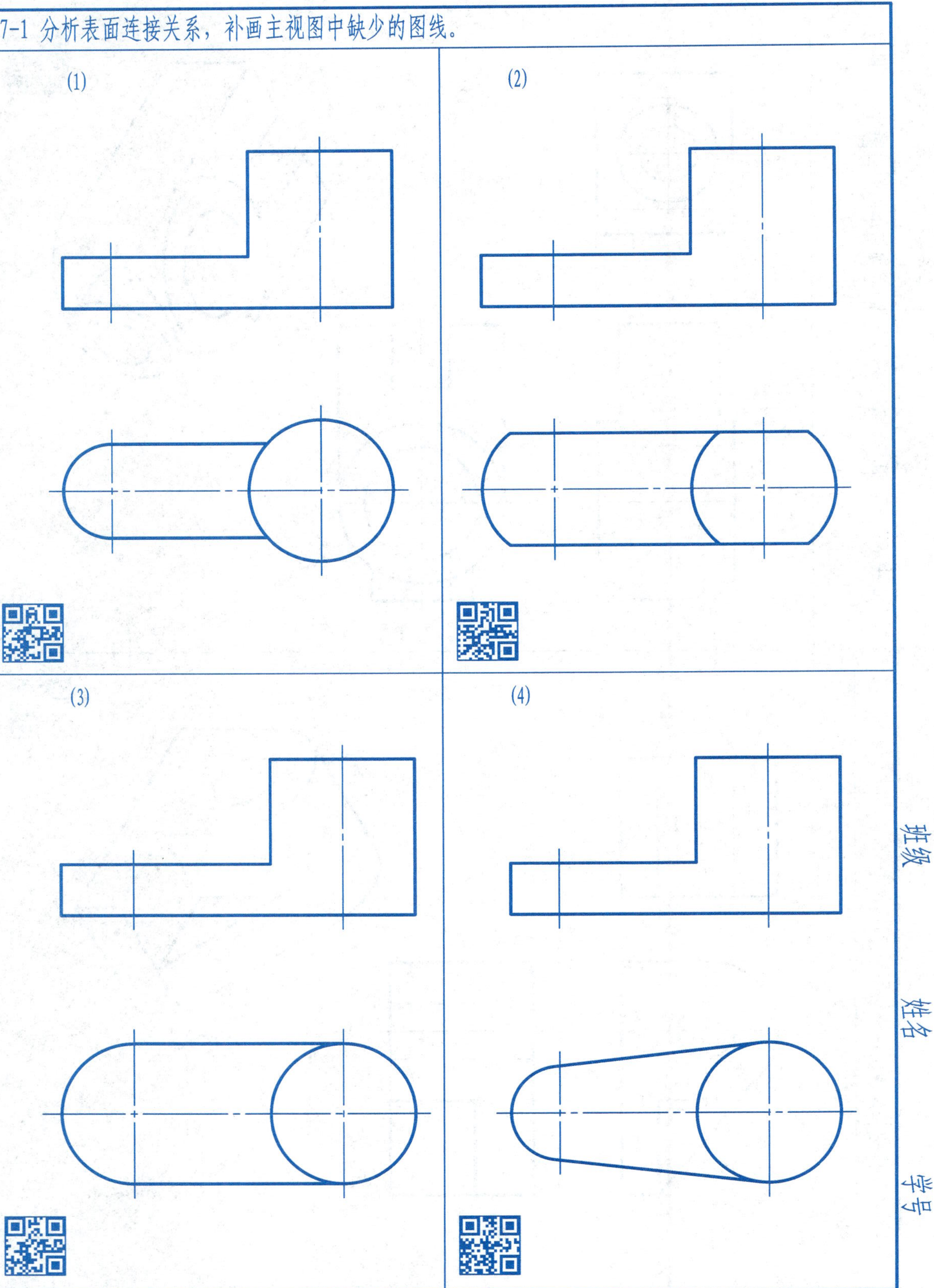

(1)
(2)
(3)
(4)

班级　　姓名　　学号

班级　　　　姓名　　　　学号

7-2　参考立体图补画视图中所缺图线。

7-3　参考立体图，补画视图中所缺图线(主视图中圆柱与圆柱的相贯线用简化画法画出)。

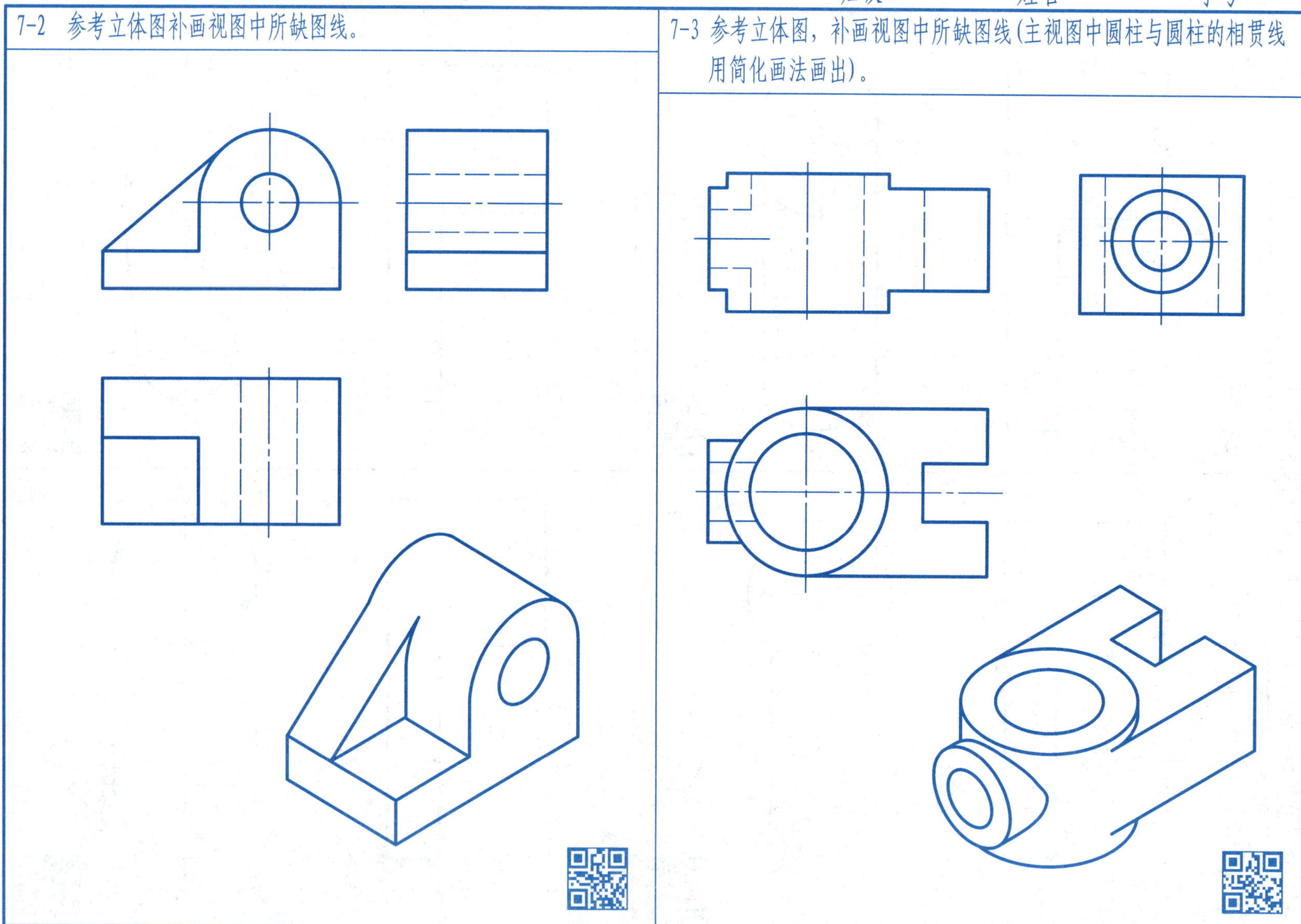

7-4 根据立体图，正确选择主视图的投影方向，并根据尺寸1:1画出三视图(图中孔为通孔)。

(1)

(2)

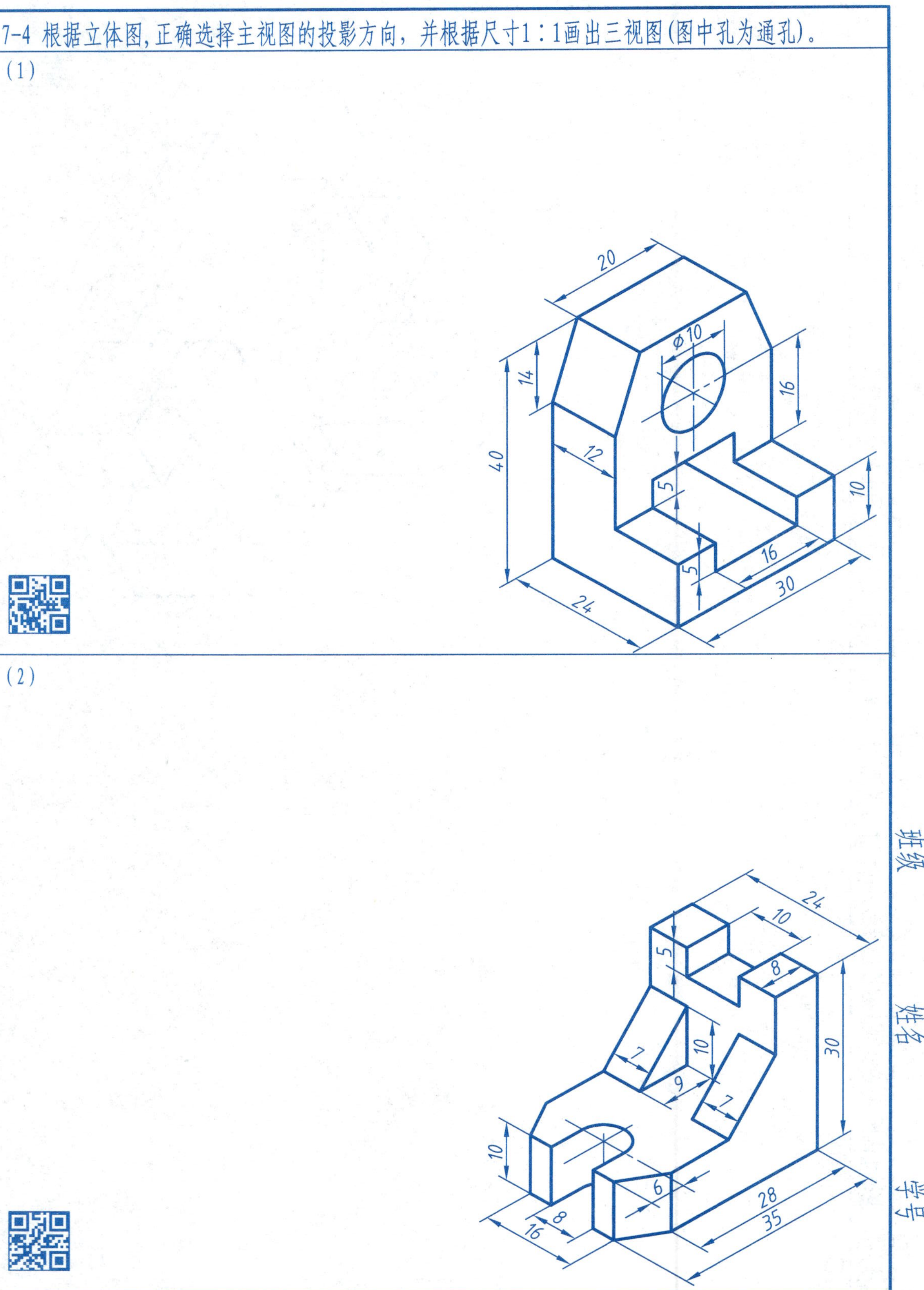
20
ϕ10
14
16
40
12
5
10
5
16
30
24
24
10
5
8
10
7
30
9
7
10
6
8
16
28
35

班级　　　　姓名　　　　学号

续7-4　根据立体图,正确选择主视图的投影方向，并根据尺寸1∶1画出三视图(不注尺寸,图中孔为通孔)。

(3)

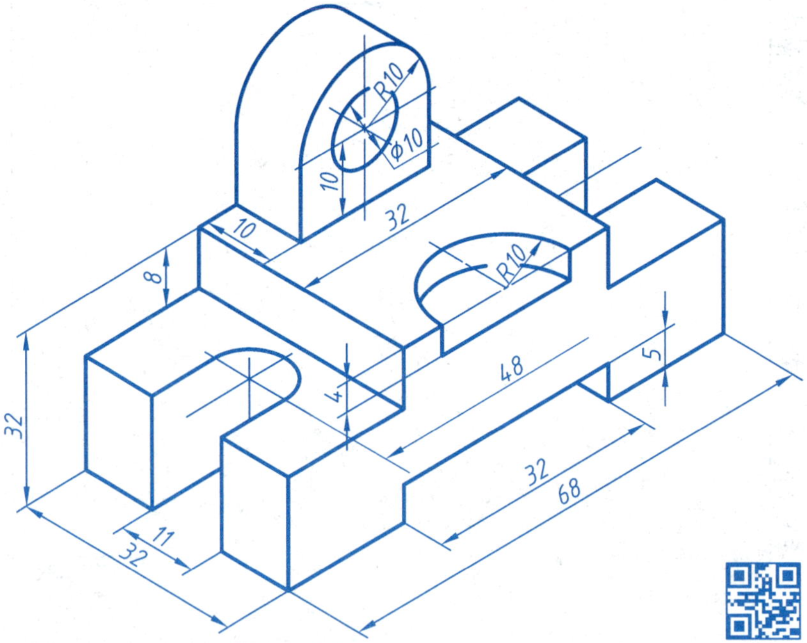

R10
Φ10
10
32
10
8
R10
4
5
48
32
32
68
11
32

班级　　　　　　姓名　　　　　　学号

续7-4　根据立体图,正确选择主视图的投影方向，并根据尺寸1∶1画出三视图(不注尺寸,图中孔为通孔)。

(4)

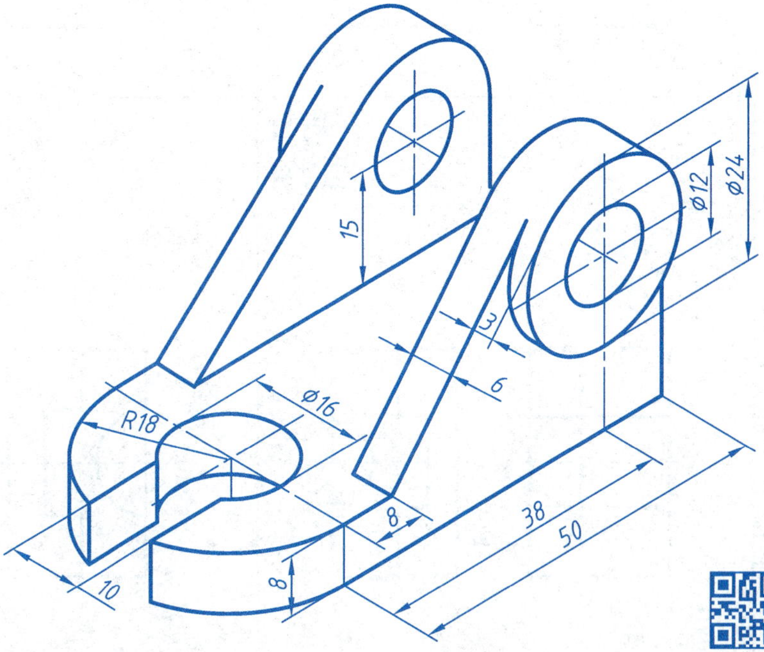

R18
⌀16
10
8
8
38
50
6
3
15
⌀12
⌀24

7-5 想象出立体的形状，并补画出左视图。

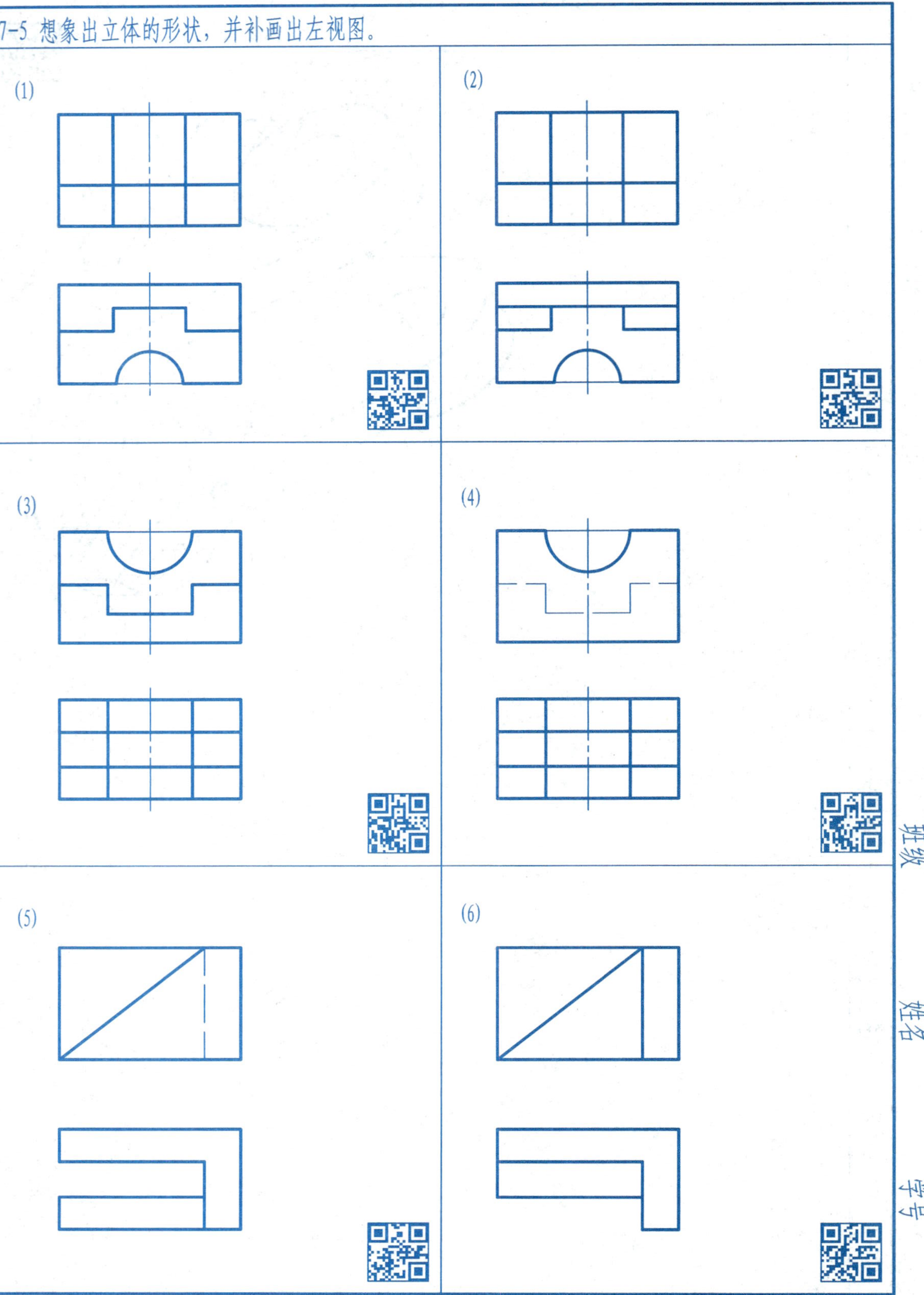

(1)
(2)
(3)
(4)
(5)
(6)

班级　　　　姓名　　　　学号

7-6 想象出立体的形状，并补画出第三视图。

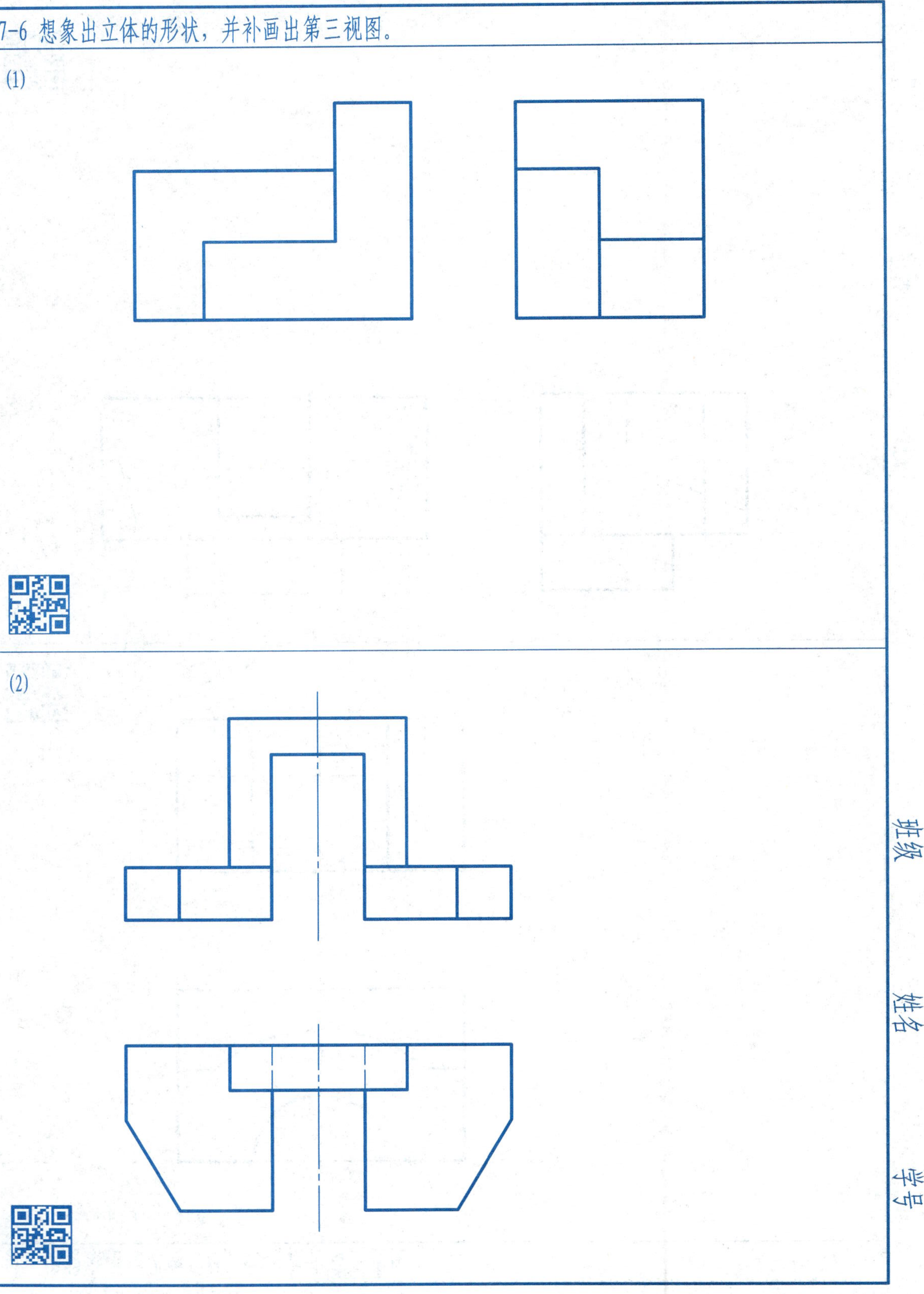
(1)
(2)
班级
姓名
学号

续7-6 想象出立体的形状，并补画出第三视图。

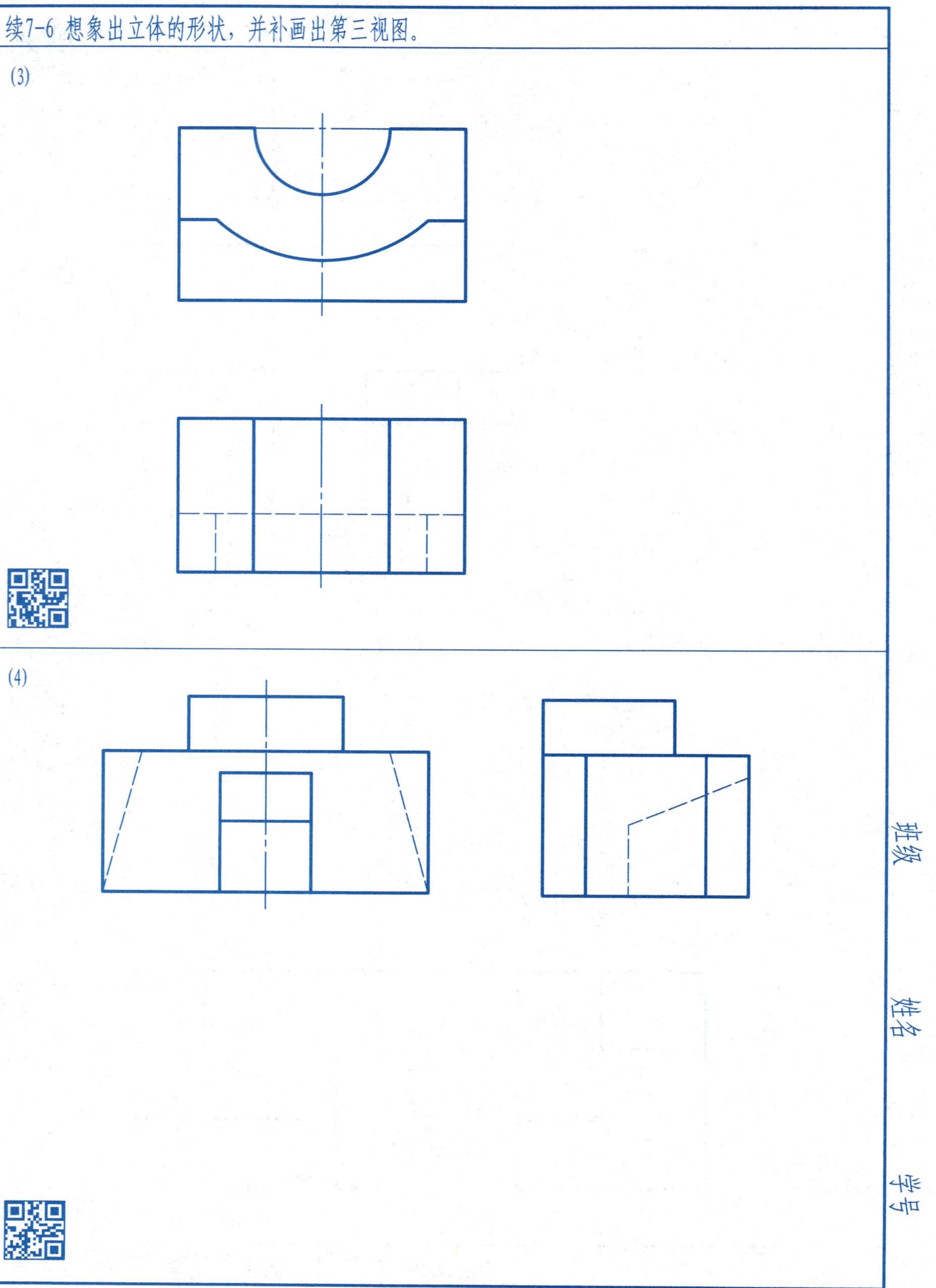
(3)
(4)

班级　　　　姓名　　　　学号

班级　　　　姓名　　　　学号

7-7 根据立体的两视图，补画出第三视图。

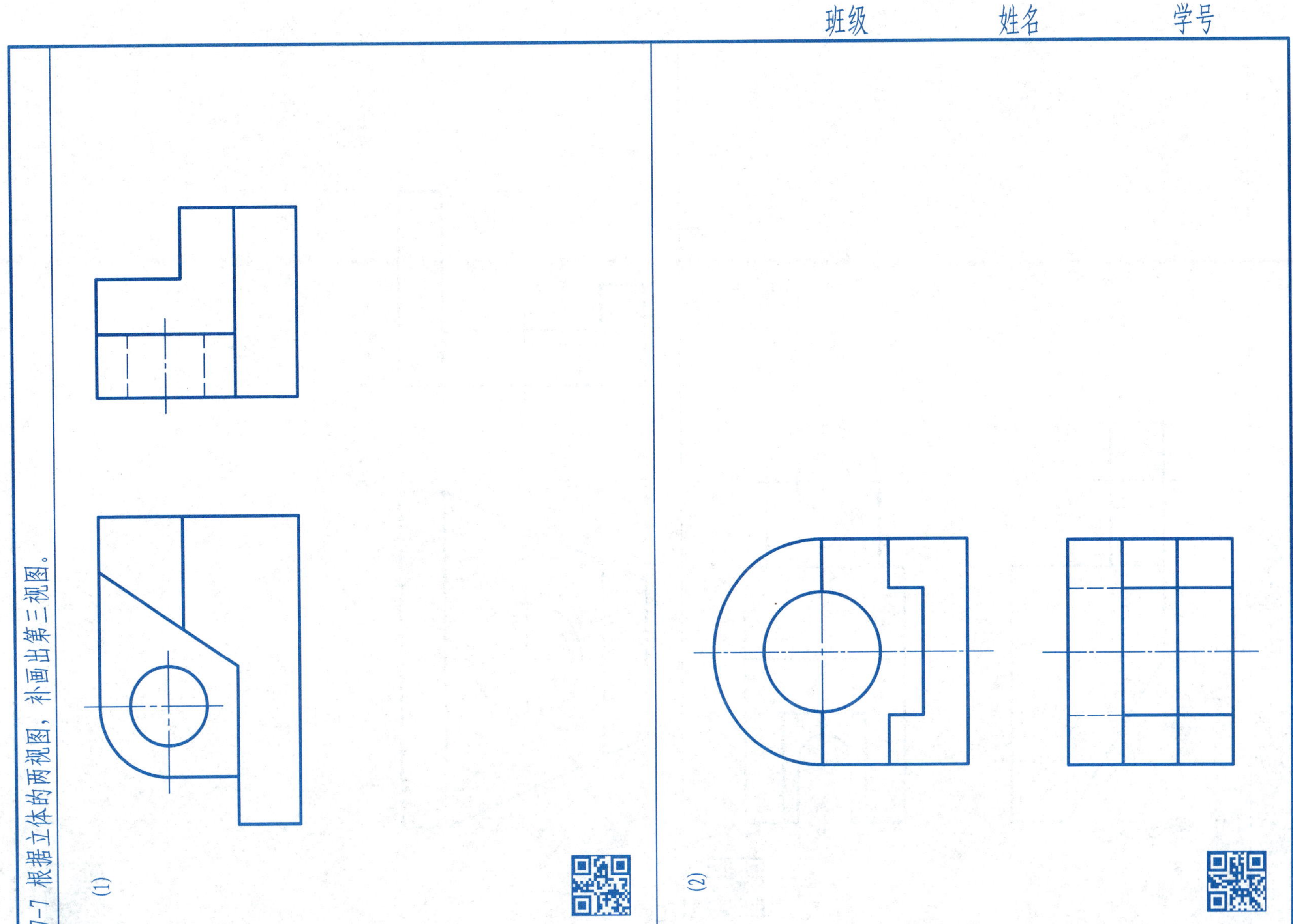
(1)
(2)

班级　　姓名　　学号

7-8 根据立体的两个视图，补画出第三视图。

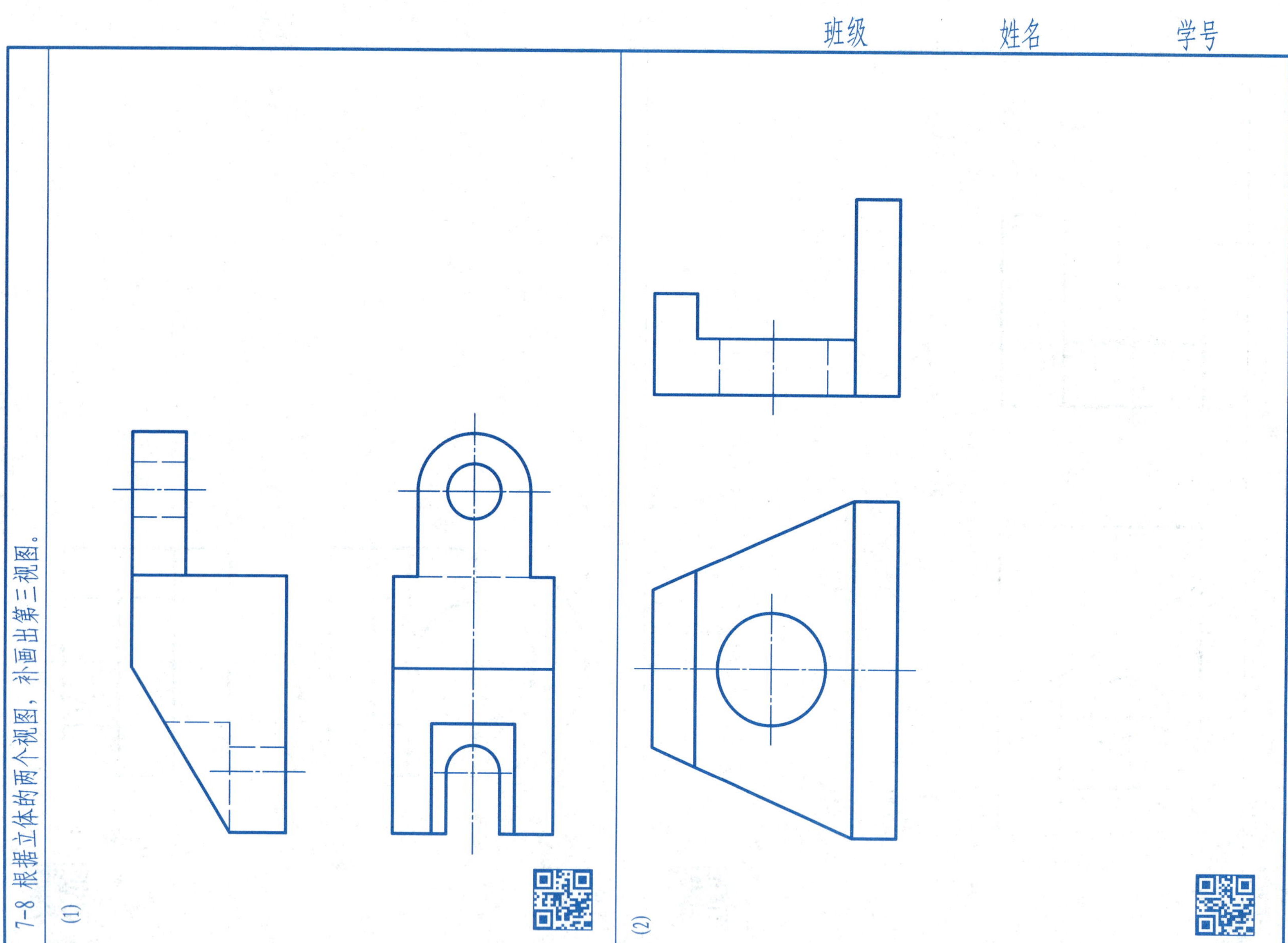

(1)

(2)

续7-8 根据立体的两个视图，补画出第三视图。

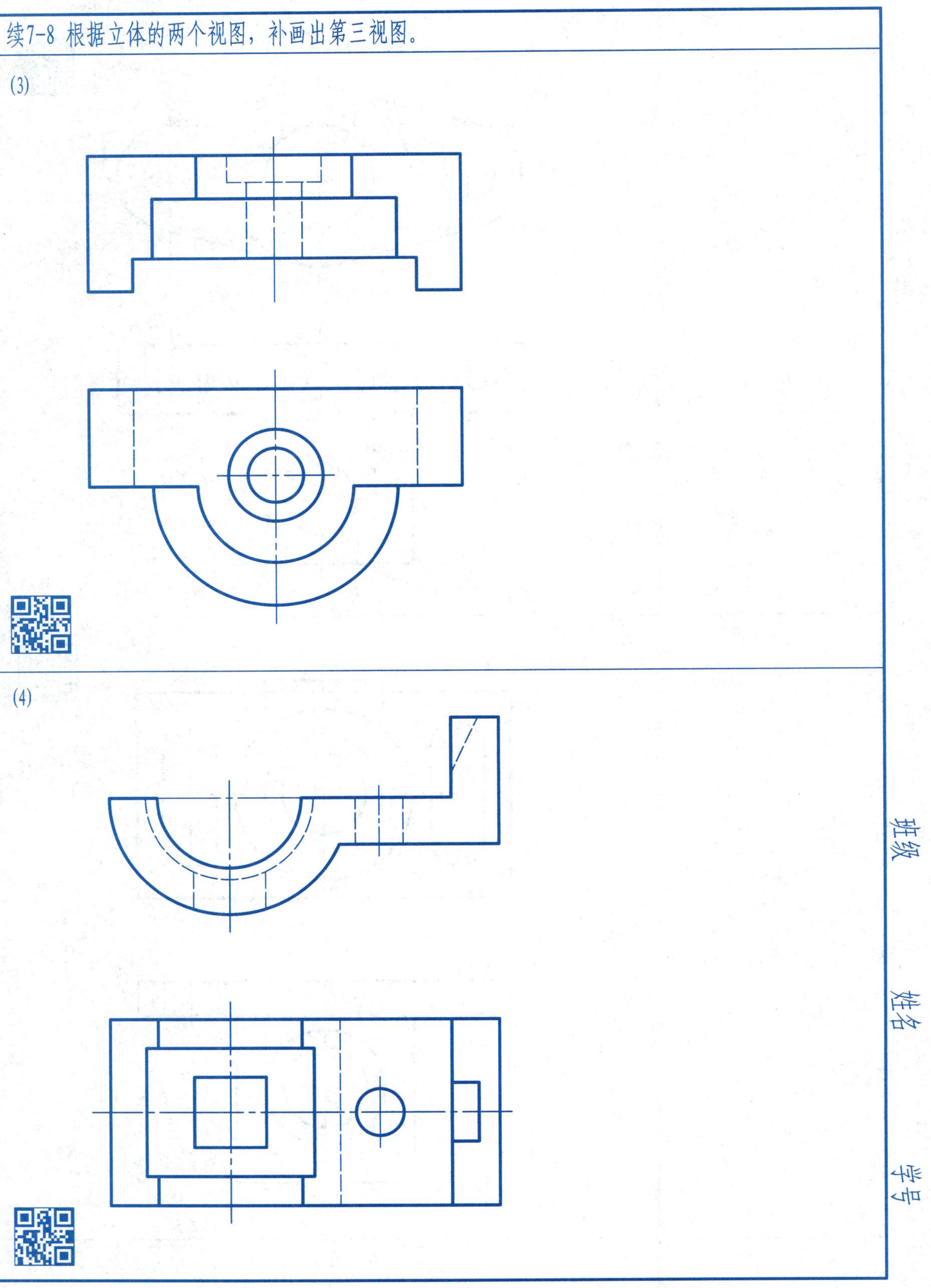
(3)
(4)

7-9 根据立体的主视图和俯视图，补画出左视图。

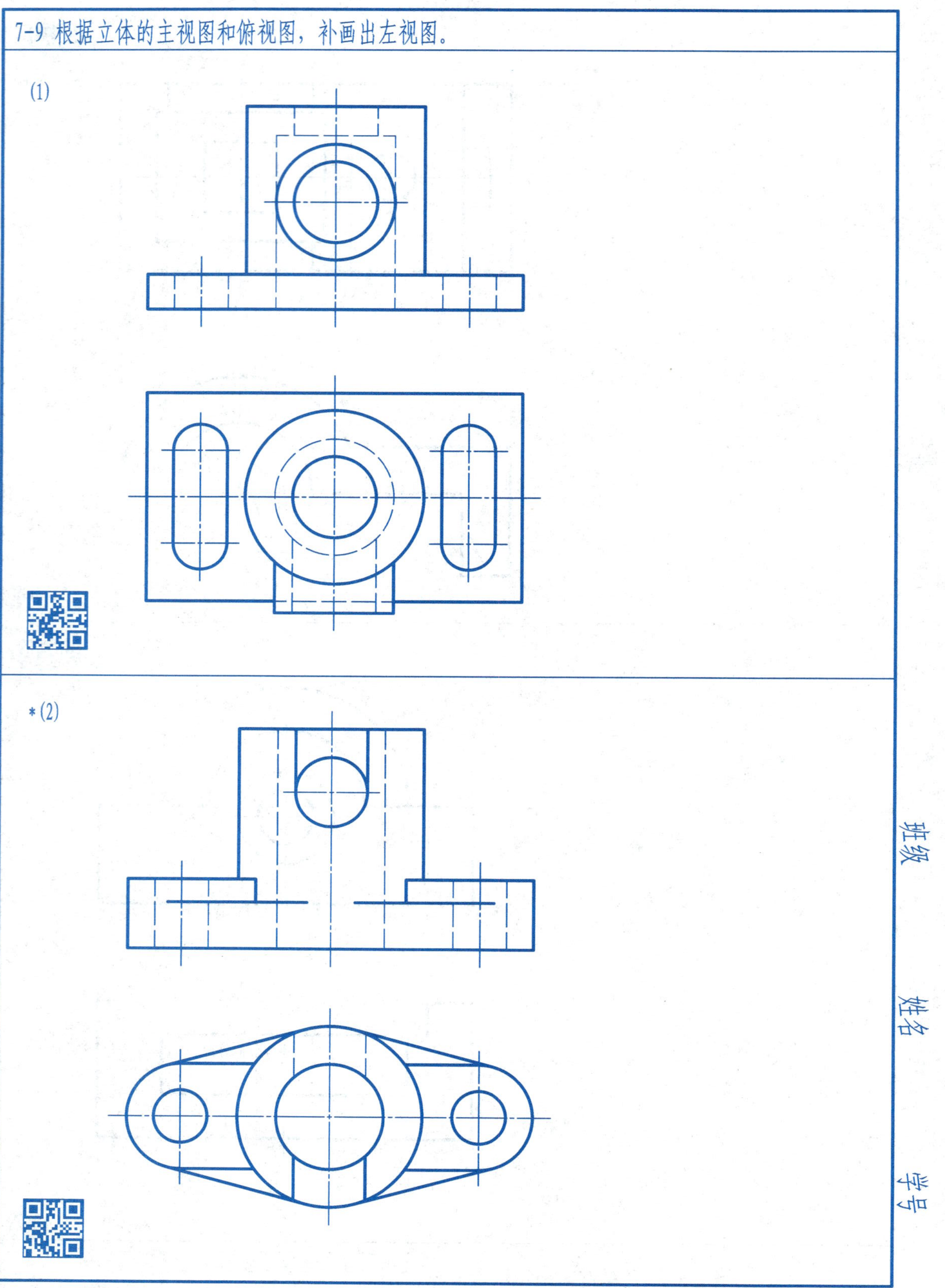

(1)
*(2)

班级　　　　姓名　　　　学号

7-10 读懂两视图，补画第三视图。

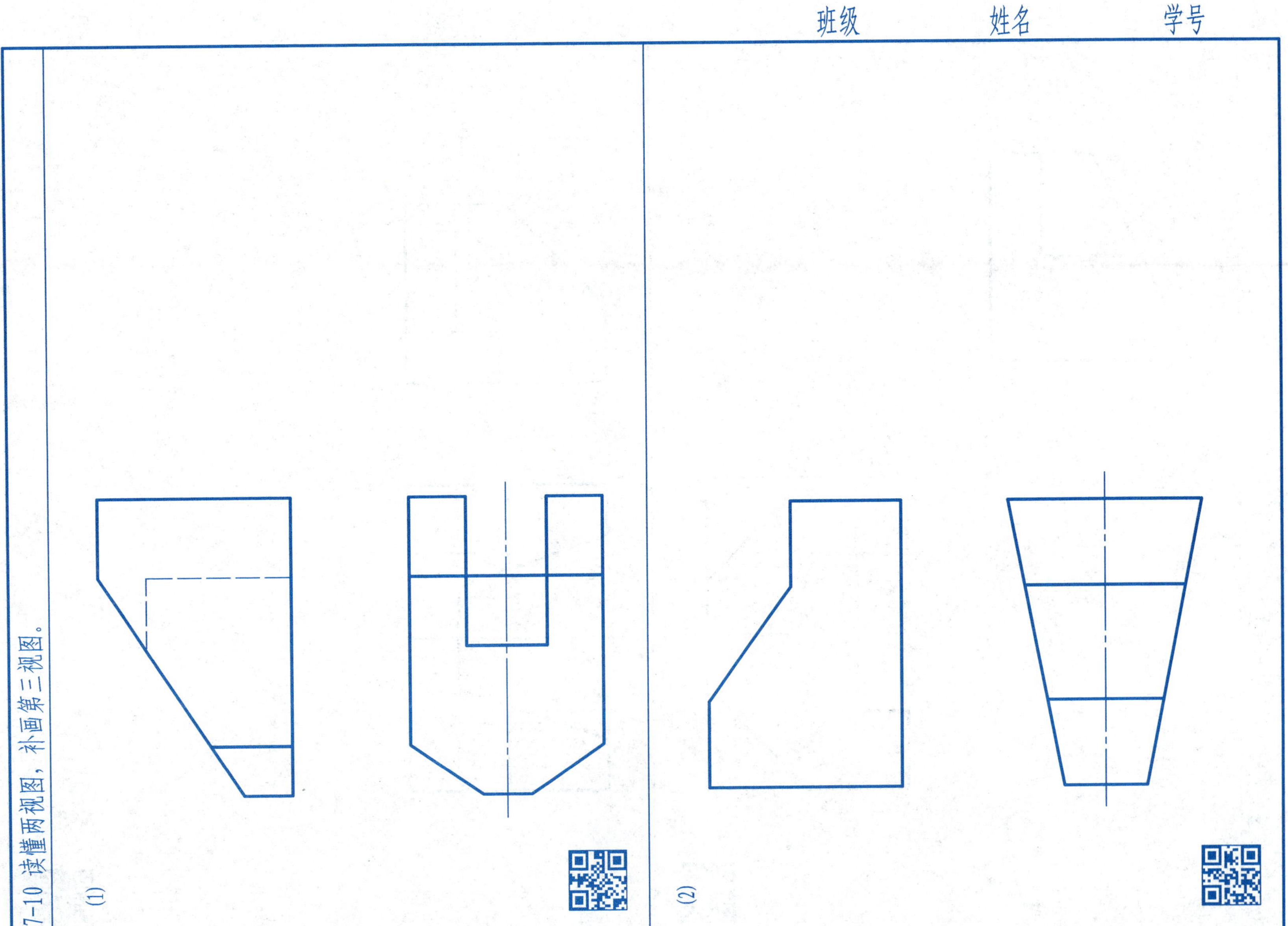

(1)

(2)

续7-10 读懂两视图，补画第三视图。

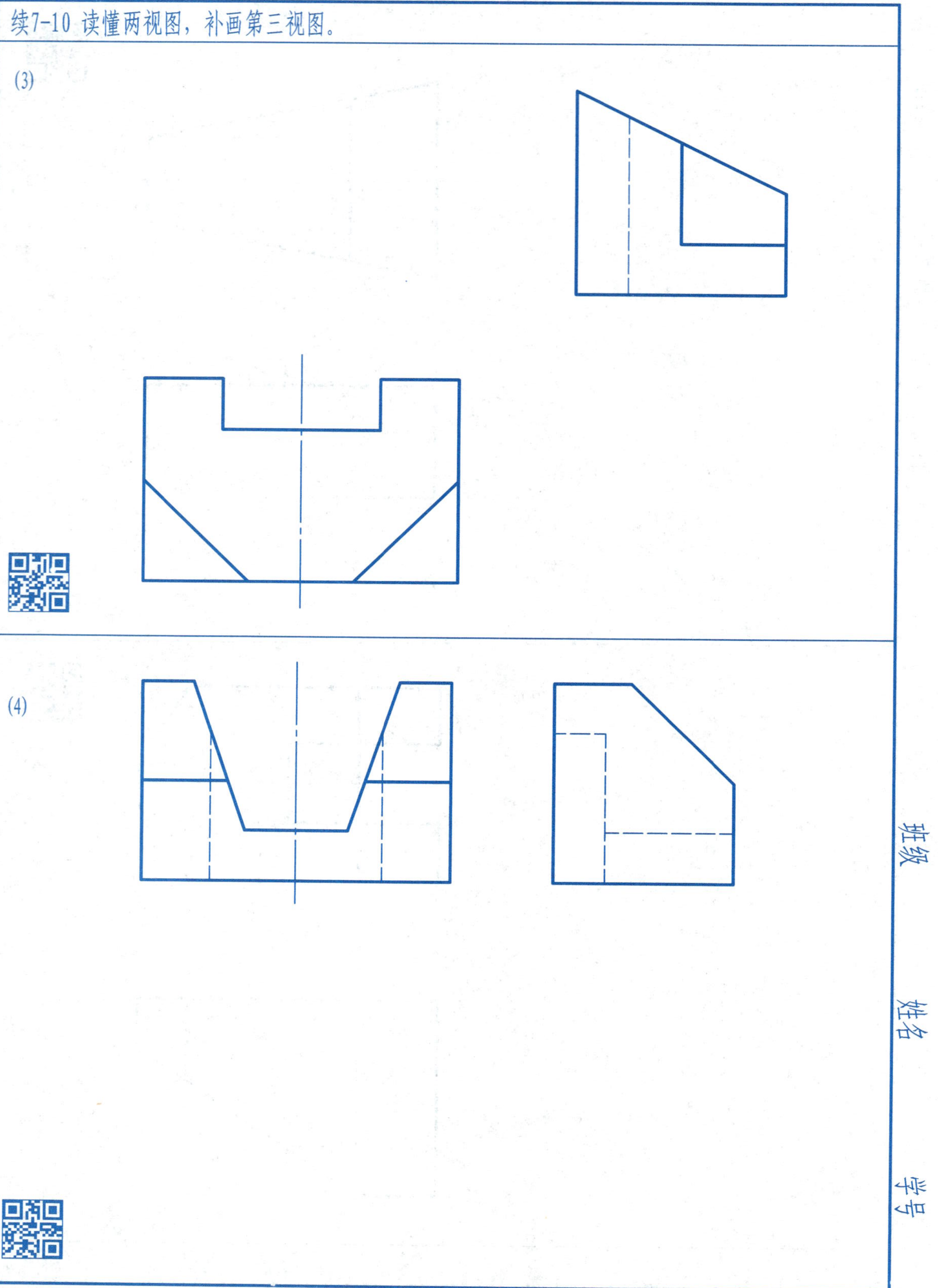

(3)
(4)

班级　　姓名　　学号

7-11 读懂两视图，补画第三视图。

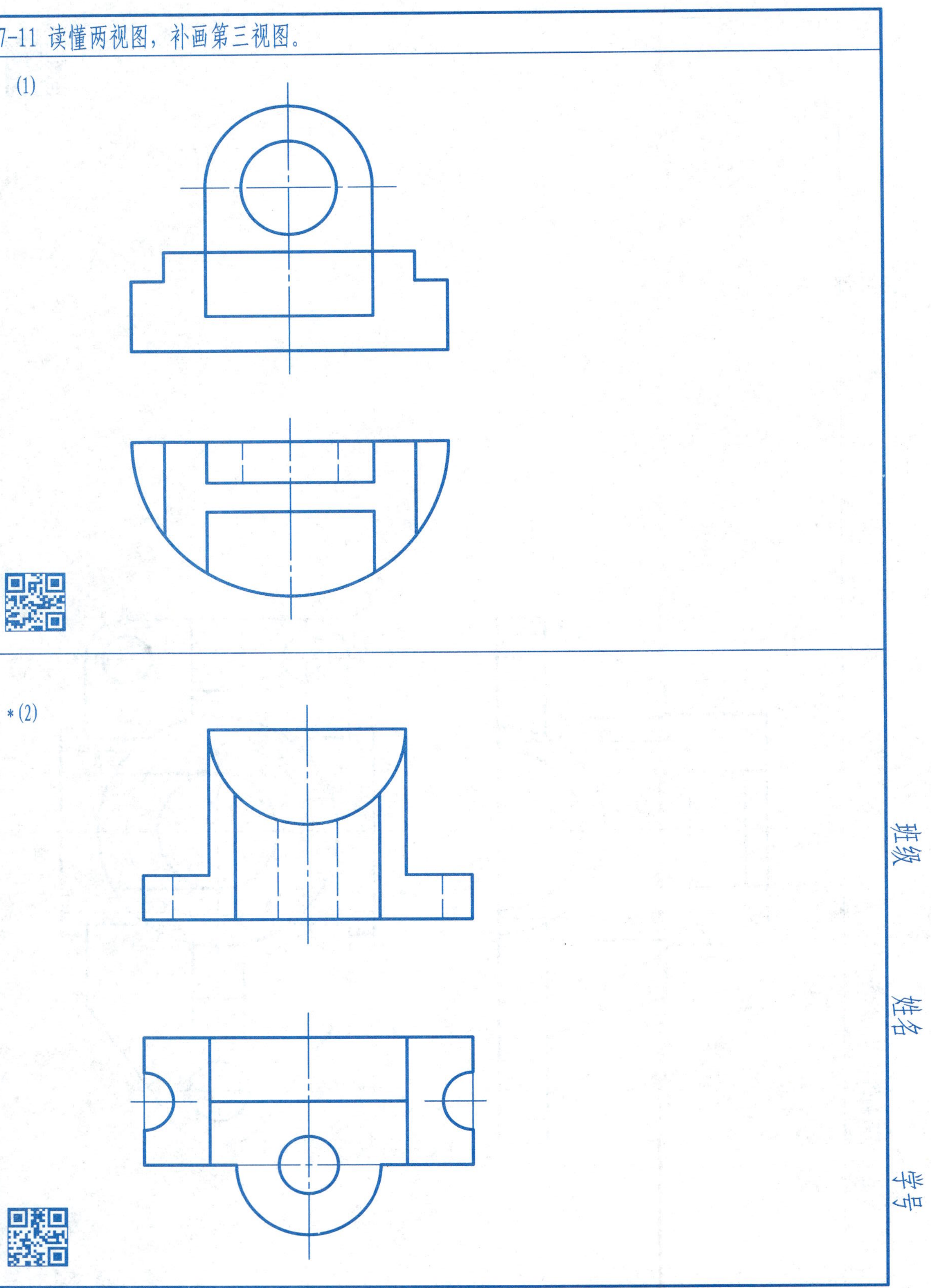
(1)
*(2)

班级　　　　姓名　　　　学号

7-12 根据主视图和俯视图，补画左视图。

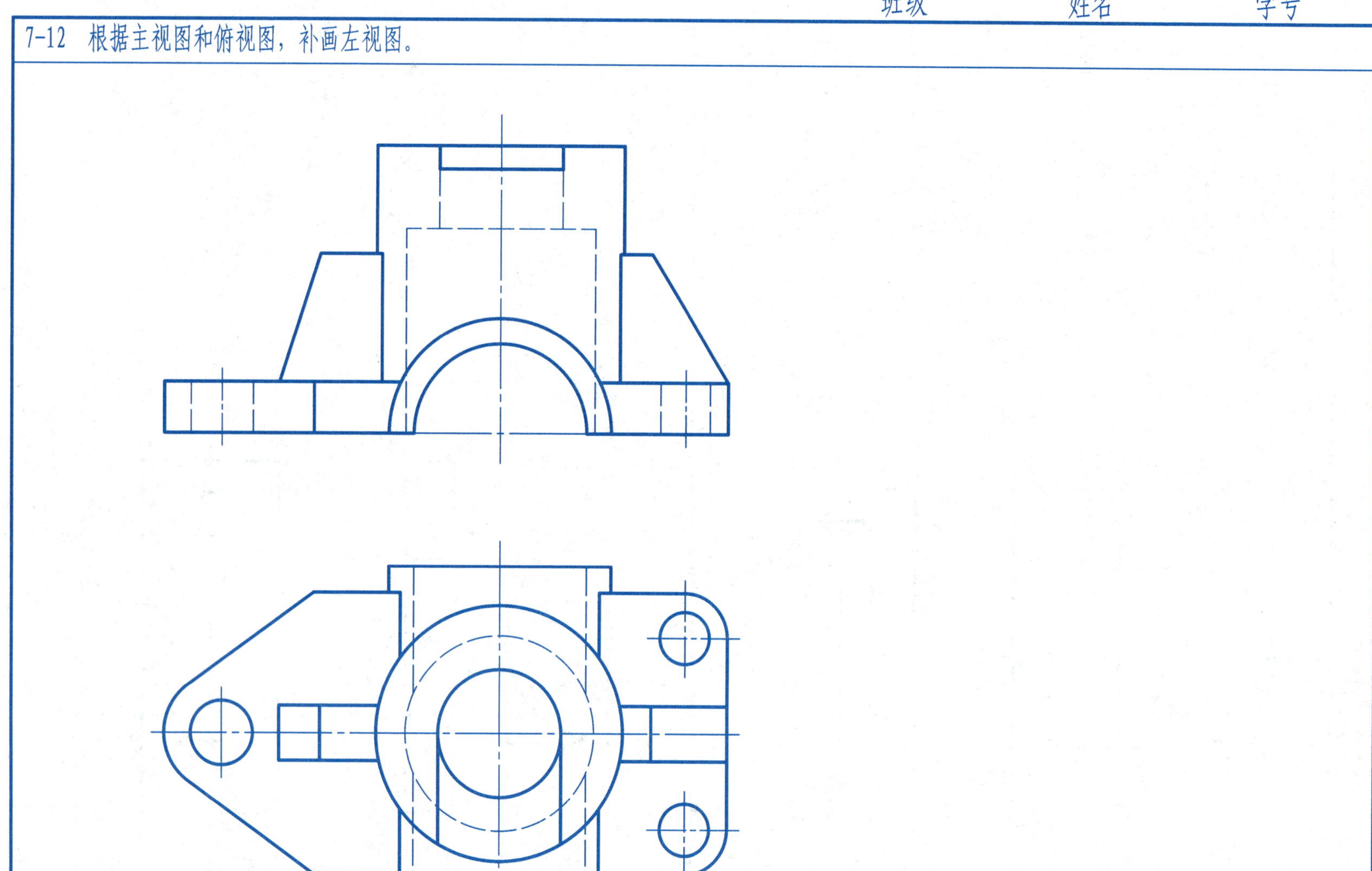

7-13 标注下列各题尺寸，数值从图中按1：1量取，并取整数。

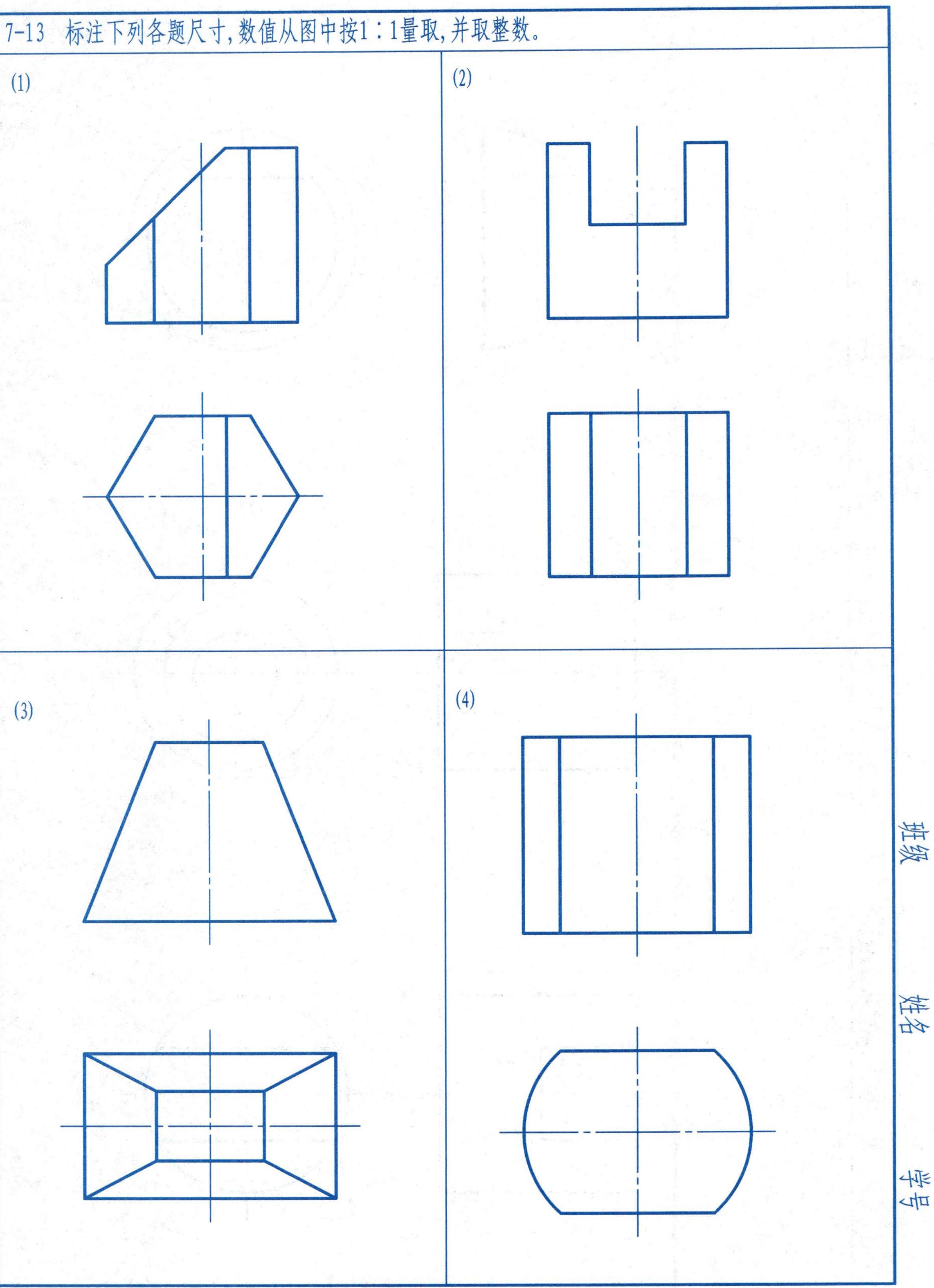
(1)
(2)
(3)
(4)

7-14　标注下列各题尺寸，数值从图中按1：1量取，并取整数。

(1)

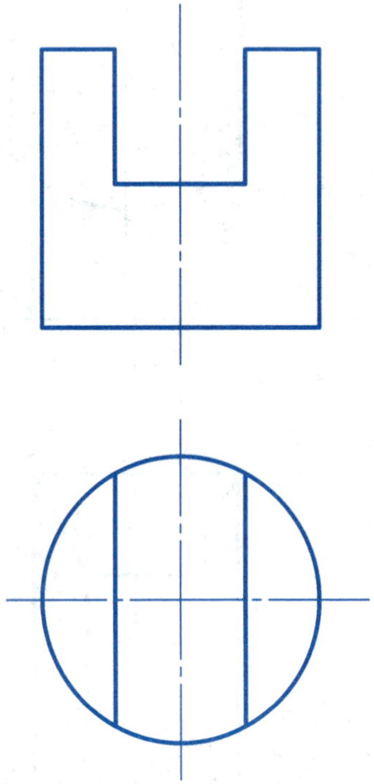

(2)

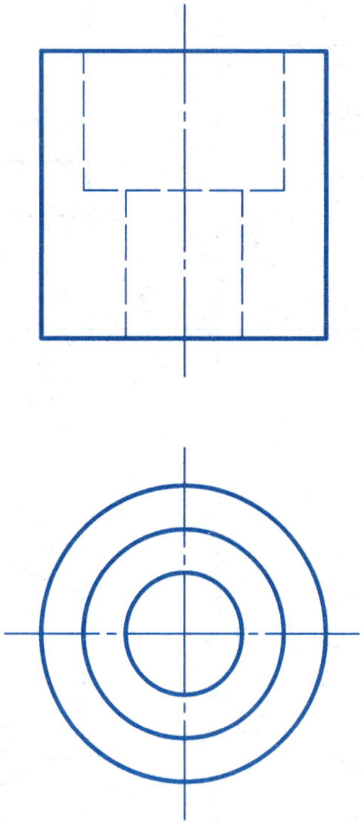

(3)

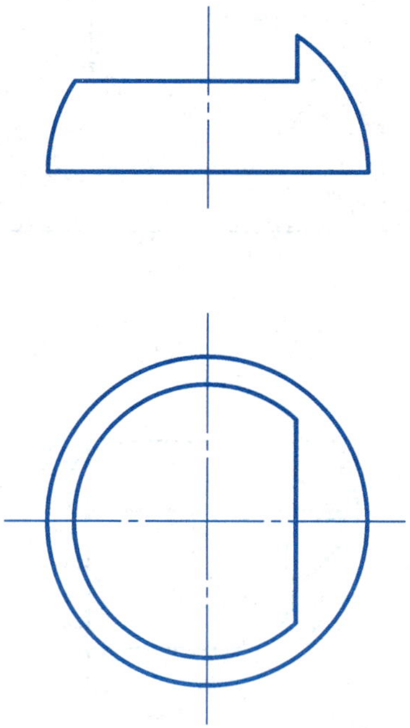

7-15　标注下列各题尺寸，数值从图中按1：1量取，并取整数。

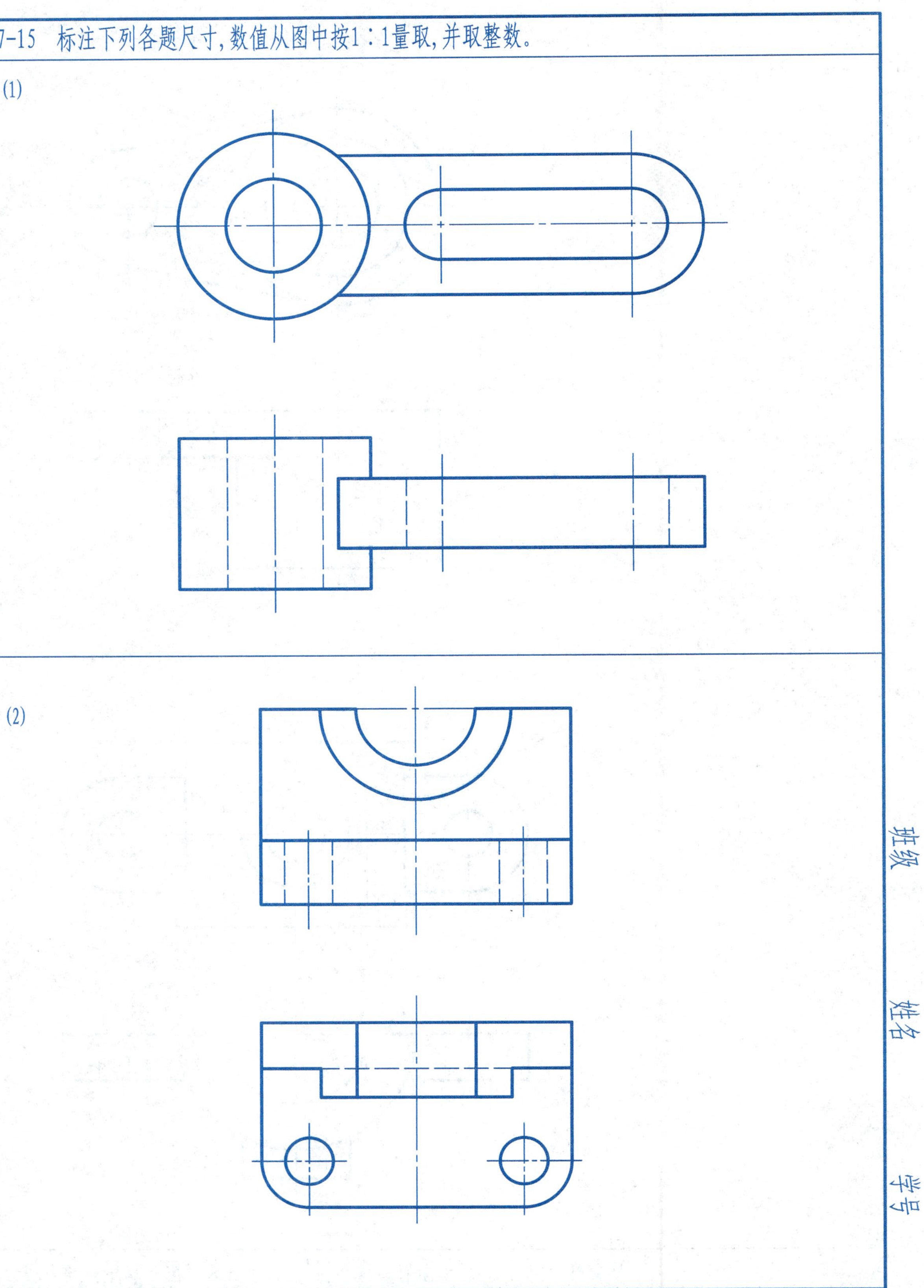

(1)
(2)

班级　　　　姓名　　　　学号

班级　　　　姓名　　　　学号

7-16　补画出左视图，并标注尺寸，尺寸数值从图中按1:1量取，取整数。

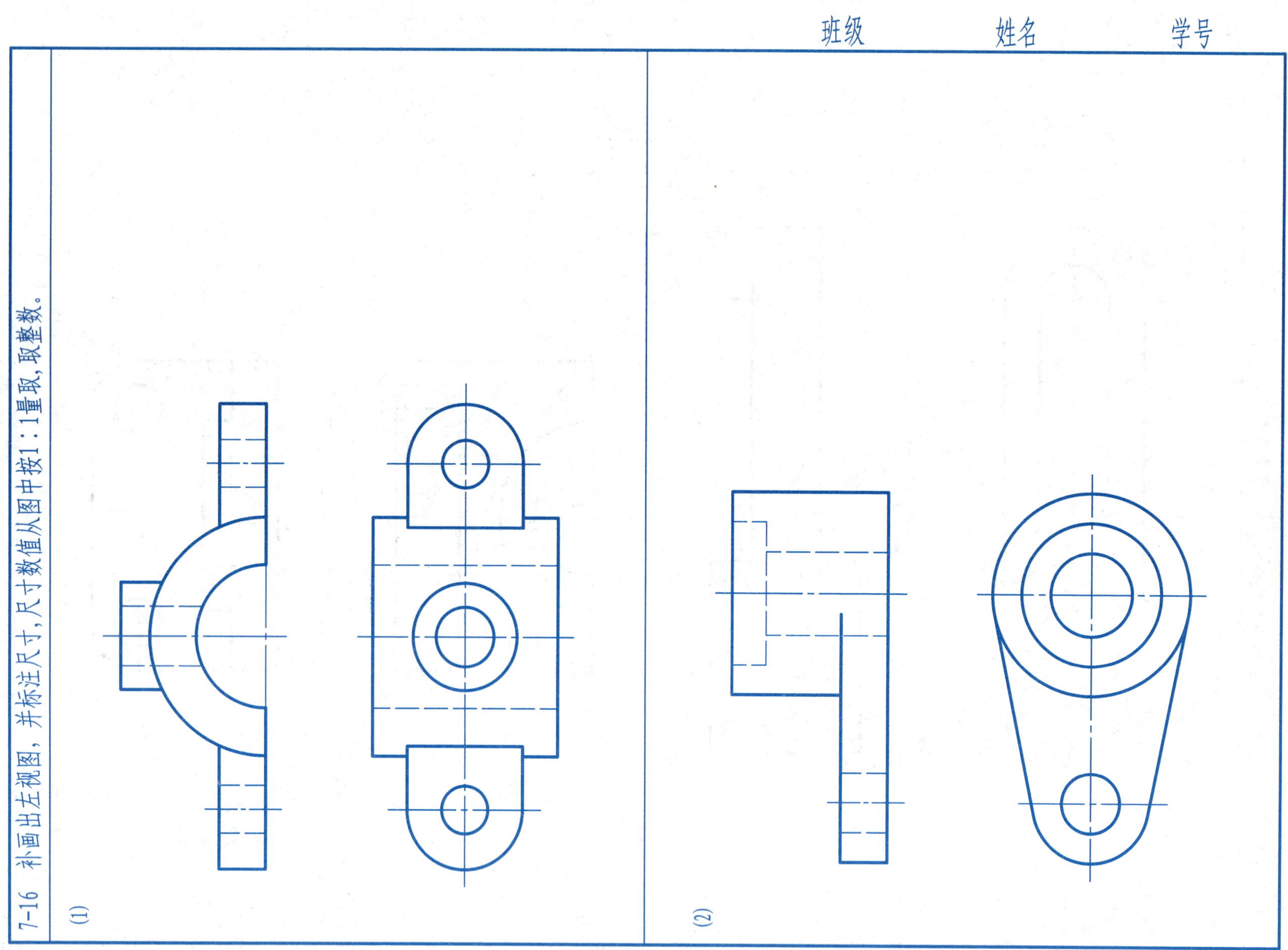

(1)
(2)

班级　　　　姓名　　　　学号

7-17　画三视图：采用1：1的比例，将第(1)题与第(2)题的三视图画在同一张A3图纸上，并标注尺寸(图中孔均为通孔，图名：组合体三视图1、2)。

(1)　　　　(2)

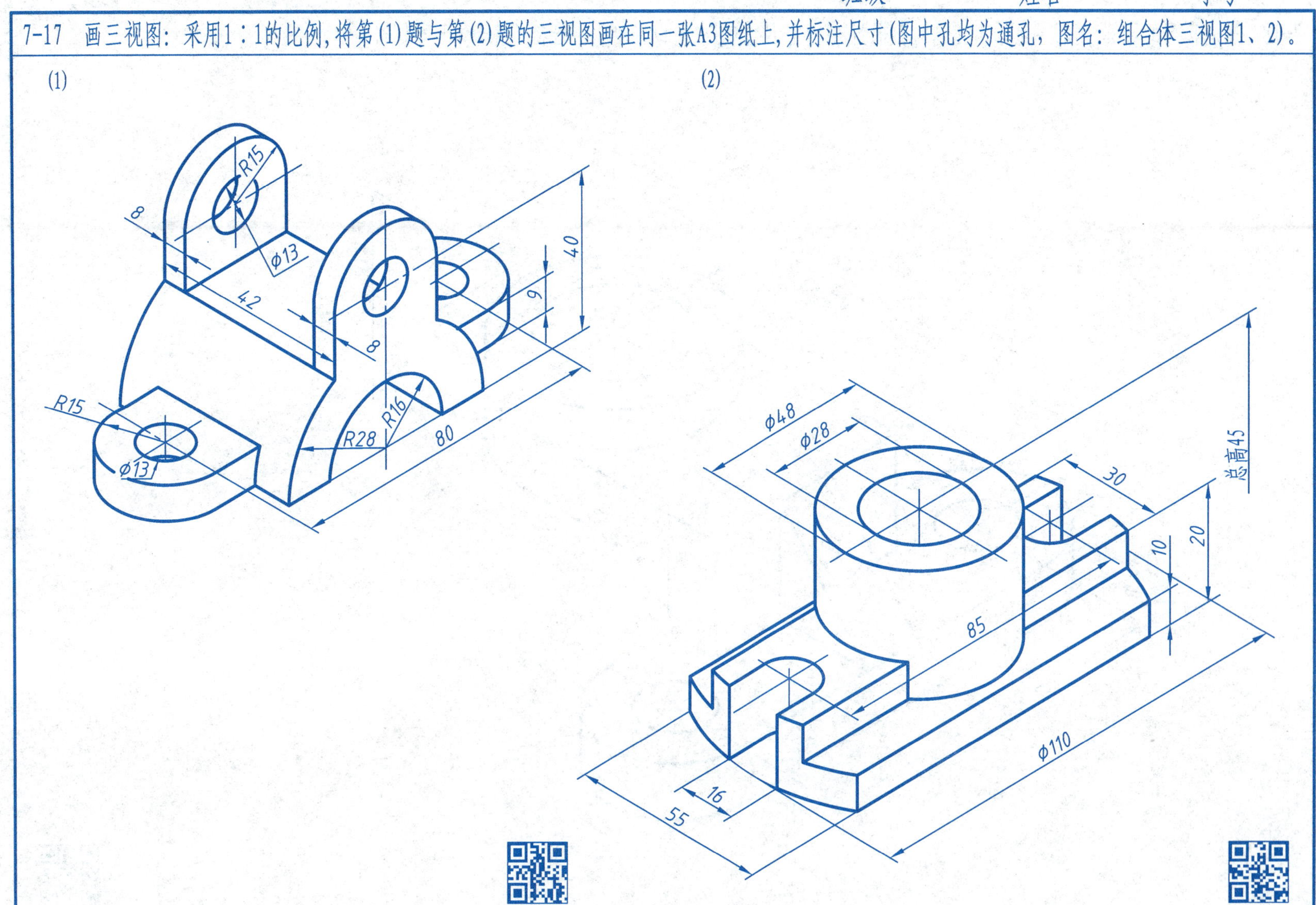

R15
8
φ13
42
40
9
8
R15
R16
R28
80
φ13
φ48
φ28
30
总高45
20
10
85
φ110
16
55

班级　　　　　　姓名　　　　　　学号

7-18　采用1：2的比例，用A3图纸画出立体的三视图，并标注尺寸(图中孔均为通孔，图名：组合体三视图3)。

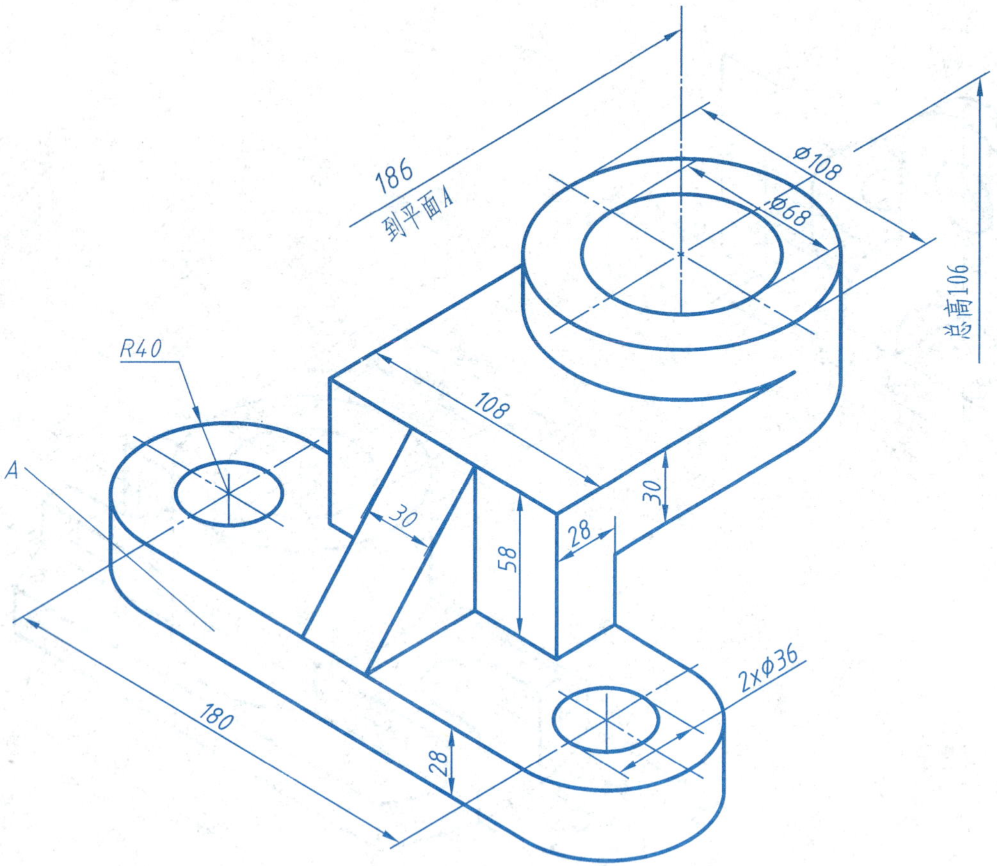

186
到平面A
Ø108
Ø68
总高106
R40
108
A
30
30
58
28
180
28
2xØ36

班级　　　　姓名　　　　学号

7-19　采用1：2的比例，用A3图纸画出所示立体的三视图，并标注尺寸(图中孔均为通孔，图名：组合体三视图4)。

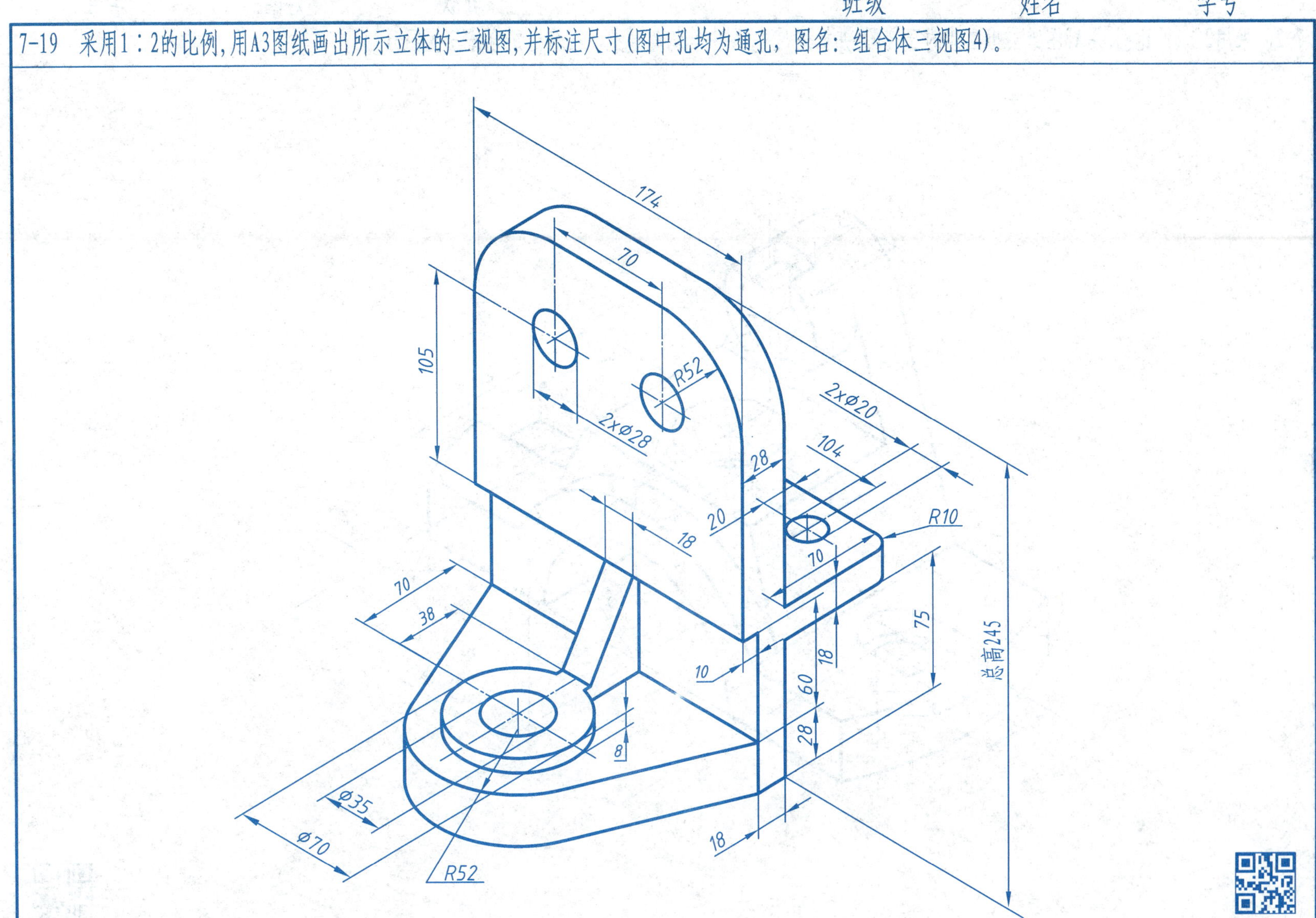

174
70
105
R52
2×Ø28
2×Ø20
104
28
20
18
R10
10
70
38
75
总高245
10
18
60
28
8
Ø35
Ø70
R52
18

班级　　　　　姓名　　　　　学号

7-20 采用2：1的比例，用A3图纸画出立体的三视图，并标注尺寸（图中孔均为通孔，图名：组合体三视图5）。

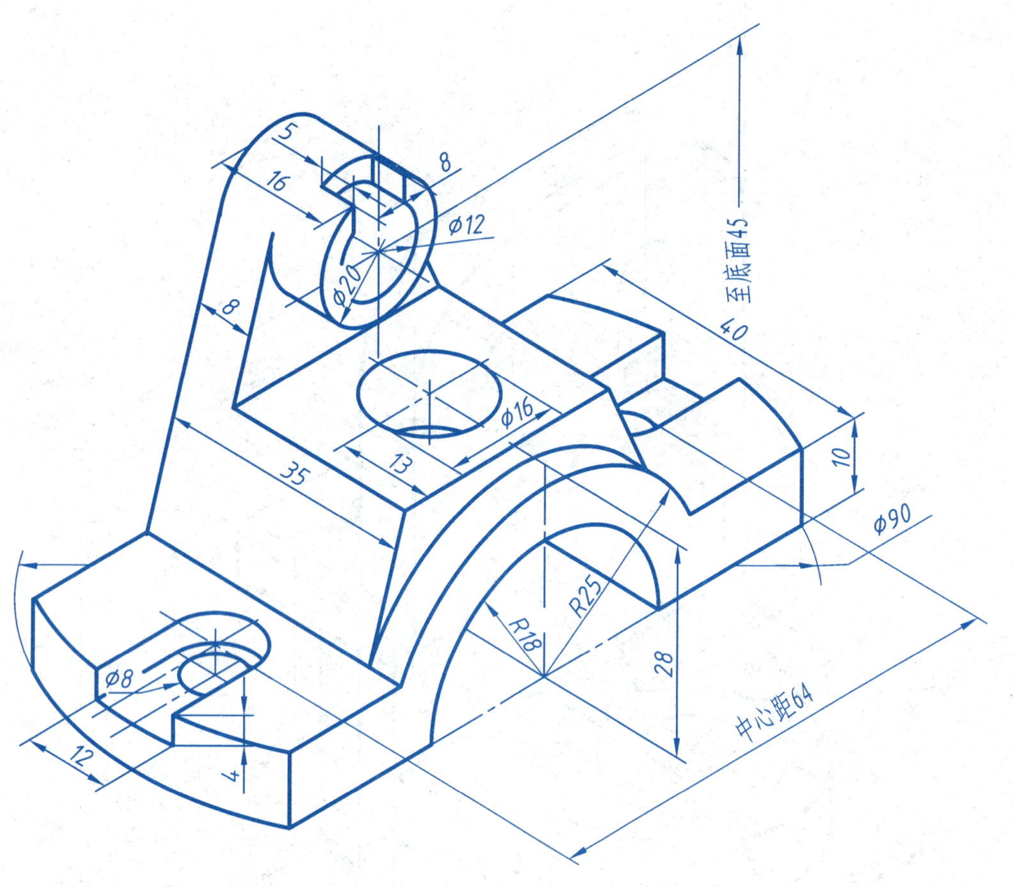

5
16
8
Ø12
Ø20
8
至底面45
40
Ø16
13
35
10
Ø90
R25
R18
28
Ø8
12
4
中心距64

7-21 画出下列立体的正等测。

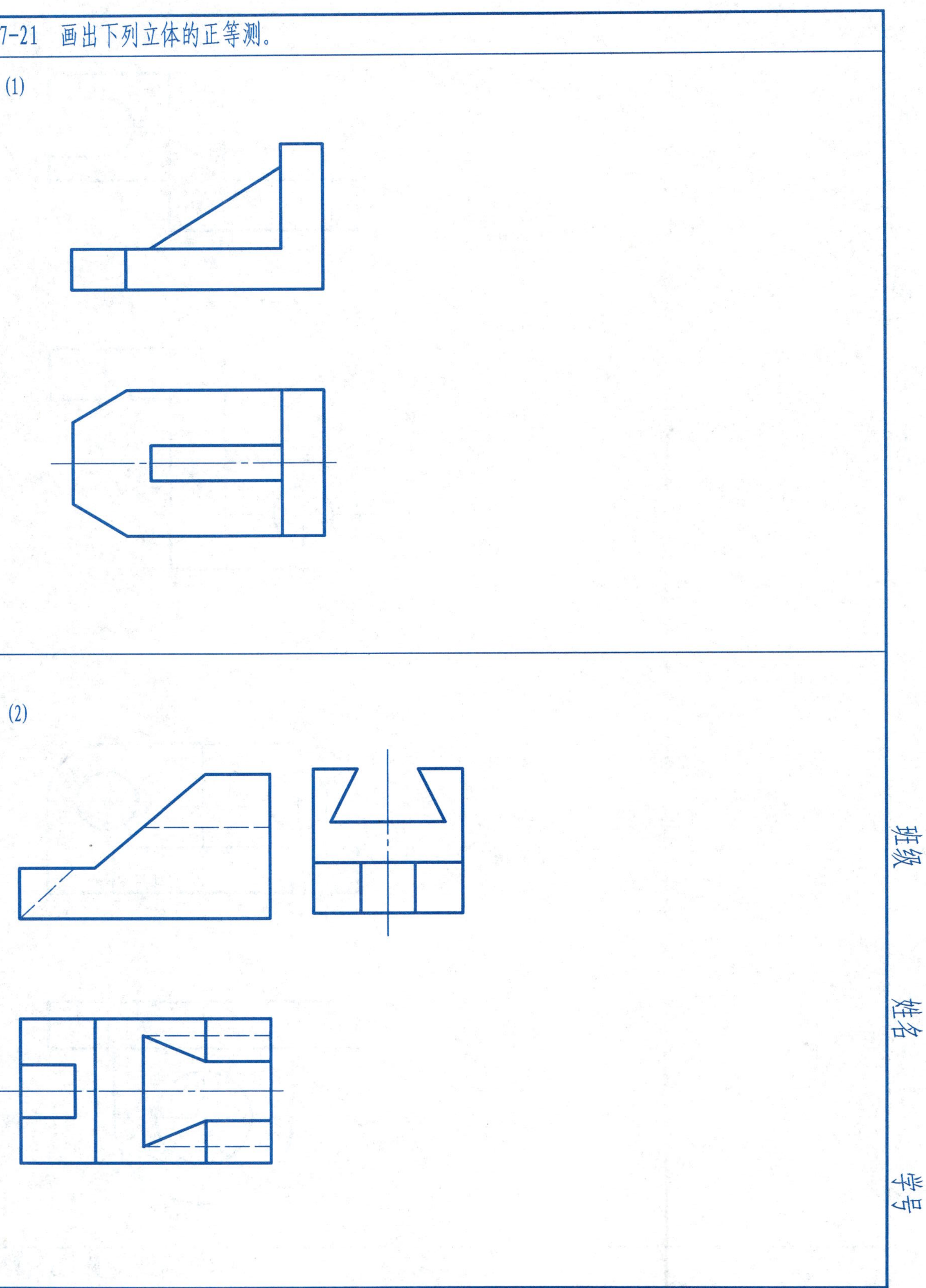
(1)
(2)

班级　　　　姓名　　　　学号

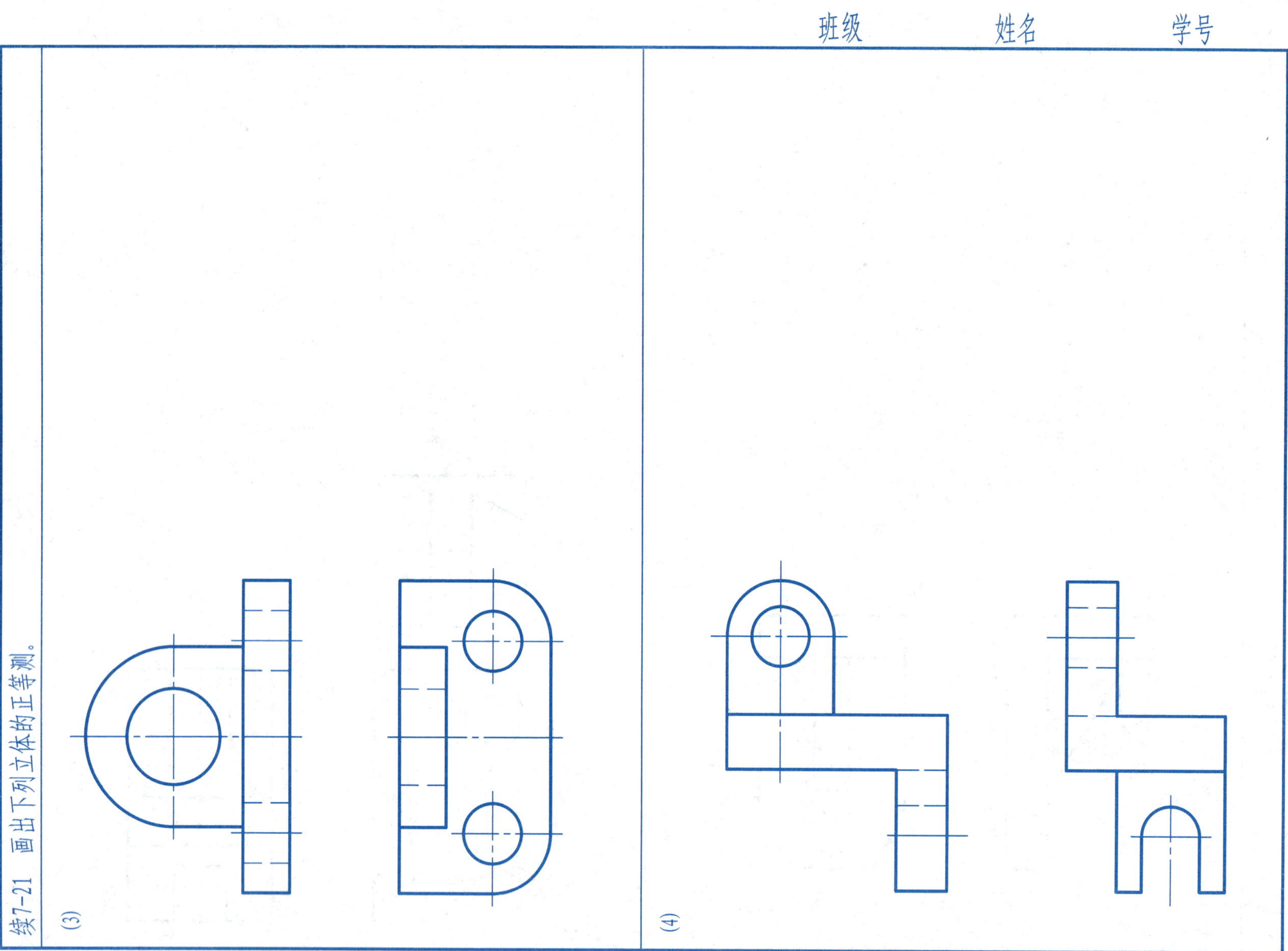
续7-21　画出下列立体的正等测。
(3)
(4)

续7-21　画出下列立体的正等测。

(5)

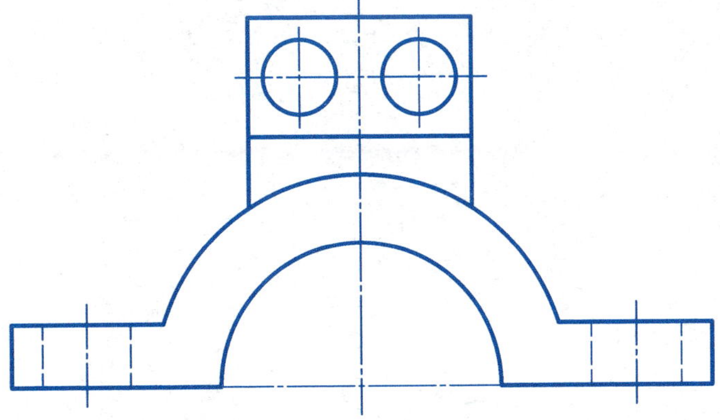

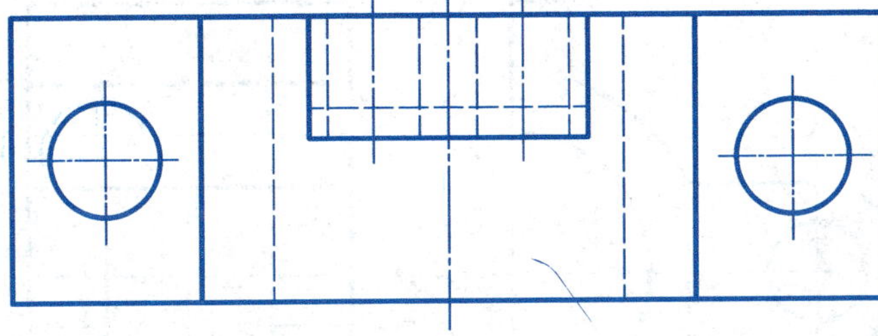

班级　　　　姓名　　　　学号

7-22 画出下列立体的斜二测。

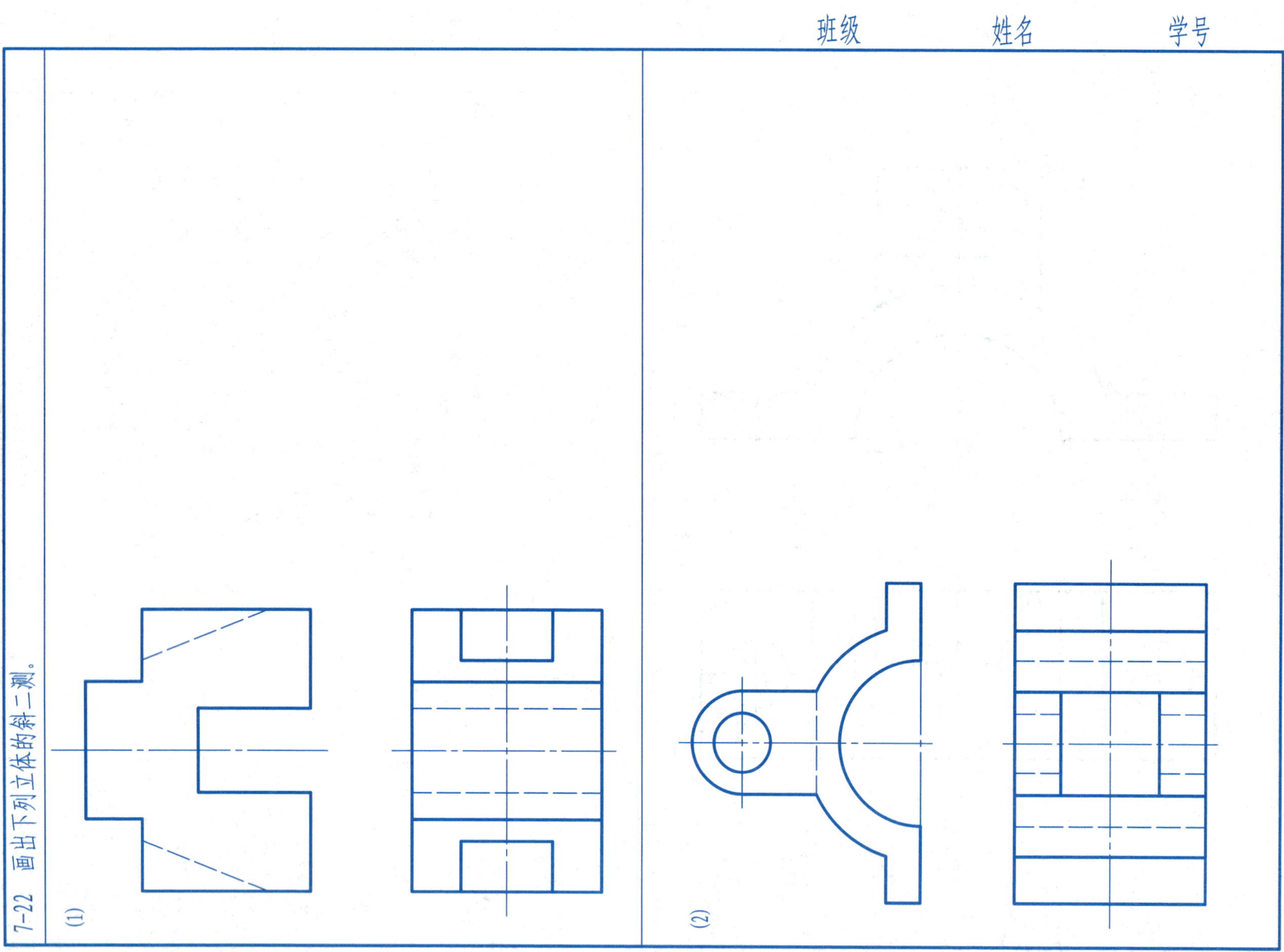
(1)
(2)

第 8 章

机件常用表达方法

8-1 作出机件的左视图和右视图。

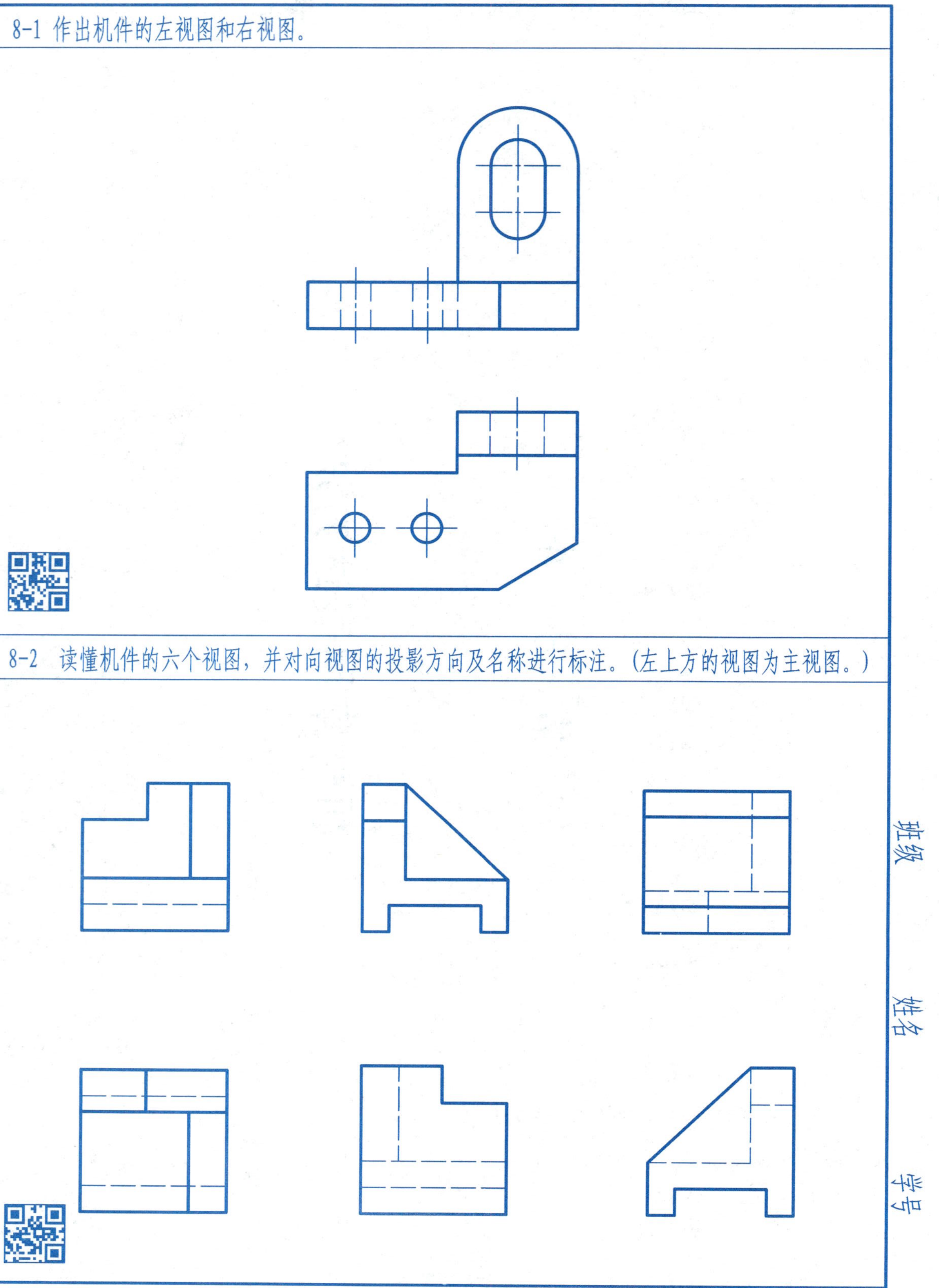

8-2 读懂机件的六个视图，并对向视图的投影方向及名称进行标注。（左上方的视图为主视图。）

班级　　姓名　　学号

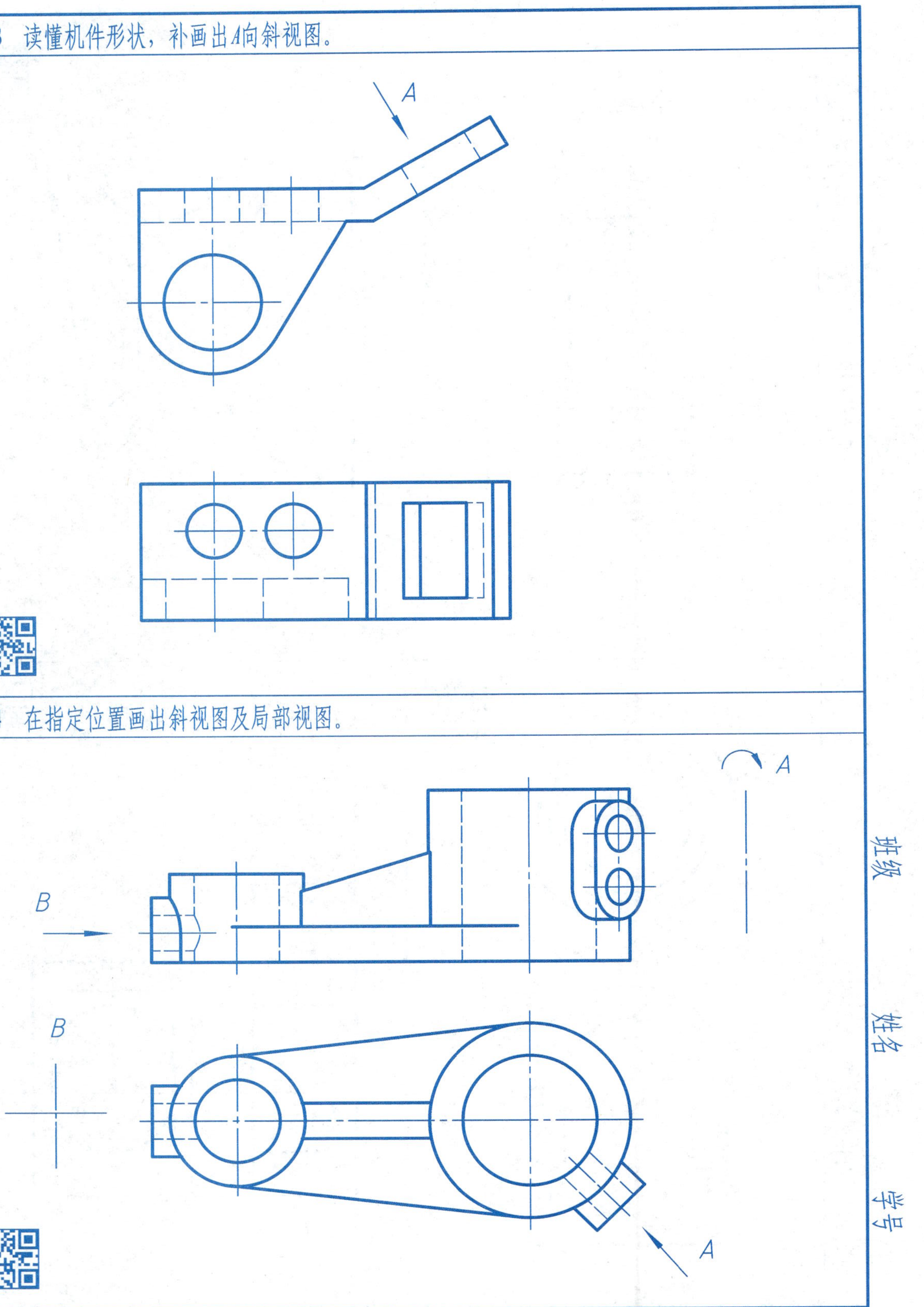
8-3　读懂机件形状，补画出A向斜视图。
A
8-4　在指定位置画出斜视图及局部视图。
A
B
B
A

班级　　　　姓名　　　　学号

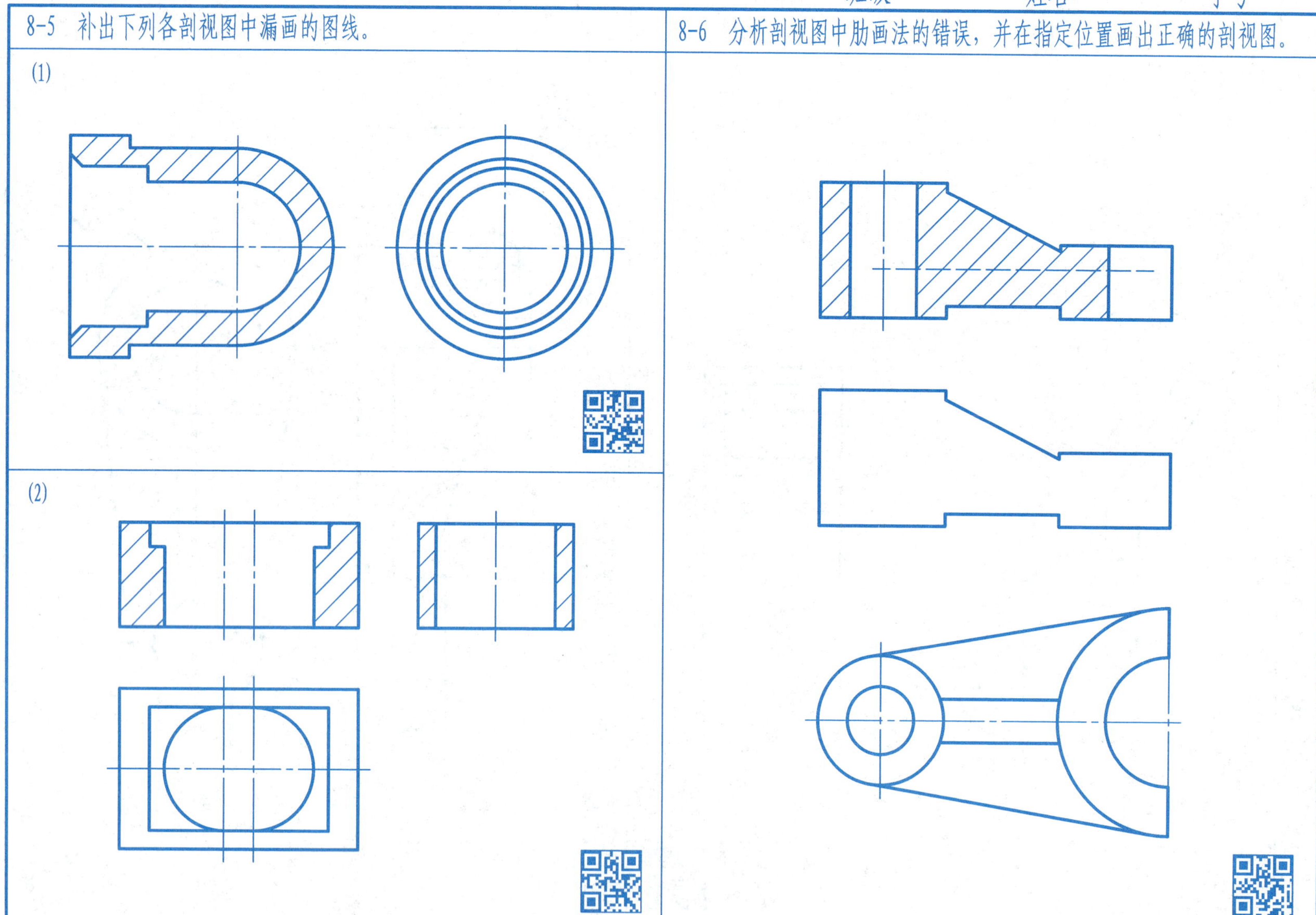
8-5　补出下列各剖视图中漏画的图线。
(1)
(2)
8-6　分析剖视图中肋画法的错误，并在指定位置画出正确的剖视图。

班级　　　　姓名　　　　学号

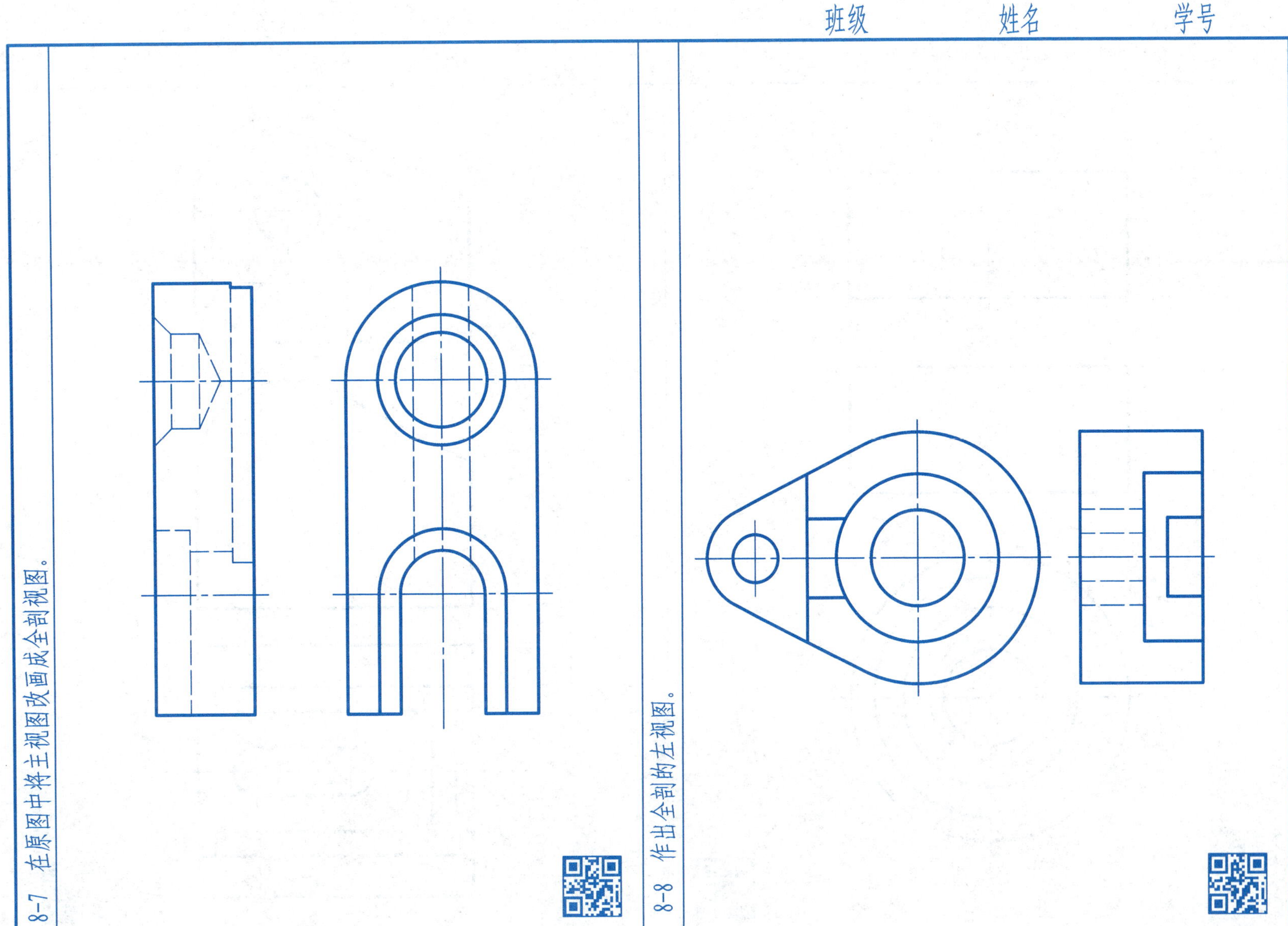
8-7 在原图中将主视图改画成全剖视图。
8-8 作出全剖的左视图。

8-9　在指定位置将主视图画成全剖视图。

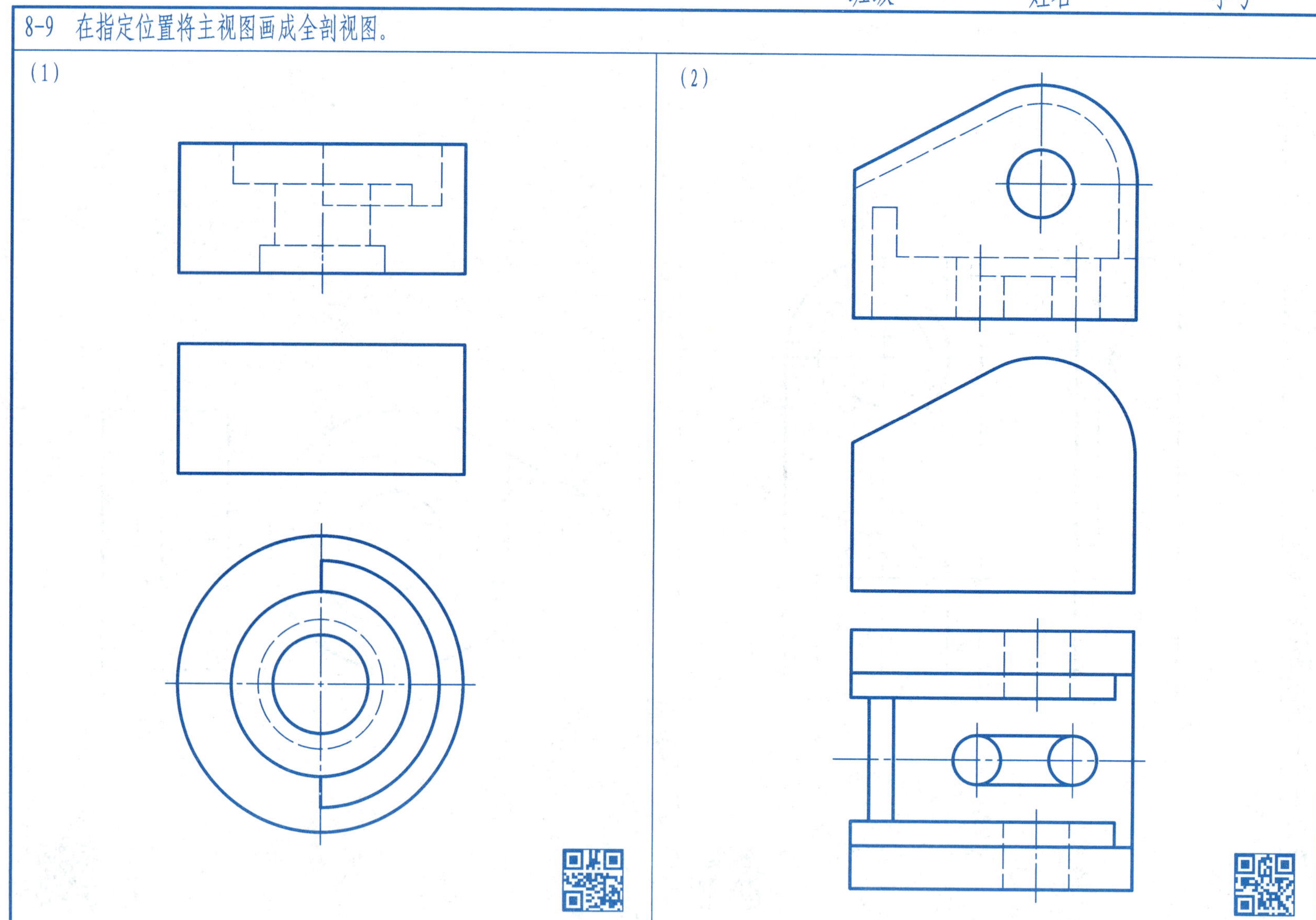
(1)
(2)

8-10 在指定位置画出主视图的视图(包括虚线)，并补画出A-A全剖左视图。

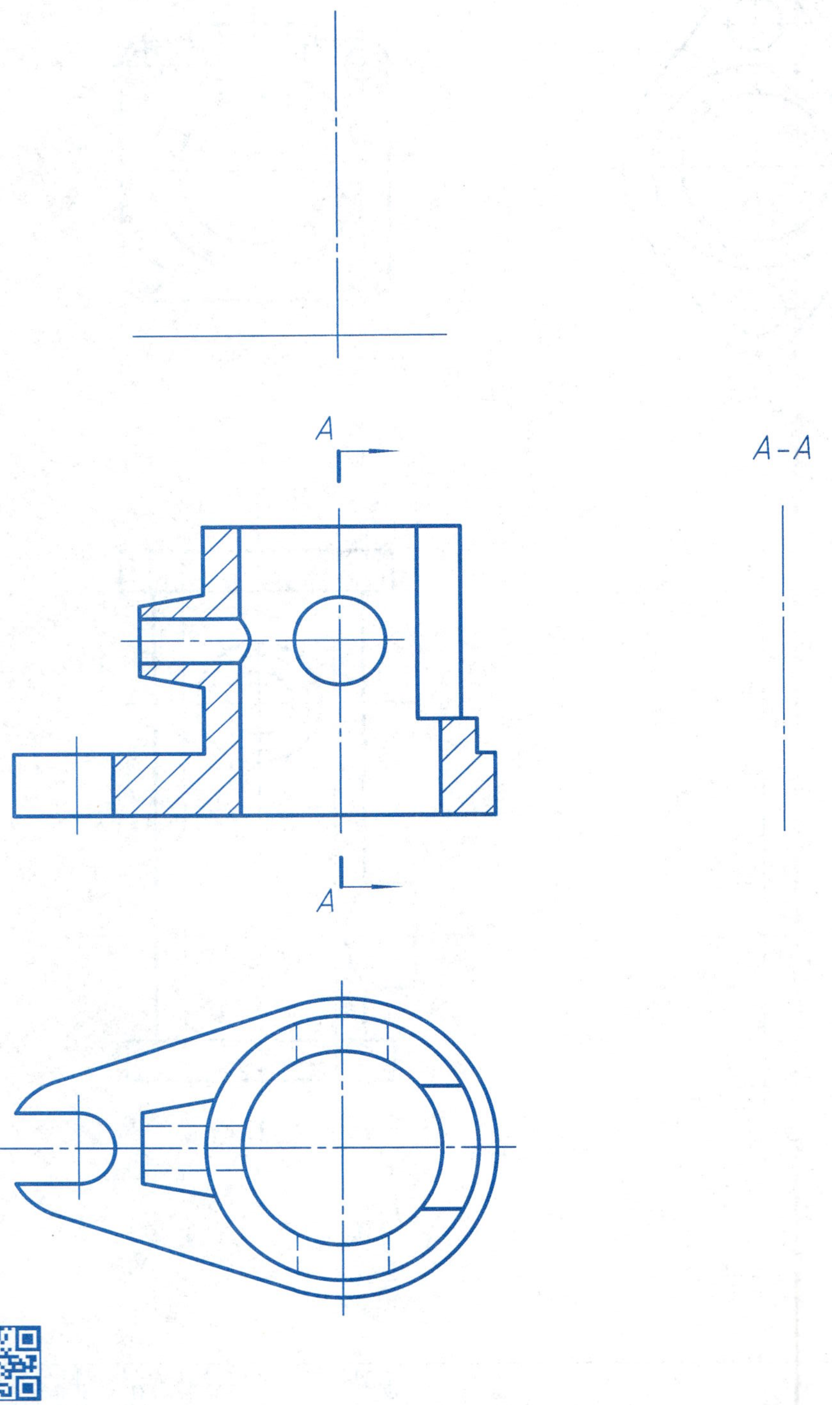

A

A-A

A

班级
姓名
学号

8-11 看懂机件形状补画出 C-C 全剖视图。

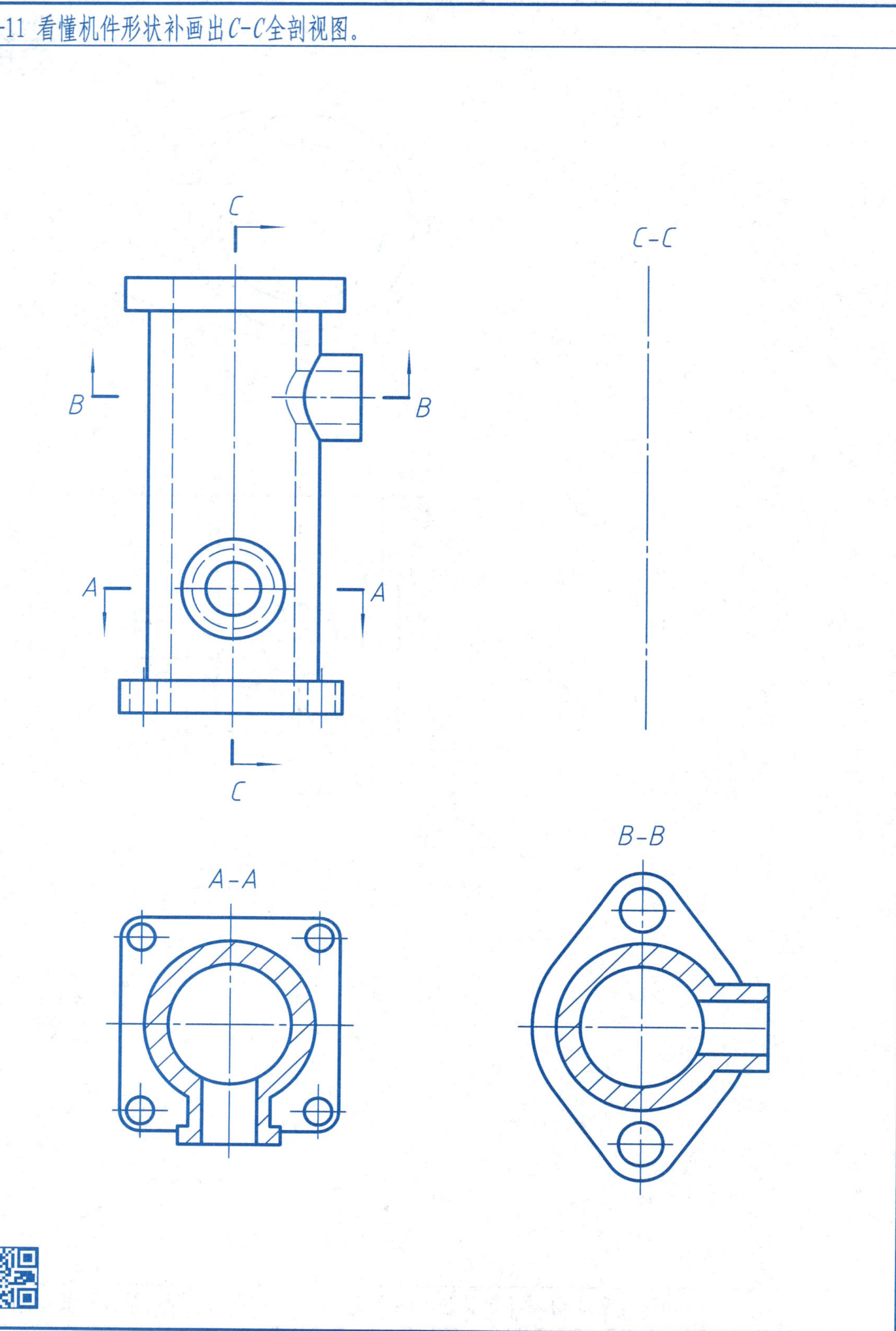
C
C-C
B
B
A
A
C
A-A
B-B

8-12 补画半剖的主视图中缺漏的图线。

8-13 补画半剖的主视图和左视图中缺漏的图线。

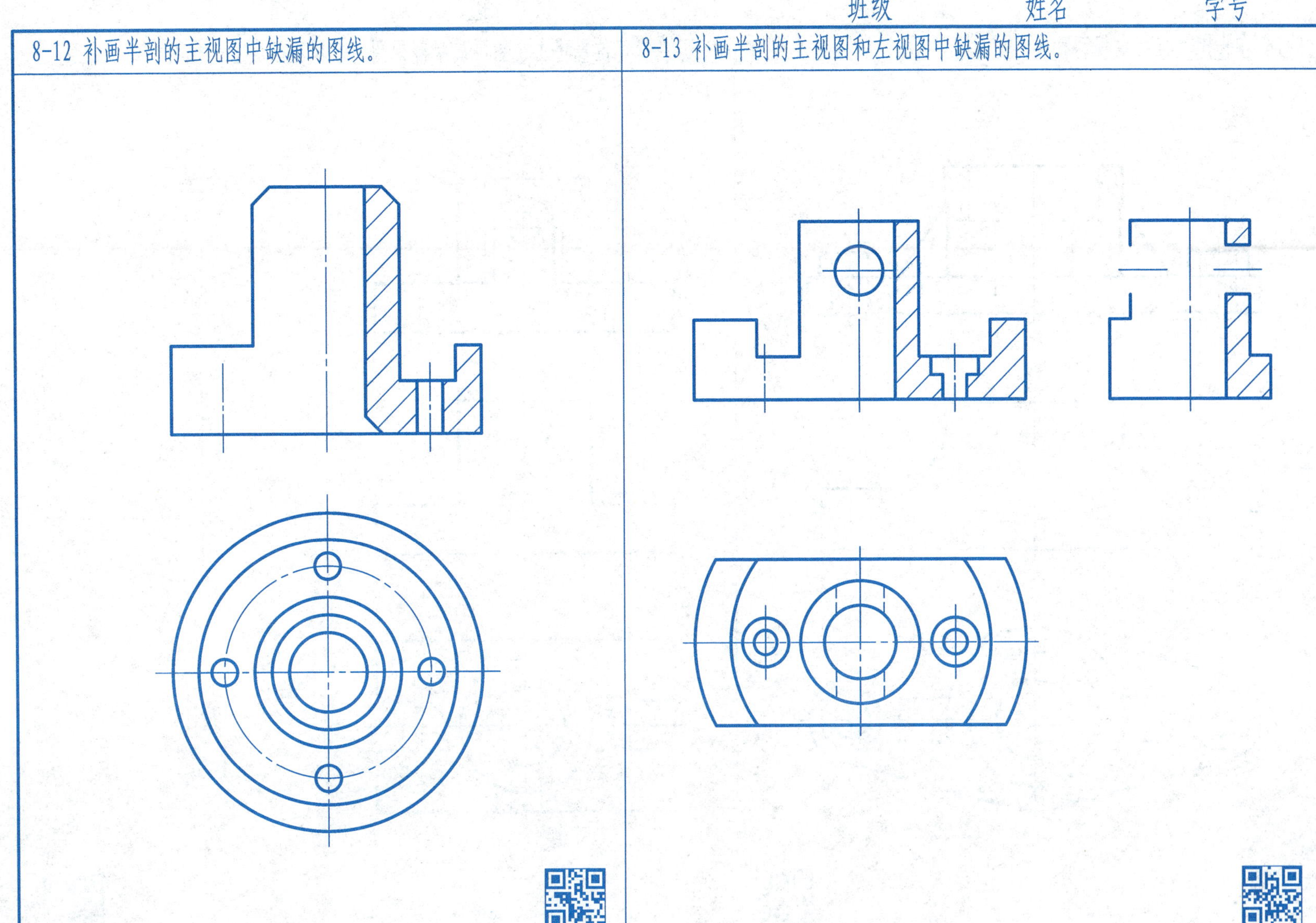

班级　　　　　　姓名　　　　　　学号

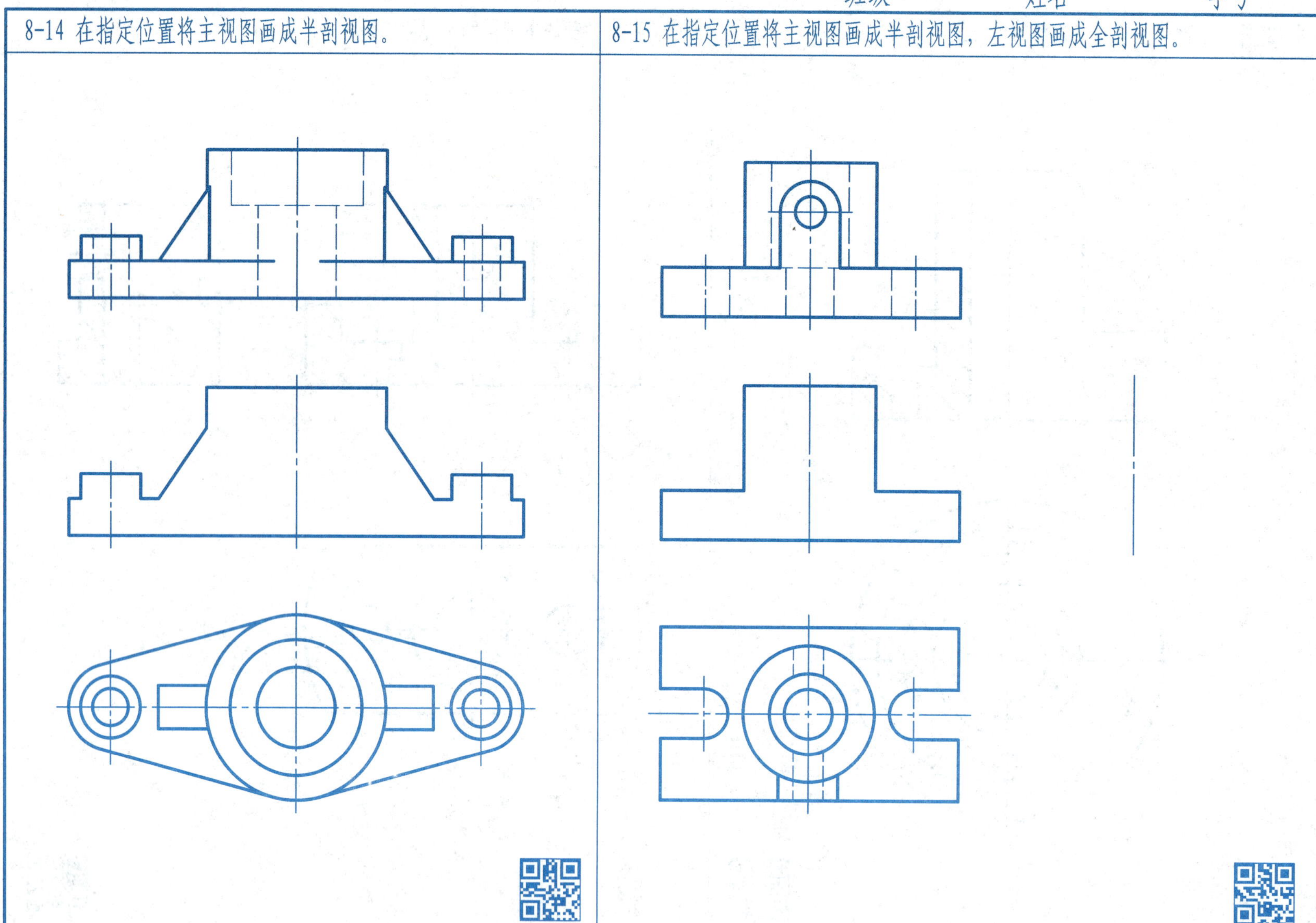
8-14 在指定位置将主视图画成半剖视图。
8-15 在指定位置将主视图画成半剖视图，左视图画成全剖视图。

班级　　　　姓名　　　　学号

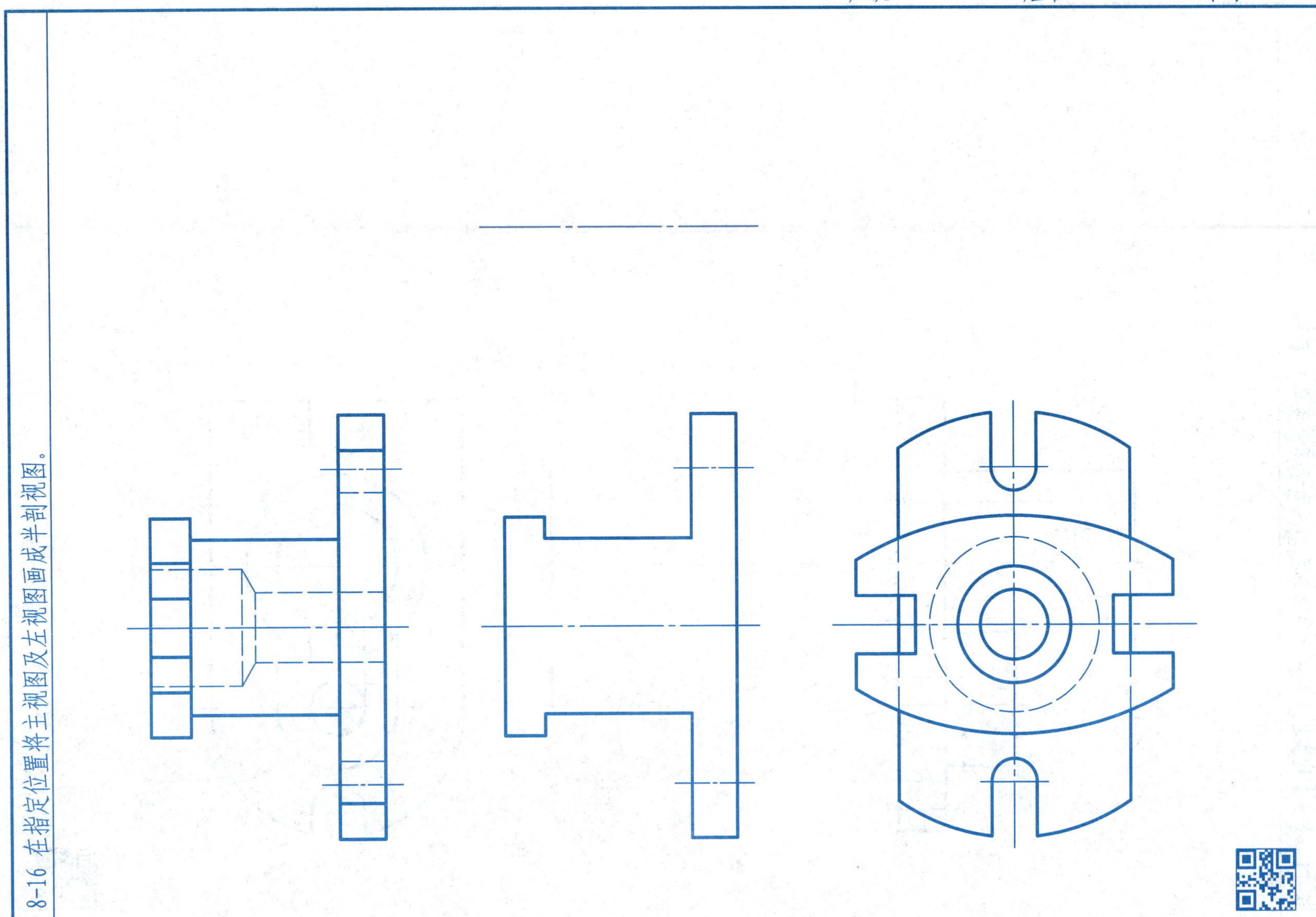

8-16 在指定位置将主视图及左视图画成半剖视图。

班级　　　　姓名　　　　学号

8-17 在指定位置将主视图画成全剖视图，左视图画成半剖视图。

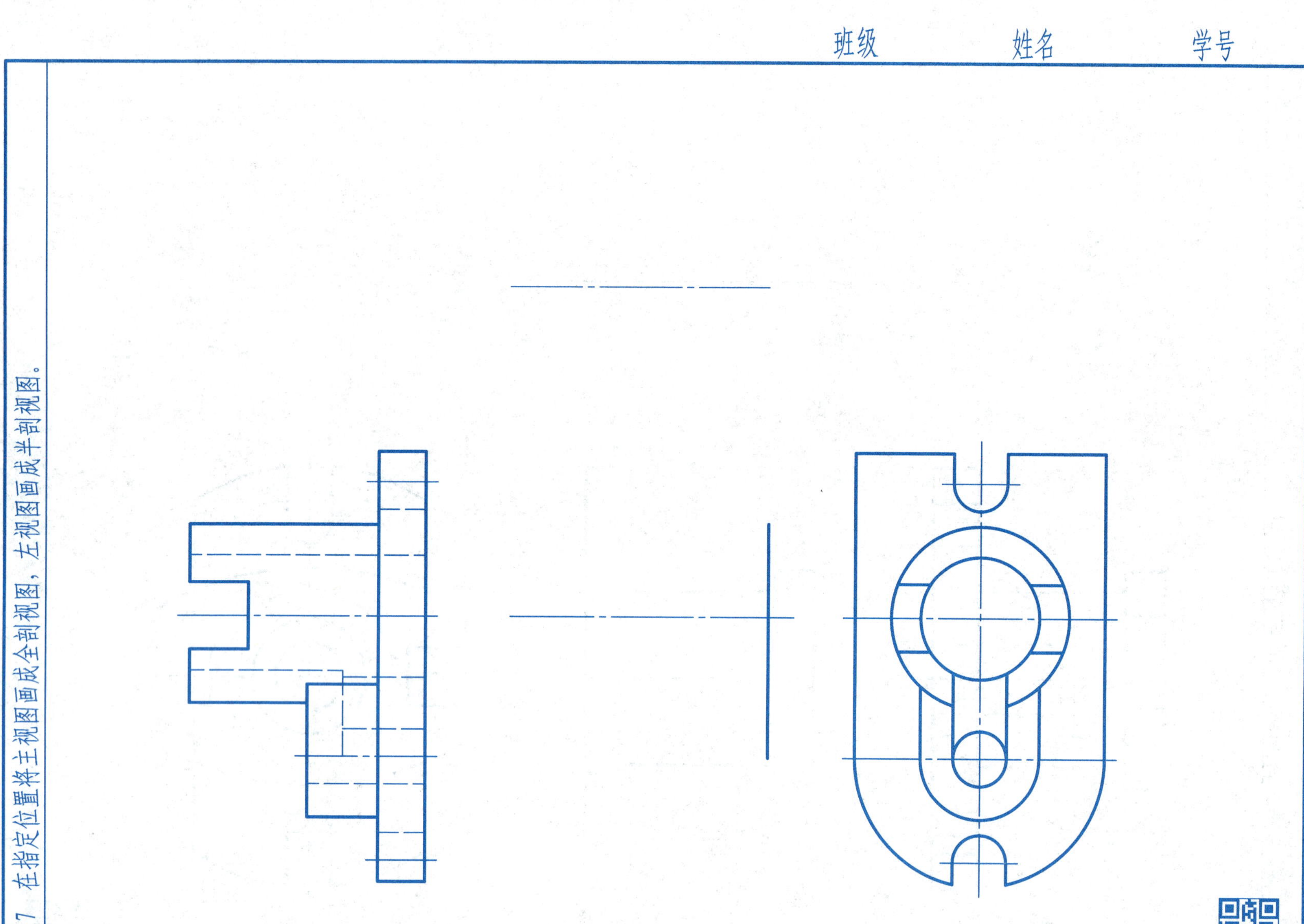

班级　　　　姓名　　　　学号

8-18 在指定位置将主视图、俯视图画成半剖视图，左视图画成全剖视图。

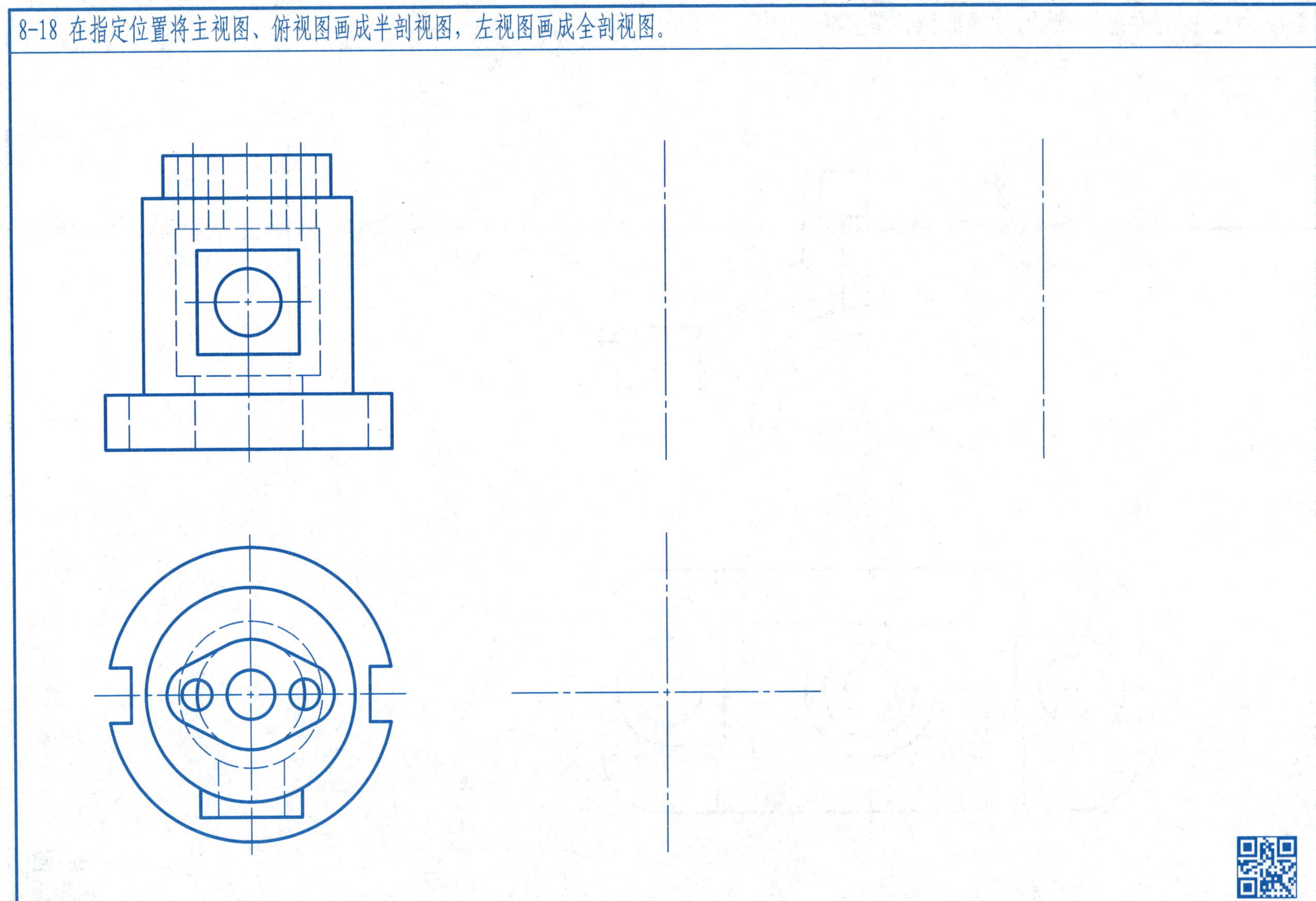

8-19　补全主视图的半个外形图，并画出半剖的左视图。

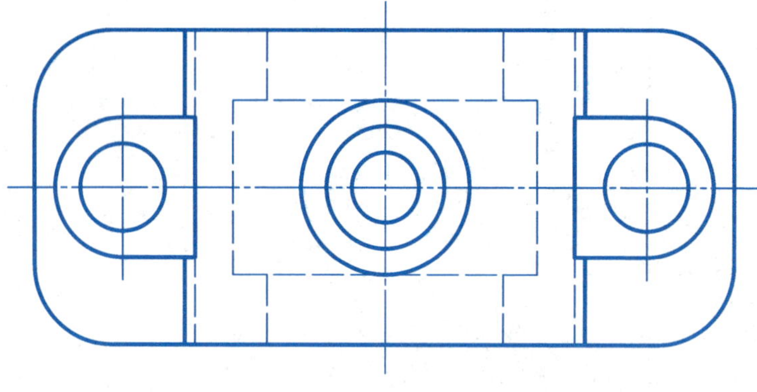

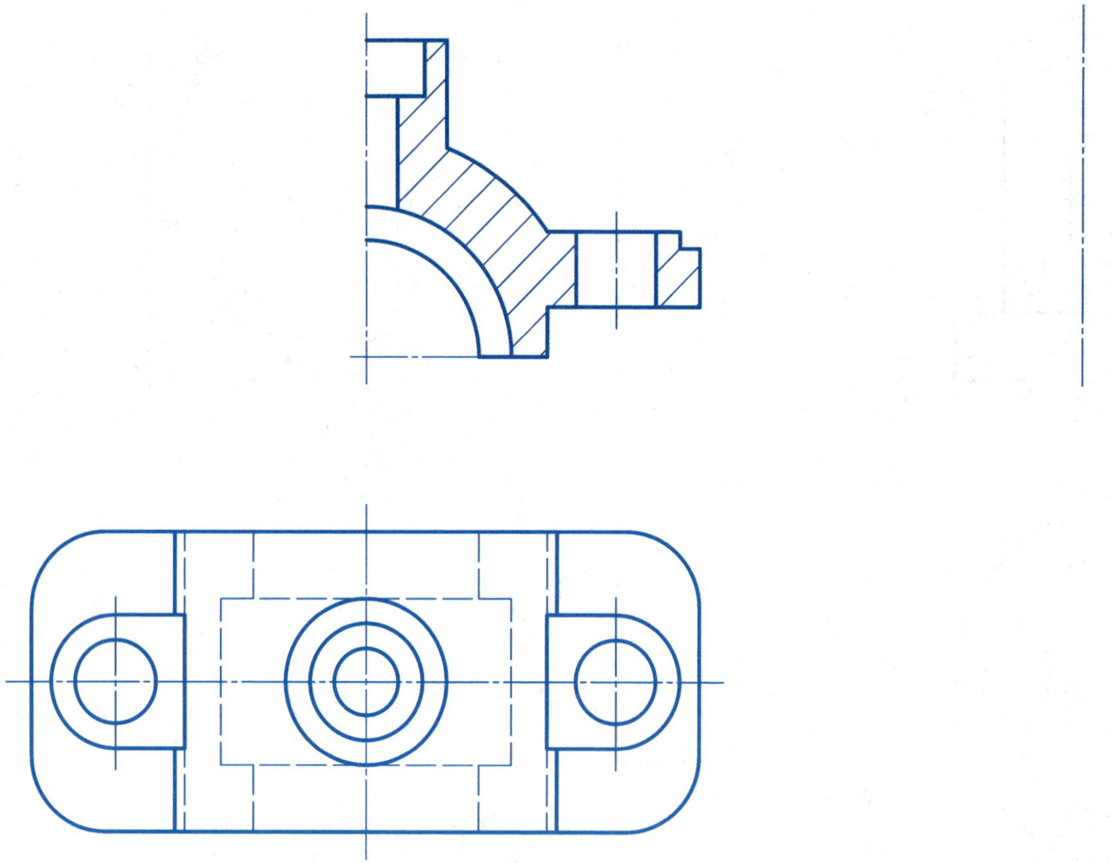

班级　　　　　　姓名　　　　　　学号

*8-20　已知机件的俯视图和左视图，补画半剖的主视图。

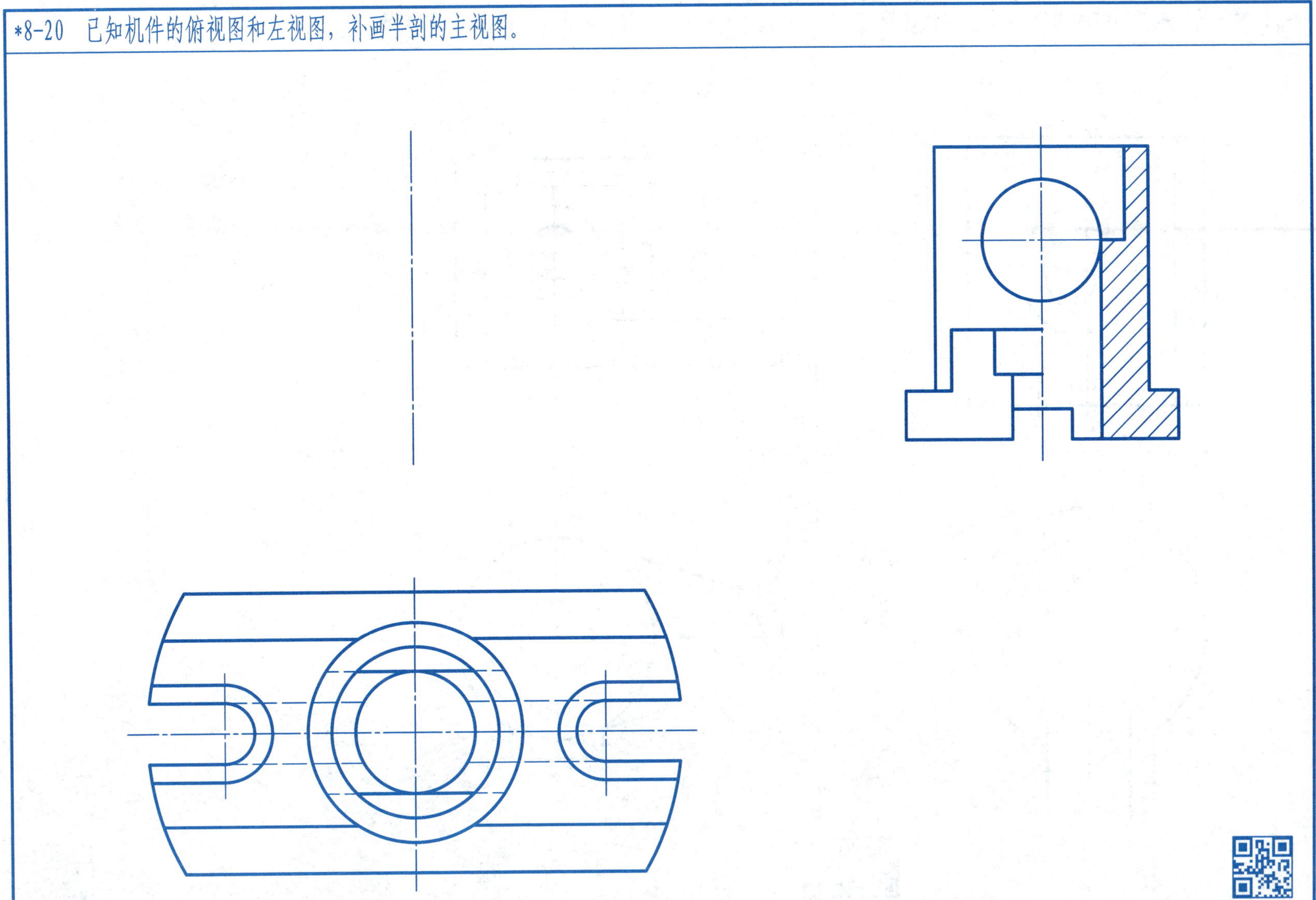

班级　　　　姓名　　　　学号

8-21 改正局部剖视图中的错误,不要的图线打“×”。

8-22 在指定位置将机件的主视图及俯视图画成局部剖视图。

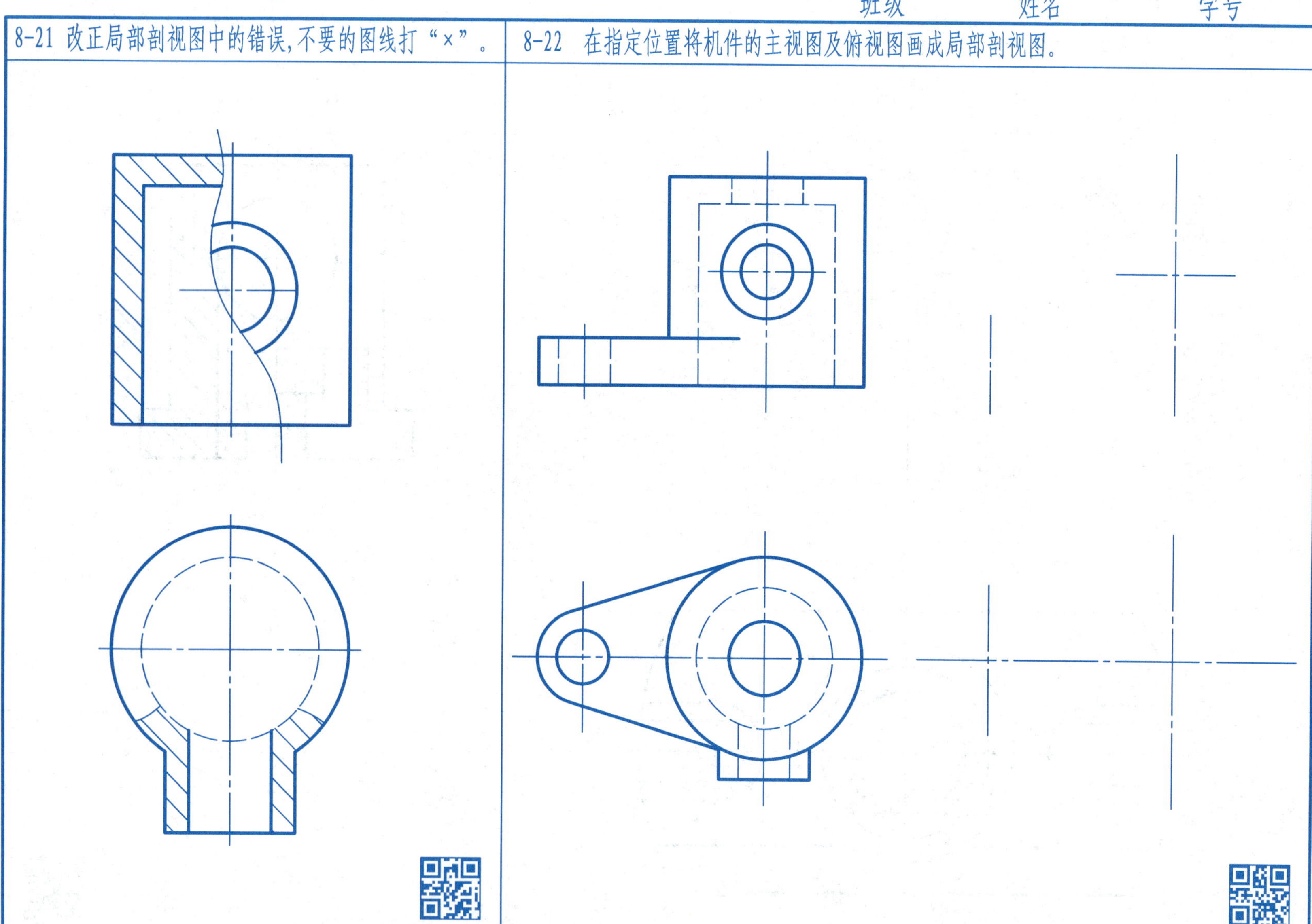

班级　　　　姓名　　　　学号

8-23 在指定的位置，将俯视图中的三个孔画成局部剖视图。

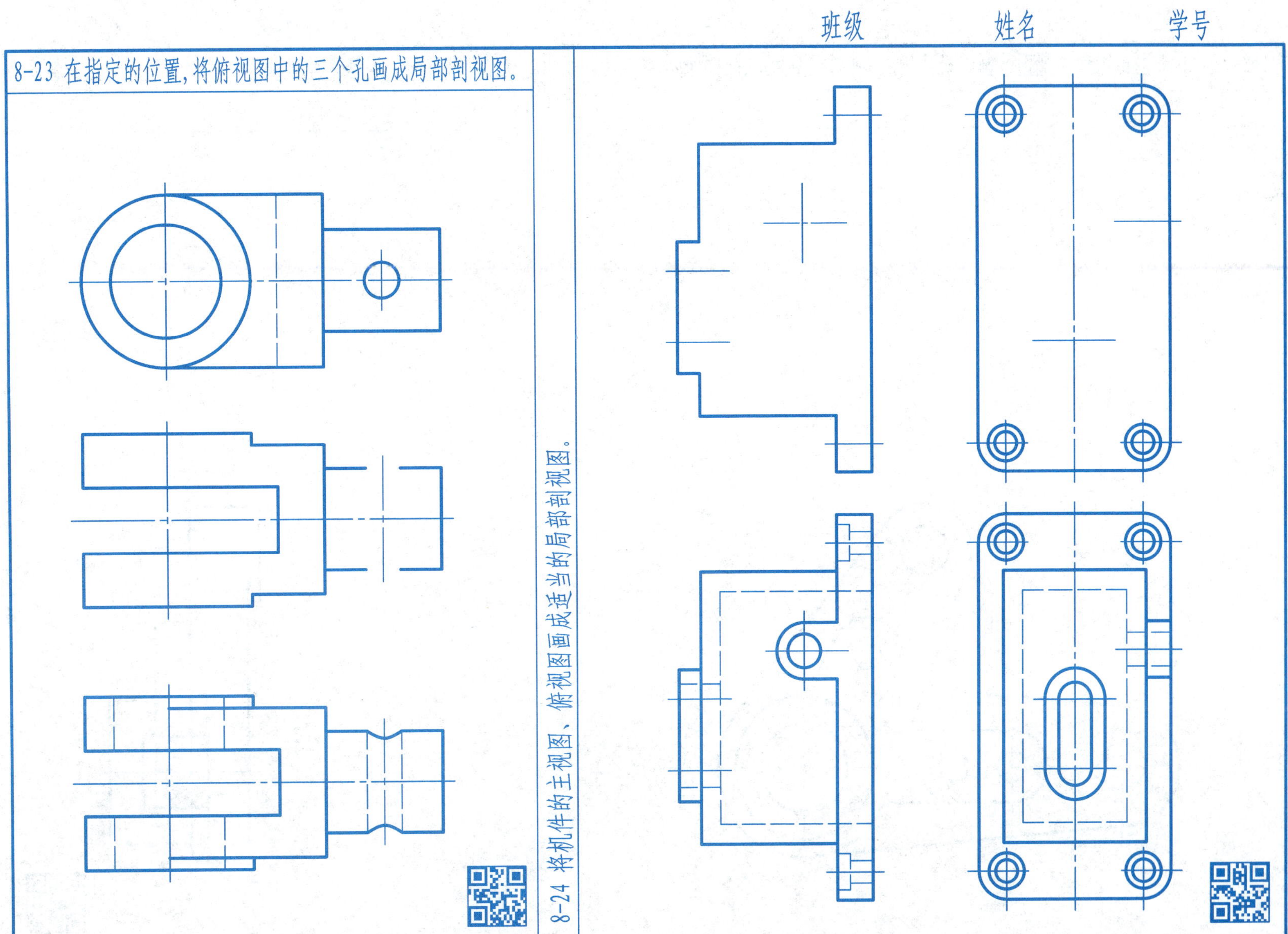

8-24 将机件的主视图、俯视图画成适当的局部剖视图。

班级　　　　　　姓名　　　　　　学号

*8-25　参考主视图和左视图，画出机件的A-A斜剖视图和B-B剖视图，并分析在画出这两个剖视图后，可否省略左视图。打“√”选择正确答案(可、否)。

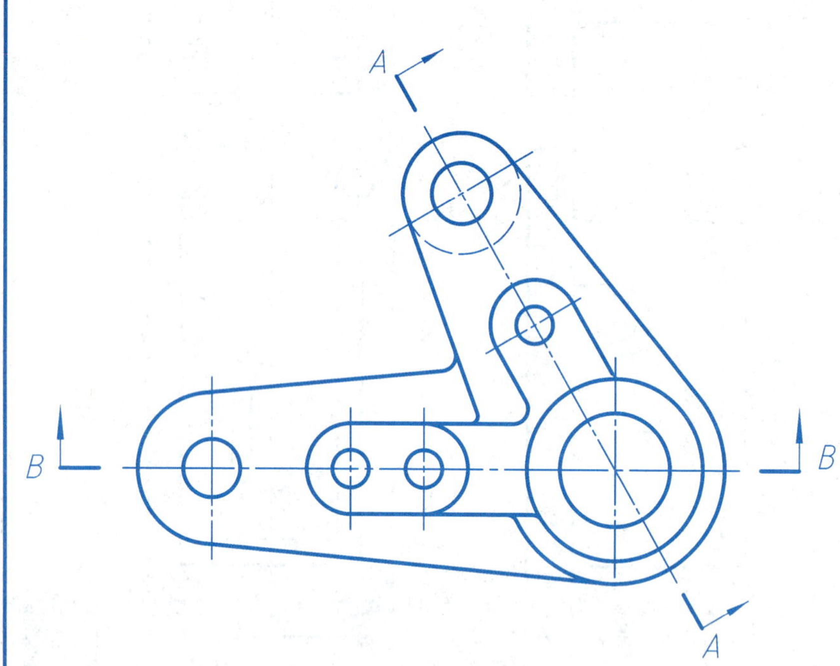

A
B
B
A

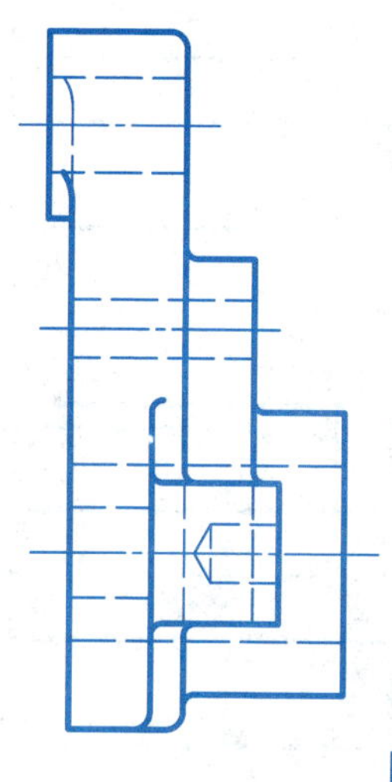

8-26 在指定位置将主视图画成两个相交剖切平面(旋转剖)剖开后的全剖视图。

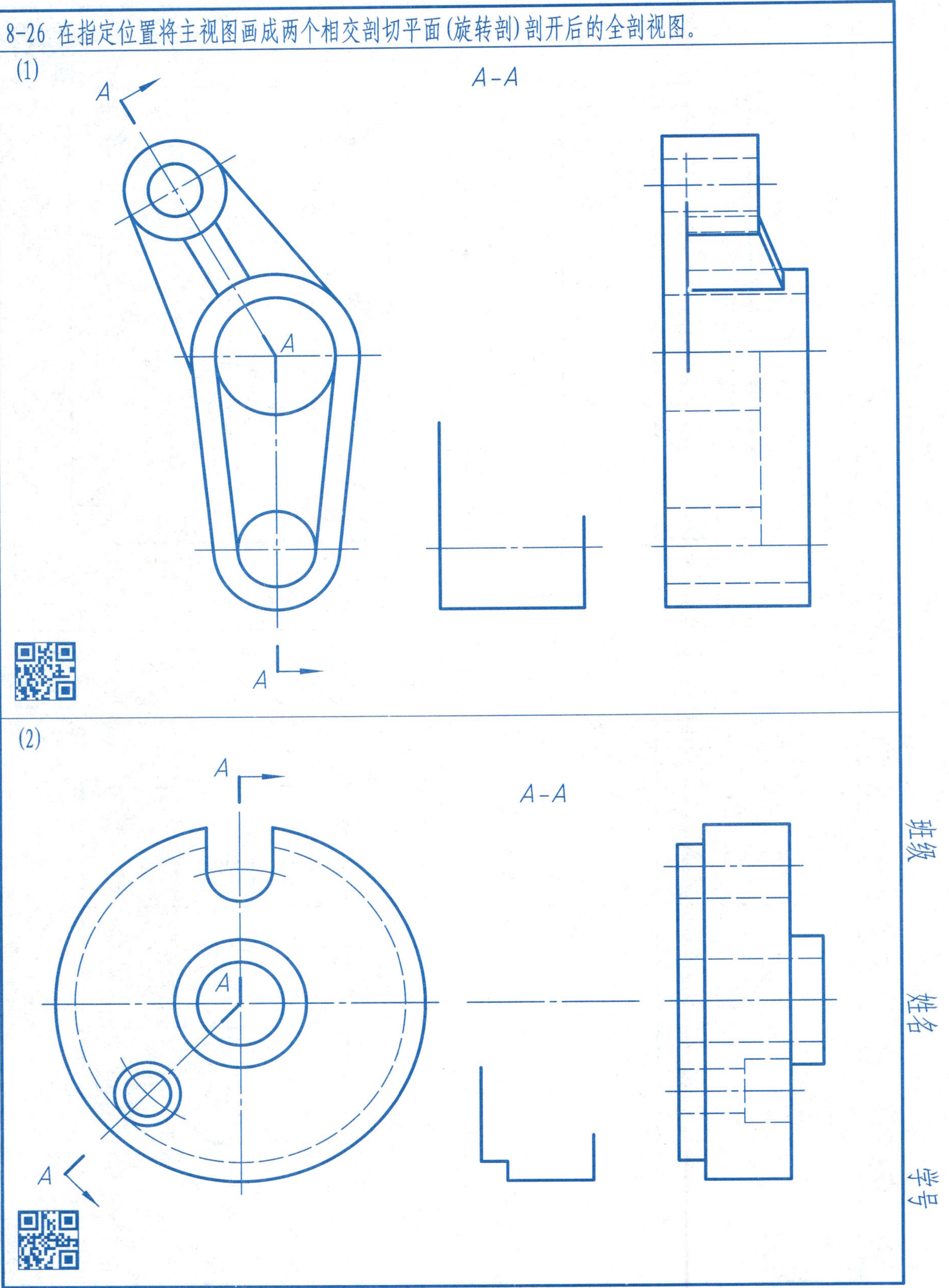
(1)
A-A
A
A
A
(2)
A-A
A
A
A
班级
姓名
学号

班级　　　　　　姓名　　　　　　学号

8-27　在指定位置将机件的主视图画成两个平行剖切平面(阶梯剖)剖开后的全剖视图。

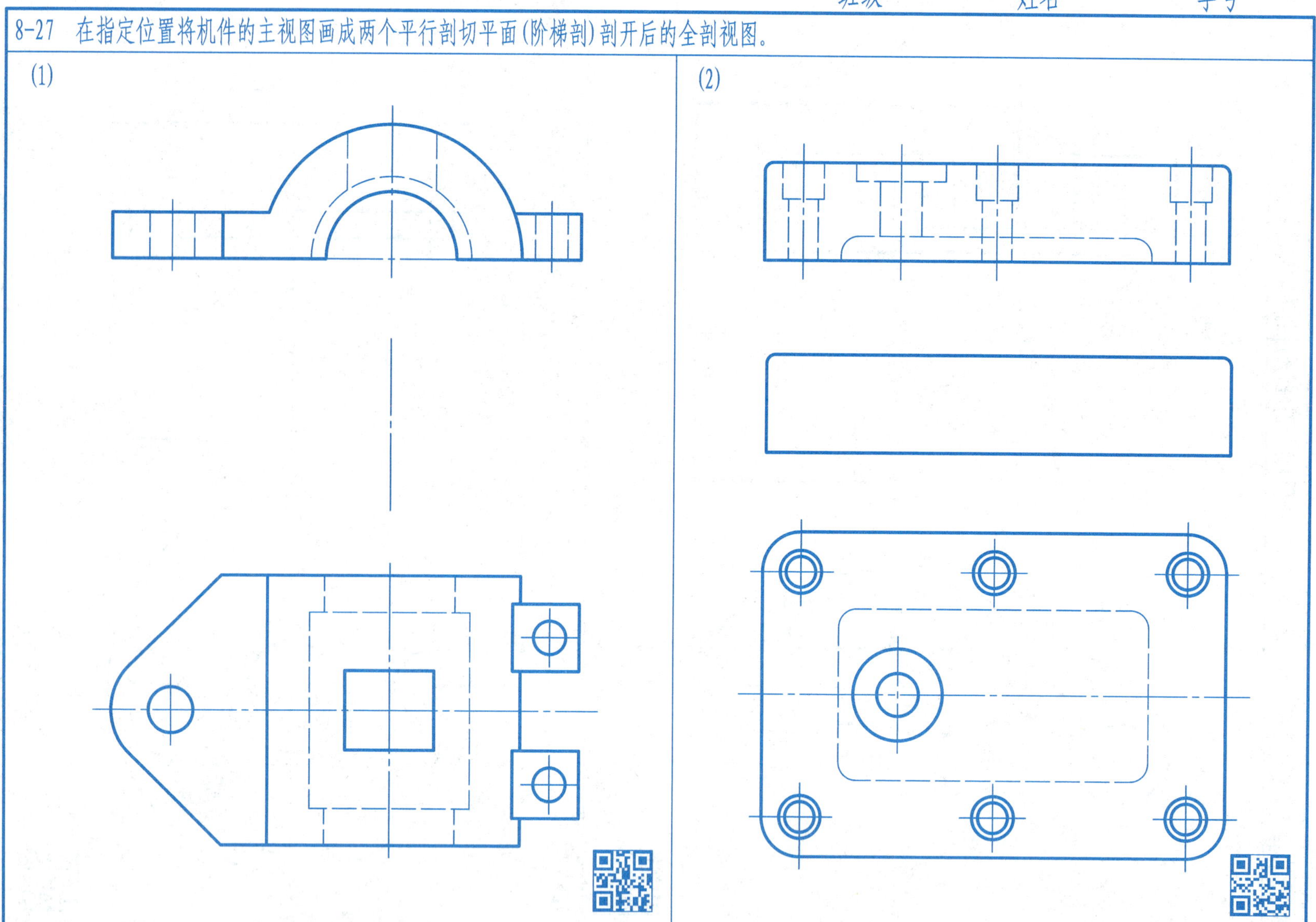

(1)
(2)

班级　　　　姓名　　　　学号

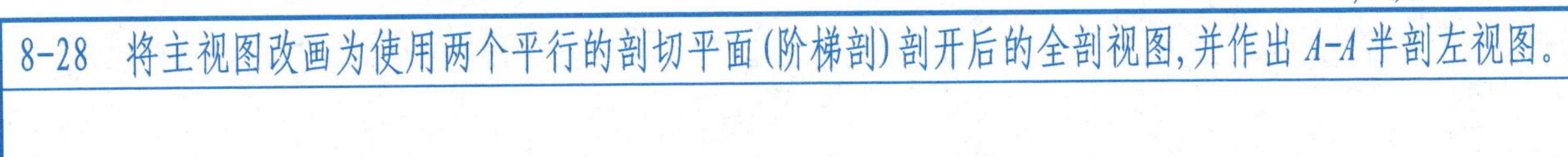

8-28　将主视图改画为使用两个平行的剖切平面(阶梯剖)剖开后的全剖视图,并作出 *A-A* 半剖左视图。

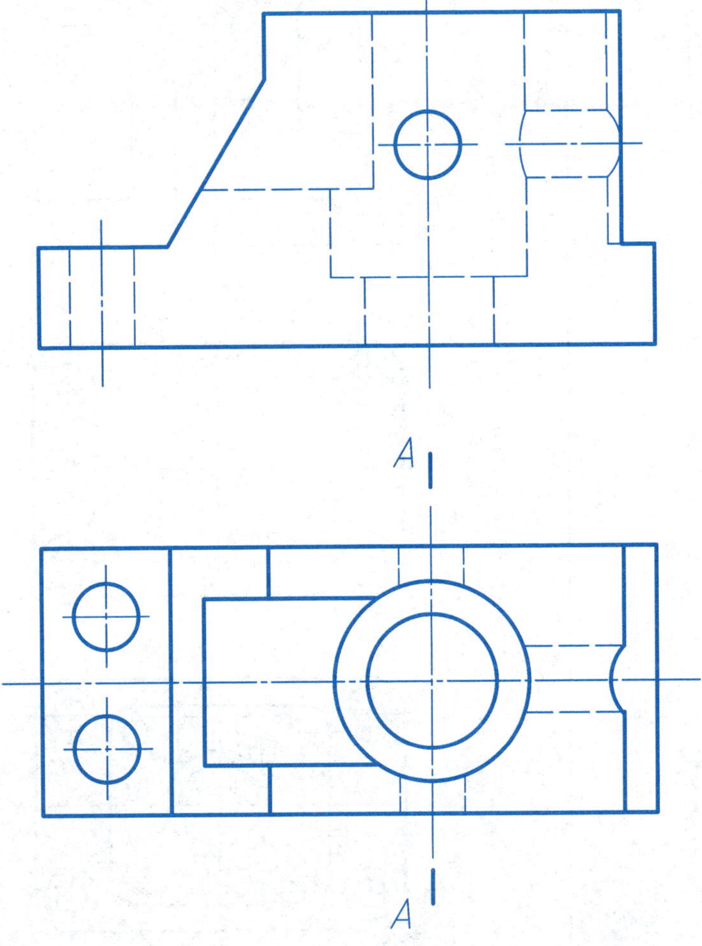
A
A

班级　　　　　姓名　　　　　学号

8-29 在指定位置将主视图画成两个相交剖切平面(旋转剖)剖开后的局部剖视图。

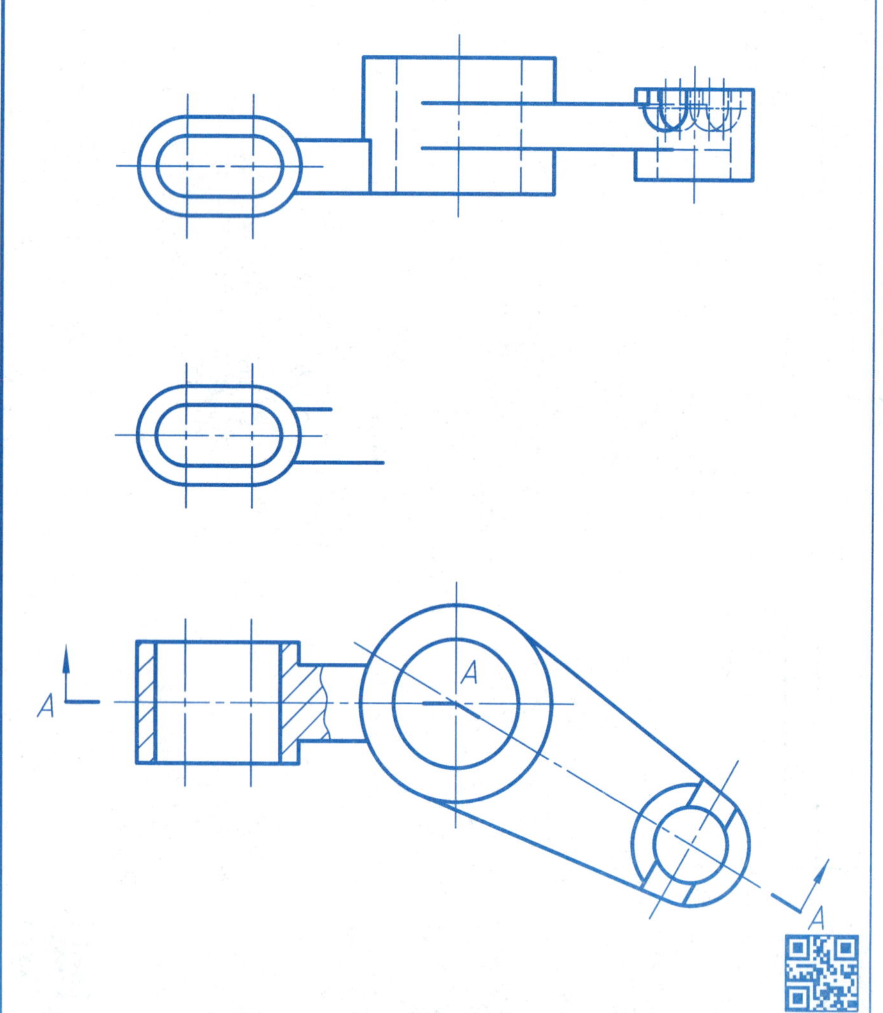

A
A
A

8-30 在指定位置将俯视图画成两个平行剖切平面(阶梯剖)剖开后的半剖视图。

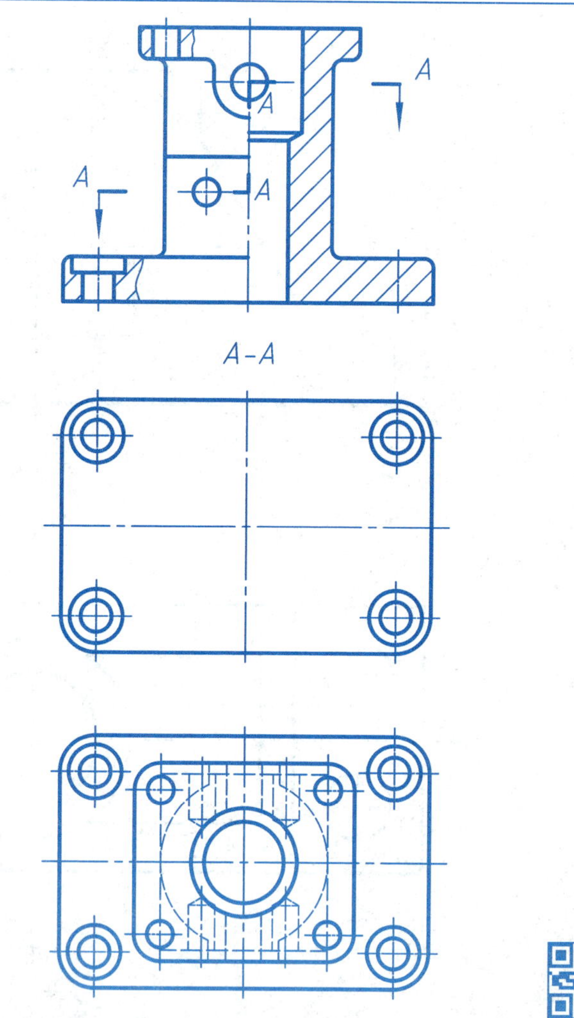

A
A
A
A
A-A

8-31 在指定位置将主视图画成复合剖的A-A剖视图。

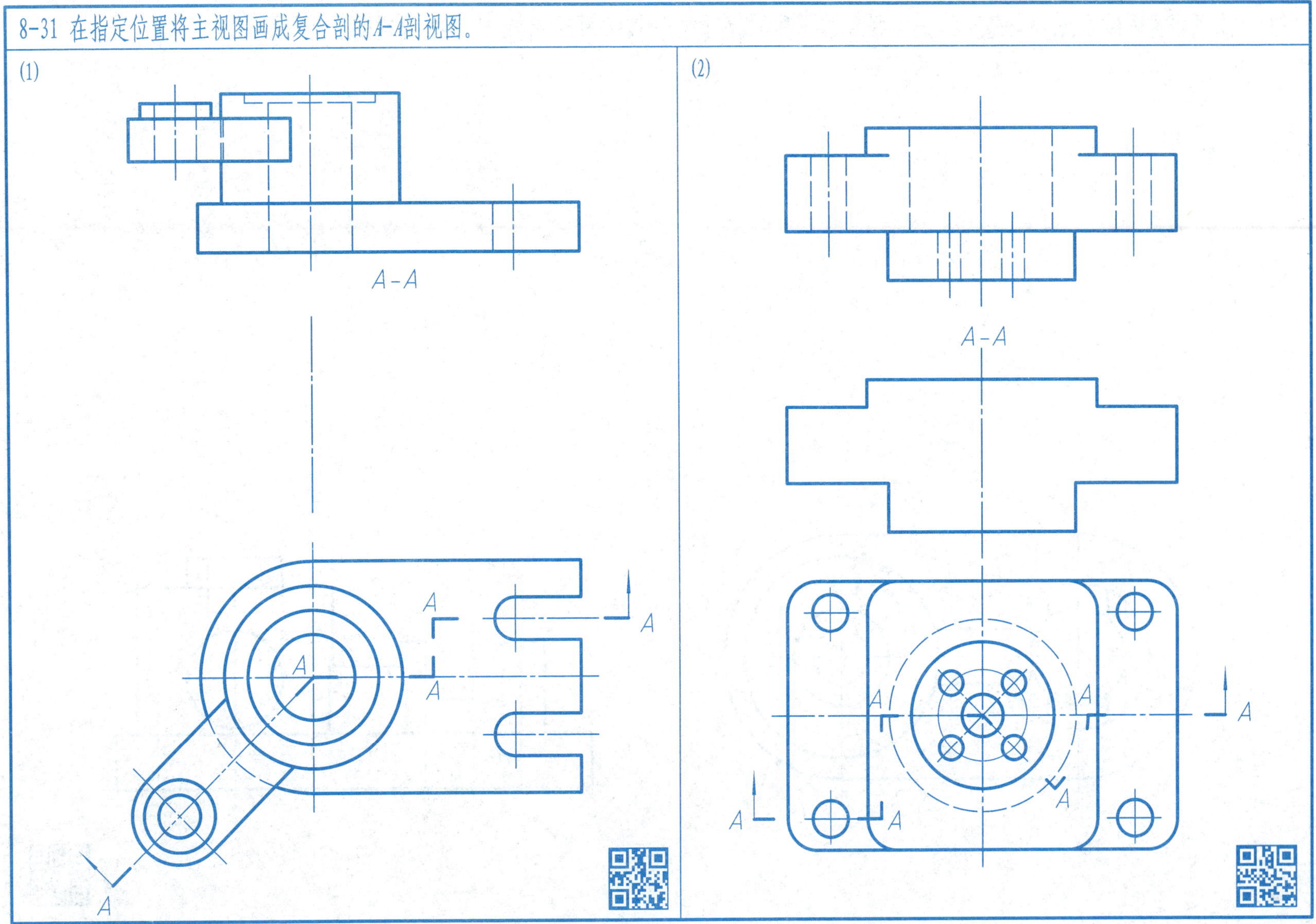
(1)
A-A
A
A
A
A
A
(2)
A-A
A
A
A
A
A
A
A

班级　　　　姓名　　　　学号

8-32 已知俯视图和A向视图，将主视图画成全剖视图，左视图画成两个平行剖切平面（阶梯剖）剖开后的全剖视图。

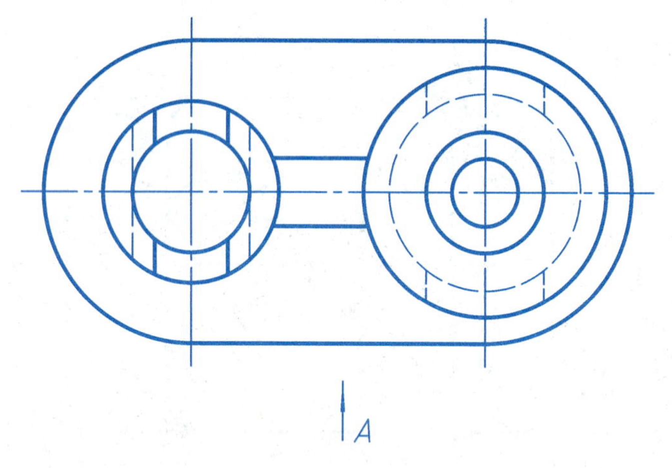
A

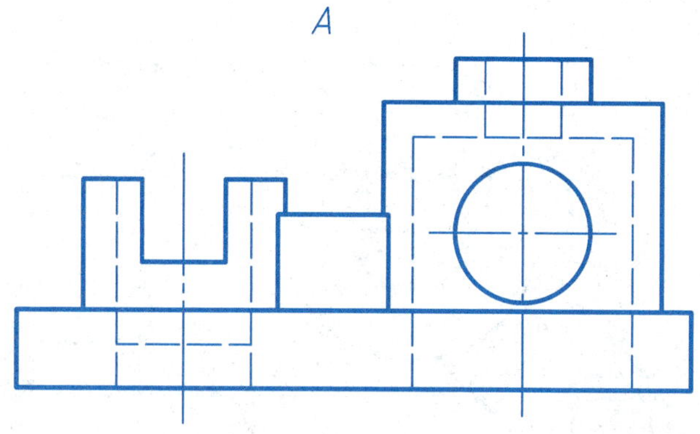
A

8-33 标注剖视图的尺寸，数值按1：1从图中量取(取整数)。

(1)　　　　(2)

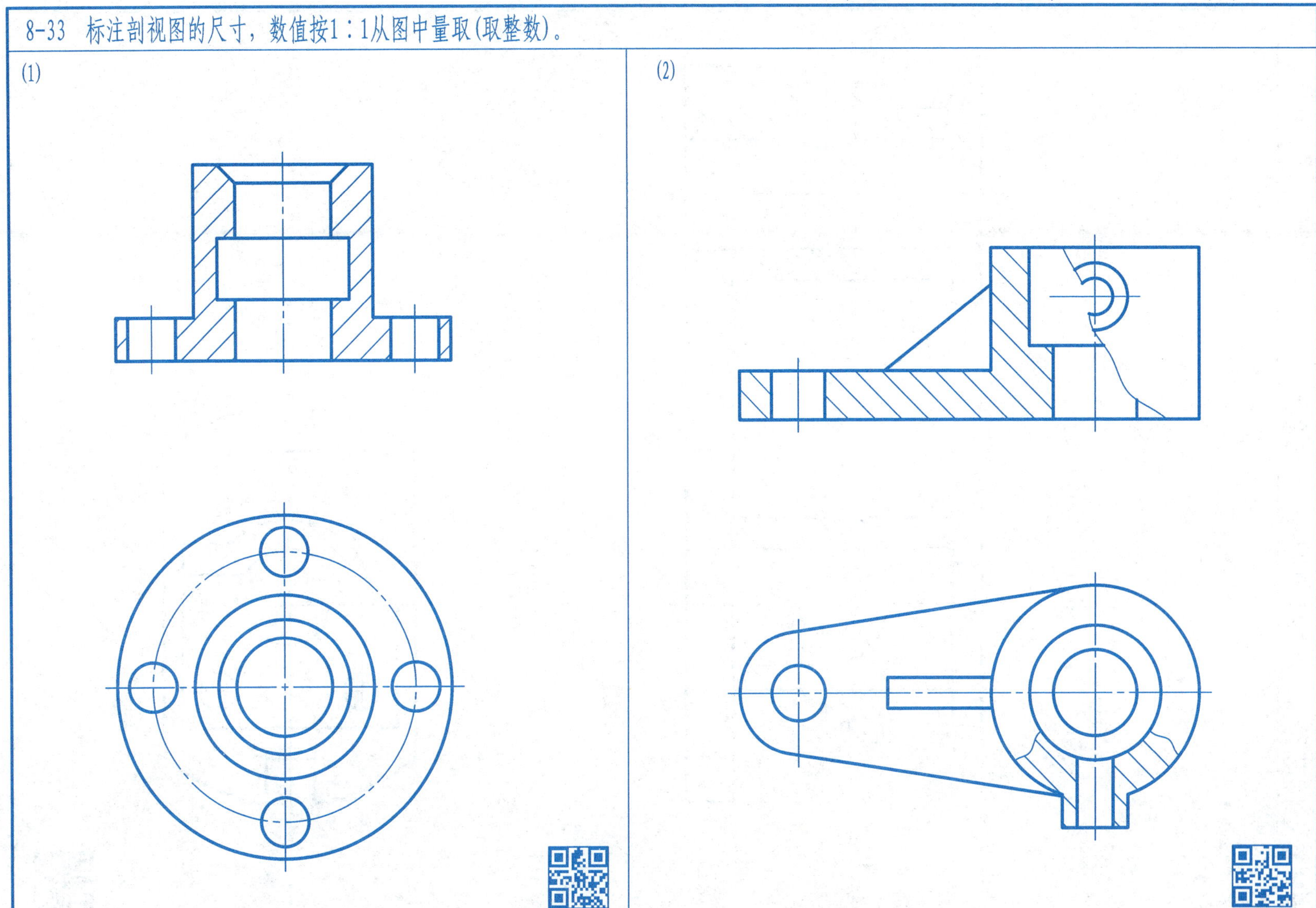

班级　　姓名　　学号

8-34 标注剖视图的尺寸，数值按1∶1从图中量取(取整数)。

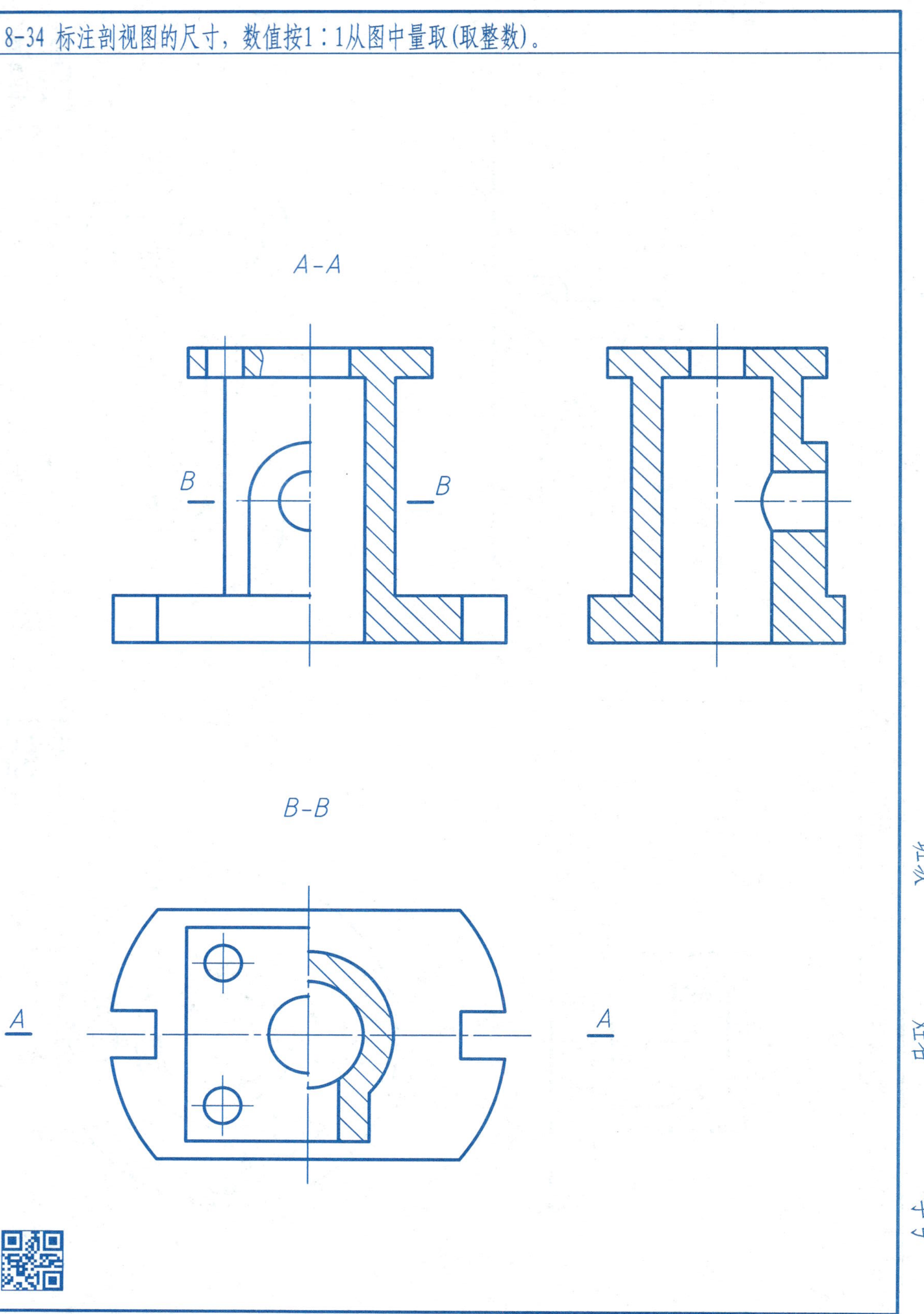

A-A
B
B
B-B
A
A

班级　　　　姓名　　　　学号

8-35 按指定的剖切位置绘制断面图。(注：轴的左方键槽深4.5 mm；90° 锥坑深3 mm；右方半圆键键槽宽6 mm，中间圆孔直径为6 mm。)

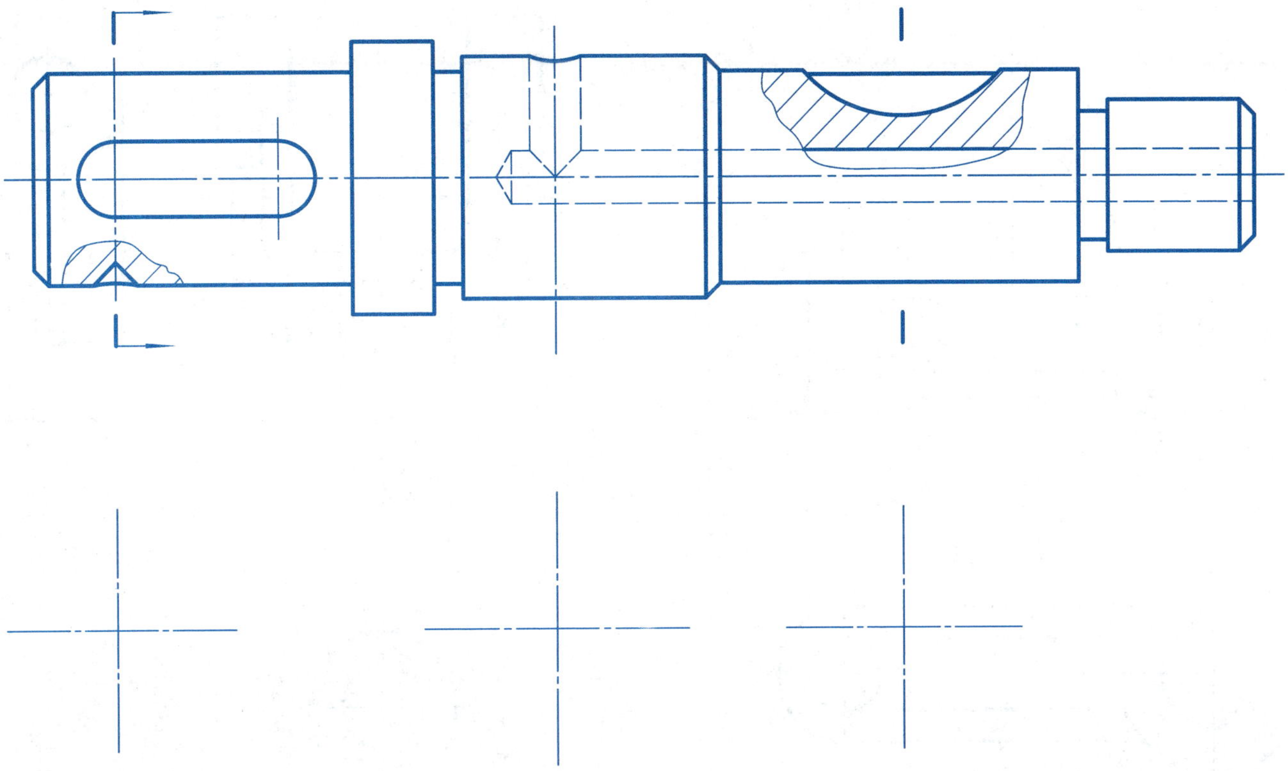

8-36 在指定位置画移出断面图。

8-37 在指定位置画B-B移出断面。

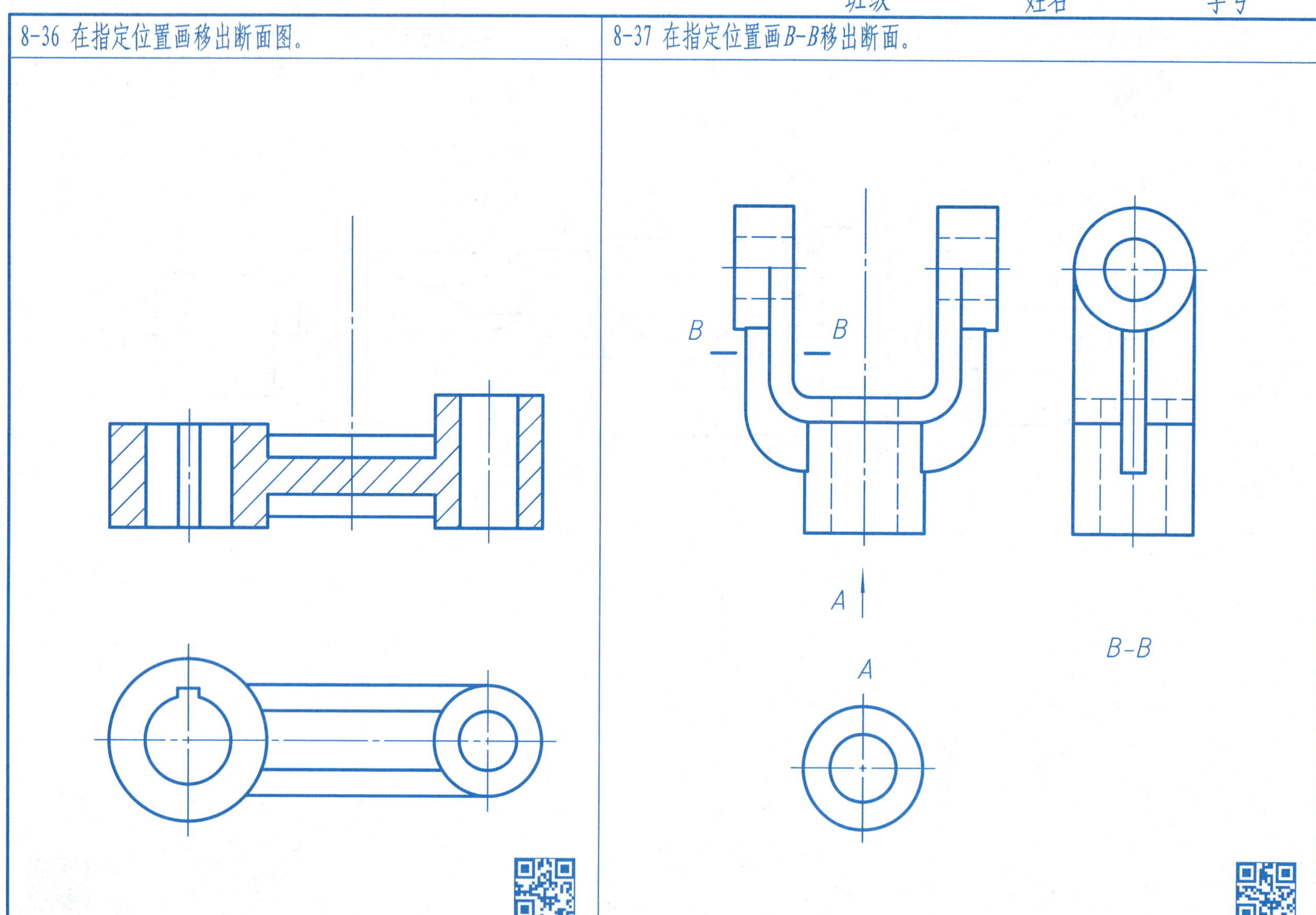
B
B
A
A
B-B

8-38　在指定位置(主视图点画线处)作出连接板的重合断面图。

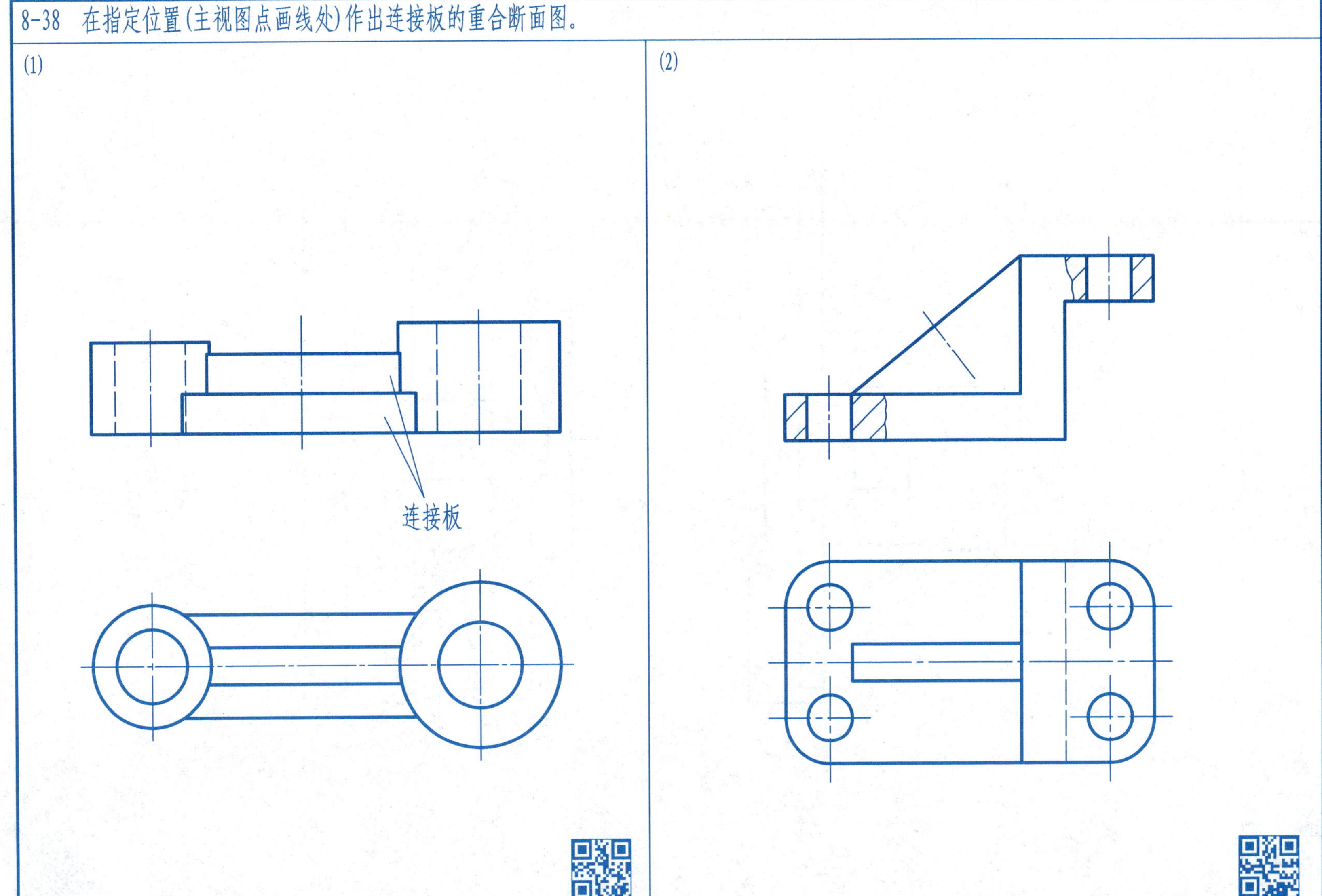
(1)
连接板
(2)

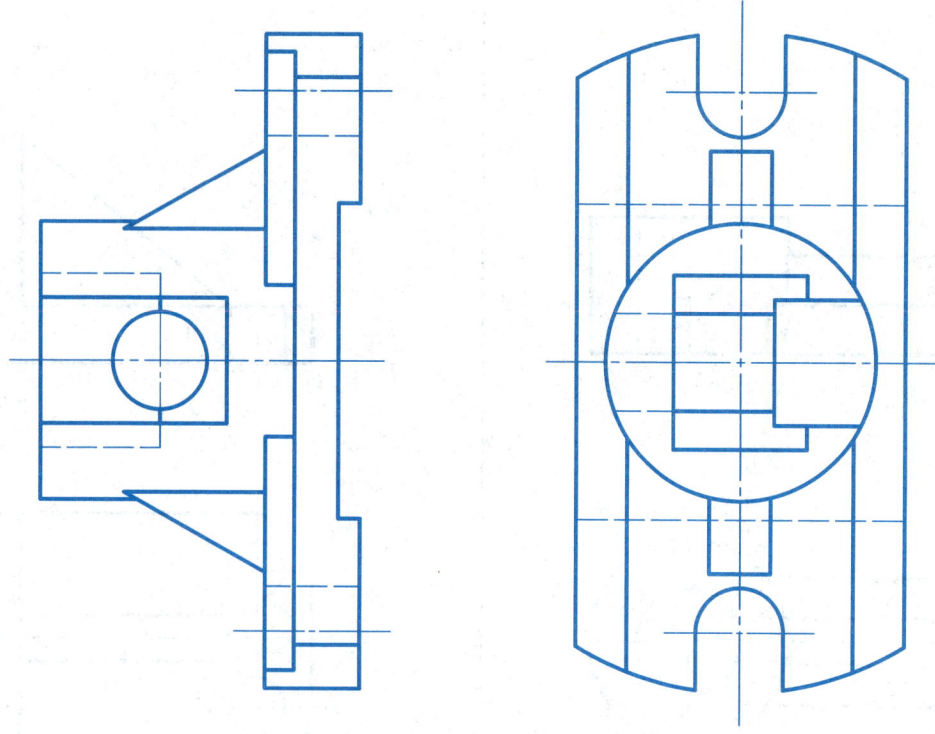

班级　　姓名　　学号

8-39 根据所给视图,在A3图纸上画出机件的主、俯、左视图,并作适当剖视, 绘图比例2:1。(图名:表达方案选择1。)

班级
姓名
学号

8-40 由机件的两视图，选择合适的表达方案(剖视、断面图和其它视图)，画在A3图纸上，绘图比例1∶2，并标注尺寸。(图名：表达方案选择2。)

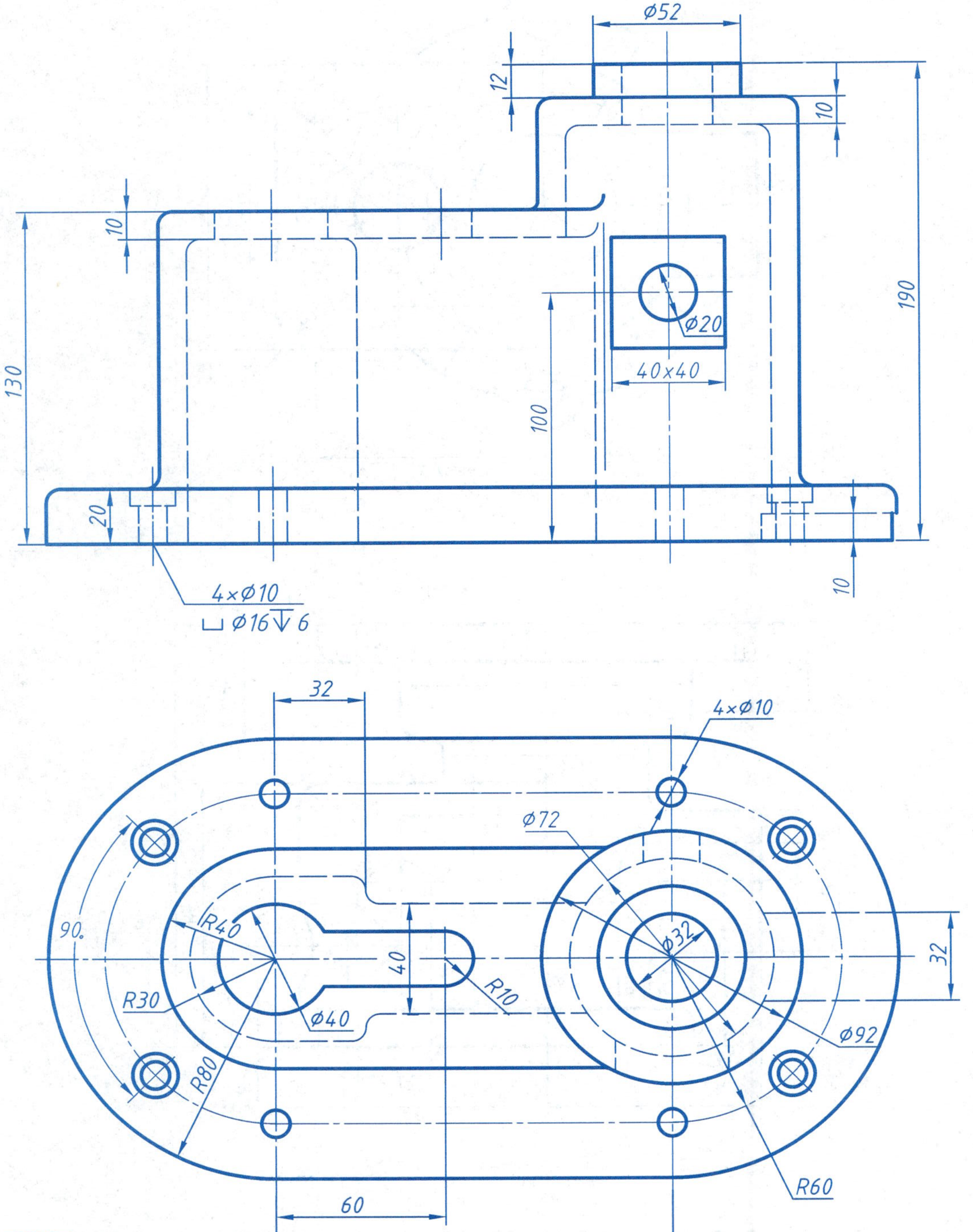

Ø52
12
10
10
190
Ø20
40×40
130
100
20
10
4×Ø10
⌴Ø16↧6
32
4×Ø10
Ø72
R40
90°
40
R10
32
R30
Ø40
Ø32
Ø92
R80
R60
60
140

未注圆角$R2\sim R4$。

8-41　选择适当的表达方案，将图示机件的内外部形状结构表达清楚，并标注尺寸。用A3图纸，比例为1∶1。(图名：表达方案选择3。)

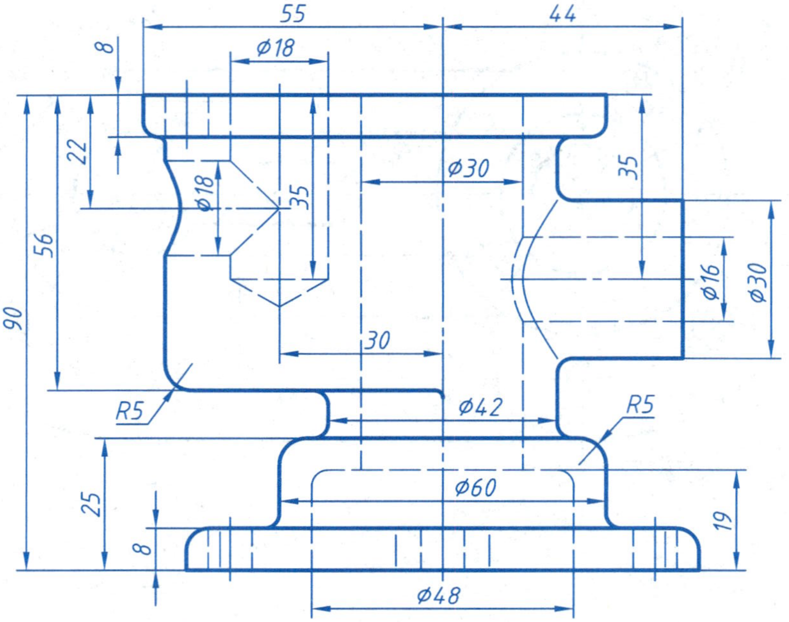

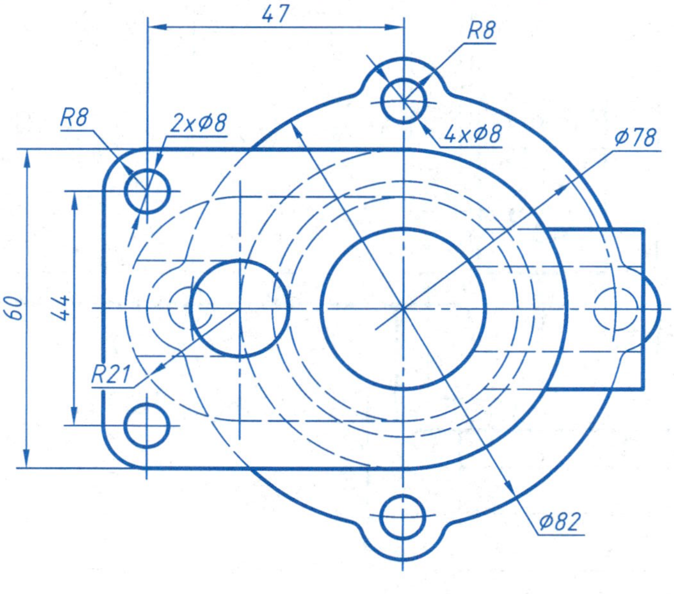

未注圆角$R1\sim R3$。

班级　　　　　　姓名　　　　　　学号

8-42　选择适当的表达方案，将图示机件的内外部形状结构表达清楚，并标注尺寸。用A3图纸，比例为1∶2。(图名：表达方案选择4。)

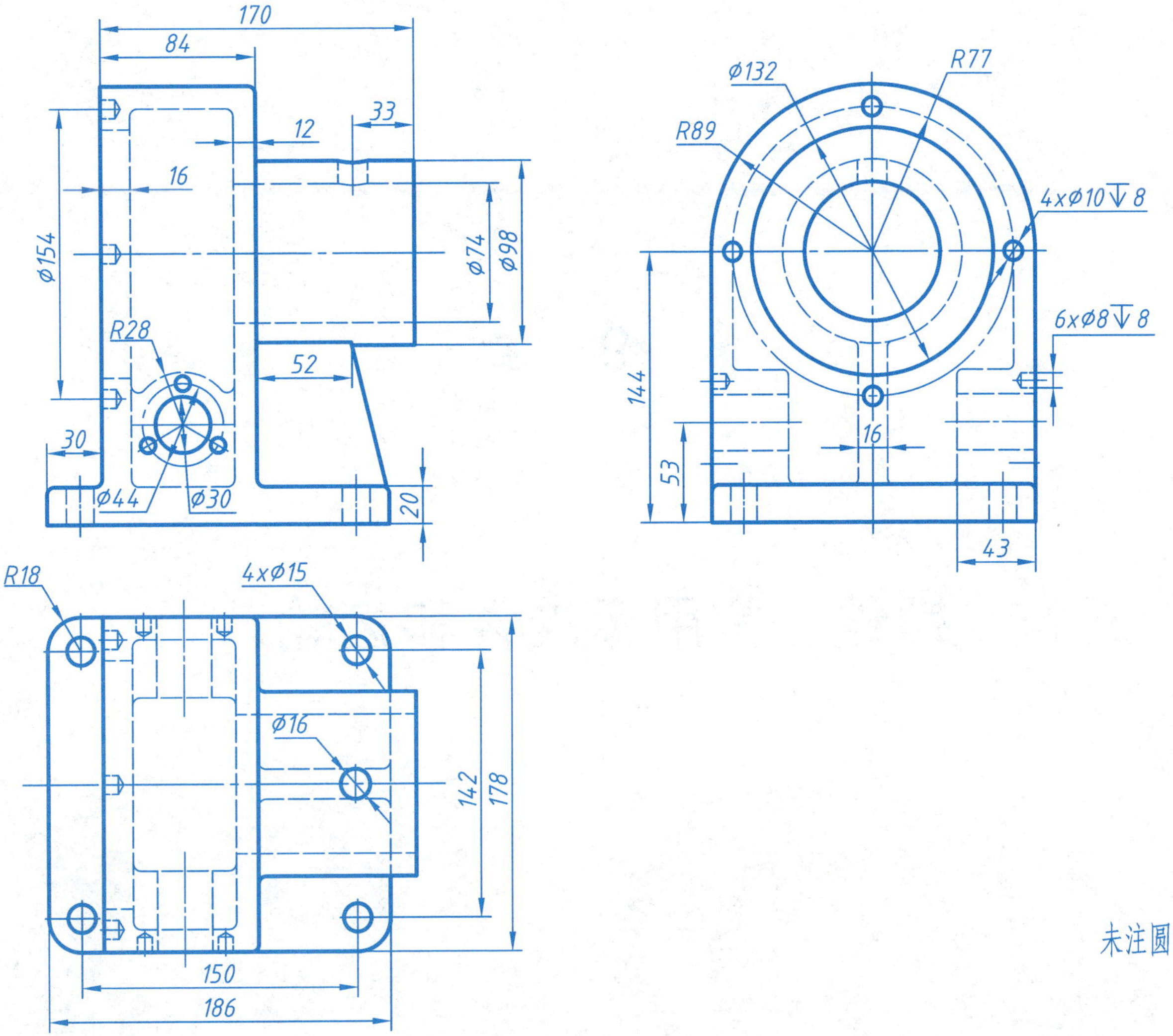

170
84
33
12
16
⌀154
⌀74
⌀98
R28
52
30
⌀44
⌀30
20
⌀132
R77
R89
4x⌀10↧8
6x⌀8↧8
144
53
16
43
R18
4x⌀15
⌀16
142
178
150
186

未注圆角R1～R3。

第 9 章

螺纹、常用标准件和齿轮

班级　　　　姓名　　　　学号

9-1 识别下列螺纹标记中各代号的意义，并填表。

螺纹标记	螺纹种类	螺纹大径	导程	螺距	线数	公差带代号	旋向
M20LH-6H							
M20X1.5-6g7g							
Tr40X14(P7)-8e							
G3/8							

9-2 分析螺纹画法中的错误，将正确画法画在下面指定处。

(1)

(2)

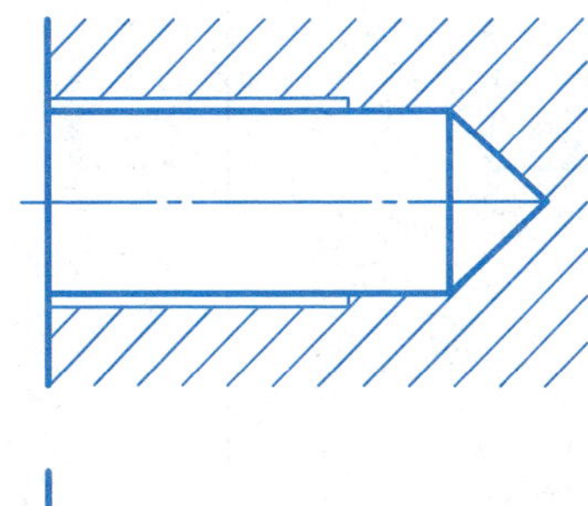

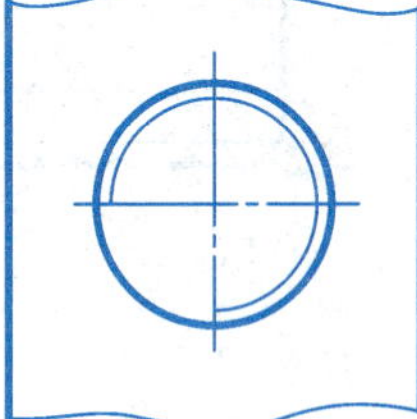

9-3 标注螺纹代号。

9-4 分析图中内、外螺纹连接画法的错误，将正确图画在下面指定位置。

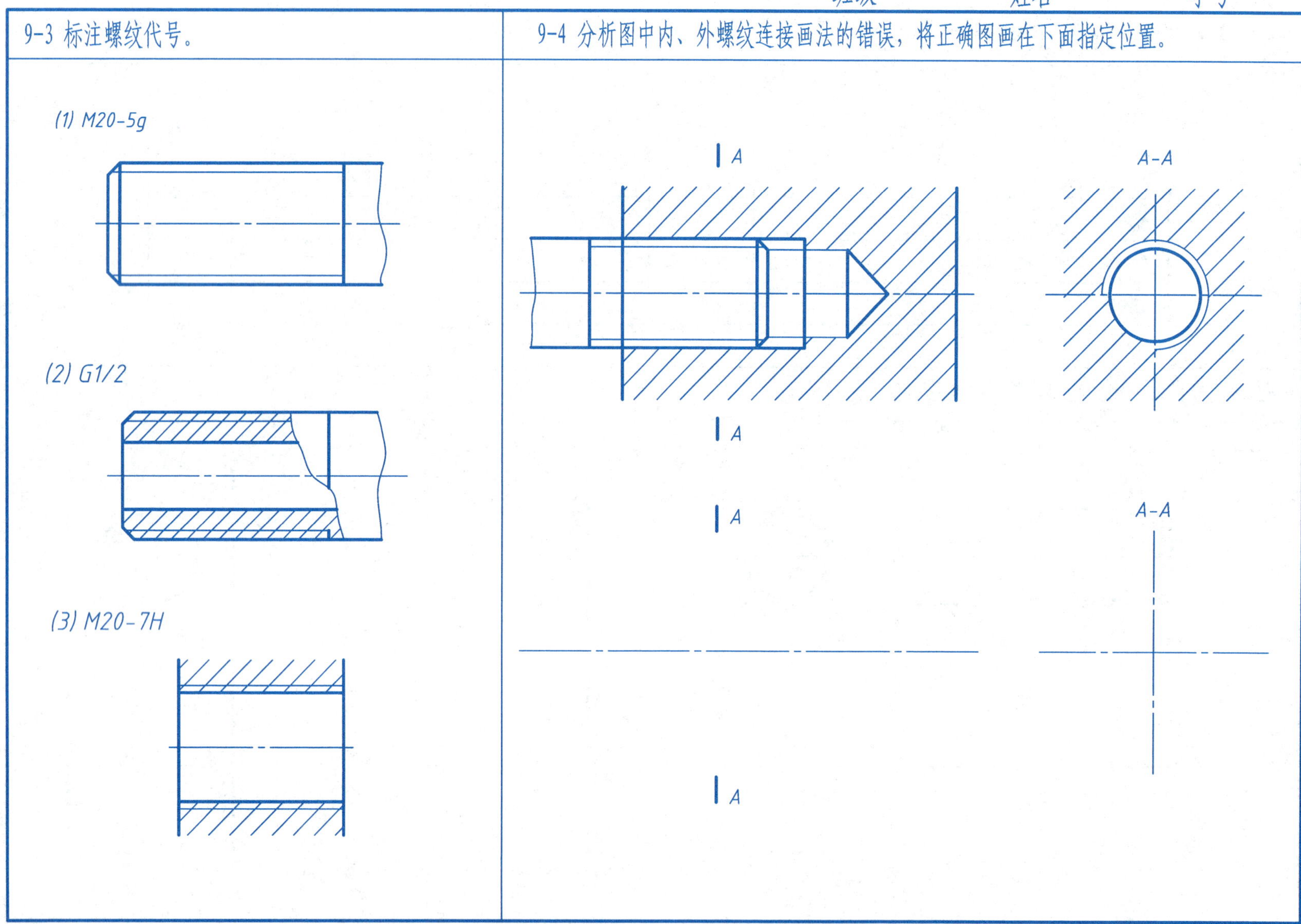
(1) M20-5g
(2) G1/2
(3) M20-7H
A
A-A
A
A
A-A
A

班级　　　　姓名　　　　学号

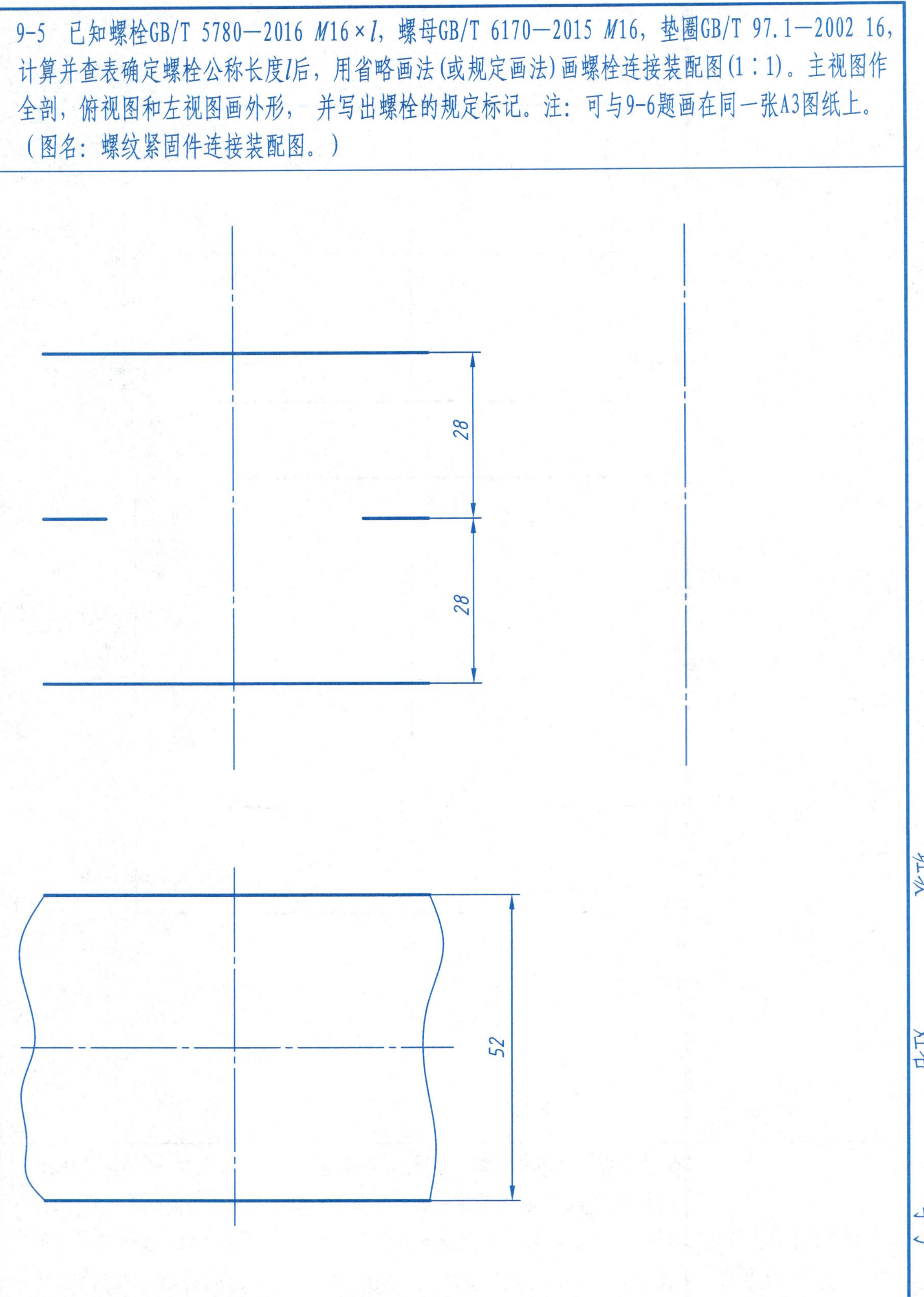
9-5 已知螺栓GB/T 5780—2016 *M*16×*l*，螺母GB/T 6170—2015 *M*16，垫圈GB/T 97.1—2002 16，计算并查表确定螺栓公称长度*l*后，用省略画法(或规定画法)画螺栓连接装配图(1∶1)。主视图作全剖，俯视图和左视图画外形，并写出螺栓的规定标记。注：可与9-6题画在同一张A3图纸上。
（图名：螺纹紧固件连接装配图。）
28
28
52

9-6 已知双头螺柱 GB/T 899—1988 $M16 \times l$，螺母 GB/T 6170—2015 $M16$，垫圈 GB/T 93—1987 16，计算并查表确定螺柱的公称长度l 后，用省略画法(或规定画法)画双头螺柱连接装配图(比例1∶1)。主视图作全剖，俯视图画外形，并写出双头螺柱的规定标记。

注：可与9-5题画在同一张A3图纸上。(图名：螺纹紧固件连接装配图。)

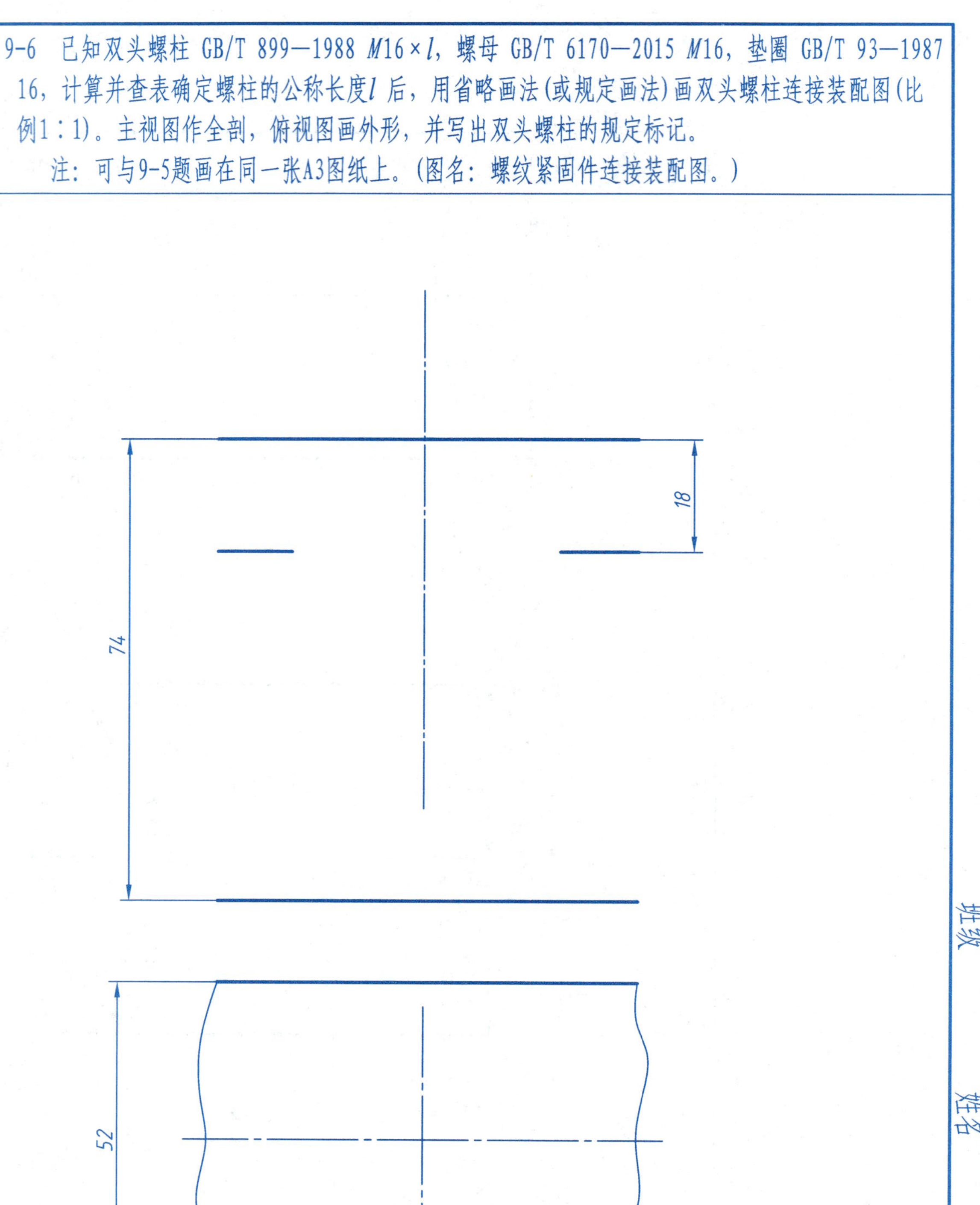
18
74
52

班级　　姓名　　学号

班级　　　　姓名　　　　学号

9-7 已知螺钉 GB/T 68—2016 *M*8×25，用省略画法画出螺钉连接装配图(比例2∶1)。主视图作全剖，俯视图画外形。

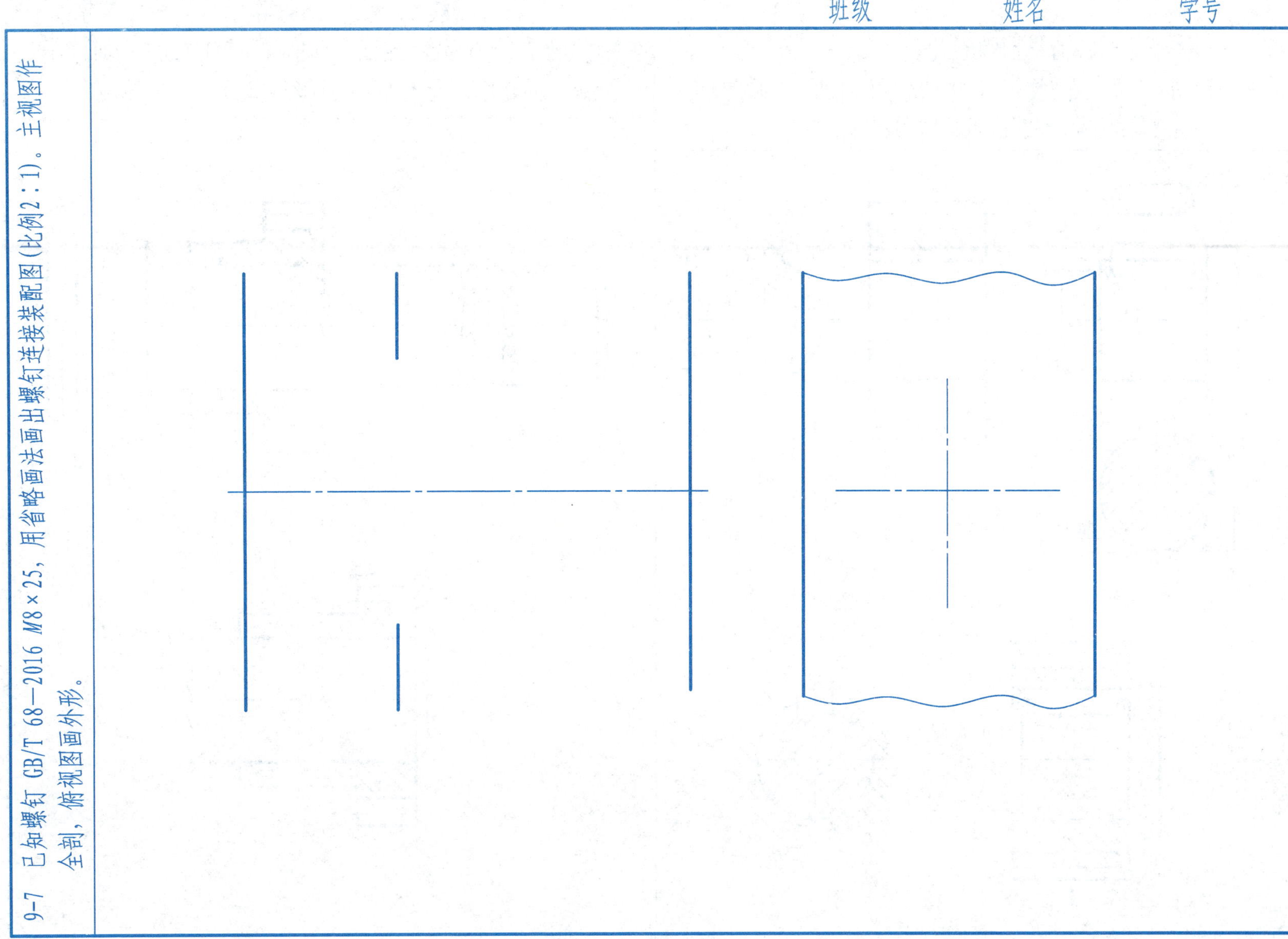

9-8 (1)查表注出轴和齿轮上的键槽尺寸;

(2)并画出用普通平键(键12×8×28 GB/T 1096—2003)连接轴和齿轮的装配图(比例1∶2)。

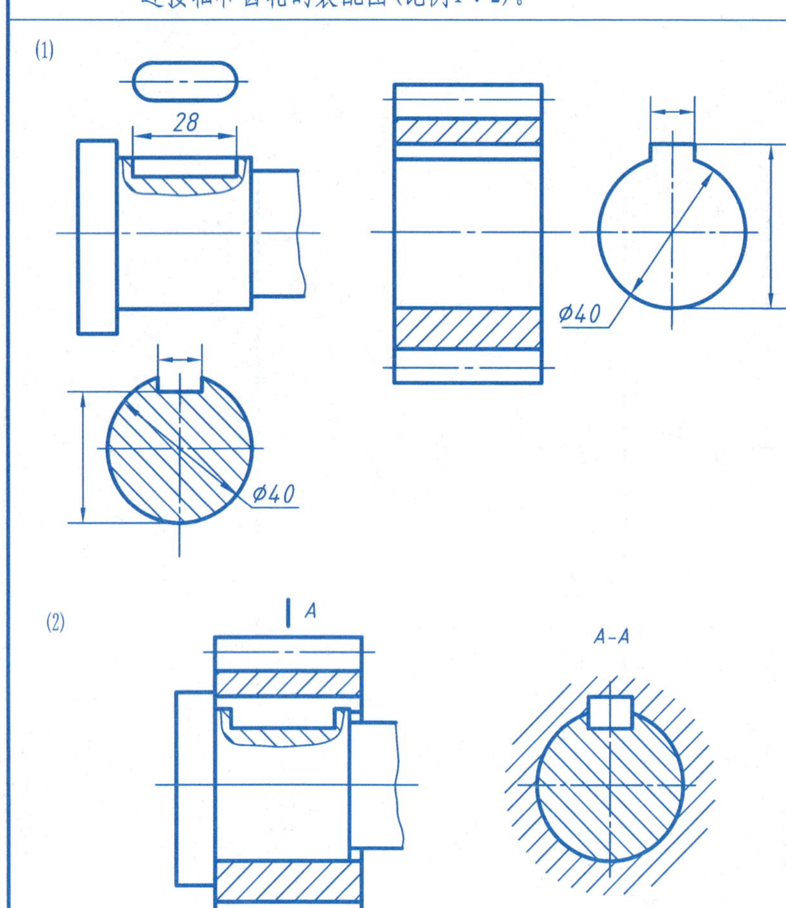

(1)
28
Ø40
Ø40
(2)
A
A-A
A

9-9 图(1)为轴、齿轮和销。在(2)中画出用销(GB/T 119.1—2000 5m6×30)连接轴和齿轮的装配图(比例1∶1)。

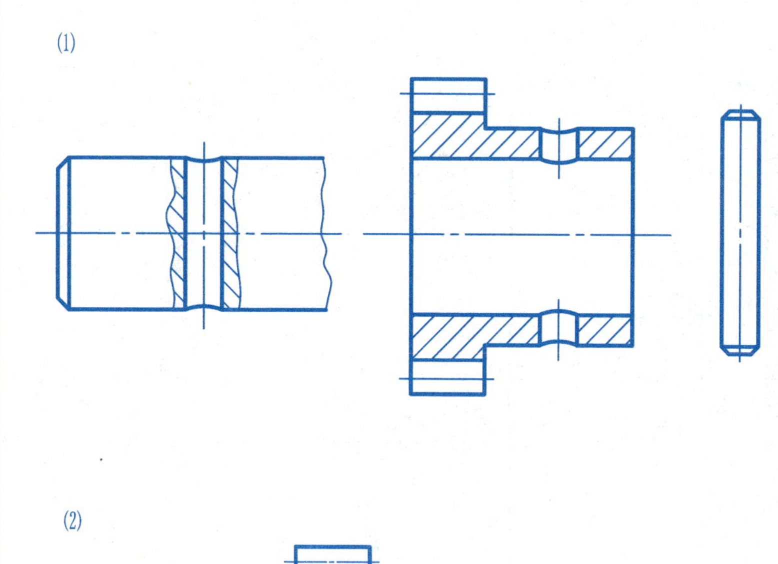

(1)

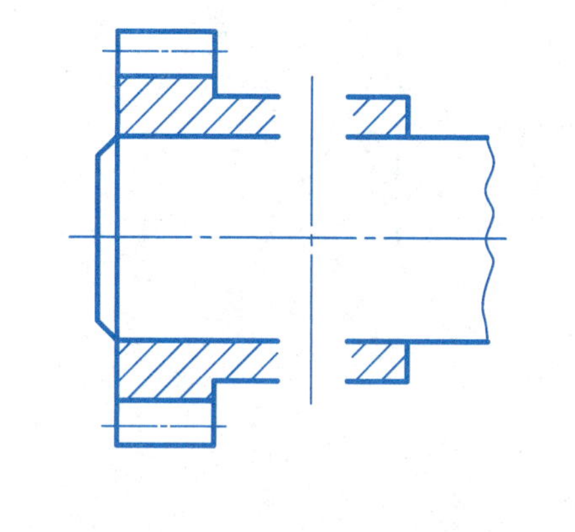

(2)

班级　　　　姓名　　　　学号

9-10 按规定画法绘制轴承6309(比例1∶1，不注尺寸)，并填写以下参数。	9-11 按规定画法绘制轴承32211(比例1∶1，不注尺寸)，并填写以下参数。
$d=$　　$D=$　　$B=$	$d=$　　$D=$　　$T=$　　$B=$　　$C=$

班级　　　　姓名　　　　学号

9-12 圆柱螺旋弹簧的外径D_2=80 mm，节距t=16 mm，簧丝直径d=10 mm，有效圈数n=10，支承圈数n_2=2.5，右旋。计算出弹簧的中径D、自由高度H_0。用1∶1的比例画出弹簧的全剖主视图，并在图中标注中径D，节距t，簧丝直径d，弹簧自由高度H_0。

弹簧中径D=

弹簧自由高度H_0=

班级　　　　　姓名　　　　　学号

9-13 已知：标准直齿圆柱齿轮的齿数$Z=40$，模数$m=5$ mm，试求出分度圆直径d、齿顶圆直径d_a和齿根圆直径d_f。用1∶2的比例完成其两视图（主视图全剖，左视图画外形），并在图中标注分度圆直径d、齿顶圆直径d_a和齿根圆直径d_f。

$d=$

$d_a=$

$d_f=$

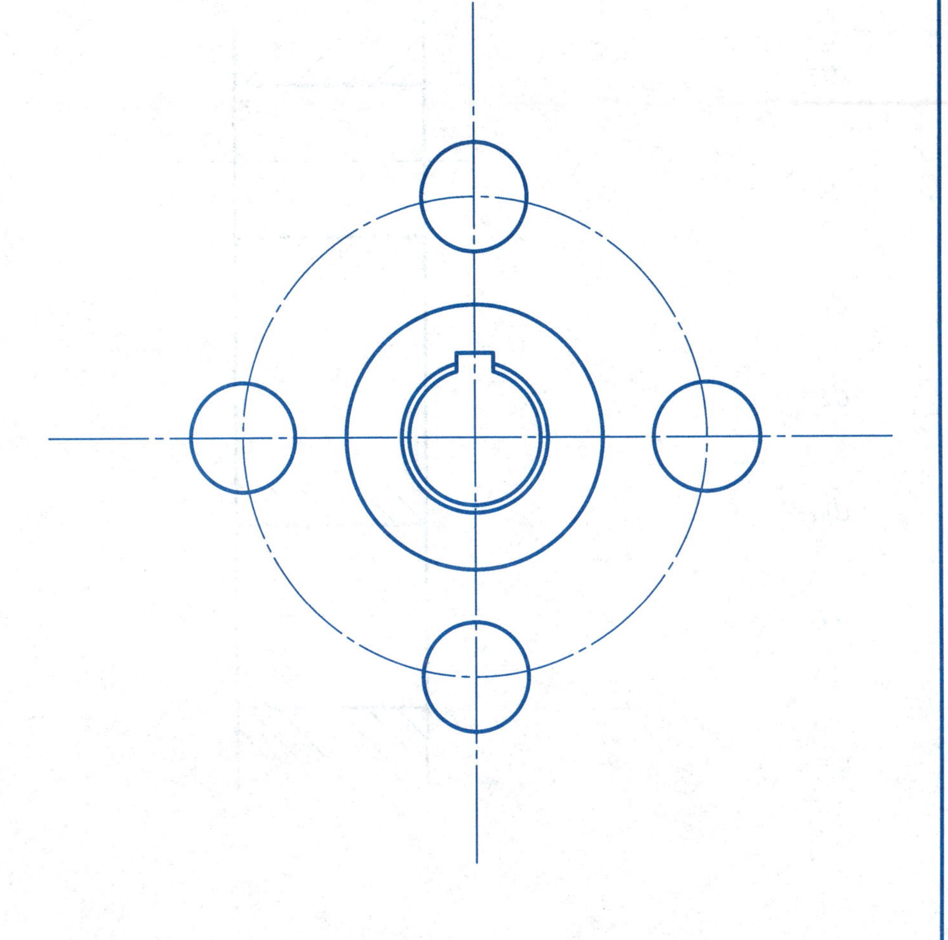

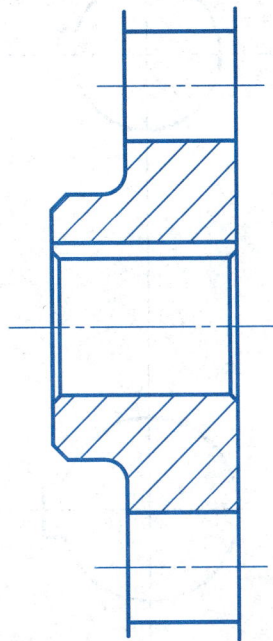

9-14 已知两直齿圆柱齿轮相啮合，模数$m=3$ mm，齿数$Z_1=16$、$Z_2=24$，用1∶1的比例完成其两视图(主视图全剖，左视图画外形)，并计算出以下尺寸，且在图中注出中心距a。

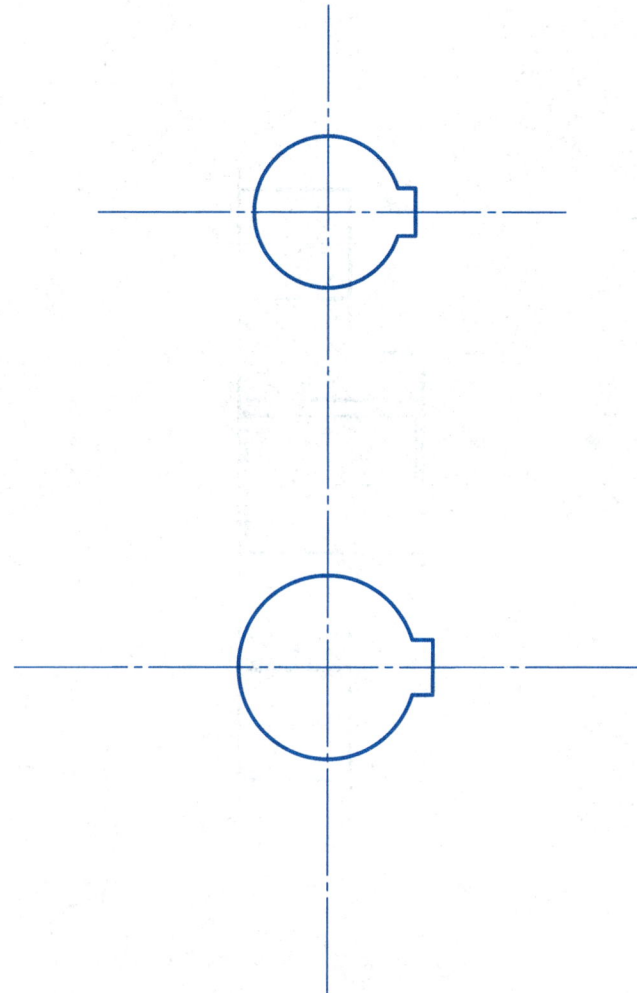

$d_1=$

$d_{a1}=$

$d_{f1}=$

$d_2=$

$d_{a2}=$

$d_{f2}=$

$a=$

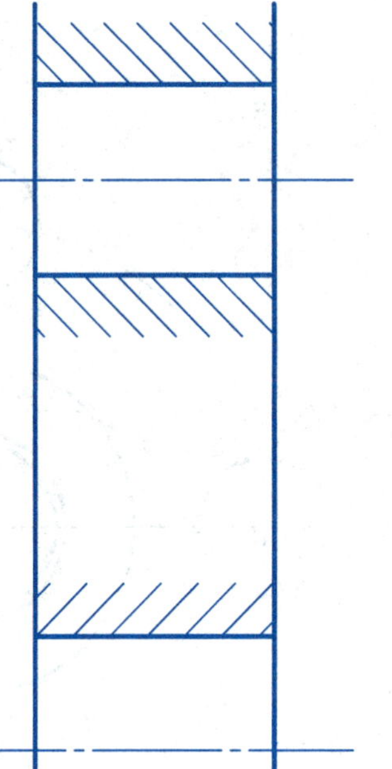

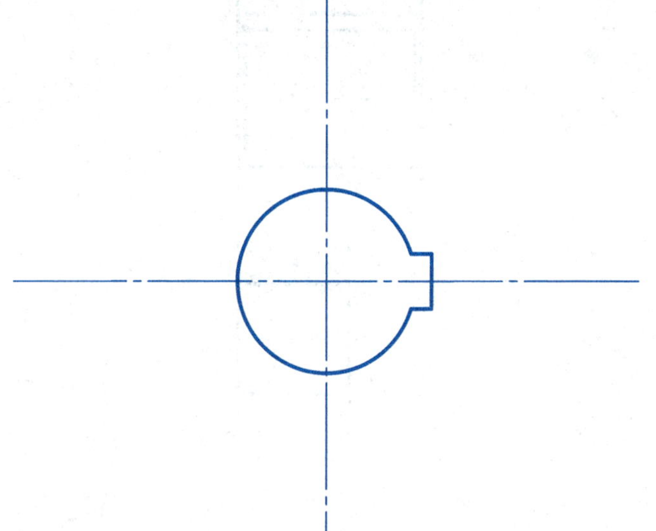

第 10 章

机械图样中的技术要求

班级　　　　姓名　　　　学号

10-1 在六棱柱外表面上标注表面粗糙度代号，高度参数*Ra*为6.3。

10-2 零件各表面的粗糙度如上图所示，将各表面粗糙度标注在下图上。

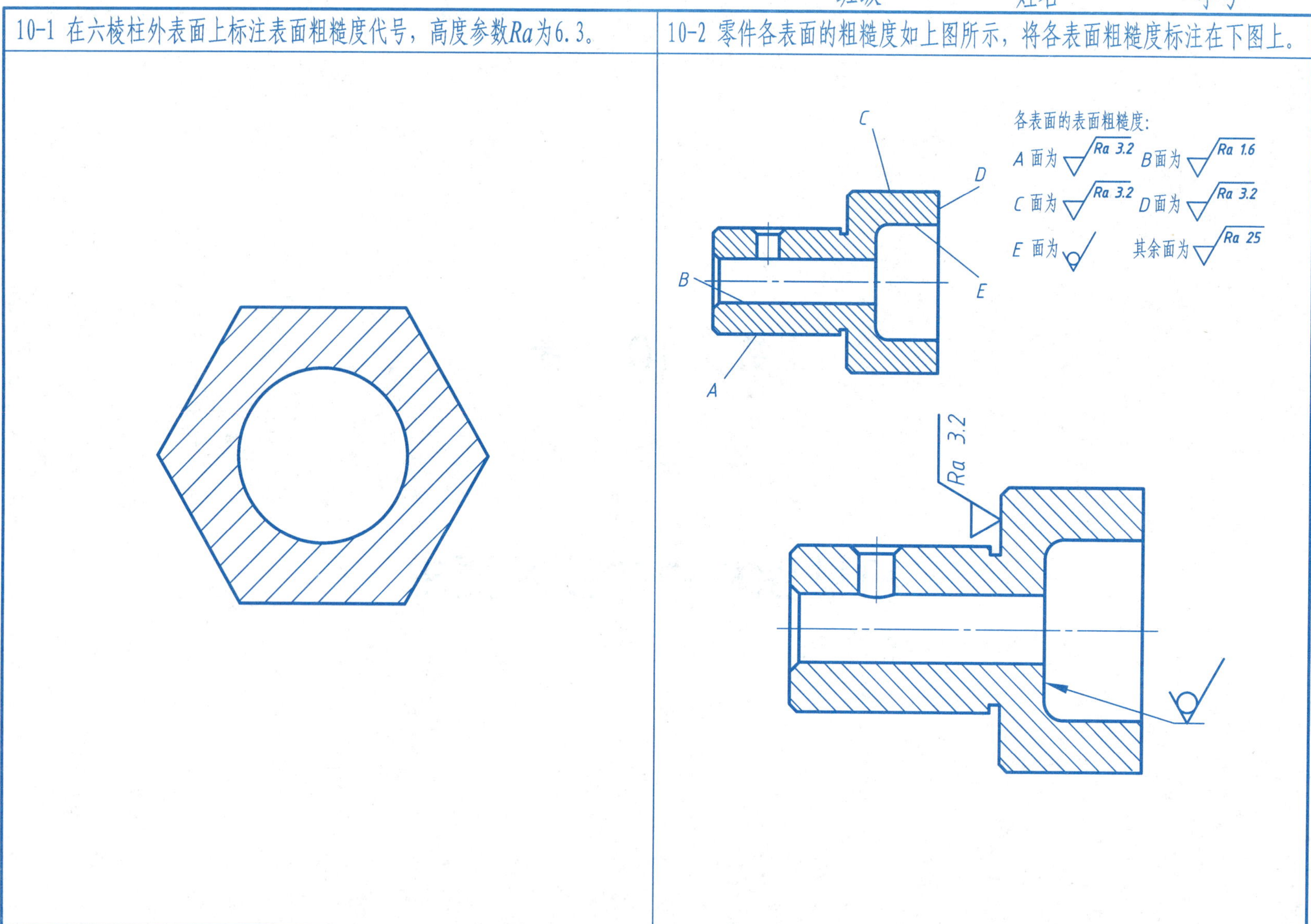

C
D
B
E
A
各表面的表面粗糙度:
A 面为 Ra 3.2
B面为 Ra 1.6
C 面为 Ra 3.2
D面为 Ra 3.2
E 面为
其余面为 Ra 25
Ra 3.2

班级　　姓名　　学号

10-3 某仪器中轴和孔的配合尺寸为$\phi 30S7/h6$。

（1）此配合是______制______配合。

（2）从表中查出孔和轴的上、下极限偏差，在下面的零件图中分别注出轴和孔的公称尺寸和上、下极限偏差值。

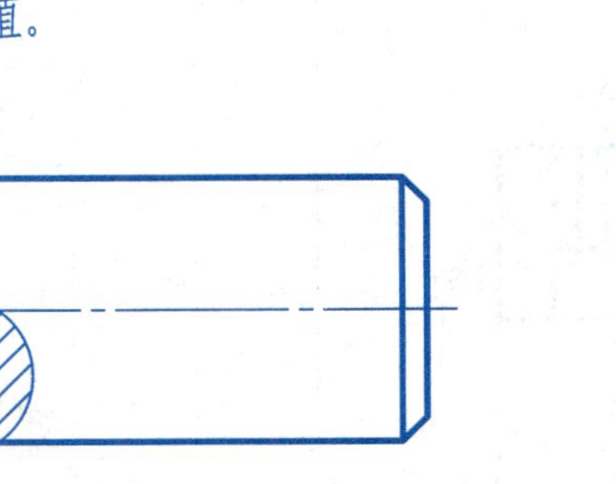

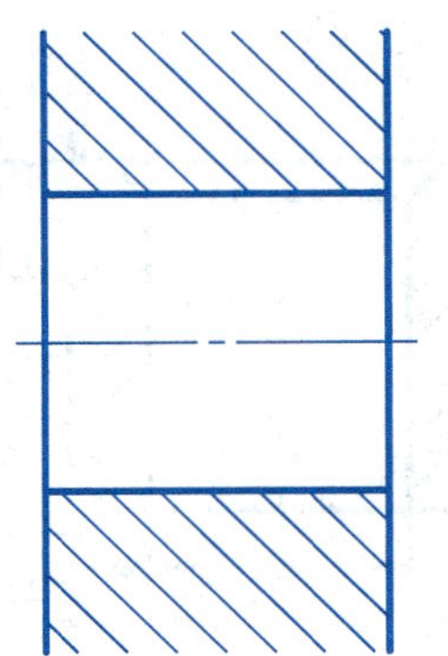

（3）画出孔轴装配图，并注出公称尺寸和配合代号。

（4）画出轴和孔的公差带图。

10-4 已知与轴承外圈配合的机座孔基本尺寸为$\phi 52$，公差带代号及极限偏差值为$J7\left(^{+0.018}_{-0.012}\right)$；与轴承内圈配合的轴颈尺寸为$\phi 30$，公差带代号为$k6$，在装配图(图(a))中标注尺寸和配合代号，并在零件图(图(b)、图(c))中标注机座和轴相应结构的基本尺寸、公差带代号与极限偏差值。

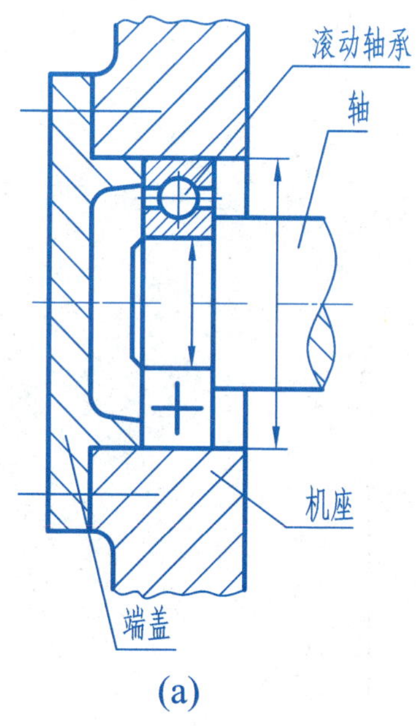

滚动轴承
轴
机座
端盖

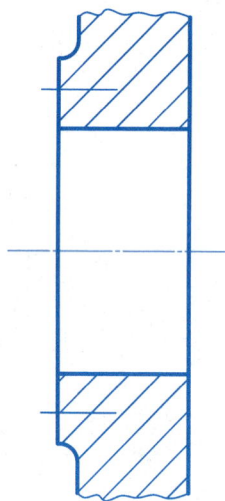

(a)

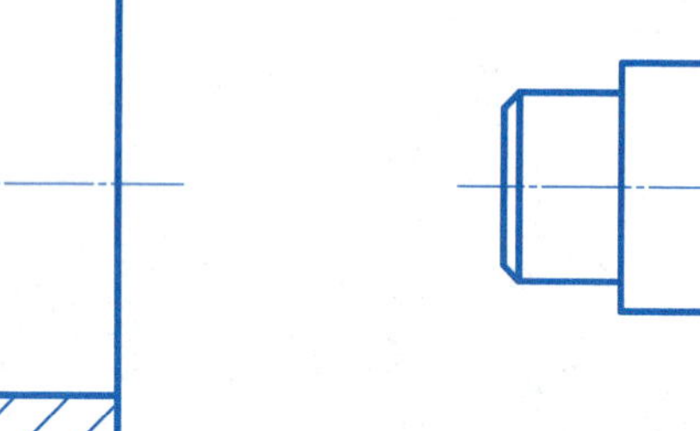

(b) 机座

(c) 轴

10-5 解释图中标注的形位公差的含义。

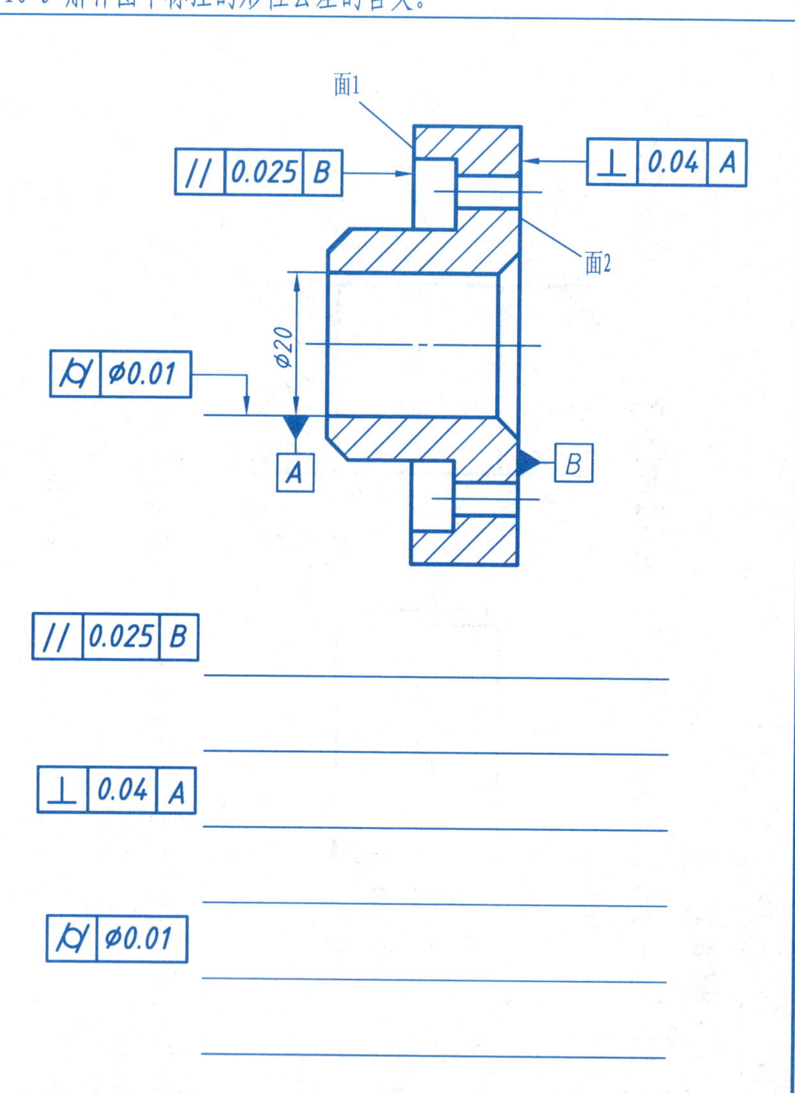

面1
面2
// 0.025 B
⊥ 0.04 A
φ0.01
φ20
A
B

第 11 章

零 件 图

班级　　　　姓名　　　　学号

11-1 读懂主轴零件图，并完成题目要求。

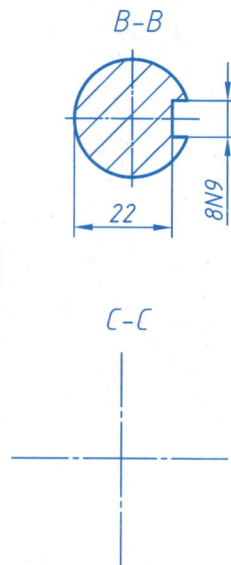

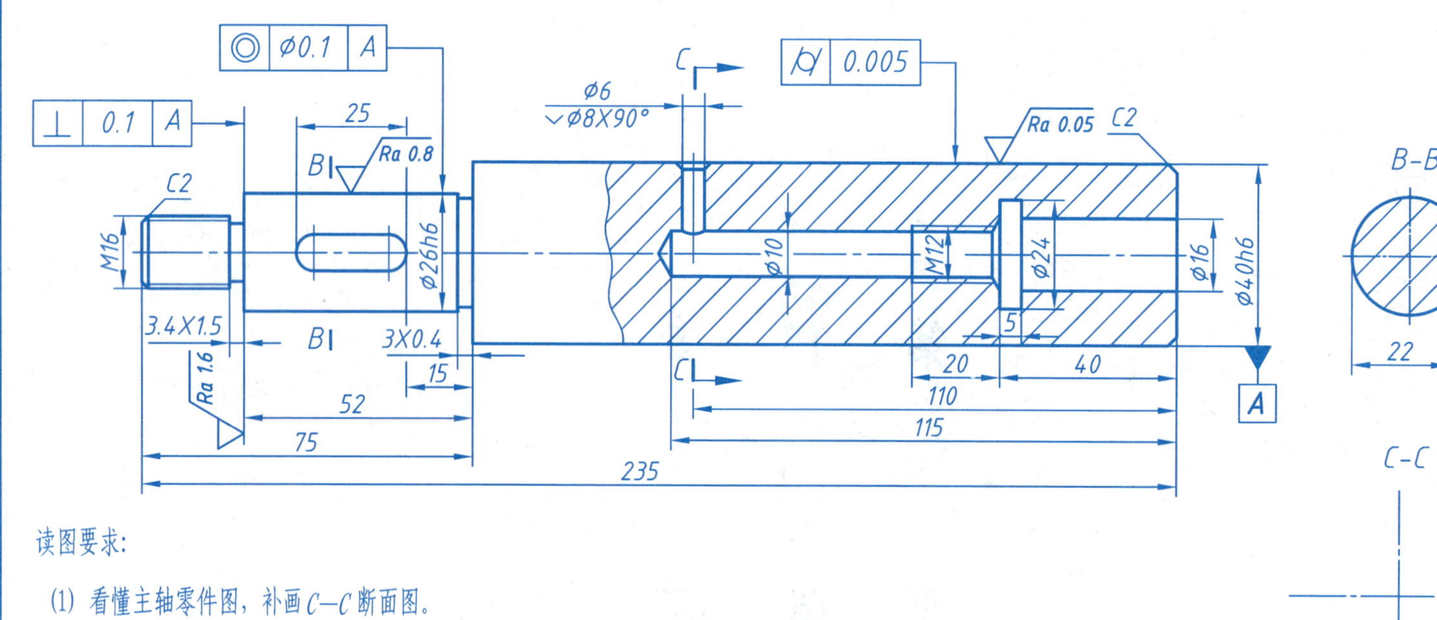

⊥ 0.1 A
◎ ⌀0.1 A
⌭ 0.005
C2
M16
25
B
Ra 0.8
⌀26h6
3.4X1.5
3X0.4
Ra 1.6
15
52
75
235
⌀6
⌵⌀8X90°
C
Ra 0.05
C2
⌀10
M12
⌀24
⌀16
⌀40h6
5
20
40
110
115
A

B-B
22
8N9

C-C

读图要求:

(1) 看懂主轴零件图，补画 C—C 断面图。

(2) 用符号"Δ"和文字标出轴向和径向的主要尺寸基准。

(3) 直径为 ⌀40h6 的圆柱面，其表面粗糙度高度参数 Ra=________。

(4) 解释下例几何公差的含义。

⊥ | 0.1 | A ________________________________

◎ | ⌀0.1 | A ________________________________

⌭ | 0.005 ________________________________

技术要求

1. 调质处理（26～31）HRC。
2. 去除毛刺。

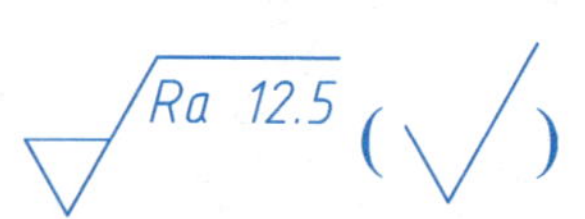

Ra 12.5 (√)

制图			45		(校 名)
					主　轴
校对			比 例		
审核			共　张　第　张		图号

班级　　　　姓名　　　　学号

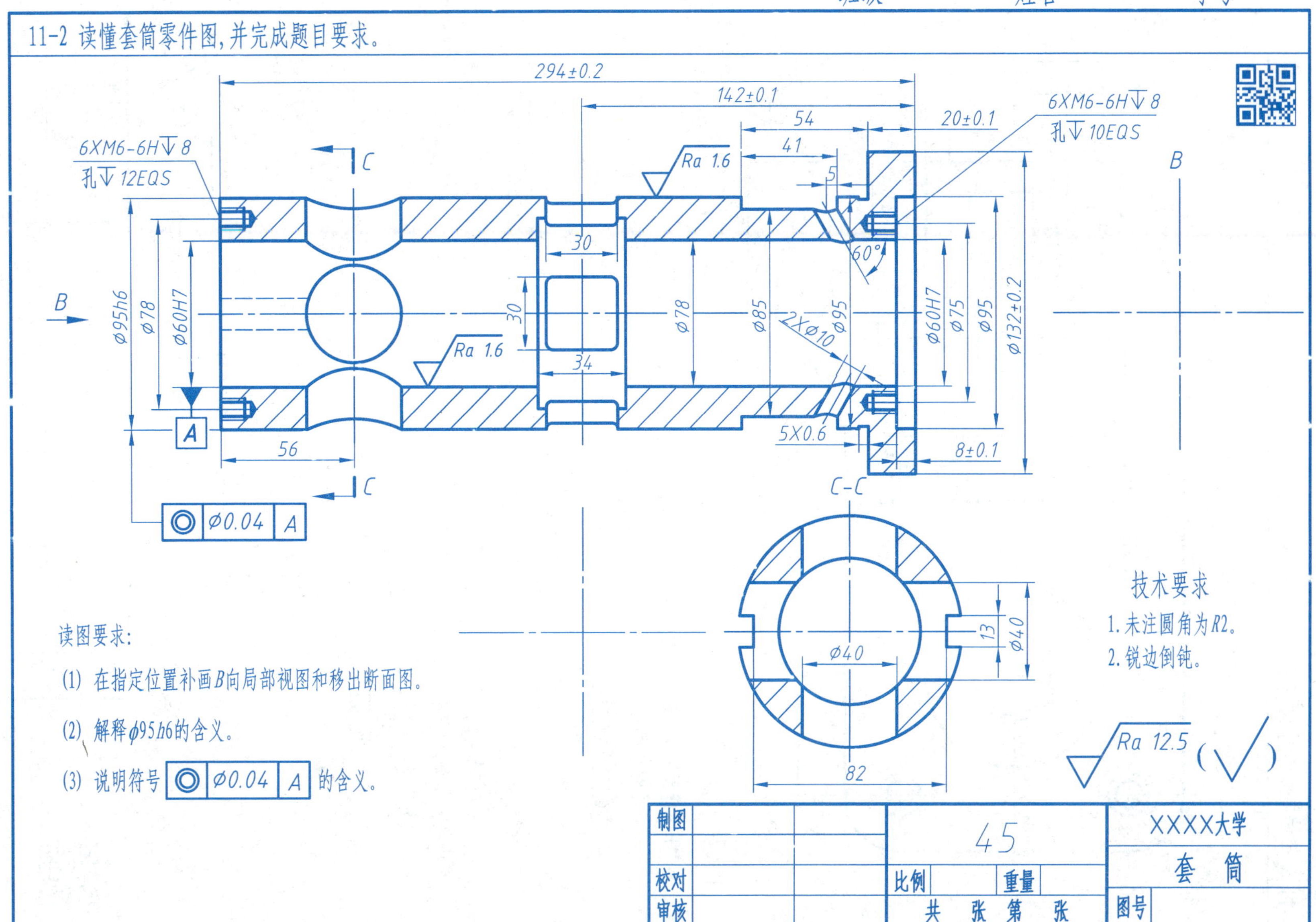

11-2 读懂套筒零件图，并完成题目要求。
294±0.2
142±0.1
54
41
5
20±0.1
6XM6-6H↧8
孔↧12EQS
6XM6-6H↧8
孔↧10EQS
Ra 1.6
Ra 1.6
C
C
B
B
30
30
34
60°
2Xφ10
5X0.6
8±0.1
56
φ95h6
φ78
φ60H7
φ78
φ85
φ95
φ60H7
φ75
φ95
φ132±0.2
A
◎ φ0.04 A
C-C
φ40
13
φ40
82
技术要求
1. 未注圆角为R2。
2. 锐边倒钝。
Ra 12.5 (√)
读图要求：
(1) 在指定位置补画B向局部视图和移出断面图。
(2) 解释φ95h6的含义。
(3) 说明符号 ◎ φ0.04 A 的含义。
制图
校对
审核
45
比例
重量
共　张　第　张
XXXX大学
套　筒
图号

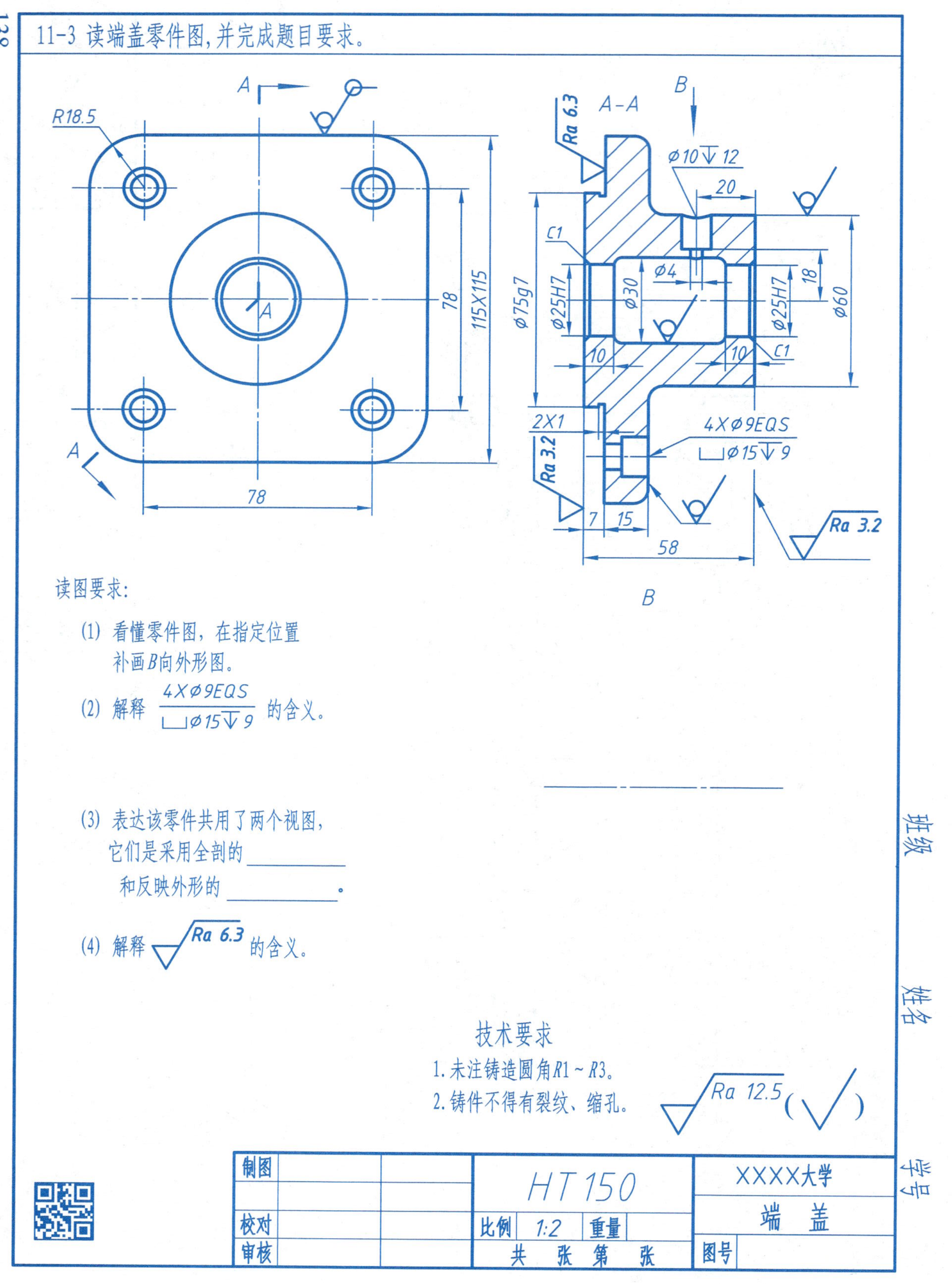
11-3 读端盖零件图，并完成题目要求。
A
A
A
A-A
B
B
R18.5
78
78
115X115
Ra 6.3
Ø10↧12
20
C1
C1
Ø4
18
Ø75g7
Ø25H7
Ø30
Ø25H7
Ø60
10
10
2X1
4XØ9EQS
⌴Ø15↧9
Ra 3.2
Ra 3.2
7
15
58
读图要求：
(1) 看懂零件图，在指定位置补画B向外形图。
(2) 解释 4XØ9EQS / ⌴Ø15↧9 的含义。
(3) 表达该零件共用了两个视图，它们是采用全剖的＿＿＿＿和反映外形的＿＿＿＿。
(4) 解释 Ra 6.3 的含义。
技术要求
1. 未注铸造圆角R1～R3。
2. 铸件不得有裂纹、缩孔。
Ra 12.5 (√)
制图
校对
审核
HT150
比例 1:2
重量
共 张 第 张
XXXX大学
端 盖
图号
班级
姓名
学号

班级　　　　姓名　　　　学号

11-4 读零件图，并完成题目要求。

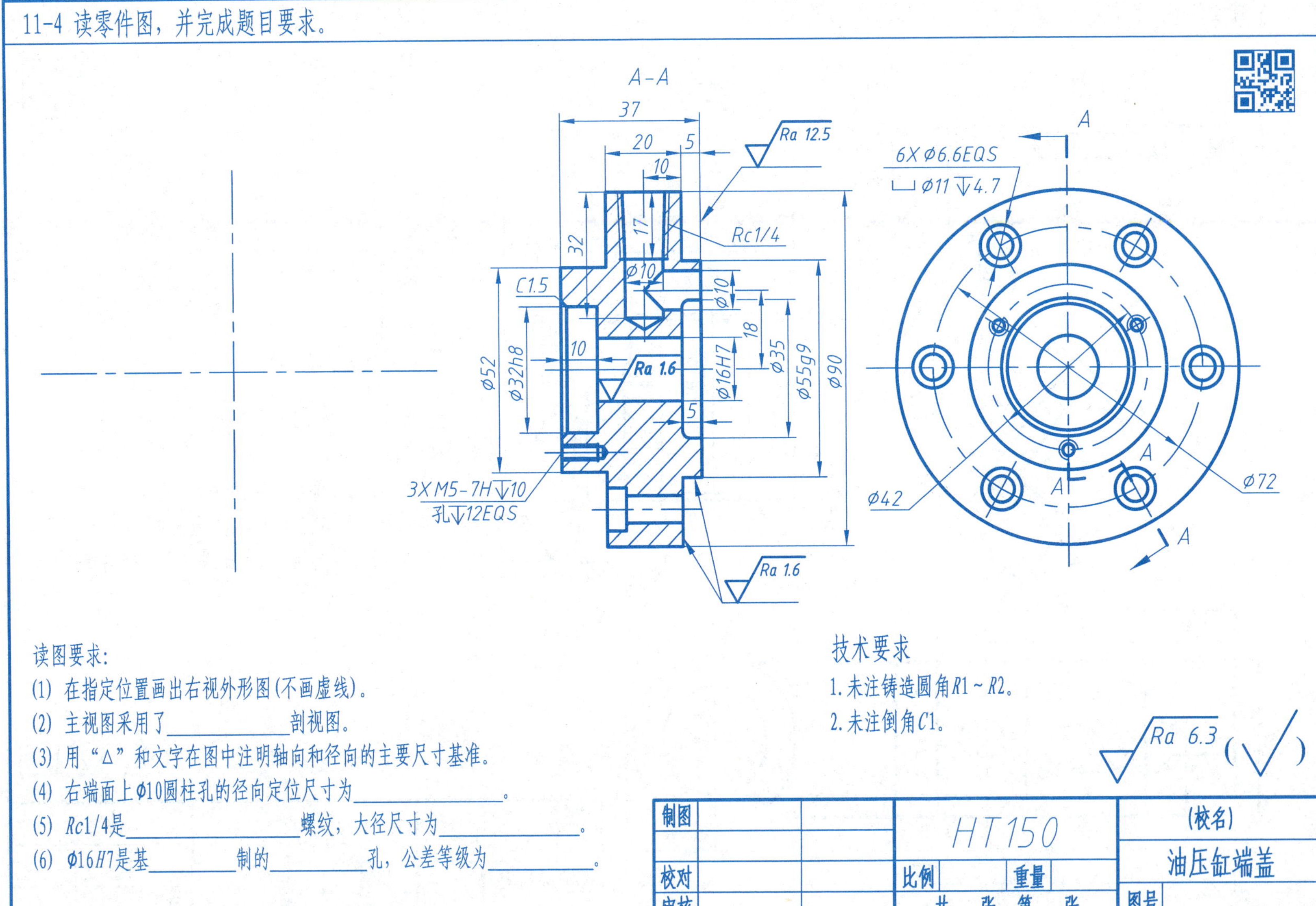

A-A
37
20
5
10
17
32
Ra 12.5
Rc1/4
ϕ10
C1.5
ϕ10
18
ϕ35
10
Ra 1.6
ϕ52
ϕ32h8
ϕ16H7
ϕ55g9
ϕ90
5
3X M5-7H↧10
孔↧12EQS
Ra 1.6
A
6X ϕ6.6EQS
⌴ ϕ11 ↧4.7
A
A
A
ϕ72
ϕ42

读图要求:

(1) 在指定位置画出右视外形图(不画虚线)。

(2) 主视图采用了____________剖视图。

(3) 用“△”和文字在图中注明轴向和径向的主要尺寸基准。

(4) 右端面上ϕ10圆柱孔的径向定位尺寸为________________。

(5) $Rc1/4$是________________螺纹，大径尺寸为________________。

(6) ϕ16$H7$是基_________制的__________孔，公差等级为___________。

技术要求

1. 未注铸造圆角$R1\sim R2$。

2. 未注倒角$C1$。

Ra 6.3 (√)

制图			HT150				(校名)
							油压缸端盖
校对			比例		重量		
审核			共　张　第　张				图号

11-5 读零件图，并完成题目要求。

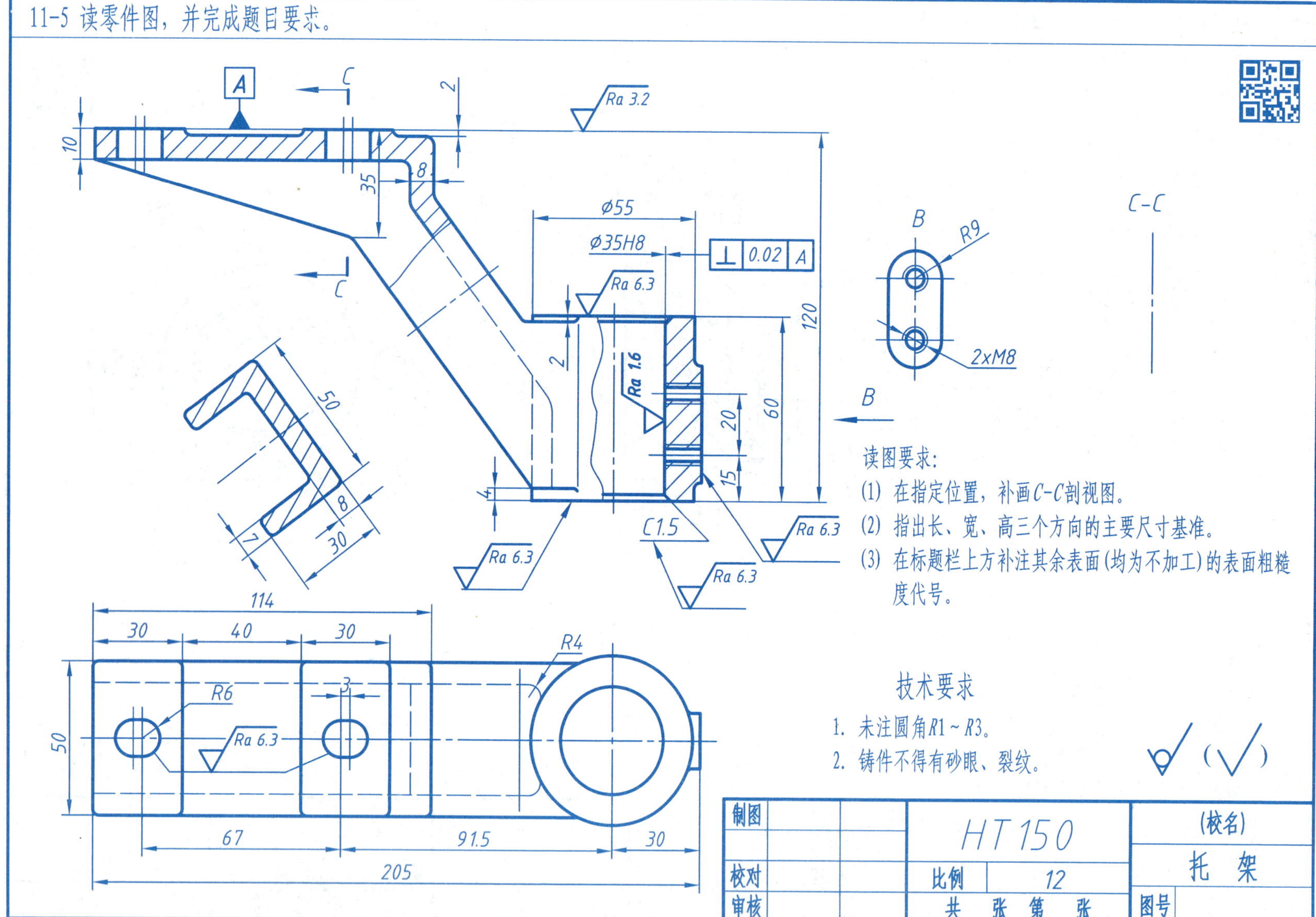
A
C
C
2
Ra 3.2
10
35
8
ϕ55
ϕ35H8
⊥ 0.02 A
Ra 6.3
120
2
Ra 1.6
60
20
15
4
C1.5
Ra 6.3
Ra 6.3
Ra 6.3
50
8
7
30
B
R9
2xM8
B
C-C
114
30
40
30
R4
R6
3
Ra 6.3
50
67
91.5
30
205
制图
校对
审核
HT150
比例
1:2
共 张 第 张
(校名)
托 架
图号

读图要求:

(1) 在指定位置，补画C-C剖视图。

(2) 指出长、宽、高三个方向的主要尺寸基准。

(3) 在标题栏上方补注其余表面(均为不加工)的表面粗糙度代号。

技术要求

1. 未注圆角R1~R3。
2. 铸件不得有砂眼、裂纹。

11-6 读零件图，并完成题目要求。

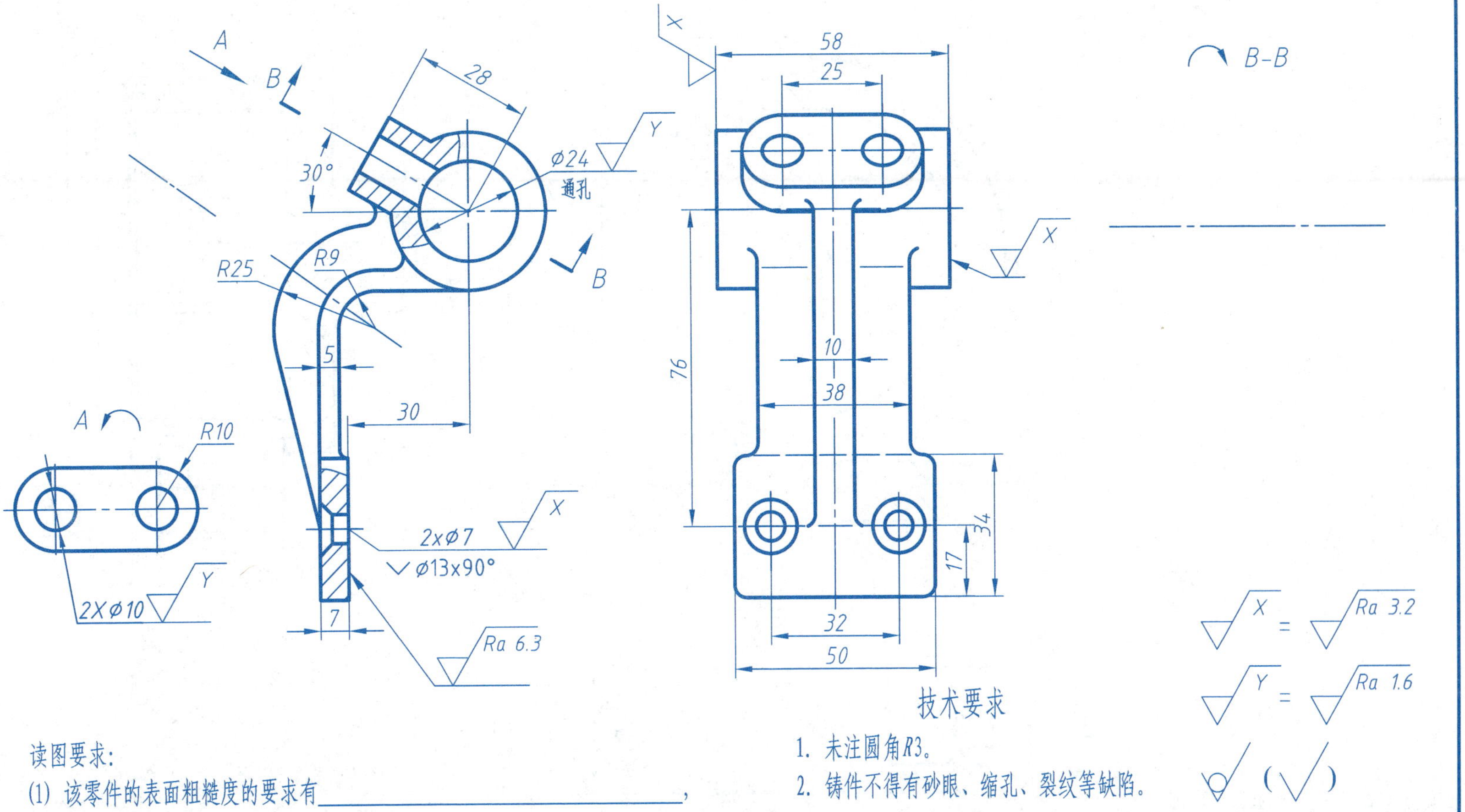

读图要求：

(1) 该零件的表面粗糙度的要求有＿＿＿＿＿＿＿＿＿＿＿＿＿＿＿＿，其中要求最高的表面Ra是＿＿＿＿＿＿。

(2) 在指定位置画出断面图(2个)。

技术要求

1. 未注圆角R3。
2. 铸件不得有砂眼、缩孔、裂纹等缺陷。

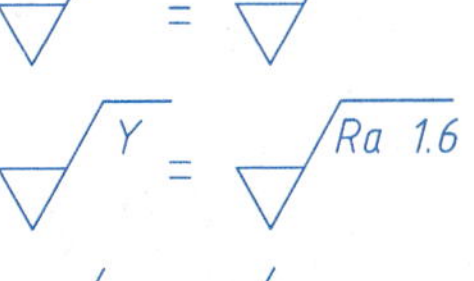

X = Ra 3.2
Y = Ra 1.6
( )

制图			HT200	XXXX大学
				踏　架
校对			比例	
审核			共　张　第　张	图号

班级　　　　姓名　　　　学号

11-7 读零件图，并完成题目要求。

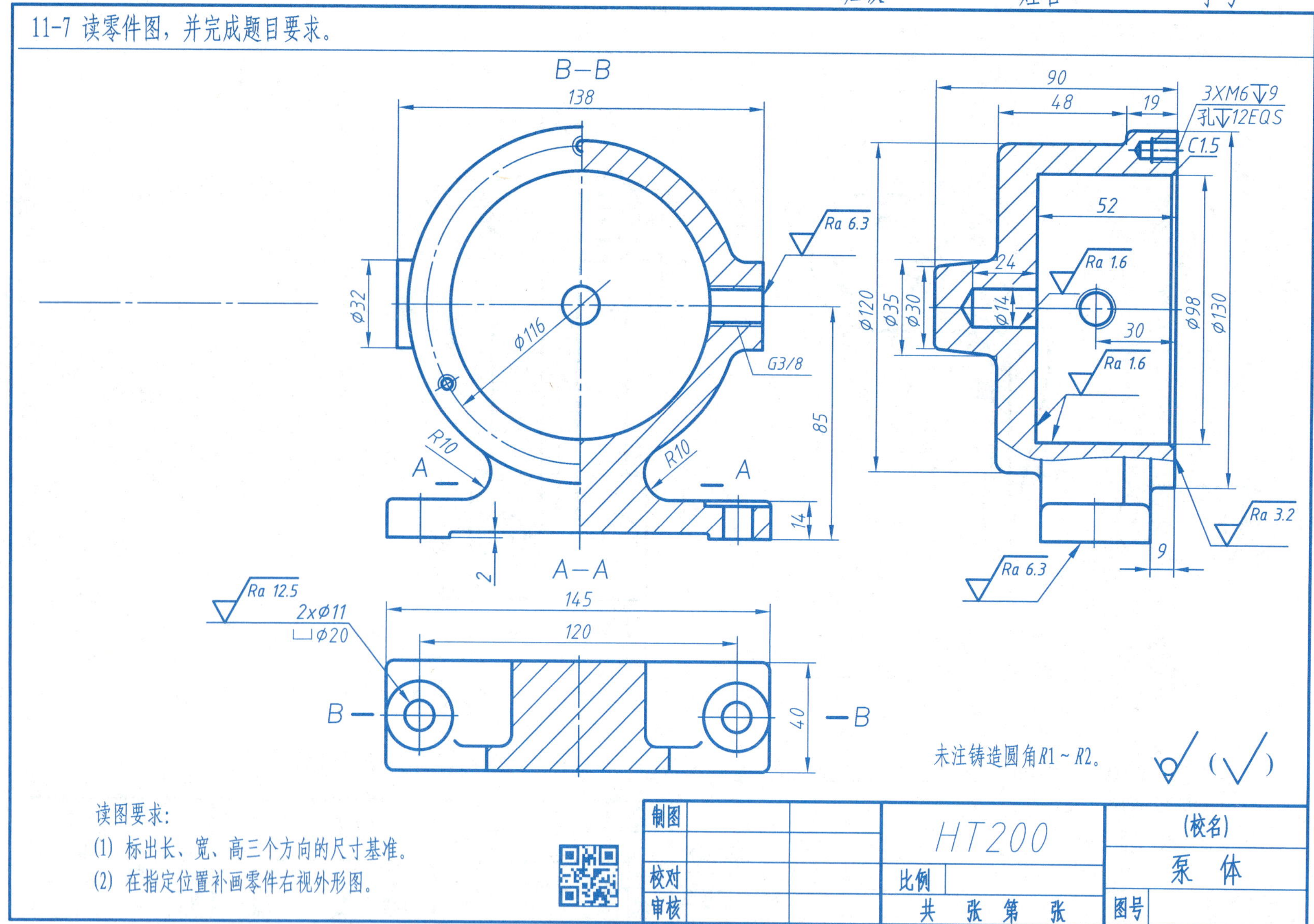

B—B
138
Ra 6.3
ϕ32
ϕ116
G3/8
R10
R10
A
A
85
14
2
A—A
Ra 12.5
2×ϕ11
⌴ϕ20
145
120
B
B
40
90
48
19
3×M6↧9
孔↧12EQS
C1.5
52
Ra 1.6
24
ϕ120
ϕ35
ϕ30
ϕ14
30
Ra 1.6
ϕ98
ϕ130
Ra 3.2
9
Ra 6.3
未注铸造圆角R1～R2。
制图
校对
审核
HT200
比例
共　张　第　张
(校名)
泵　体
图号

读图要求：

(1) 标出长、宽、高三个方向的尺寸基准。

(2) 在指定位置补画零件右视外形图。

班级　　　　姓名　　　　学号

11-8 读底座零件图的视图，并完成题目要求(因幅面太小，尺寸略)。

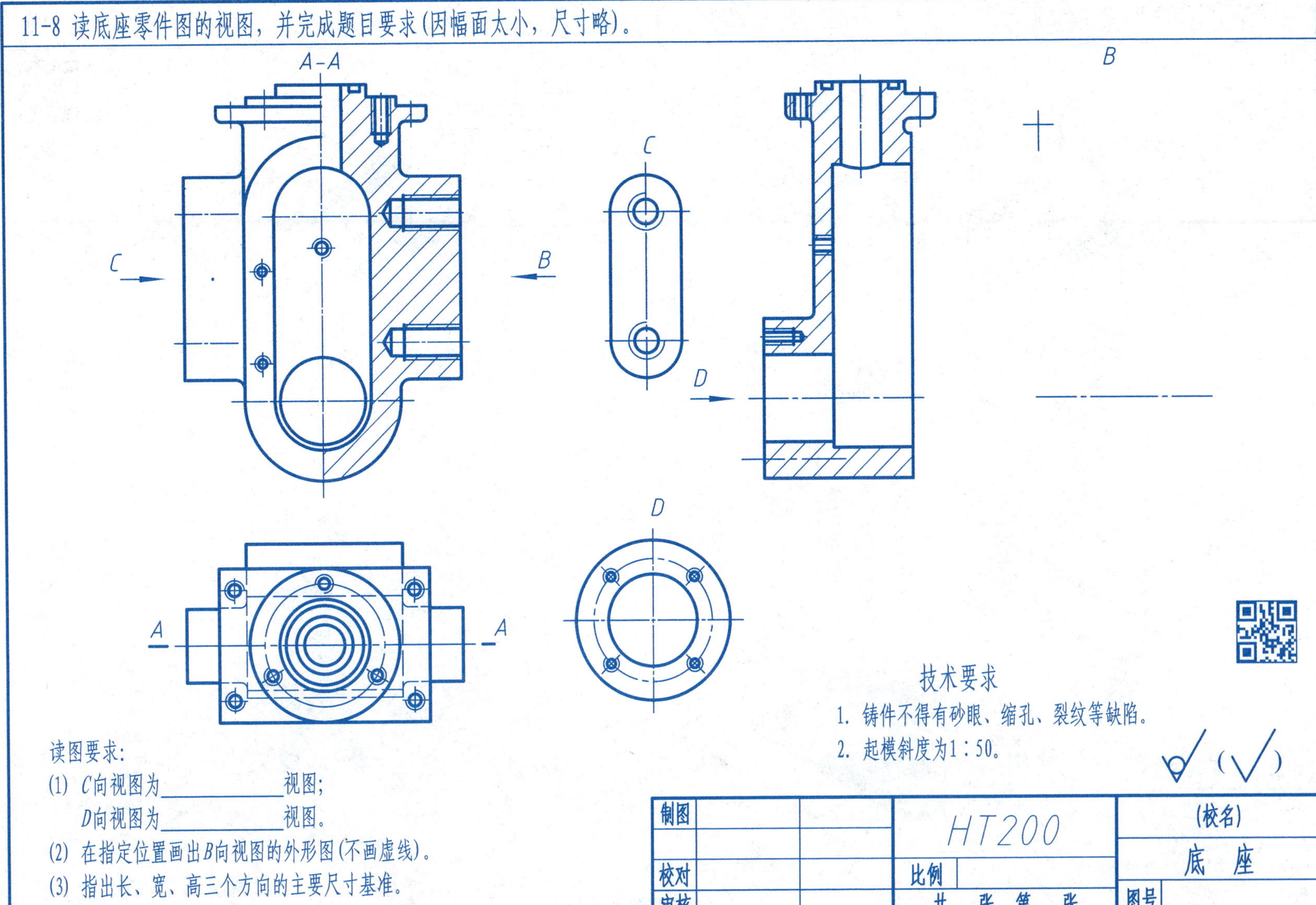

A-A
B
C
C
B
D
D
A
A
技术要求
1. 铸件不得有砂眼、缩孔、裂纹等缺陷。
2. 起模斜度为1∶50。
制图
校对
审核
HT200
比例
共　张　第　张
(校名)
底　座
图号

读图要求:

(1) C向视图为＿＿＿＿＿＿视图;

D向视图为＿＿＿＿＿＿视图。

(2) 在指定位置画出B向视图的外形图(不画虚线)。

(3) 指出长、宽、高三个方向的主要尺寸基准。

班级　　　　姓名　　　　学号

11-9 根据轴测图，画拨叉零件的零件图(材料：HT200)，使用A3图纸，比例1∶1。图名：拨叉。

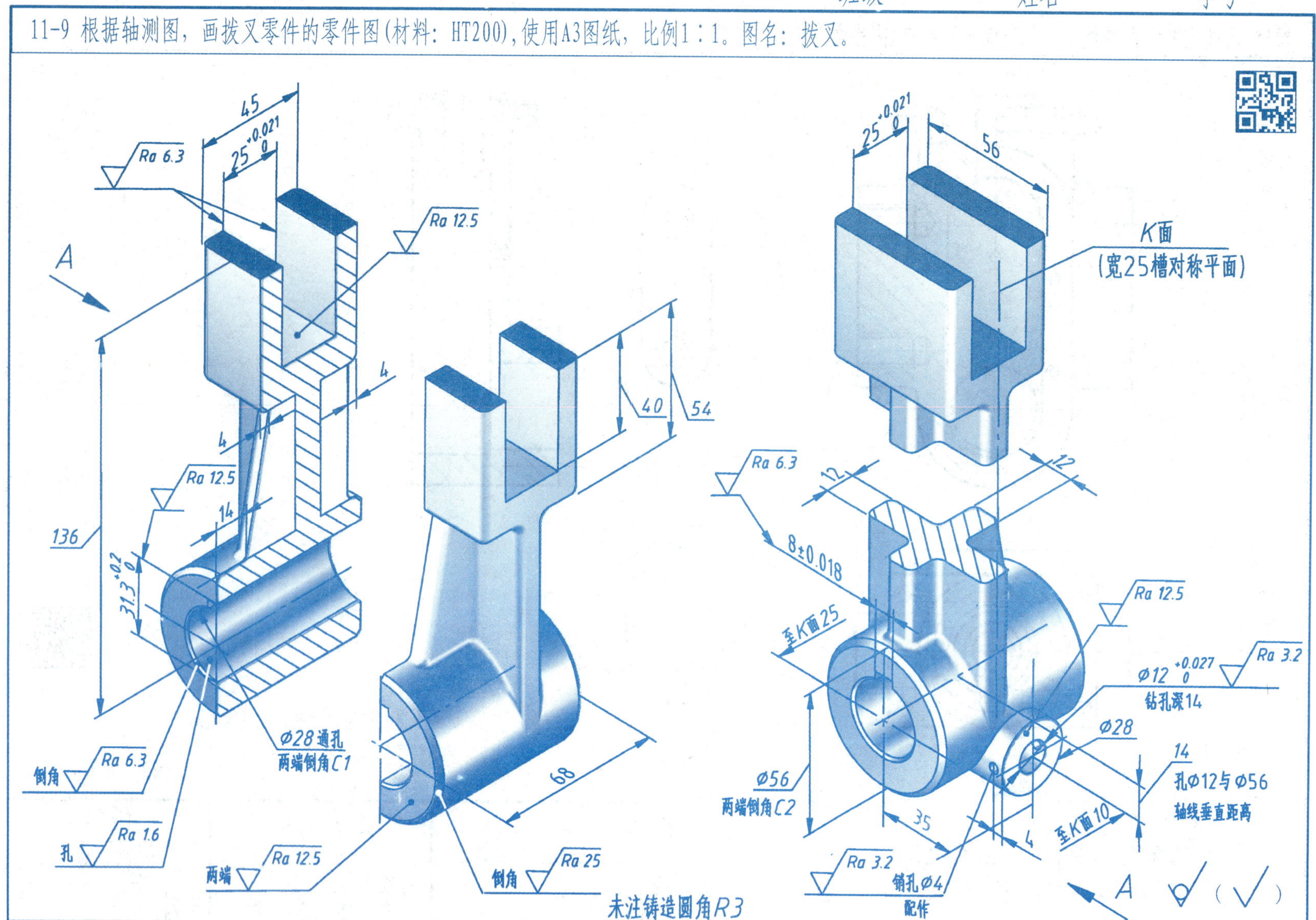

45
$25^{+0.021}_{0}$
Ra 6.3
Ra 12.5
A
4
4
Ra 12.5
14
136
$31.3^{+0.2}_{0}$
40
54
68
Ø28通孔
两端倒角C1
倒角 Ra 6.3
孔 Ra 1.6
两端 Ra 12.5
倒角 Ra 25
未注铸造圆角R3
$25^{+0.021}_{0}$
56
K面
(宽25槽对称平面)
Ra 6.3
12
12
8±0.018
至K面25
Ra 12.5
Ra 3.2
$Ø12^{+0.027}_{0}$
钻孔深14
Ø28
14
孔Ø12与Ø56
轴线垂直距离
Ø56
两端倒角C2
35
4
至K面10
Ra 3.2
销孔Ø4
配作
A

班级　　　　姓名　　　　学号

*11-10 根据轴测图，画箱体的零件图(材料：HT200)，使用A3图纸，比例1∶2。图名：箱体。

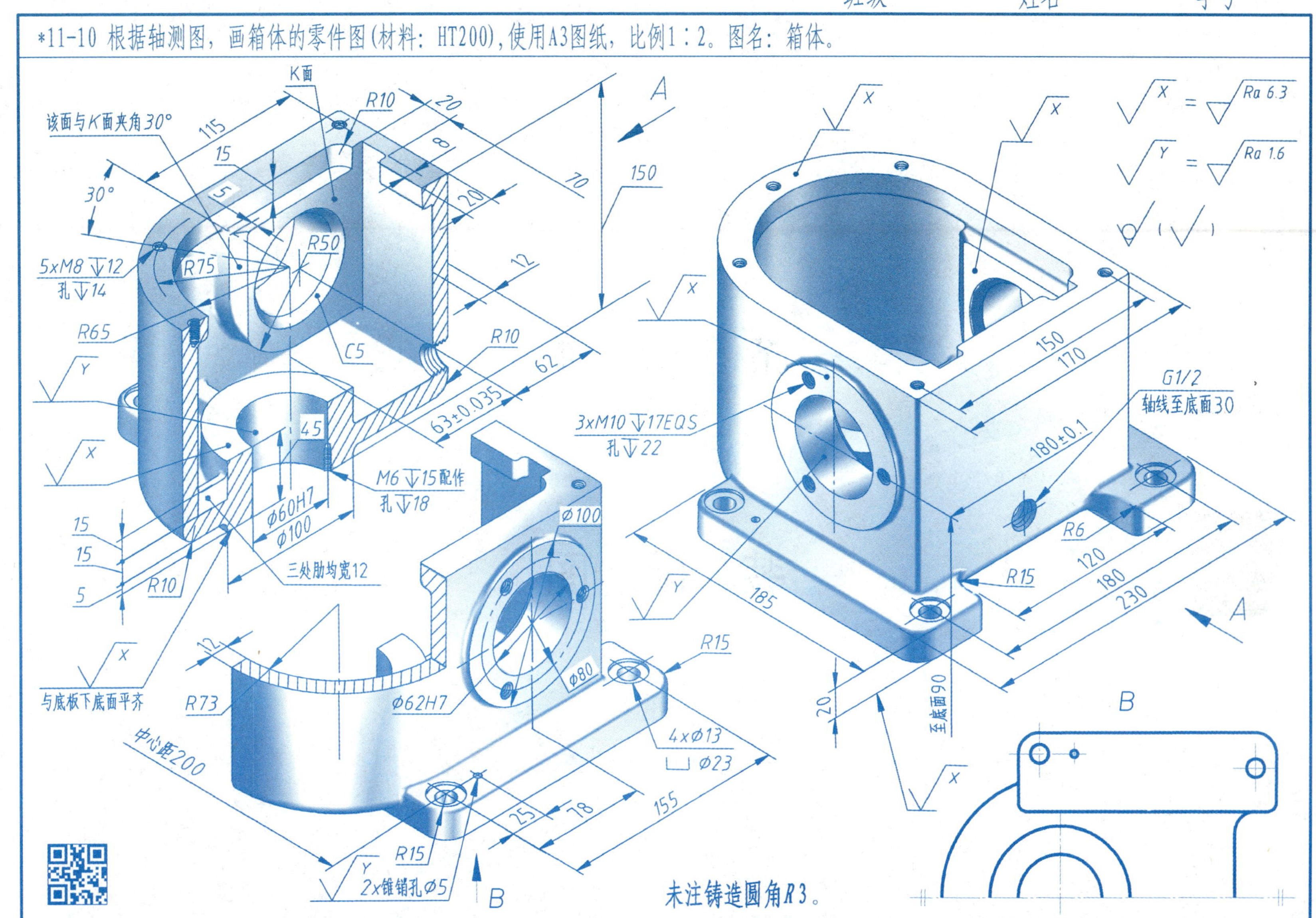
K面
该面与K面夹角30°
115
15
R10
20
8
70
150
A
30°
5
20
5xM8 ↧12
孔↧14
R75
R50
12
R65
C5
R10
62
63±0.035
45
M6 ↧15配作
孔↧18
φ60H7
φ100
15
15
5
R10
三处肋均宽12
与底板下底面平齐
12
R73
φ62H7
φ100
φ80
R15
4xφ13
⌴ φ23
中心距200
25
78
155
R15
2x锥销孔φ5
B
Ra 6.3
Ra 1.6
3xM10 ↧17EQS
孔↧22
150
170
180±0.1
G1/2
轴线至底面30
R6
R15
120
180
230
185
20
至底面90
B
未注铸造圆角R3。

第 12 章

装 配 图

12-1 由千斤顶的零件图拼画装配图。

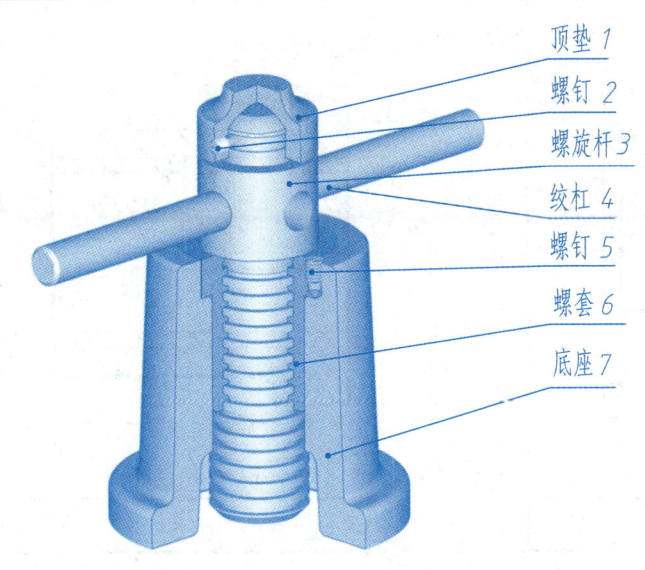
顶垫 1
螺钉 2
螺旋杆 3
绞杠 4
螺钉 5
螺套 6
底座 7

序号	名称	件数	标准	材料
2	螺钉 M8X12	1	GB/T75-1985	Q235A
5	螺钉 M10X16	1	GB/T73-1985	Q235A

工作原理

千斤顶是利用螺旋传动来顶举重物，是汽车修理和机械安装等常用的一种起重或顶压工具，但顶举的高度不能太大。工作时，绞杠4穿在螺旋杆3顶部的孔中，旋动绞杠，螺旋杆在螺套6中依靠螺纹作上、下移动，顶垫1上的重物靠螺旋杆的上升而顶起。螺套镶在底座7里，并用螺钉5定位，磨损后便于更换修配。螺旋杆的球面顶部，套有一个顶垫，靠螺钉2与螺旋杆连接但不固定，保证顶垫随螺旋杆一起旋转且不脱落。

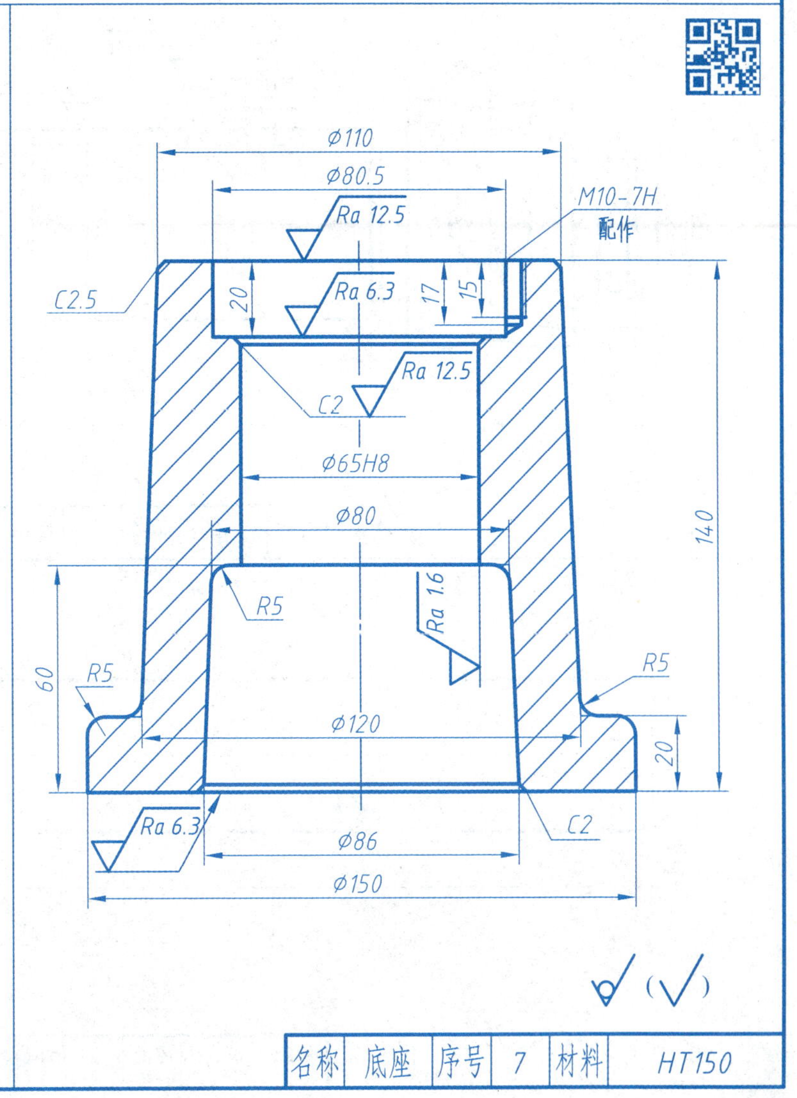
Φ110
Φ80.5
Ra 12.5
M10-7H
配作
C2.5
20
Ra 6.3
17
15
Ra 12.5
C2
Φ65H8
Φ80
140
R5
Ra 1.6
60
R5
R5
Φ120
20
Ra 6.3
Φ86
C2
Φ150
(√)

名称	底座	序号	7	材料	HT150

班级　　　　姓名　　　　学号

续12-1 由千斤顶的零件图拼画装配图。

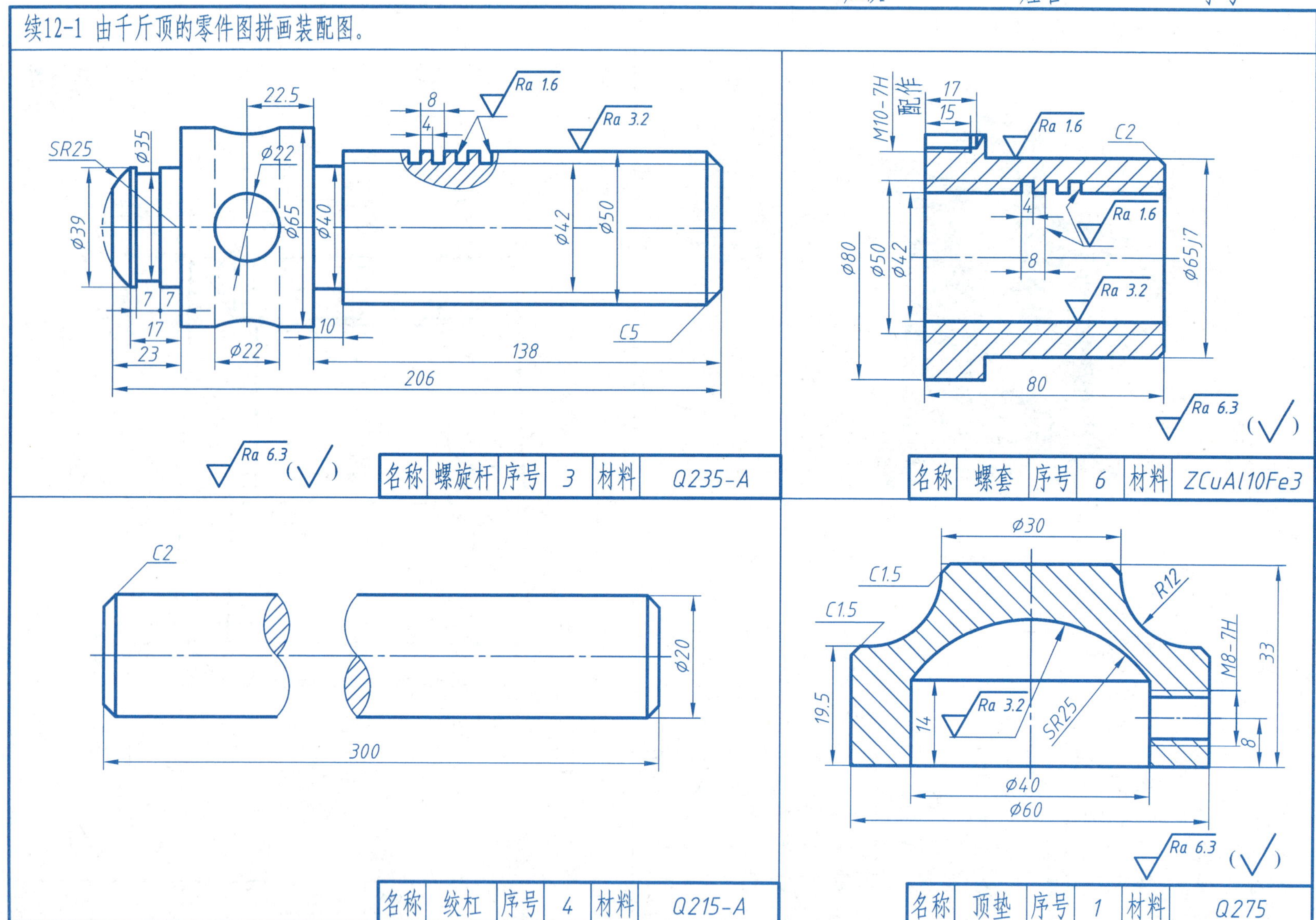

22.5
8
4
Ra 1.6
Ra 3.2
SR25
φ35
φ22
φ39
φ65
φ40
φ42
φ50
7
7
17
10
C5
23
φ22
138
206
Ra 6.3
(√)
M10-7H
配作
17
15
Ra 1.6
C2
4
Ra 1.6
φ80
φ50
φ42
8
φ65j7
Ra 3.2
80
Ra 6.3
(√)
C2
φ20
300
φ30
C1.5
R12
C1.5
M8-7H
33
19.5
14
Ra 3.2
SR25
8
φ40
φ60
Ra 6.3
(√)

名称	螺旋杆	序号	3	材料	Q235-A

名称	螺套	序号	6	材料	ZCuAl10Fe3

名称	绞杠	序号	4	材料	Q215-A

名称	顶垫	序号	1	材料	Q275

班级　　姓名　　学号

12-2 由夹紧卡爪的零件图拼画装配图。

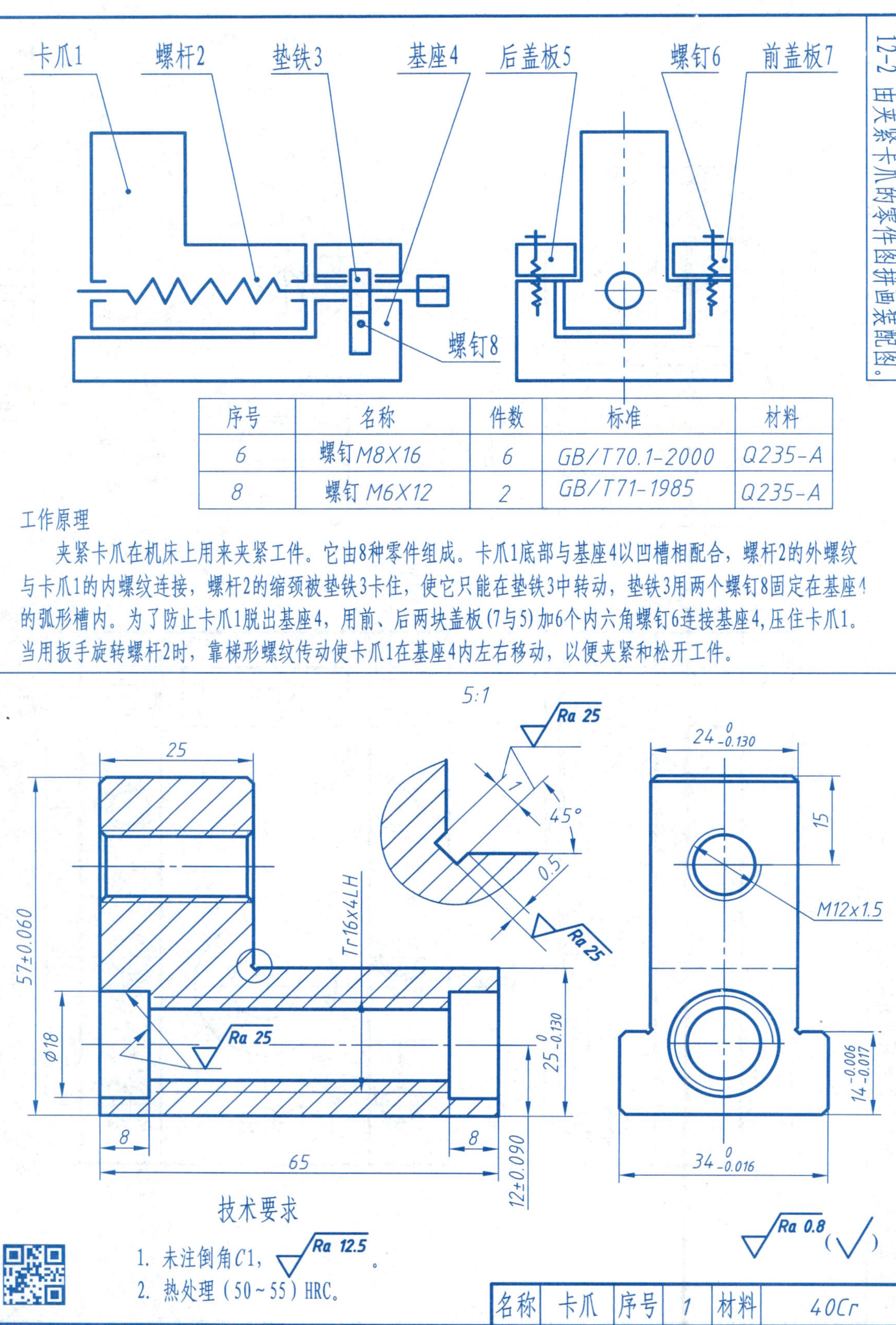

卡爪1
螺杆2
垫铁3
基座4
后盖板5
螺钉6
前盖板7
螺钉8
5:1
Ra 25
24 -0.130
15
M12x1.5
45°
0.5
1
Tr16x4LH
57±0.060
φ18
25 -0.130
14 -0.006 -0.017
34 -0.016
8
65
12±0.090
Ra 0.8

序号	名称	件数	标准	材料
6	螺钉M8X16	6	GB/T70.1-2000	Q235-A
8	螺钉 M6X12	2	GB/T71-1985	Q235-A

工作原理

夹紧卡爪在机床上用来夹紧工件。它由8种零件组成。卡爪1底部与基座4以凹槽相配合，螺杆2的外螺纹与卡爪1的内螺纹连接，螺杆2的缩颈被垫铁3卡住，使它只能在垫铁3中转动，垫铁3用两个螺钉8固定在基座4的弧形槽内。为了防止卡爪1脱出基座4，用前、后两块盖板(7与5)加6个内六角螺钉6连接基座4,压住卡爪1。当用扳手旋转螺杆2时，靠梯形螺纹传动使卡爪1在基座4内左右移动，以便夹紧和松开工件。

技术要求

1. 未注倒角$C1$，Ra 12.5。
2. 热处理（50～55）HRC。

名称	卡爪	序号	1	材料	40Cr

续12-2 由夹紧卡爪的零件图拼画装配图。

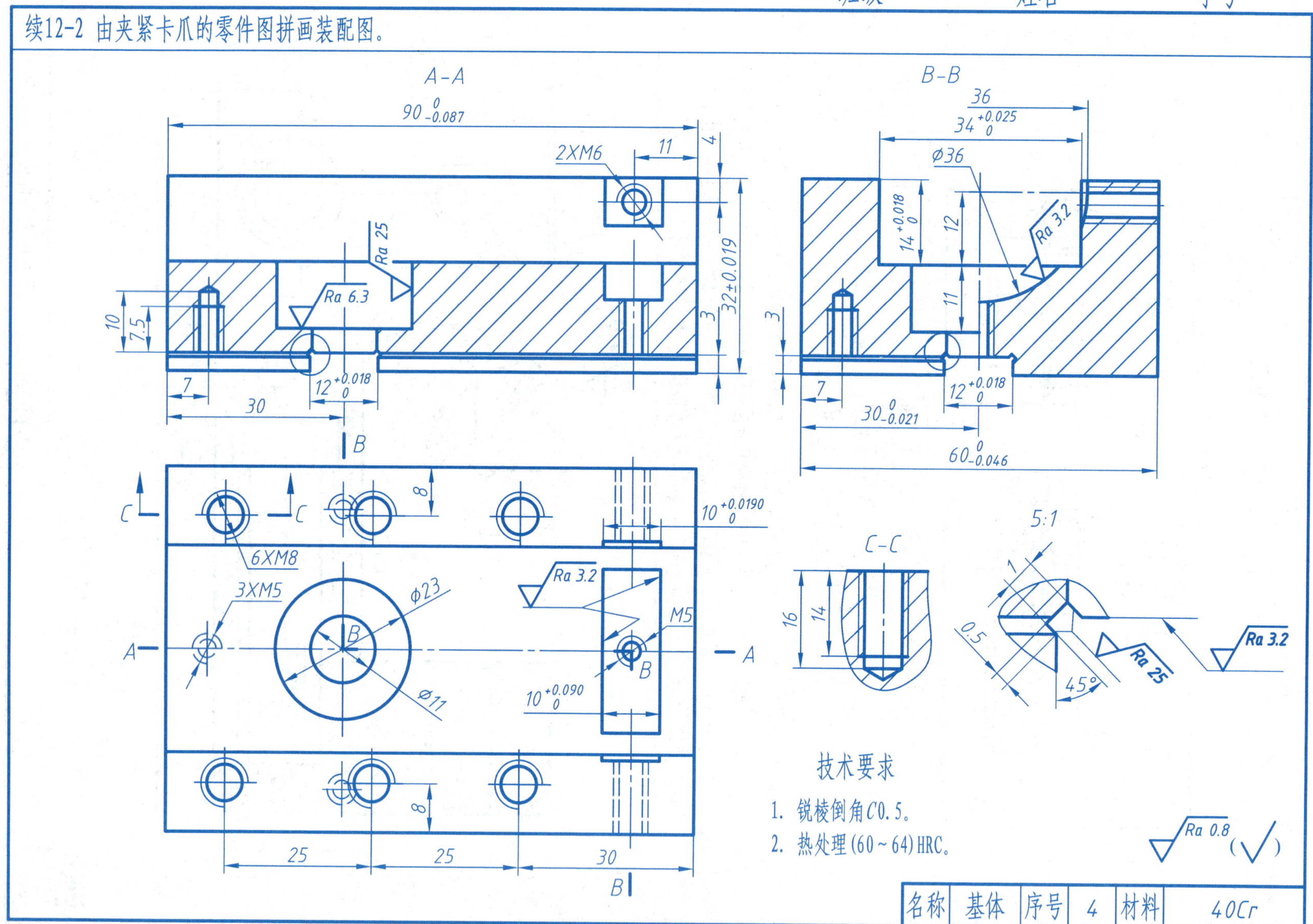
A-A
B-B
C-C
5:1
2XM6
6XM8
3XM5
M5
技术要求
1. 锐棱倒角C0.5。
2. 热处理(60~64)HRC。
名称 基体 序号 4 材料 40Cr

班级　　　　姓名　　　　学号

续12-2 由夹紧卡爪的零件图拼画装配图。

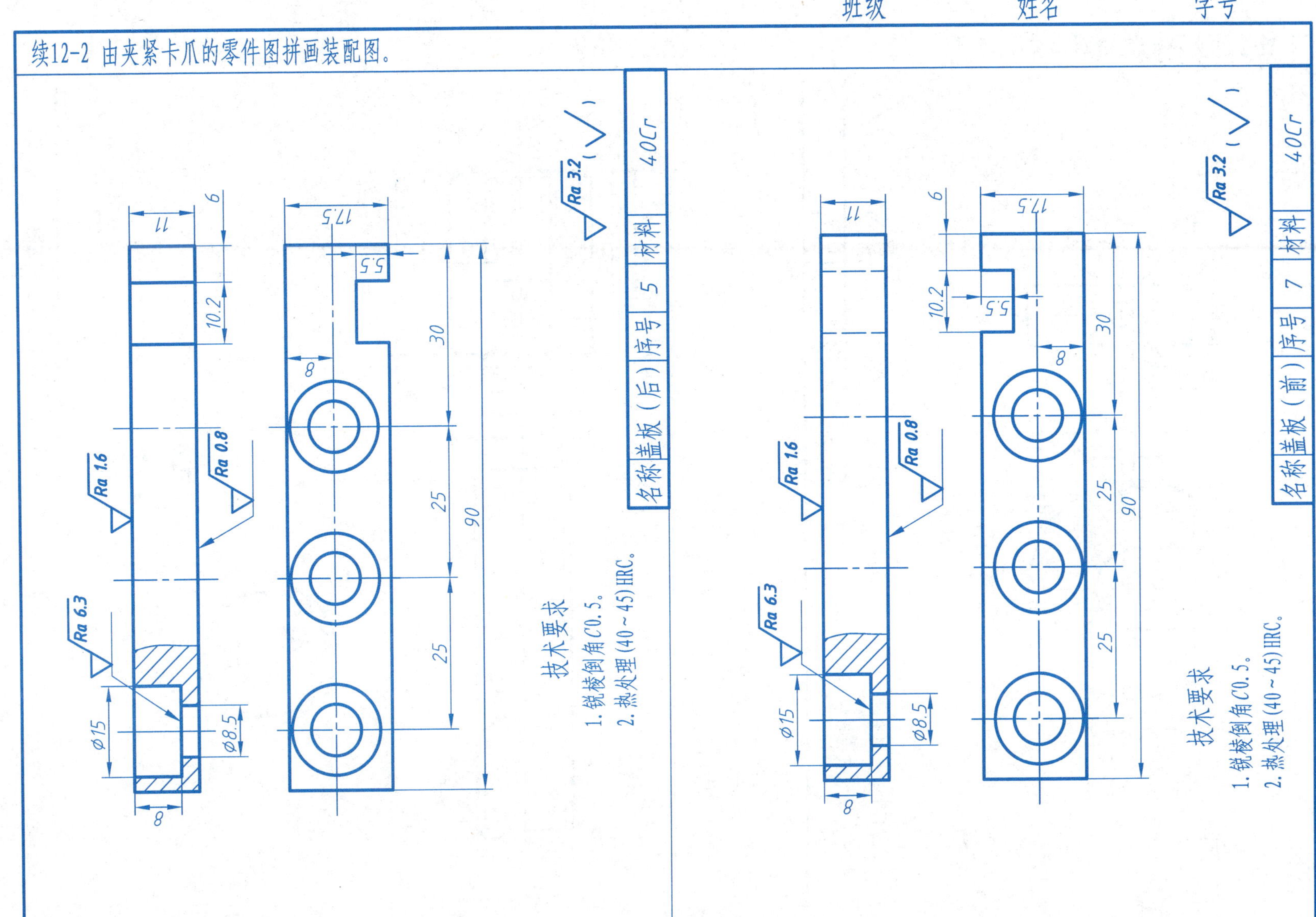

名称 盖板（后）
序号 5
材料 40Cr
Ra 3.2
技术要求
1. 锐棱倒角C0.5。
2. 热处理(40~45)HRC。
名称 盖板（前）
序号 7
材料 40Cr
Ra 3.2
技术要求
1. 锐棱倒角C0.5。
2. 热处理(40~45)HRC。

续12-2 由夹紧卡爪的零件图拼画装配图。

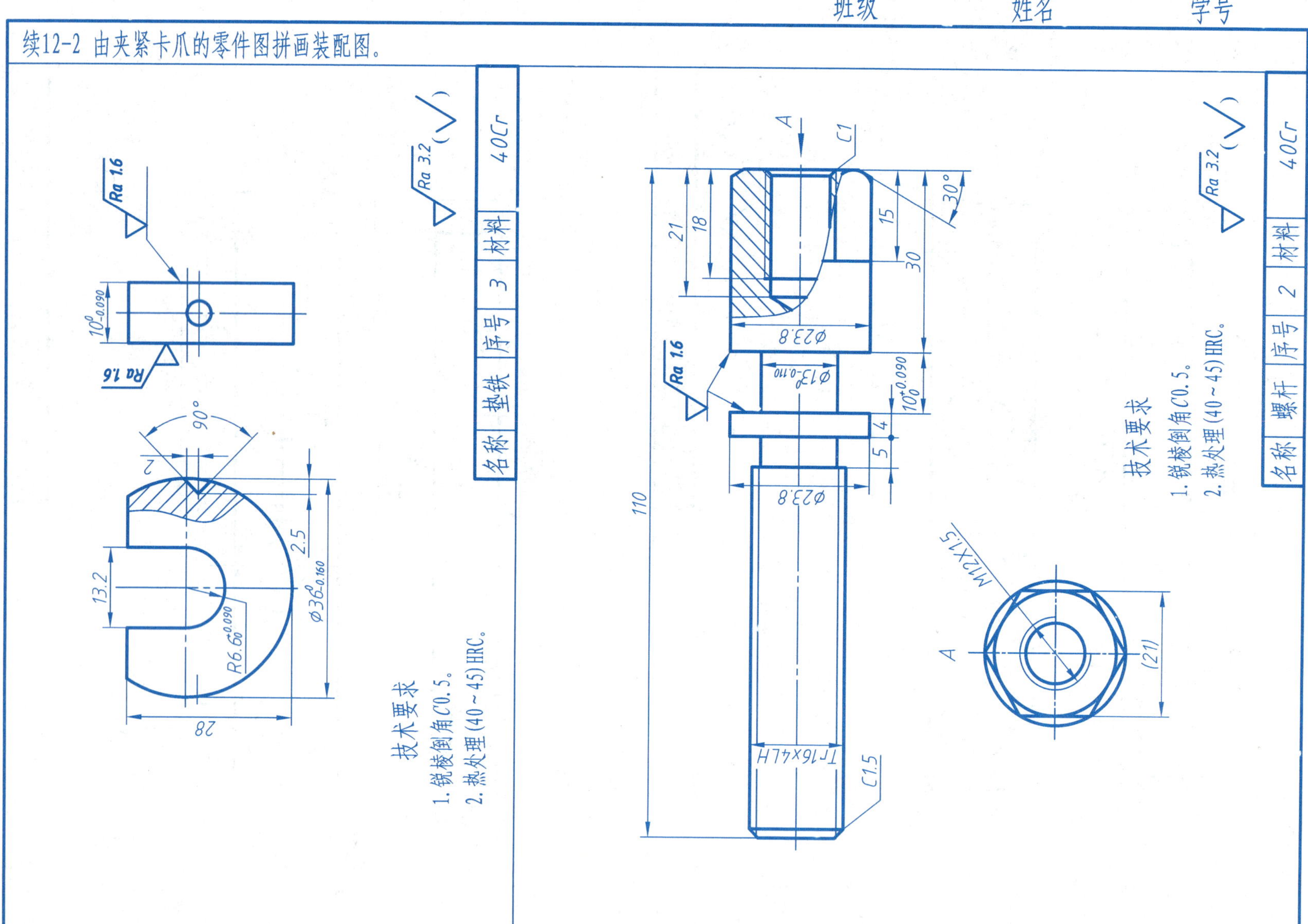
名称 垫铁
序号 3
材料 40Cr
Ra 3.2
Ra 1.6
$10^{0}_{-0.090}$
90°
2
2.5
13.2
$R6.6^{+0.090}_{0}$
$\phi36^{0}_{-0.160}$
28
技术要求
1. 锐棱倒角C0.5。
2. 热处理(40～45)HRC。
名称 螺杆
序号 2
材料 40Cr
A
C1
30°
21
18
15
30
$\phi23.8$
$\phi13^{0}_{-0.110}$
$10^{+0.090}_{0}$
4
5
110
Tr16×4LH
C1.5
M12×1.5
(21)
技术要求
1. 锐棱倒角C0.5。
2. 热处理(40～45)HRC。

班级　　　　姓名　　　　学号

12-3 读柱塞泵装配图，并拆画零件(按装配图中零件图形大小拆画)泵体1、螺塞11和管接头13，并将装配图中与该零件相关的尺寸移到零件图中。

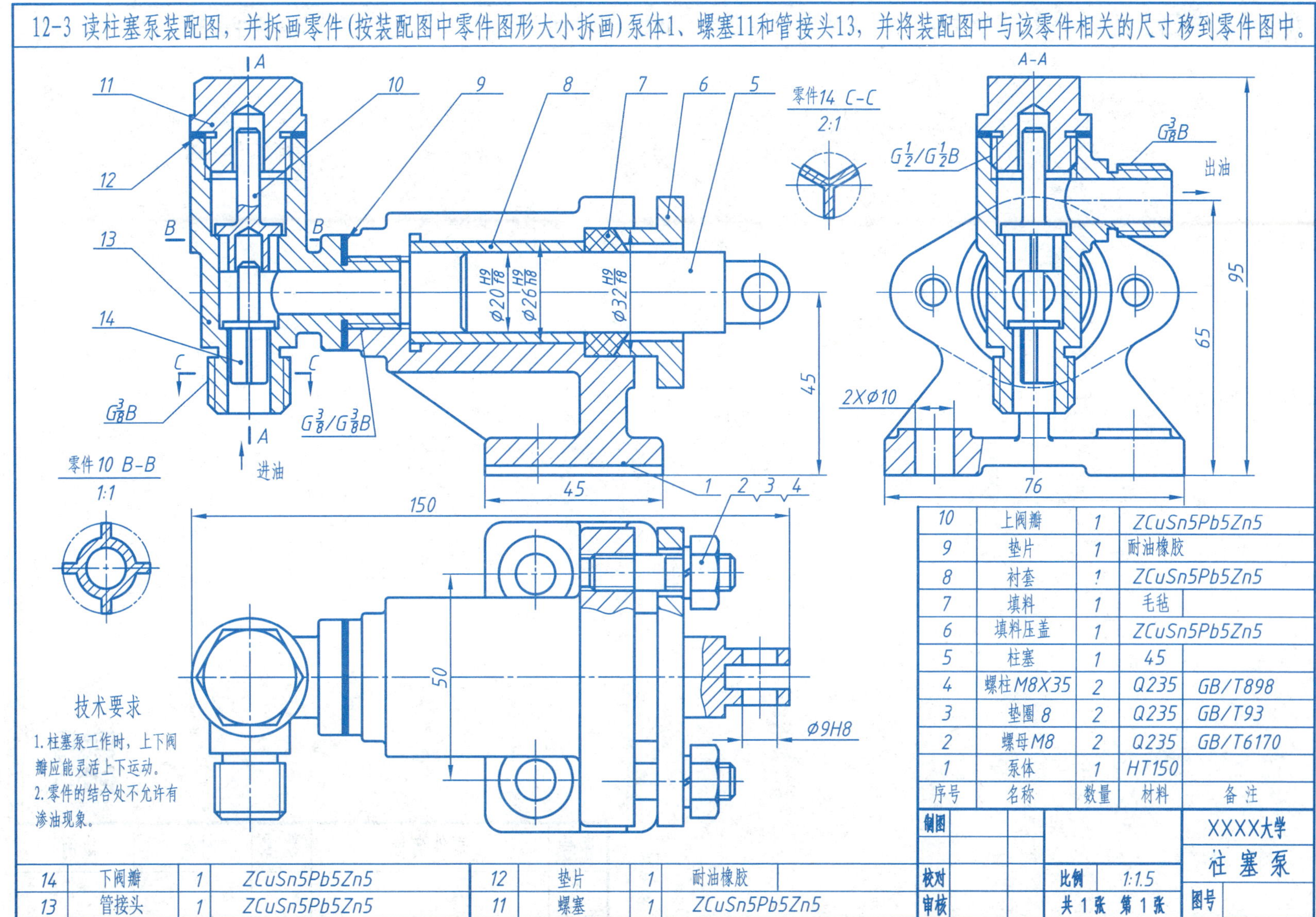

A
11
10
9
8
7
6
5
零件14 C-C
2:1
A-A
12
B
B
13
14
C
C
$G\frac{3}{8}B$
$G\frac{3}{8}/G\frac{3}{8}B$
$G\frac{1}{2}/G\frac{1}{2}B$
$G\frac{3}{8}B$
出油
进油
$\phi20\frac{H9}{f8}$
$\phi26\frac{H9}{f8}$
$\phi32\frac{H9}{f8}$
45
45
95
65
2XΦ10
76
1
2
3
4
零件10 B-B
1:1
150
50
Φ9H8
技术要求
1. 柱塞泵工作时，上下阀瓣应能灵活上下运动。
2. 零件的结合处不允许有渗油现象。
制图
校对
审核
比例 1:1.5
共 1 张 第 1 张
XXXX大学
柱塞泵
图号

序号	名称	数量	材料	备注
14	下阀瓣	1	ZCuSn5Pb5Zn5	
13	管接头	1	ZCuSn5Pb5Zn5	
12	垫片	1	耐油橡胶	
11	螺塞	1	ZCuSn5Pb5Zn5	
10	上阀瓣	1	ZCuSn5Pb5Zn5	
9	垫片	1	耐油橡胶	
8	衬套	1	ZCuSn5Pb5Zn5	
7	填料	1	毛毡	
6	填料压盖	1	ZCuSn5Pb5Zn5	
5	柱塞	1	45	
4	螺柱M8X35	2	Q235	GB/T898
3	垫圈 8	2	Q235	GB/T93
2	螺母M8	2	Q235	GB/T6170
1	泵体	1	HT150	

班级　　　　　姓名　　　　　学号

续12-3 读柱塞泵装配图，并拆画零件(按装配图中零件图形大小拆画)泵体1、螺塞11和管接头13，并将装配图中与该零件相关的尺寸移到零件图中。

序号	零件名称	数量	材料	比例
1				

班级　　　　姓名　　　　学号

续12-3 读柱塞泵装配图,并拆画零件(按装配图中零件图形大小拆画)泵体1、螺塞11和管接头13，并将装配图中与该零件相关的尺寸移到零件图中。

序号	零件名称	数量	材料	比例
13				

序号	零件名称	数量	材料	比例
11				

12-4 读懂装配图，并拆画零件泵体1和泵盖2。

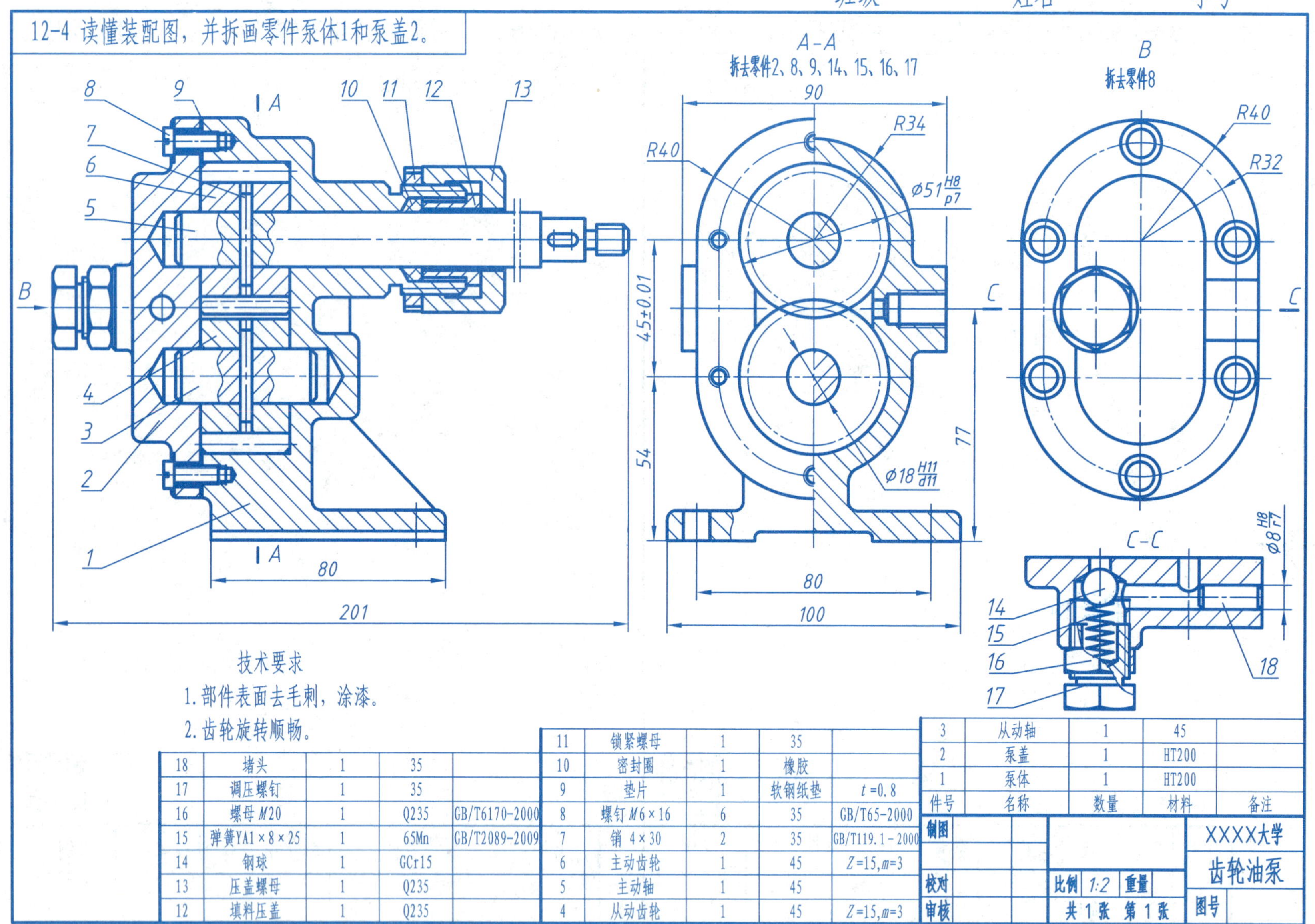
A-A
拆去零件2、8、9、14、15、16、17
B
拆去零件8
C-C
I A
B
C
R40
R34
R32
90
$\phi 51\frac{H8}{p7}$
$\phi 18\frac{H11}{d11}$
$\phi 8\frac{H8}{r7}$
45±0.01
54
77
80
100
201
1
2
3
4
5
6
7
8
9
10
11
12
13
14
15
16
17
18

技术要求

1. 部件表面去毛刺，涂漆。
2. 齿轮旋转顺畅。

件号	名称	数量	材料	备注
18	堵头	1	35	
17	调压螺钉	1	35	
16	螺母 *M*20	1	Q235	GB/T6170-2000
15	弹簧YA1×8×25	1	65Mn	GB/T2089-2009
14	钢球	1	GCr15	
13	压盖螺母	1	Q235	
12	填料压盖	1	Q235	
11	锁紧螺母	1	35	
10	密封圈	1	橡胶	
9	垫片	1	软钢纸垫	t=0.8
8	螺钉 *M*6×16	6	35	GB/T65-2000
7	销 4×30	2	35	GB/T119.1-2000
6	主动齿轮	1	45	Z=15,m=3
5	主动轴	1	45	
4	从动齿轮	1	45	Z=15,m=3
3	从动轴	1	45	
2	泵盖	1	HT200	
1	泵体	1	HT200	

制图		比例 1:2	重量	XXXX大学
校对				齿轮油泵
审核		共 1 张	第 1 张	图号

班级　　　　姓名　　　　学号

续12-4 读懂装配图，并拆画零件泵体1和泵盖2。

序号	零件名称	数量	材料	比例
1				

班级　　　　姓名　　　　学号

续12-4 读懂装配图，并拆画零件泵体1和泵盖2。

序号	零件名称	数量	材料	比例
2				

第 13 章

焊接图和展开图

班级　　姓名　　学号

13-1 解释下列焊缝符号的含义。

1. 5 50 (30)

(1) ________

(2) ________

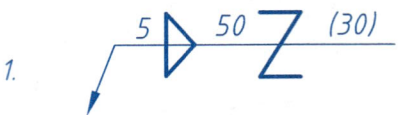

(3) 5 ________

(4) 50 ________

(5) (30) ________

2. 5 25x40(20)

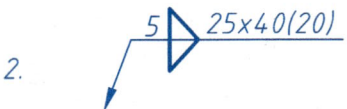

(1) ________

(2) 5 ________

(3) 25X40 ________

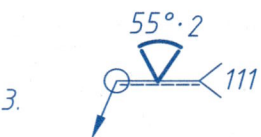

(4) (20) ________

3. 55°·2 111

(1) ________

(2) ○ ________

(3) 55° ________

(4) 2 ________

(5) 111 ________

习 题 解 答

1-3 在尺寸线两端画出箭头并标注尺寸数值(数值从图中1∶1量取,取整数)。

(1)

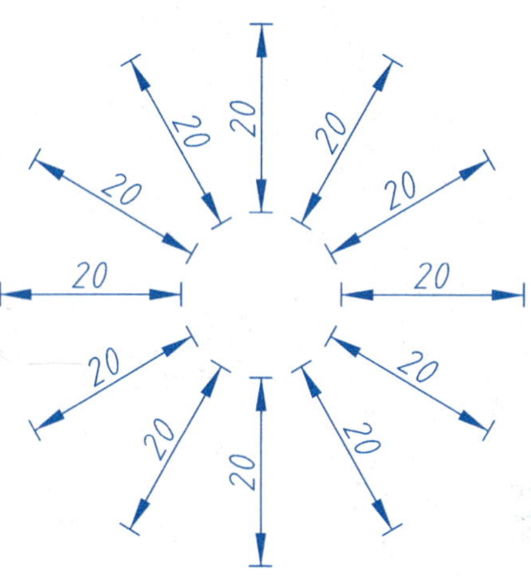
20
20
20
20
20
20
20
20
20
20
20
20

(2)

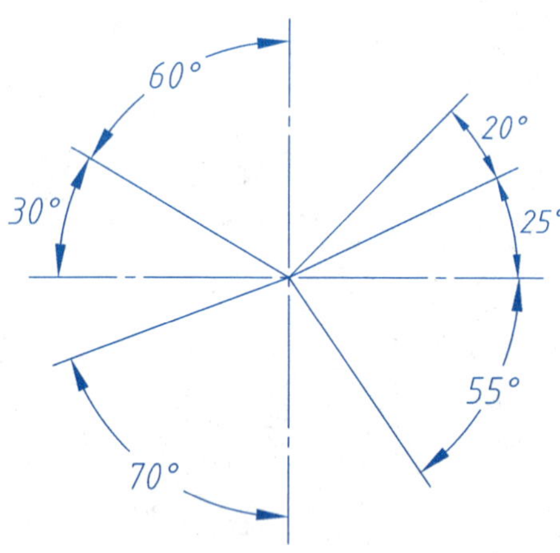
60°
20°
30°
25°
55°
70°

1-4 在图中画出箭头并标注尺寸数值(数值从图中1∶1量取，取整数)。

(1)

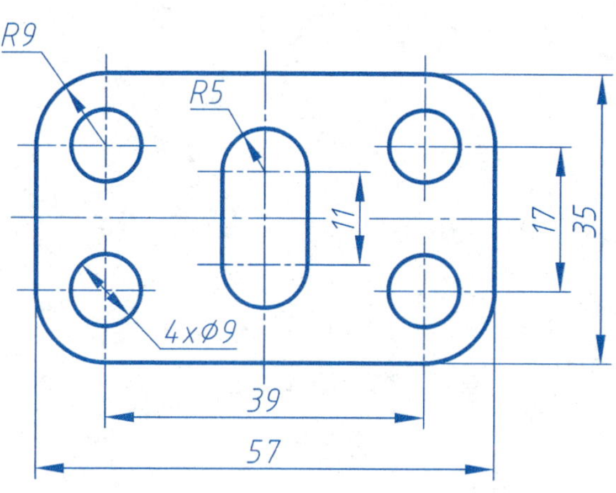
R9
R5
11
17
35
4xØ9
39
57

(2)

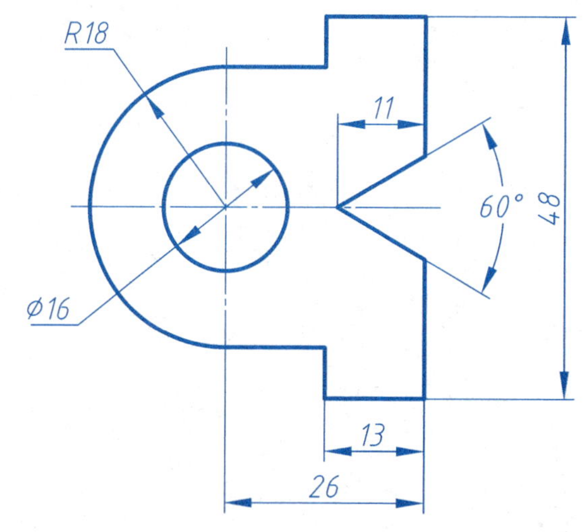
R18
11
60°
48
Ø16
13
26

班级　　　　　　姓名　　　　　　学号

1-5 在指定位置处，按1：1画出下列图形。

(1) 用四心圆弧法画椭圆：长轴80 mm，短轴50 mm(比例1：1)。

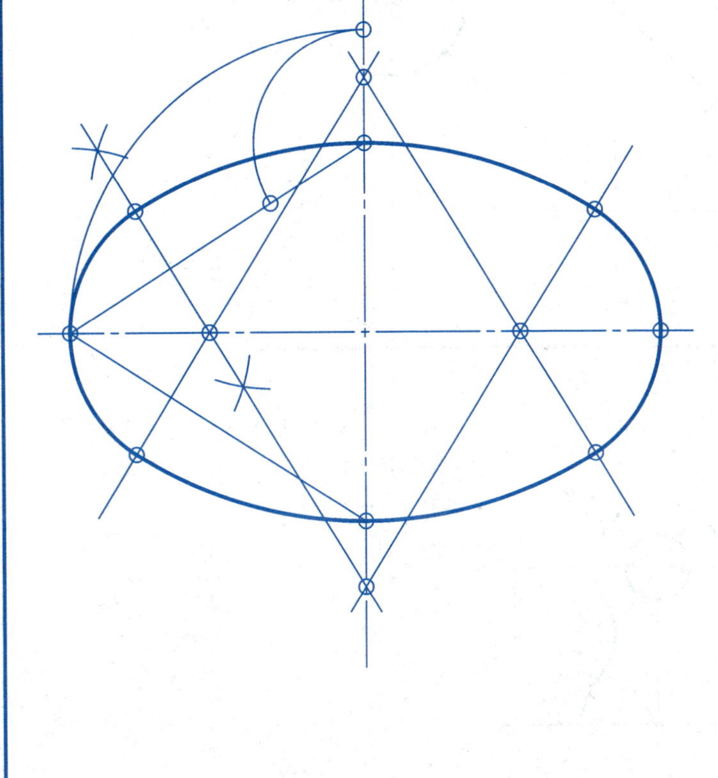

(2) 按给定的斜度补画图形中的图线(比例1：1)。

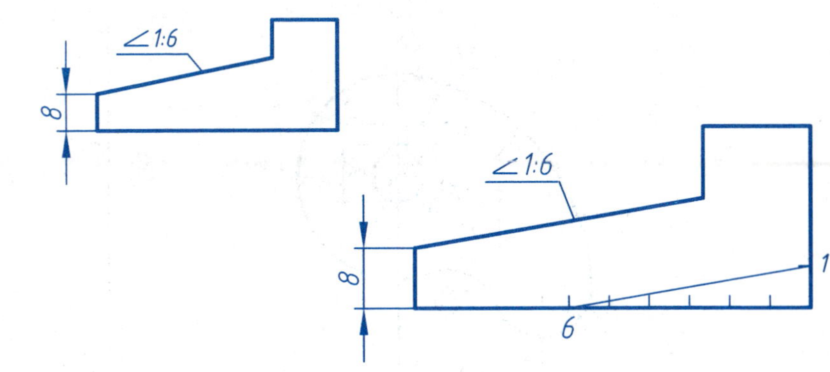

∠1:6
8
∠1:6
8
1
6

(3) 按给定的锥度补画图形中的图线(比例1：1)。

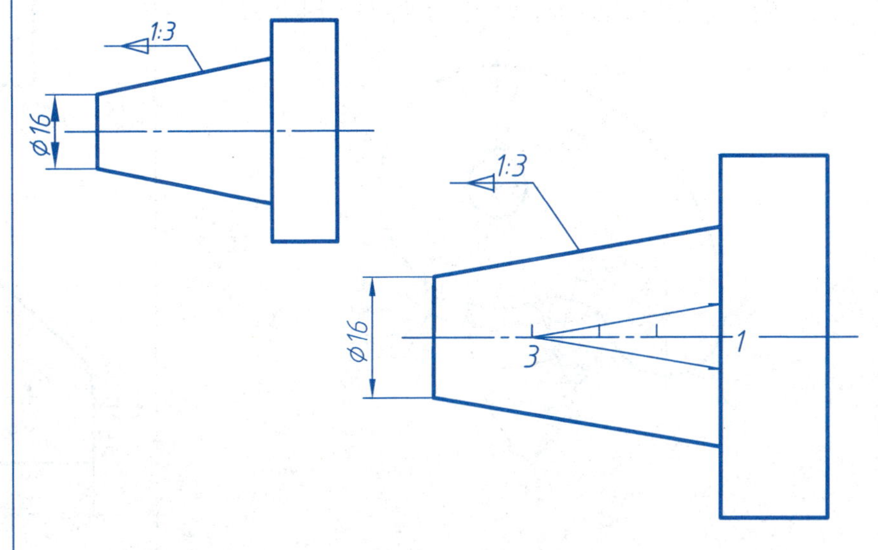

1:3
⌀16
1:3
⌀16
3
1

班级　　　　姓名　　　　学号

1-6 参照所示图形，在指定位置处画出图形(准确找出圆心和切点)，不标注尺寸。

(1) 画图比例1∶1。

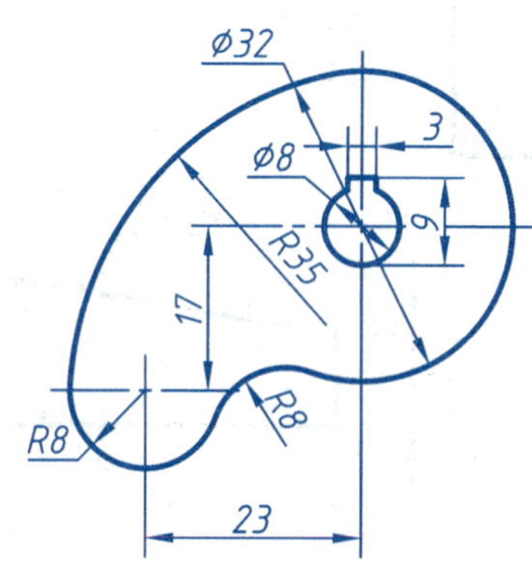

Ø32
3
Ø8
9
R35
17
R8
R8
23

下图中给出了求连接弧的圆心和求被连接弧上切点的方法及作图过程。

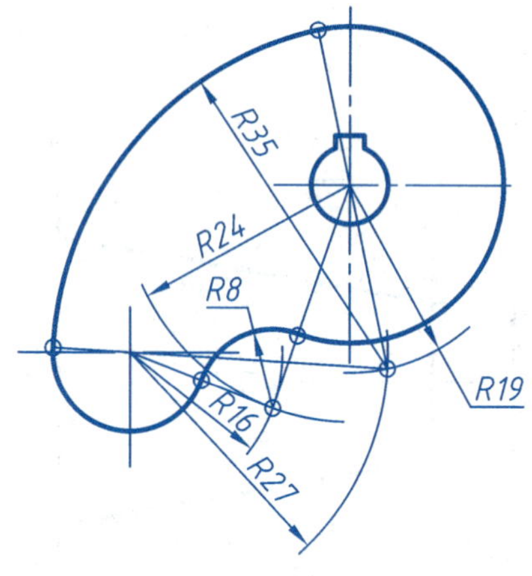

R35
R24
R8
R16
R27
R19

(2) 画图比例2∶1。

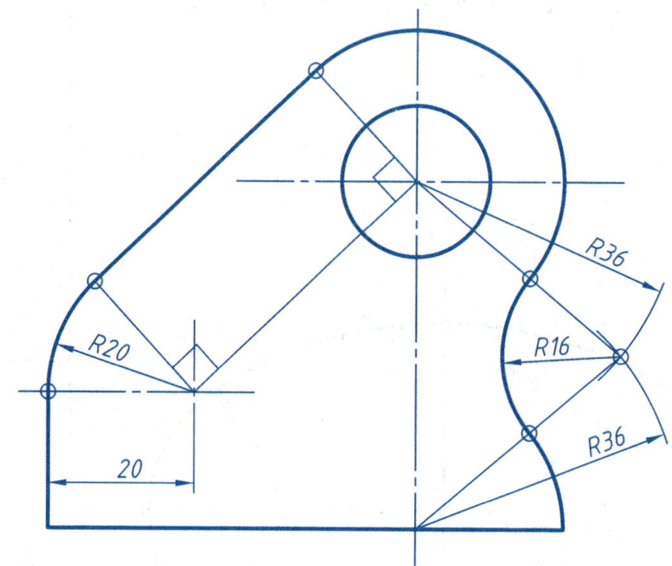

R36
R20
R16
R36
20

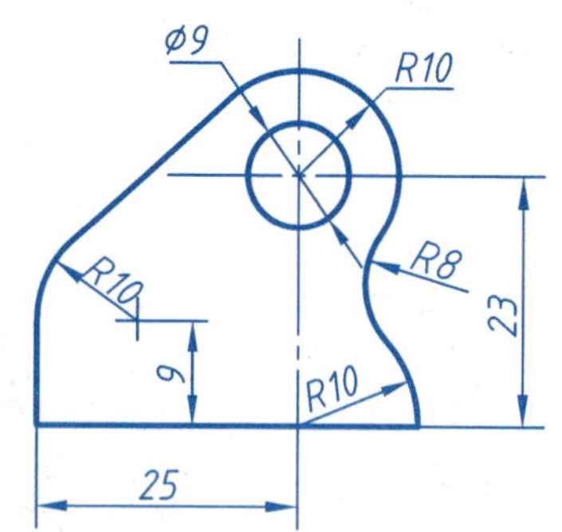

Ø9
R10
R8
R10
23
9
R10
25

说明：上图中所标注的尺寸是求连接圆弧圆心过程中用到的实际尺寸，仅为说明画图方法，这些尺寸不能标注在图中。

1-7 参照所示图形，在指定位置处按2：1画出图形(准确找出圆心和切点)，不标注尺寸。

注：题解图中尺寸是以作图时的实际尺寸标注的。

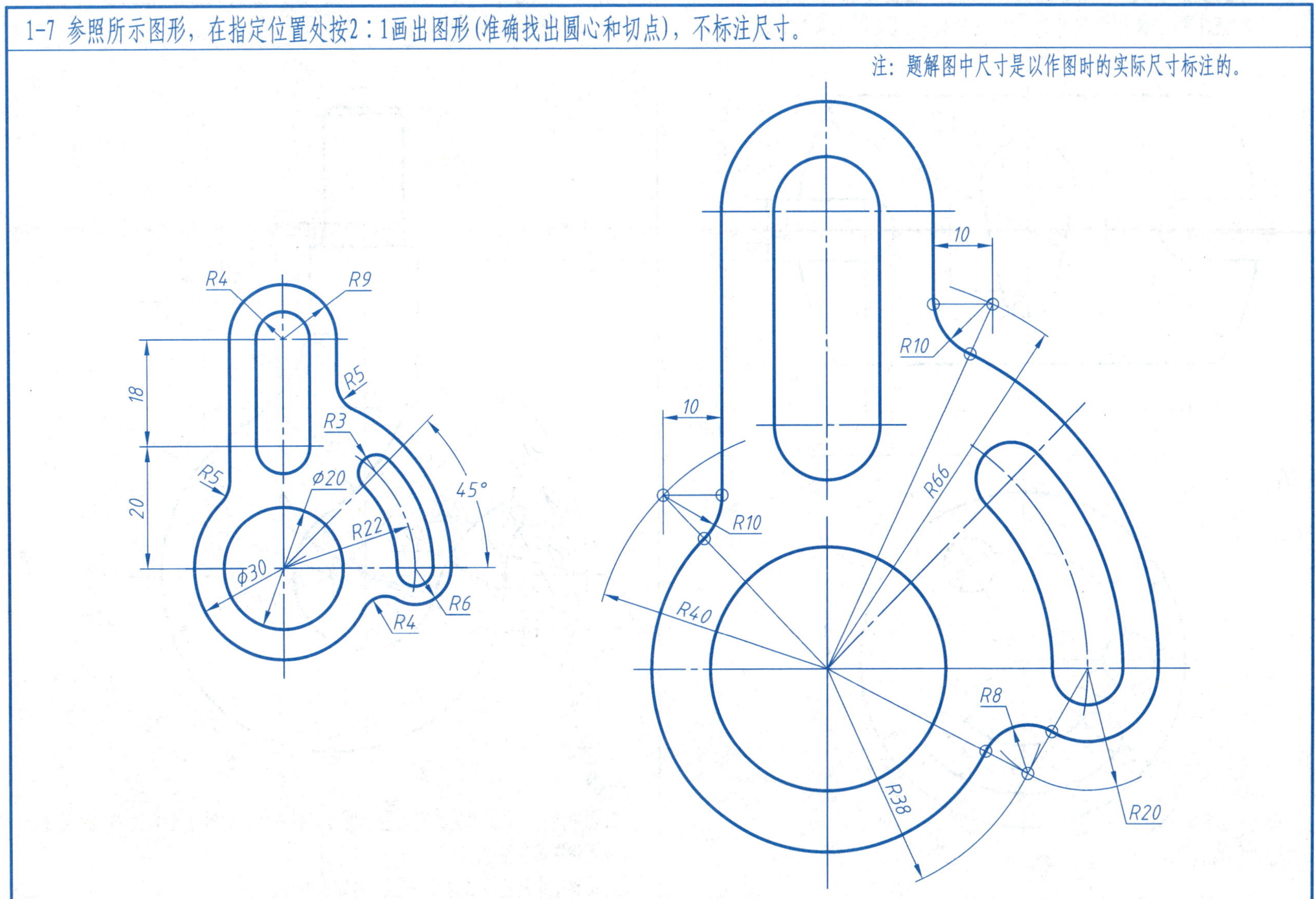
R4
R9
18
R5
R3
20
R5
ϕ20
45°
R22
ϕ30
R6
R4
10
R10
10
R66
R10
R40
R8
R38
R20

1-8 标注下列平面图形尺寸，尺寸数值按1∶1从图上量取，取整数。

(1)

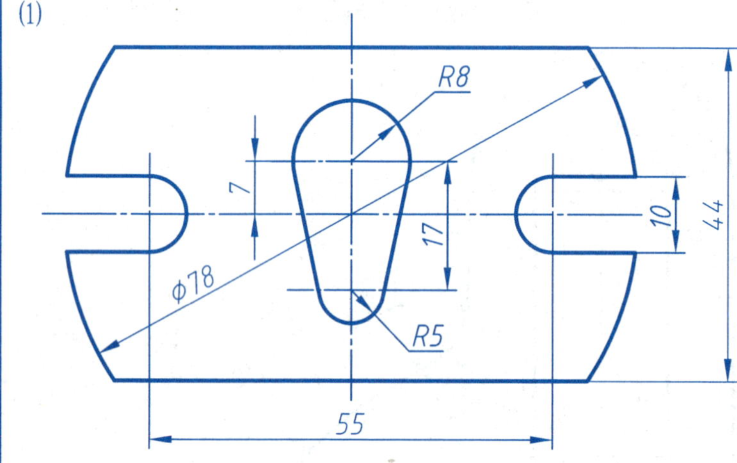
R8
7
17
10
44
ϕ78
R5
55

(2)

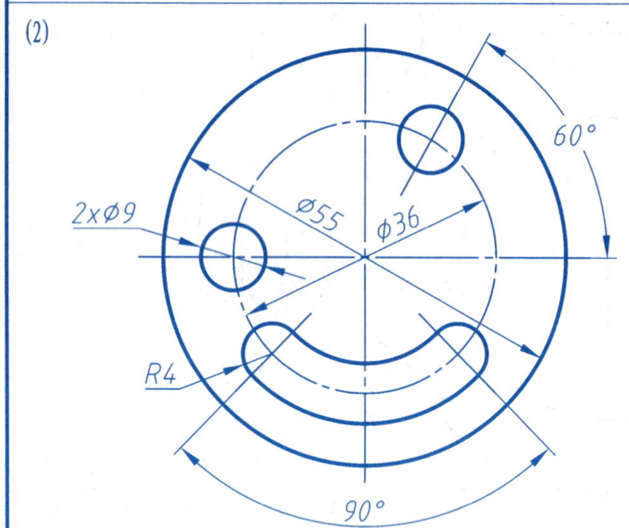
60°
2xØ9
Ø55
ϕ36
R4
90°

1-9 (2) 吊钩：绘图比例1∶1，并抄画尺寸。

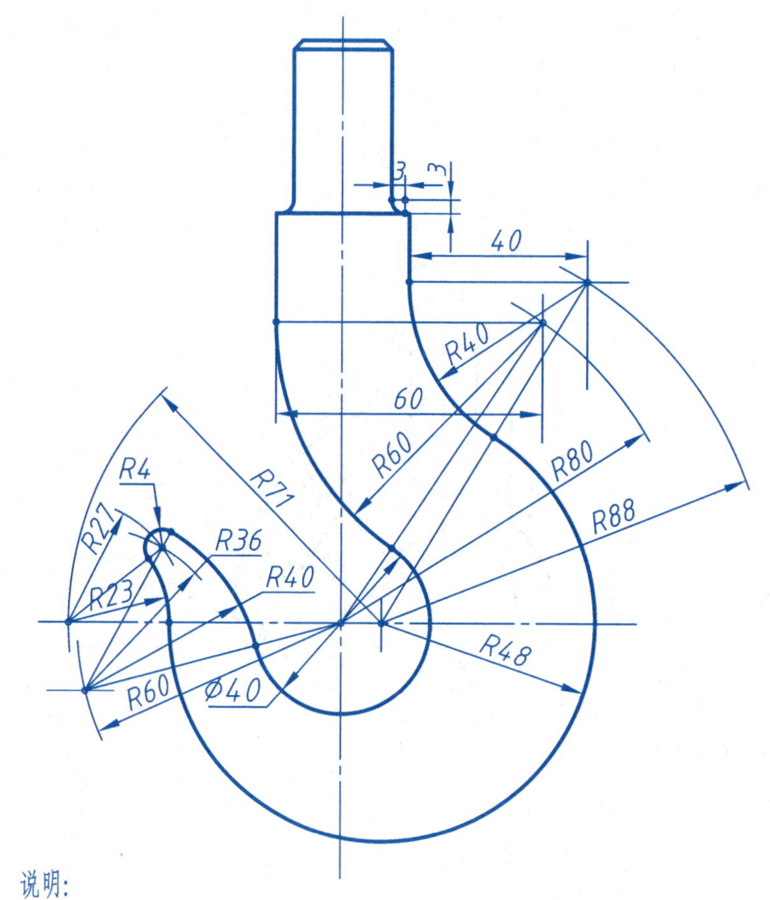
3
3
40
R40
60
R60
R80
R71
R4
R27
R36
R40
R23
R88
R48
R60
Ø40

说明：

1. 图中所标注的尺寸是求连接圆弧圆心过程中用到的实际尺寸，这些尺寸无需标注在吊钩图中。
2. 吊钩图中所要抄画的尺寸在1-9的题目中已给出。

2-1 已知 A、B、C三点在立体图中的位置，作出它们的三面投影。

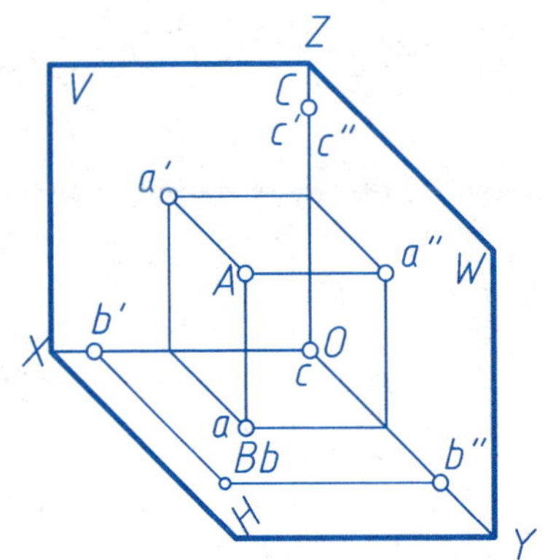
Z
V
C
c′
c″
a′
A
a″
W
b′
O
X
c
a
Bb
b″
H
Y

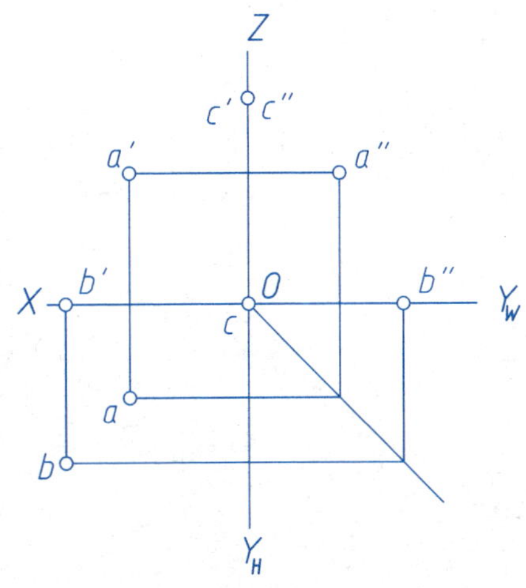
Z
c′
c″
a′
a″
X
b′
O
b″
Y_W
c
a
b
Y_H

2-2 已知A(10,18,15)、B(18,12,0)、C(0,0,20)三点，作出各点的三面投影，画出立体图，填写点A到三投影面的距离。

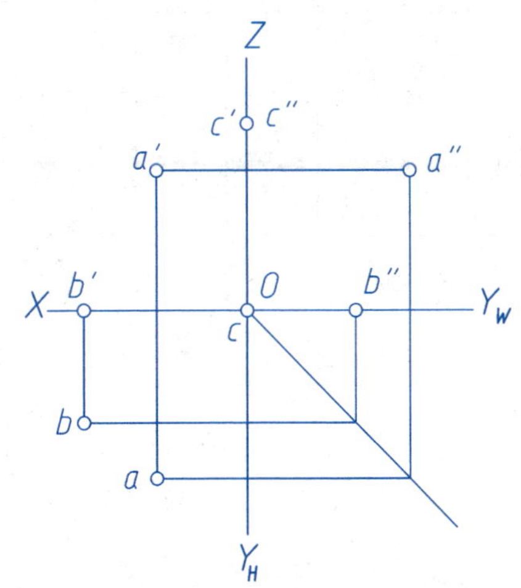
Z
c′
c″
a′
a″
X
b′
O
b″
Y_W
c
b
a
Y_H

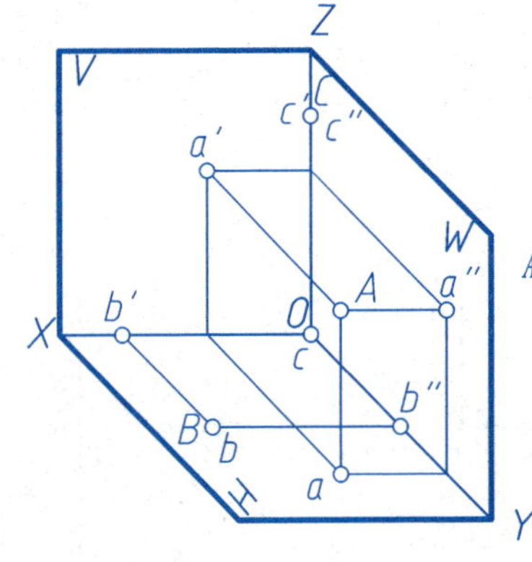
Z
V
C
c′
c″
a′
W
A
a″
b′
O
X
c
b″
B
b
a
H
Y

A距H面 15 mm，距V面 18 mm，距W面 10 mm。

班级　　　　　姓名　　　　　学号

2-3 已知A、B、C三点到各投影面的距离(见表)，画出三点的三面投影。

	距H面	距V面	距W面
A	23	0	17
B	15	12	10
C	0	20	0

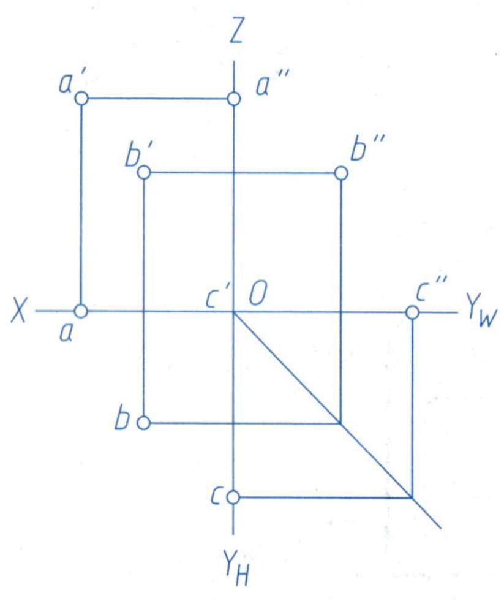

Z
a′
a″
b′
b″
X
a
c′
O
c″
Y_W
b
c
Y_H

2-4 已知A、B、C三点的两面投影，画出它们的第三投影。

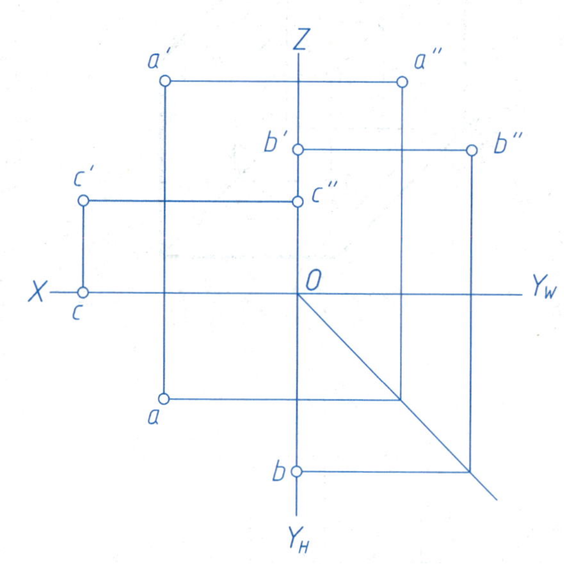

Z
a′
a″
b′
b″
c′
c″
X
c
O
Y_W
a
b
Y_H

班级　　　　姓名　　　　学号

2-5 已知空间点A、B，试作出它们的三面投影图，并写出点A和点B的相对位置。

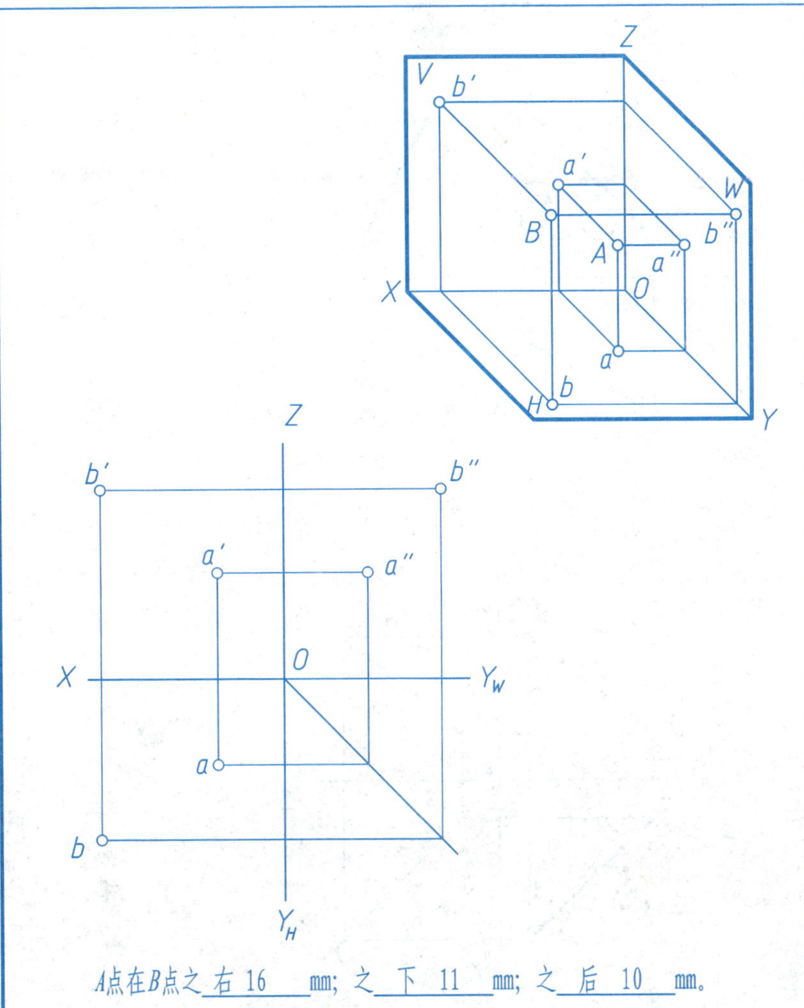

Z
V
b′
a′
W
B
A
b″
a″
X
O
a
b
H
Y
Z
b′
b″
a′
a″
X
O
Y_W
a
b
Y_H

A点在B点之<u>右 16　</u>mm；之<u>　下　11　</u>mm；之<u>　后　10　</u>mm。

2-6 已知点B在点A正下方16 mm，点C在点B正左方12 mm，点D在点C正前方10 mm，作出B、C、D的三面投影，指出对三投影面的重影点（填空），并判断可见性。

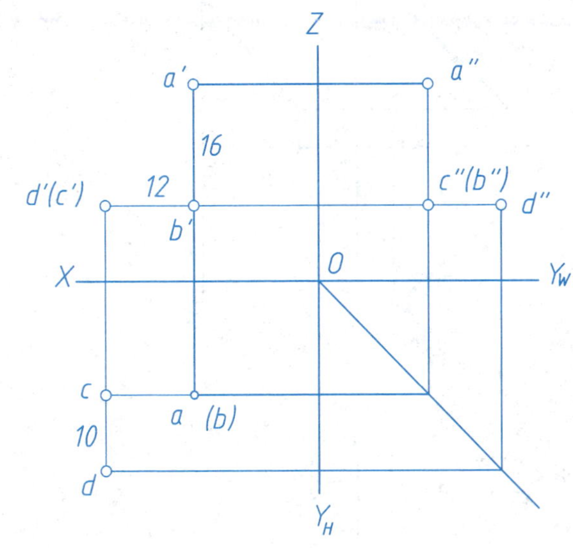

Z
a′
a″
16
12
d′(c′)
c″(b″)
d″
b′
X
O
Y_W
c
a
(b)
10
d
Y_H

对H面的重影点是<u>　A　</u>、<u>　B　</u>；
对V面的重影点是<u>　D　</u>、<u>　C　</u>；
对W面的重影点是<u>　C　</u>、<u>　B　</u>。

班级　　　　姓名　　　　学号

2-7 作出直线的三面投影：① 已知端点$A(19, 8, 5)$，$B(5, 21, 20)$；② 已知CD的两投影。

(1)

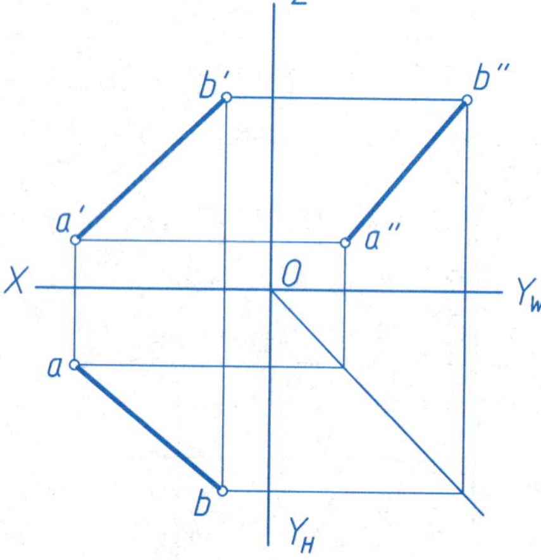

Z
b′
b″
a′
a″
X
O
Y_W
a
b
Y_H

(2)

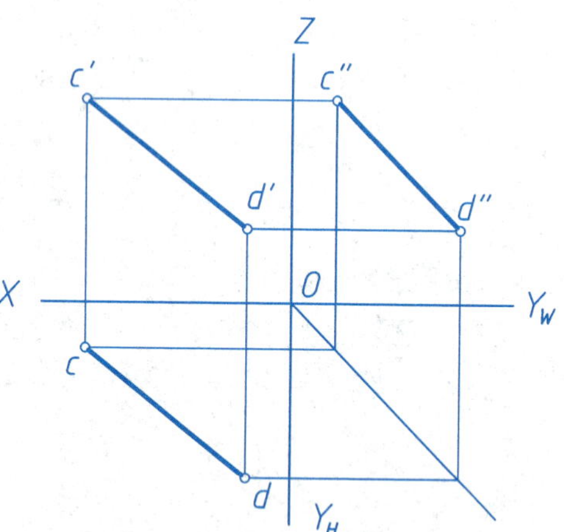

Z
c′
c″
d′
d″
X
O
Y_W
c
d
Y_H

2-8 作出直线的三面投影：① 已知F点距H面为23 mm；② 已知G点距离V面为5 mm。

(1)

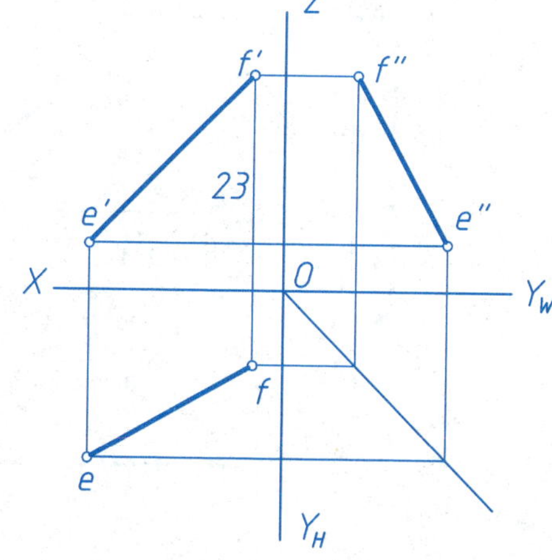

Z
f′
f″
23
e′
e″
X
O
Y_W
f
e
Y_H

(2)

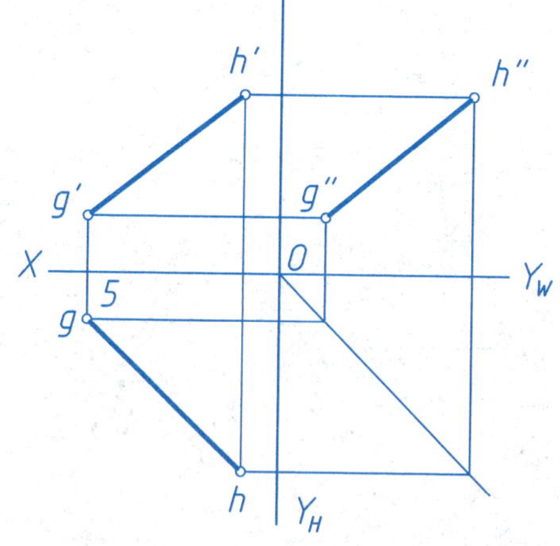

Z
h′
h″
g′
g″
X
O
Y_W
5
g
h
Y_H

班级　　　　姓名　　　　学号

2-9 填写下列直线的分类名称。

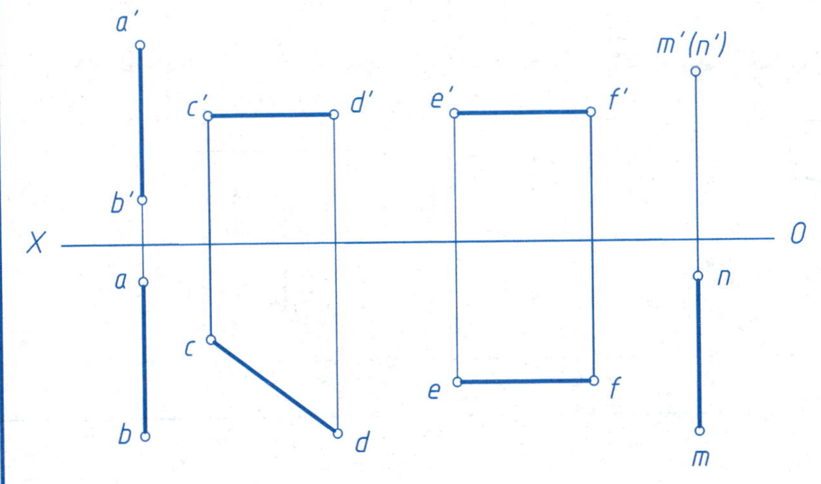

a'
m'(n')
c'
d'
e'
f'
b'
X
O
a
n
c
e
f
b
d
m

AB是<u>侧平线</u>，CD是<u>水平线</u>，

EF是<u>侧垂线</u>，MN是<u>正垂线</u>。

2-10 用直角三角形法求直线AB的实长及对投影面的倾角 α、β、γ。

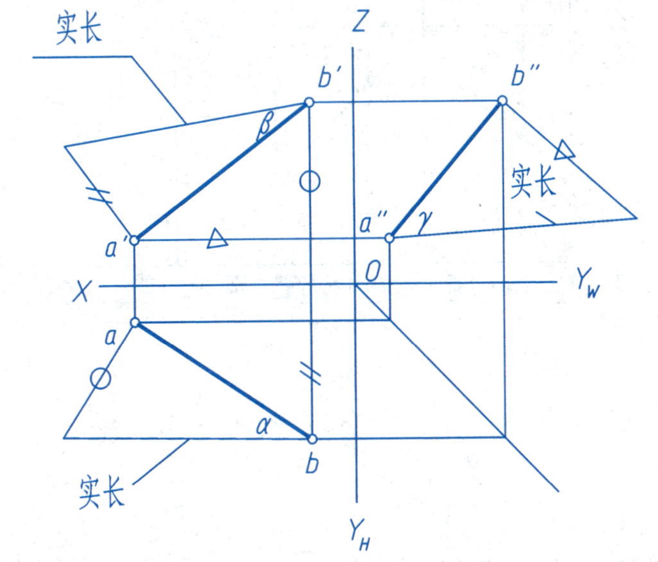

实长
Z
b'
b''
β
实长
a''
γ
a'
O
X
Y_W
a
α
b
实长
Y_H

班级　　　　姓名　　　　学号

2-11 点K在直线AB上，已知k，求k'和k''。

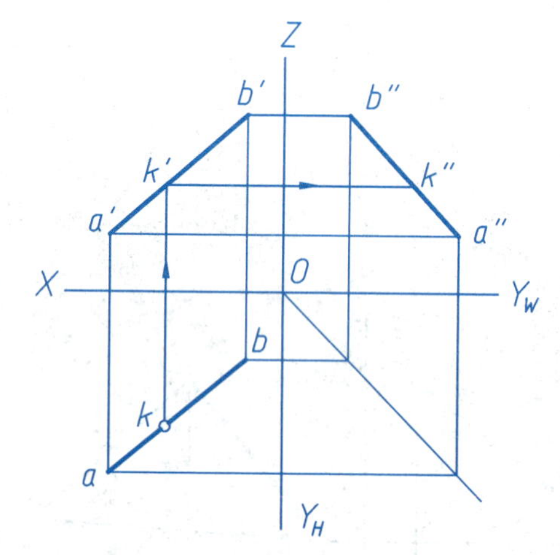
Z
b′
b″
k′
k″
a′
a″
X
O
Y_W
b
k
a
Y_H

2-12 在AB上求一点N，使$AN:NB=2:3$。

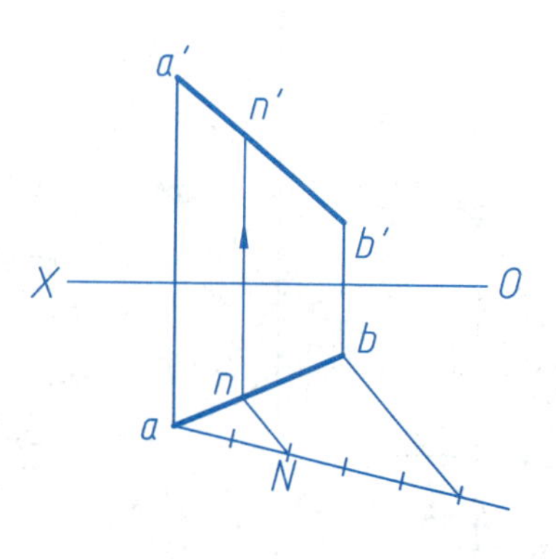
a′
n′
b′
X
O
b
n
a
N

2-13 已知K点位于直线CD上及K点的正面投影k'，作出它的水平投影k。

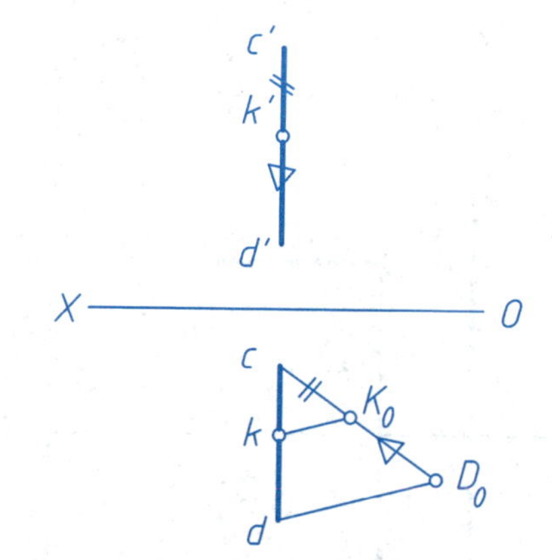
c′
k′
d′
X
O
c
k
K_0
D_0
d

2-14 判断AB和CD两直线的相对位置，并填空(平行、相交、交叉)。

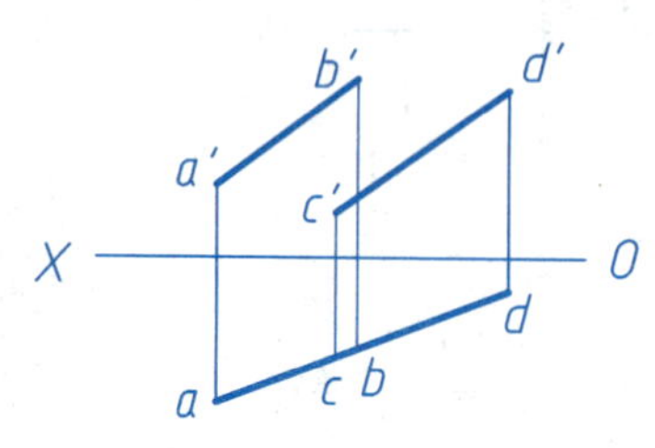
b′
d′
a′
c′
X
O
d
a
c b

(平行)

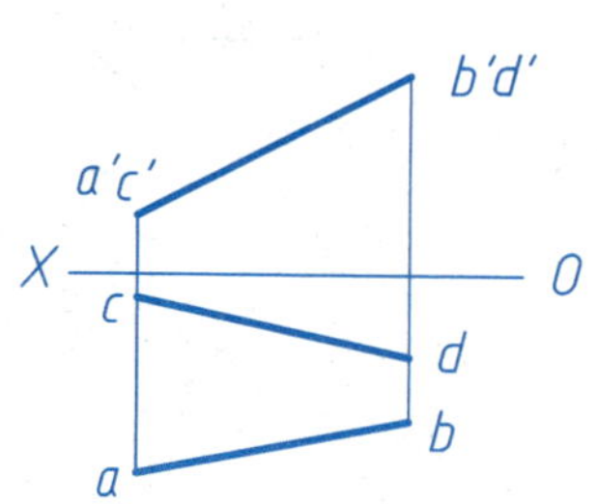
b′d′
a′c′
X
O
c
d
b
a

(相交)

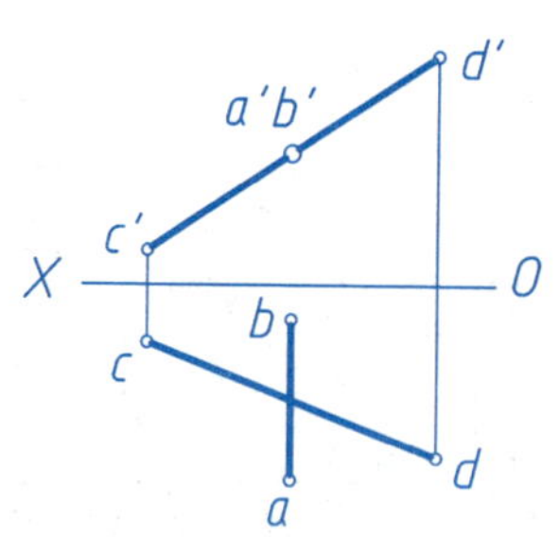
d′
a′b′
c′
X
O
b
c
d
a

(相交)

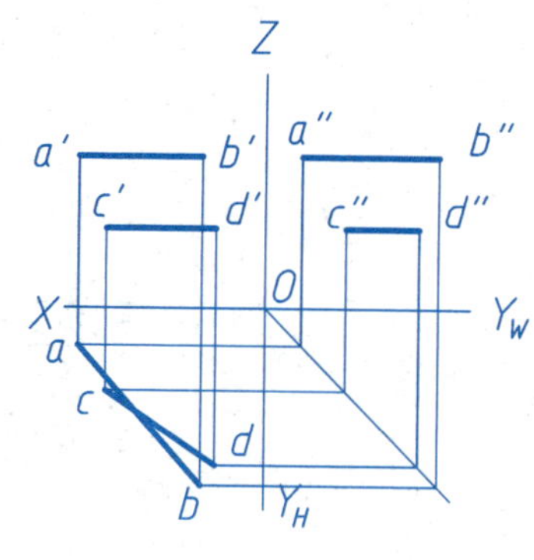
Z
a′
b′
a″
b″
c′
d′
c″
d″
X
O
Y_W
a
c
d
b
Y_H

该题需作图判断

(交叉)

班级　　　　姓名　　　　学号

2-15 求直线AB、CD对正面的重影点E、F的两面投影，并表明可见性(可见点写在前面)。

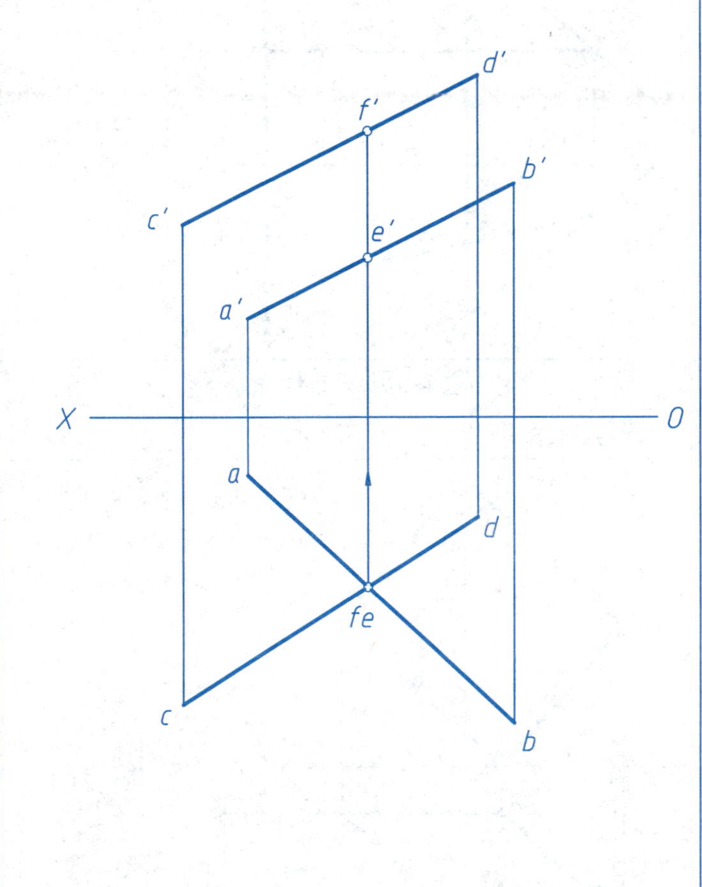

d′
f′
b′
c′
e′
a′
X
O
a
d
fe
c
b

2-16 求直线AB、CD对正面的重影点E、F和对水平面的重影点M、N的三面投影，并表明可见性。

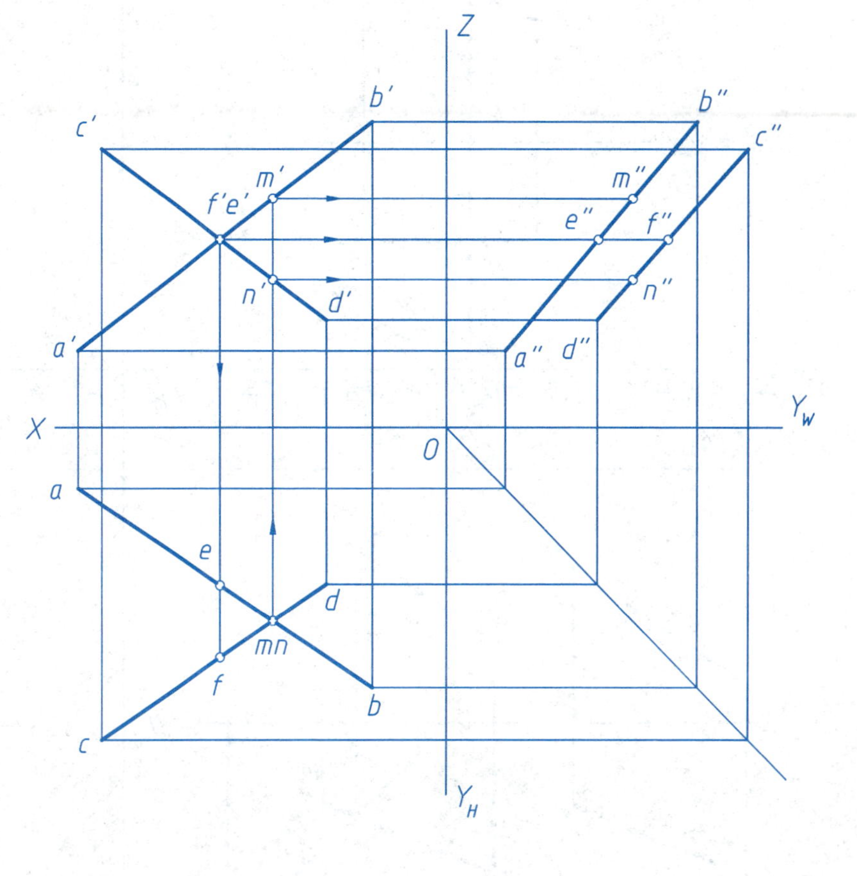

Z
b′
b″
c′
c″
m′
m″
f′e′
e″
f″
n′
d′
n″
a′
a″
d″
X
Yw
O
a
e
d
mn
f
b
c
YH

班级 姓名 学号

2-17 已知直线AB、CD相交，CD为正平线，补画出CD的水平投影。

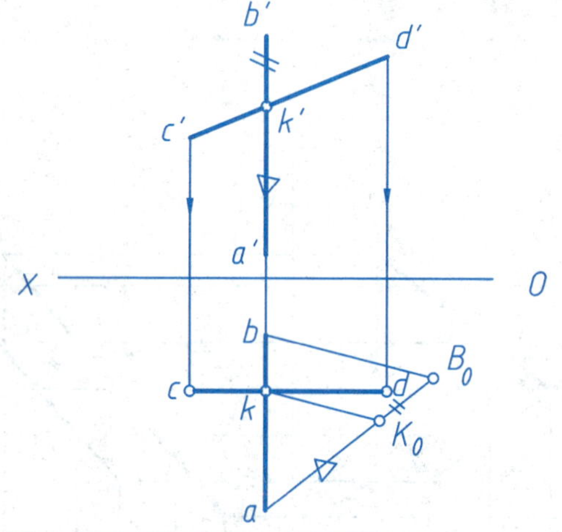

b′
d′
c′
k′
a′
X
O
b
B0
c
d
k
K0
a

2-18 作水平线MN，距离H面为15 mm，MN与直线AB、CD均相交，且M在AB上，N在CD上。

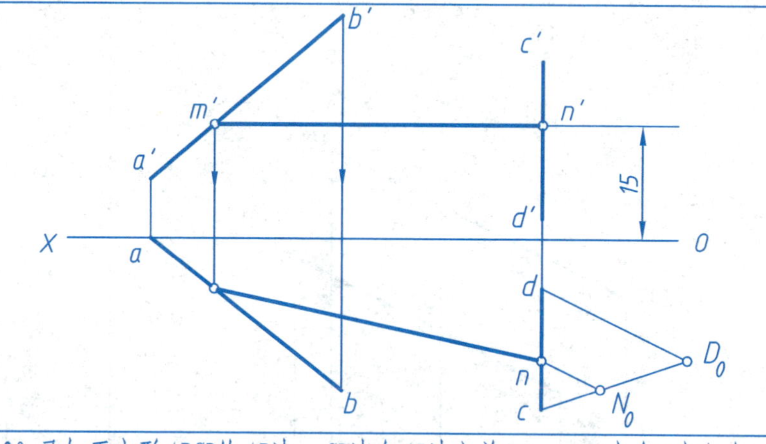

b′
c′
m′
n′
a′
15
d′
X
a
O
d
D0
n
N0
b
c

2-19 作一直线MN与两直线AB、CD相交，且MN与直线EF平行，M点在直线CD上。

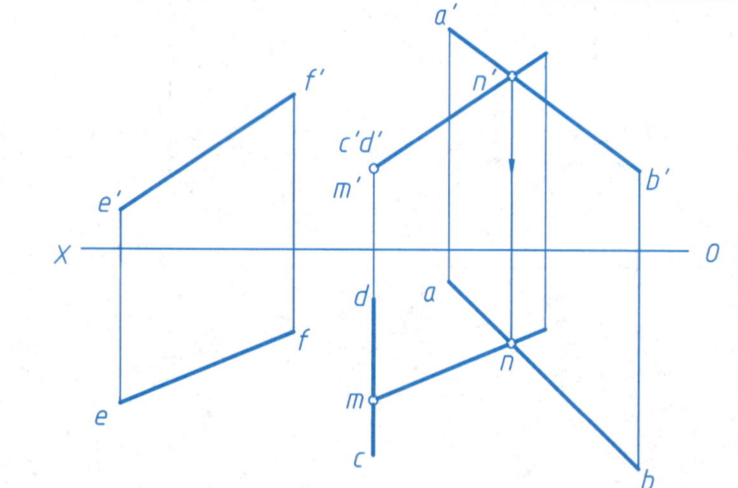

a′
f′
n′
c′d′
m′
b′
e′
X
O
d
a
f
n
m
e
c
b

2-20 已知正方形ABCD的AB边，CD边在AB边之前15 mm，B点在C点之右，完成正方形的两面投影。

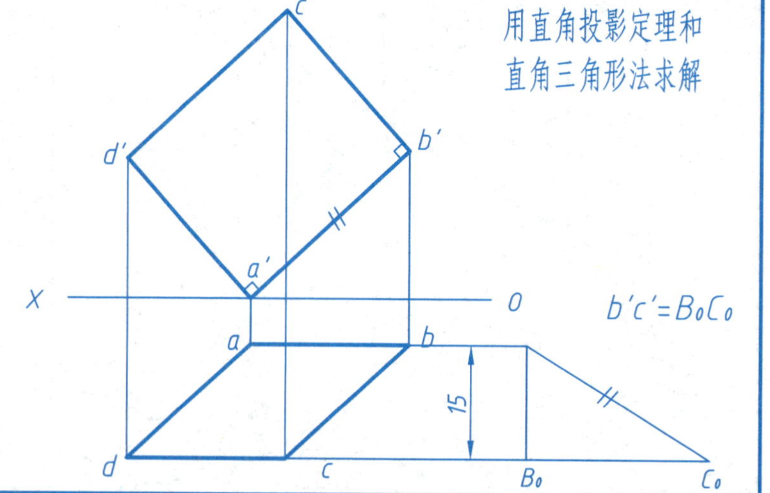

c′
用直角投影定理和
直角三角形法求解
b′
d′
a′
X
O
b′c′=B0C0
a
b
15
d
c
B0
C0

班级　　　　姓名　　　　学号

2-21 由平面图形的两投影，求作第三投影，填写平面的分类名称和倾角(0°、30°、45°、60°、90°)。

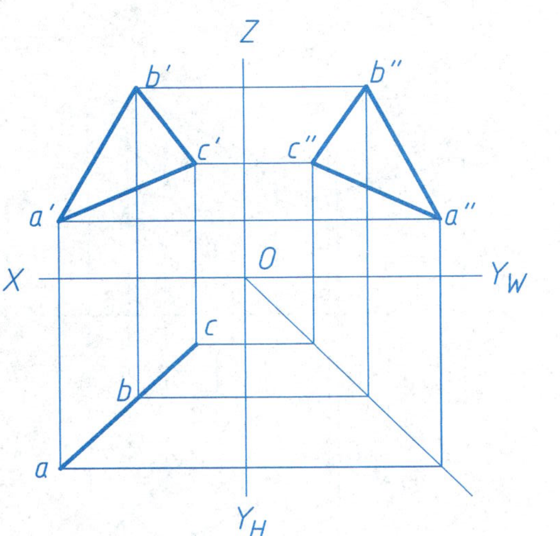
Z
b′
b″
c′
c″
a′
a″
X
O
Y_W
c
b
a
Y_H

三角形 ABC 是 __铅垂__ 面;

α =90°；β = 45°；γ =45°。

矩形 ABCD 是 __侧平__ 面;

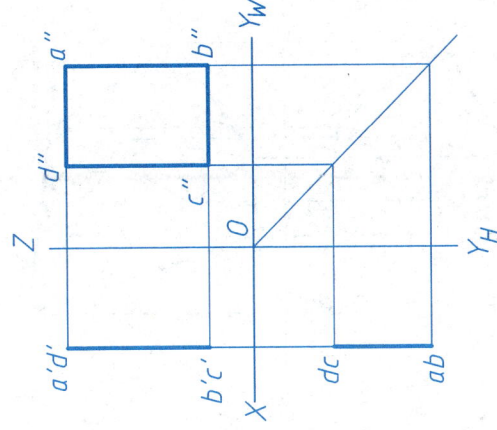

α = 90°；β = 90°；γ =180°。

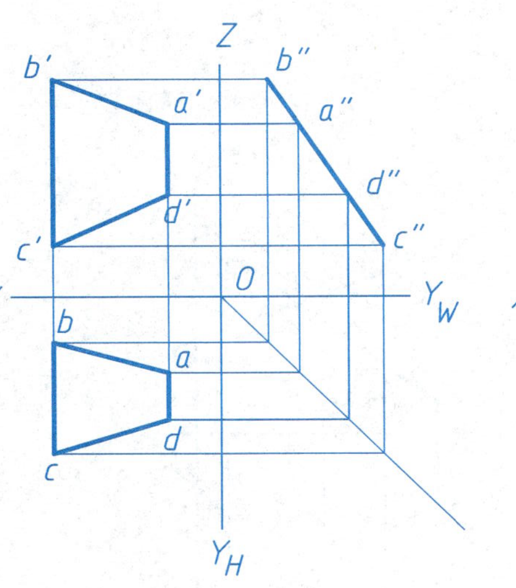
Z
b′
b″
a′
a″
d″
d′
c′
c″
X
O
Y_W
b
a
d
c
Y_H

梯形 ABCD 是 __侧垂__ 面;

α = 60°；β =30°；γ = 90°。

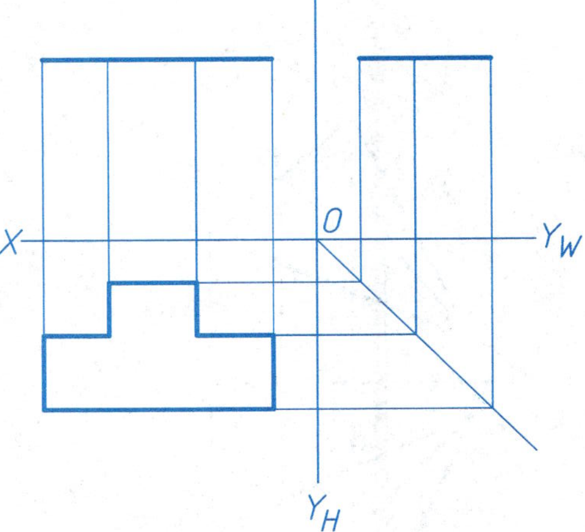
Z
X
O
Y_W
Y_H

平面图形是 __水平__ 面;

α = 180°；β =90°；γ = 90°。

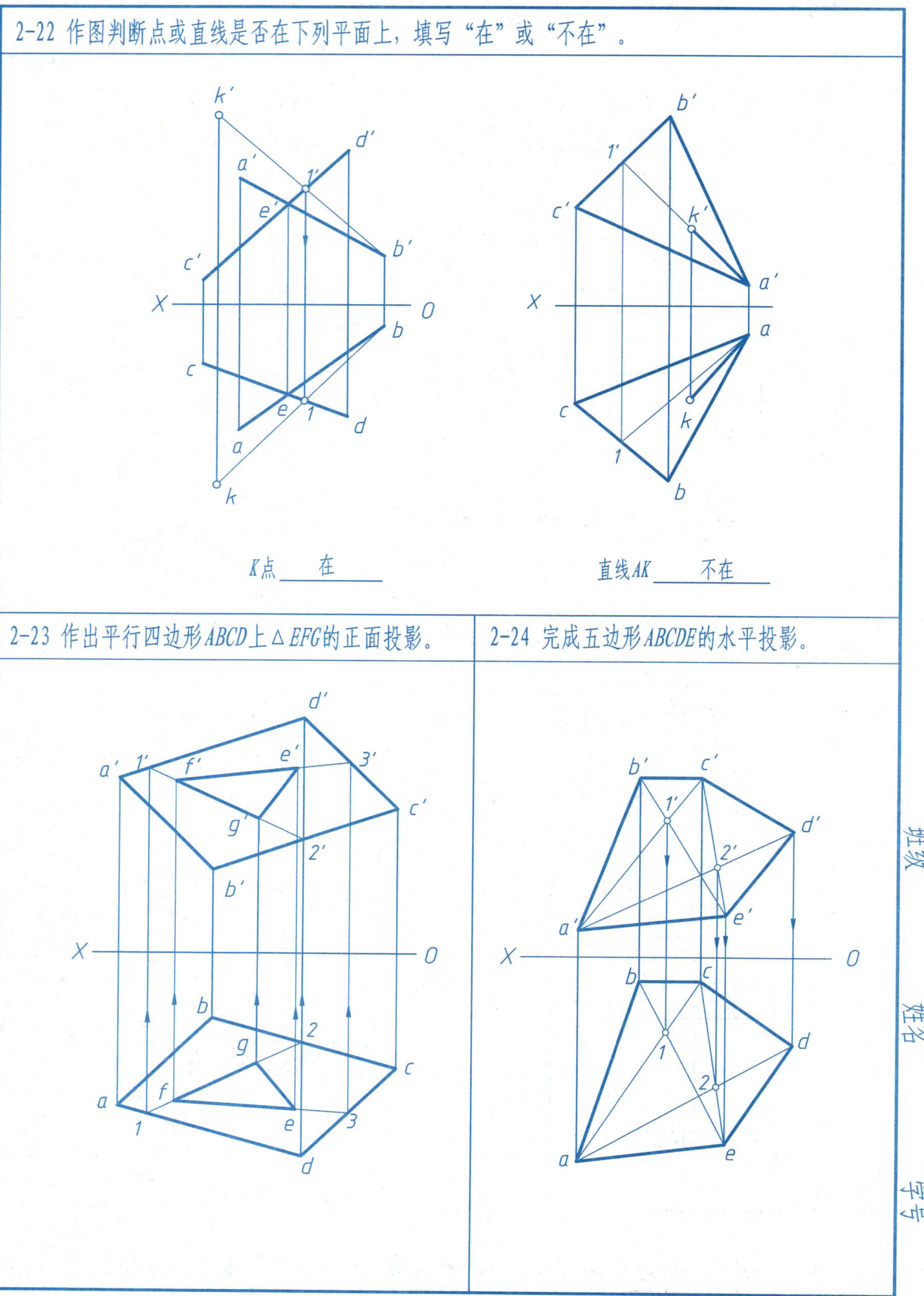
2-22 作图判断点或直线是否在下列平面上，填写"在"或"不在"。
k′
d′
a′
1′
e′
b′
c′
X
O
b
c
e
1
d
a
k
K点 在
b′
1′
c′
k′
a′
X
a
c
k
1
b
直线AK 不在
2-23 作出平行四边形ABCD上△EFG的正面投影。
d′
a′
1′
f′
e′
3′
c′
g′
2′
b′
X
O
b
2
g
c
a
f
1
e
3
d
2-24 完成五边形ABCDE的水平投影。
b′
c′
1′
d′
2′
a′
e′
X
O
b
c
1
d
2
a
e

班级

姓名

学号

班级　　　　姓名　　　　学号

2-25 在△ABC中过C点作一水平线CE；在距离V面22 mm处作一正平线MN。

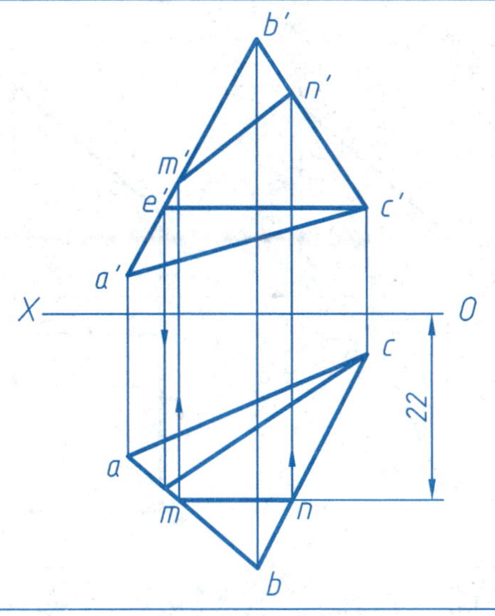

b′
n′
m′
e′
c′
a′
X
O
c
22
a
m
n
b

2-26 正方形$ABCD$为正垂面(左低右高)，$\alpha = 30°$，已知一边AB的两面投影，作出该正方形的两面投影。

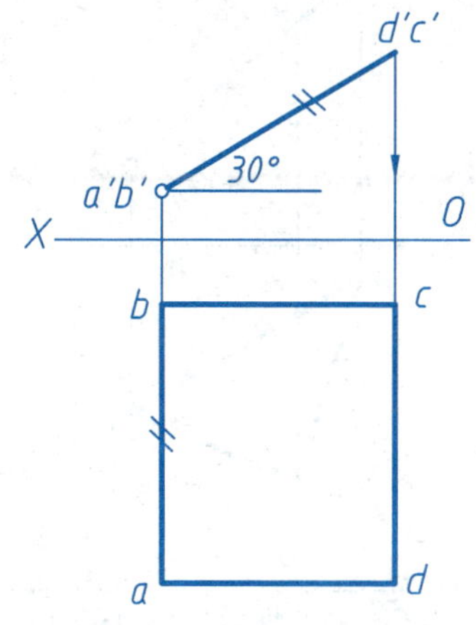

d′c′
30°
a′b′
X
O
b
c
a
d

2-27 用有积聚性的迹线表示下列平面(多解时，仅作一解)：过A点作正平面P；过直线BC作正垂面Q；过直线DE作正平面R；过直线MN作铅垂面S，$\beta = 60°$。

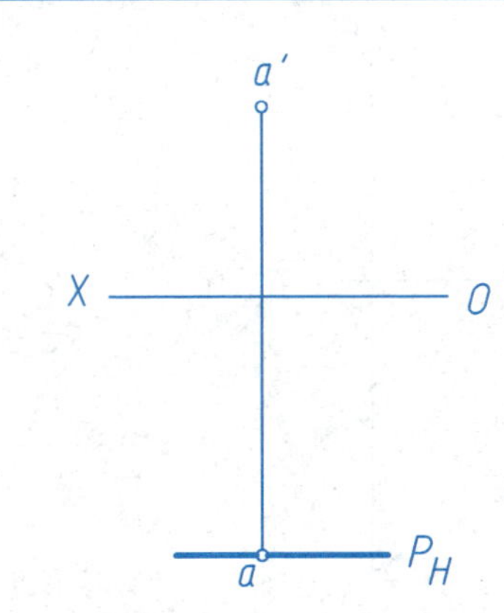

a′
X
O
a
P_H

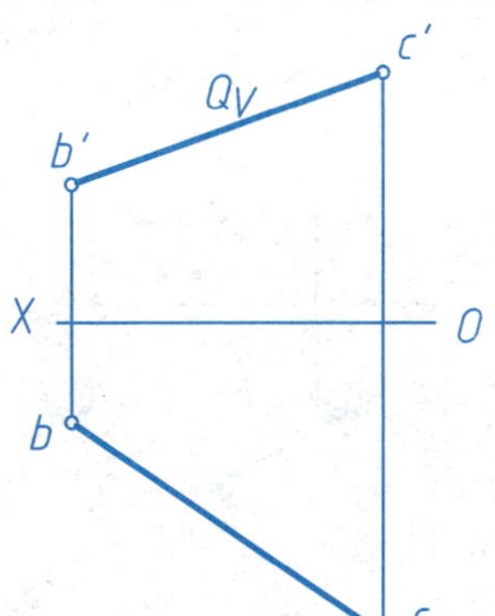

c′
Q_V
b′
X
O
b
c

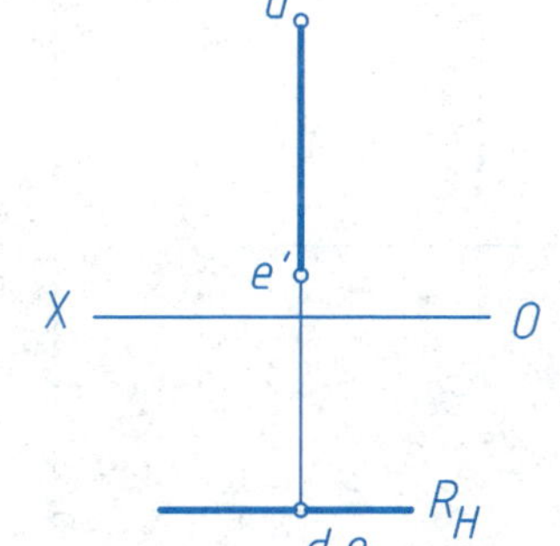

d′
e′
X
O
d e
R_H

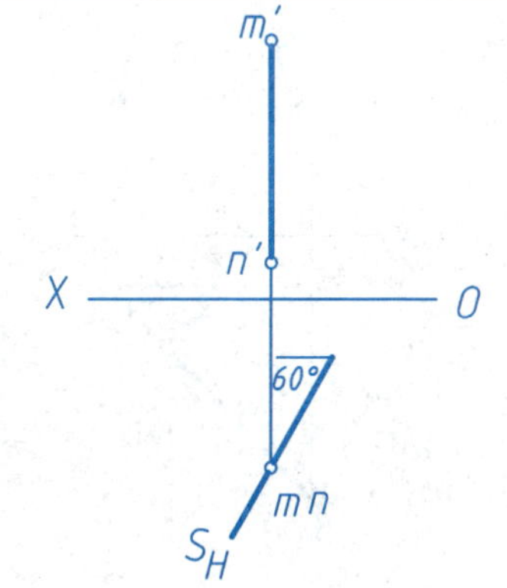

m′
n′
X
O
60°
mn
S_H

2-28 已知直线$AB \parallel \triangle EFG$，完成正垂面$\triangle EFG$的正面投影。

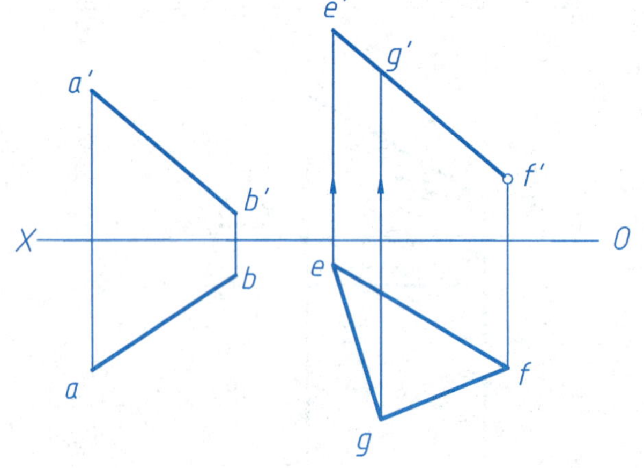
e′
g′
a′
f′
b′
X
O
e
b
f
a
g

2-29 已知$\triangle EFG \parallel$ 矩形$ABCD$，完成$\triangle EFG$的正面投影。

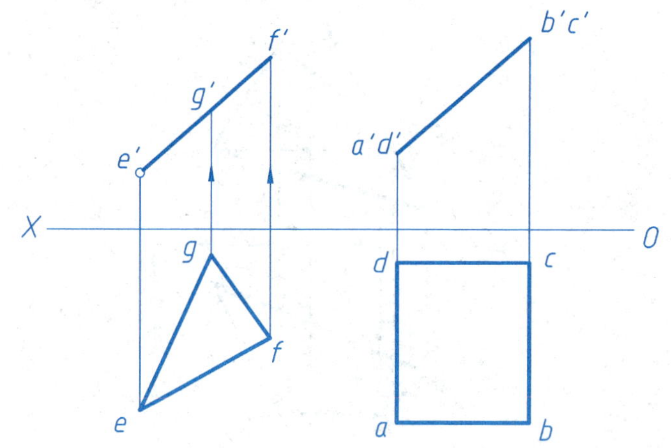
b′c′
f′
g′
e′
a′d′
X
O
g
d
c
f
e
a
b

2-30 已知$\triangle ABC \parallel DE$，完成$\triangle ABC$的水平投影（$\beta = 45°$）。

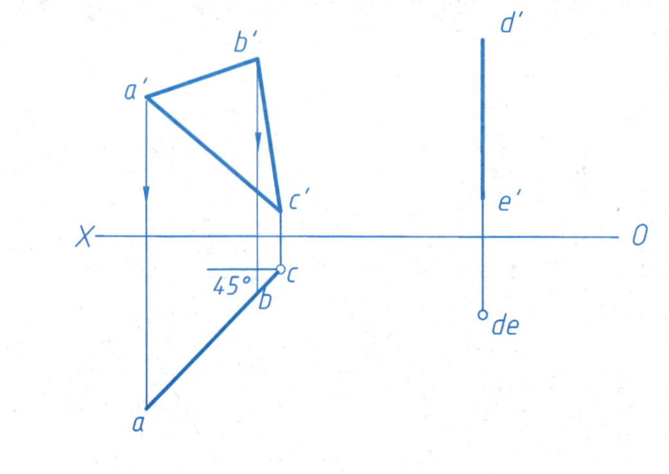
d′
b′
a′
c′
e′
X
O
45°
c
b
de
a

2-31 过M点任作一个由相交二直线所决定的平面，该平面平行于由两平行直线AB和CD所决定的平面。

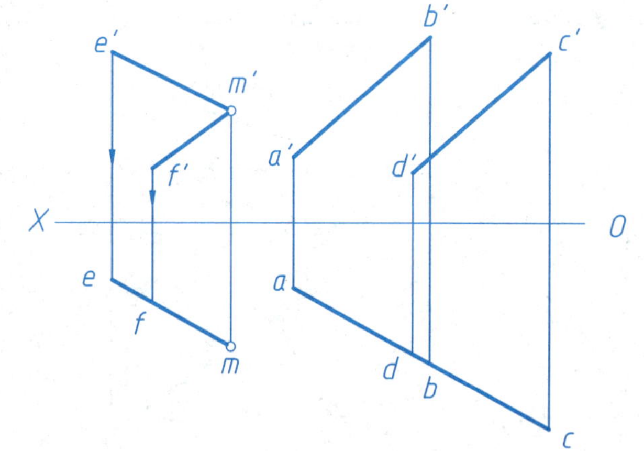
b′
e′
c′
m′
a′
d′
f′
X
O
e
a
f
m
d
b
c

2-32 求下列直线与平面的交点M，并判别可见性。

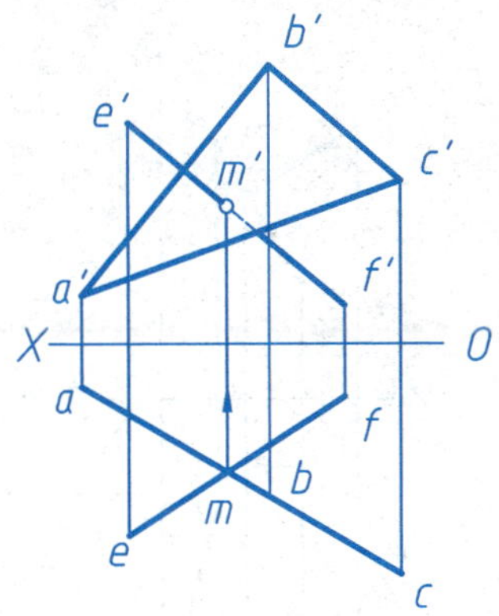
b'
e'
m'
c'
a'
f'
X
O
a
f
b
m
e
c

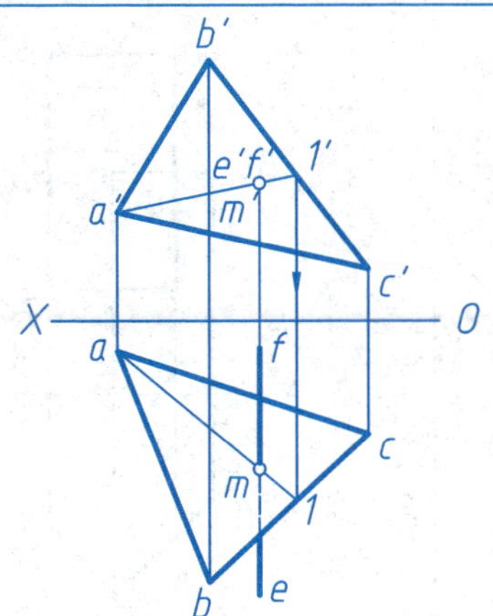
b'
e'f'
1'
a'
m'
c'
X
O
a
f
c
m
1
b
e

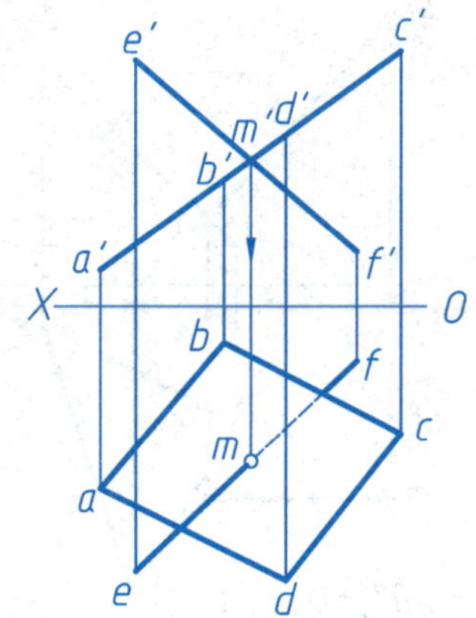
e'
c'
m'd'
b'
a'
f'
X
O
b
f
c
m
a
e
d

2-33 求下列平面与平面的交线ST，并判断可见性。

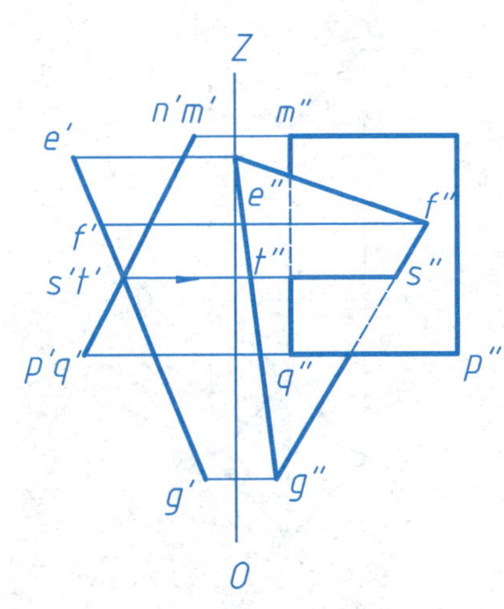
Z
n'm'
m"
e'
e"
f'
f"
t"
s't'
s"
p'q"
q"
p"
g'
g"
O

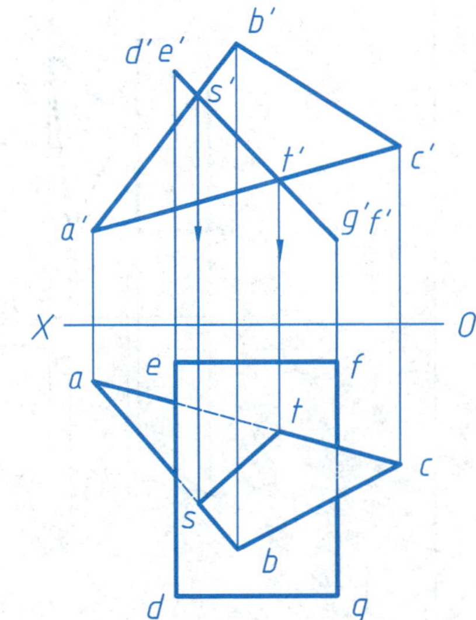
b'
d'e'
s'
t'
c'
a'
g'f'
X
O
a
e
f
t
c
s
b
d
g

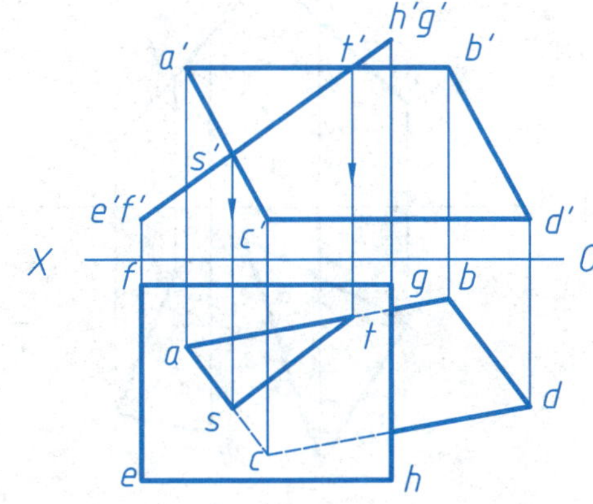
h'g'
a'
t'
b'
s'
e'f'
c'
d'
X
O
f
g
b
a
t
s
d
c
e
h

2-34 过点M作$\triangle ABC$的垂线MN，并求点M到$\triangle ABC$的距离L。

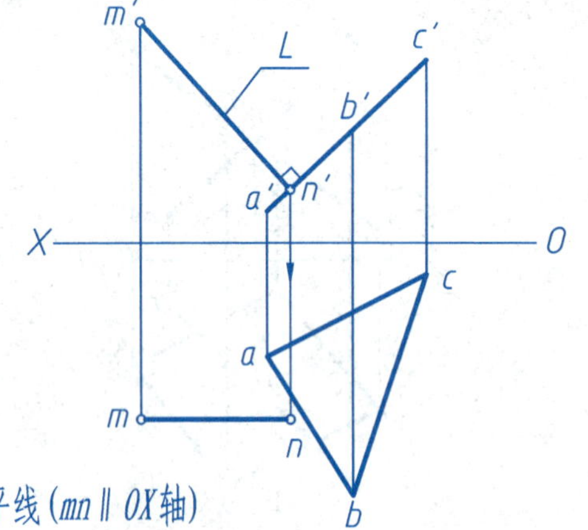
m′
L
c′
b′
a′
n′
X
O
c
a
m
n
b

MN是正平线（mn ∥ OX轴）

2-35 过点N任作一平面与$\triangle ABC$垂直。

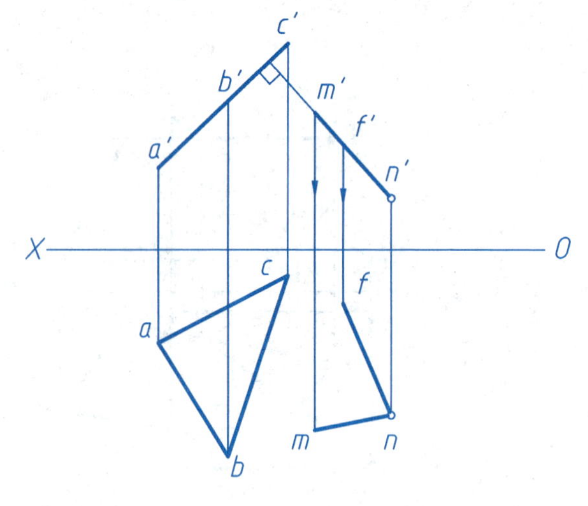
c′
b′
m′
f′
a′
n′
X
O
c
f
a
m
n
b

2-36 判断下列直线与平面、平面与平面的相对位置（平行、相交、垂直）。

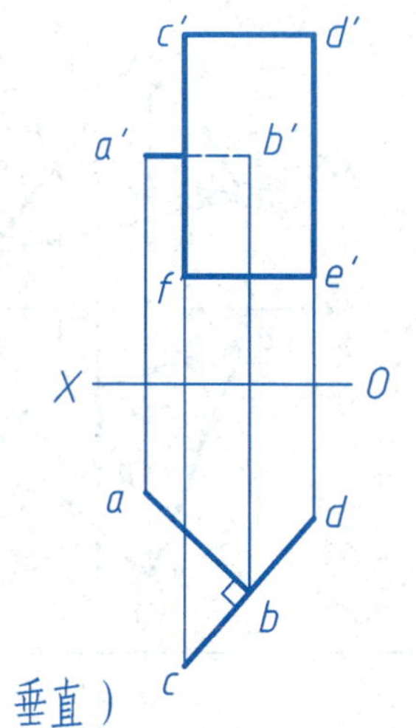
c′
d′
a′
b′
f
e′
X
O
a
d
b
c

（垂直）

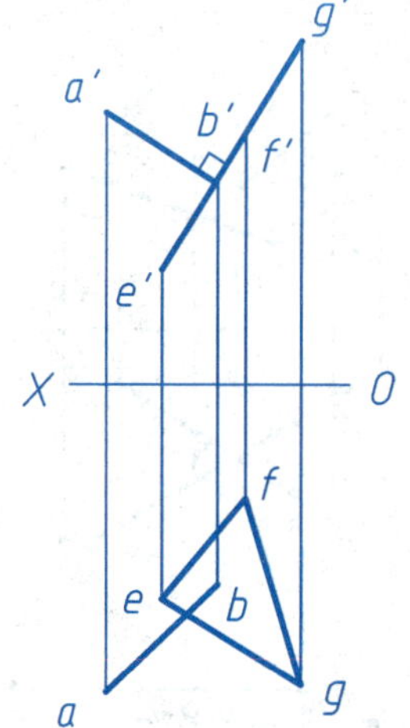
g′
a′
b′
f′
e′
X
O
f
e
b
a
g

（相交）

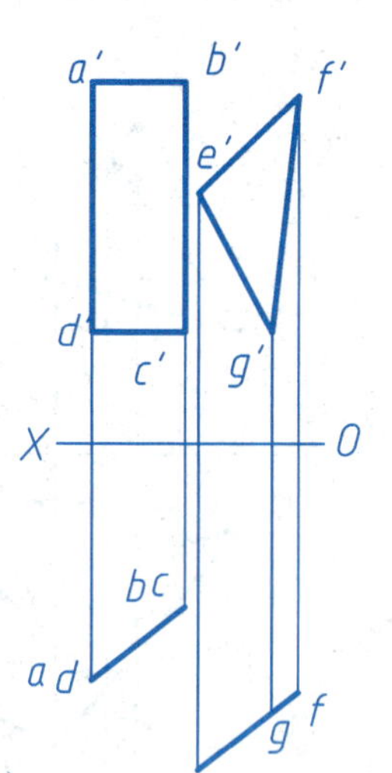
a′
b′
f′
e′
d′
c′
g′
X
O
bc
ad
f
g
e

（平行）

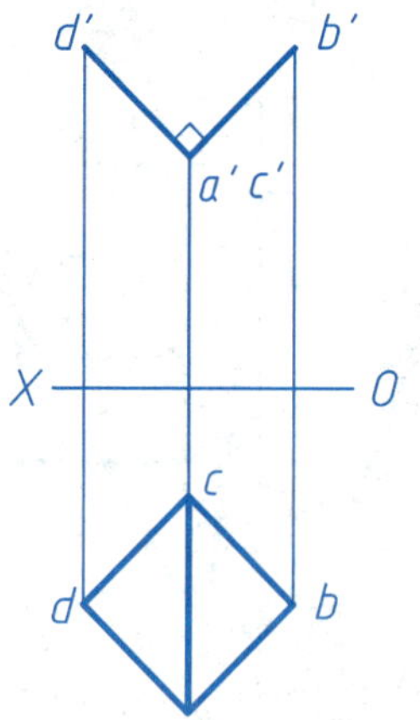
d′
b′
a′c′
X
O
c
d
b
a

（垂直）

3-1 用换面法求线段AB的实长及对V面的倾角β。

3-2 用换面法求$\triangle ABC$对V面的倾角β。

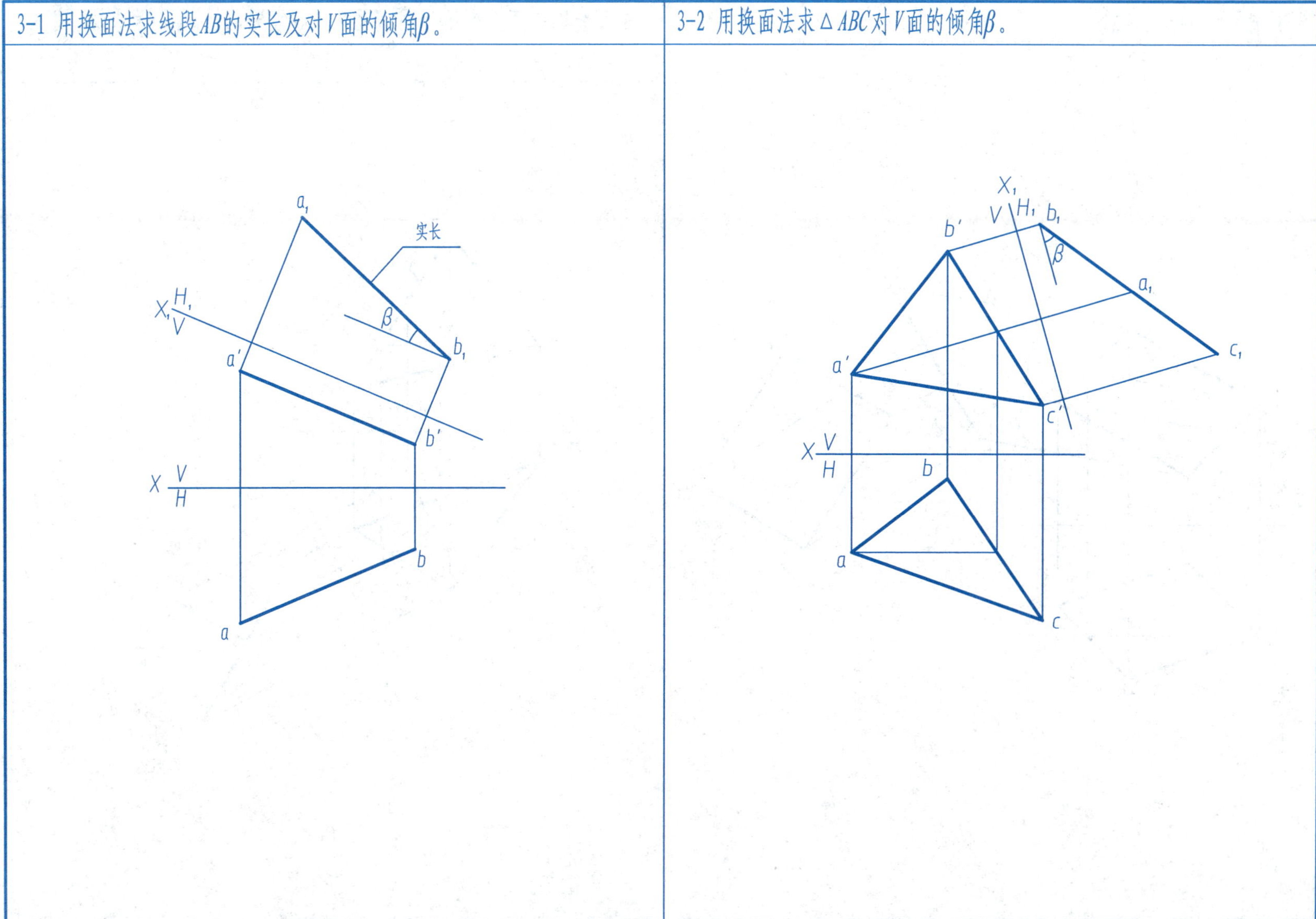

a₁
实长
X₁ H₁ V
β
b₁
a′
b′
X V H
b
a
X₁
V H₁ b₁
b′
β
a₁
c₁
a′
c′
X V H
b
a
c

3-3 求平面$ABCD$的实形。

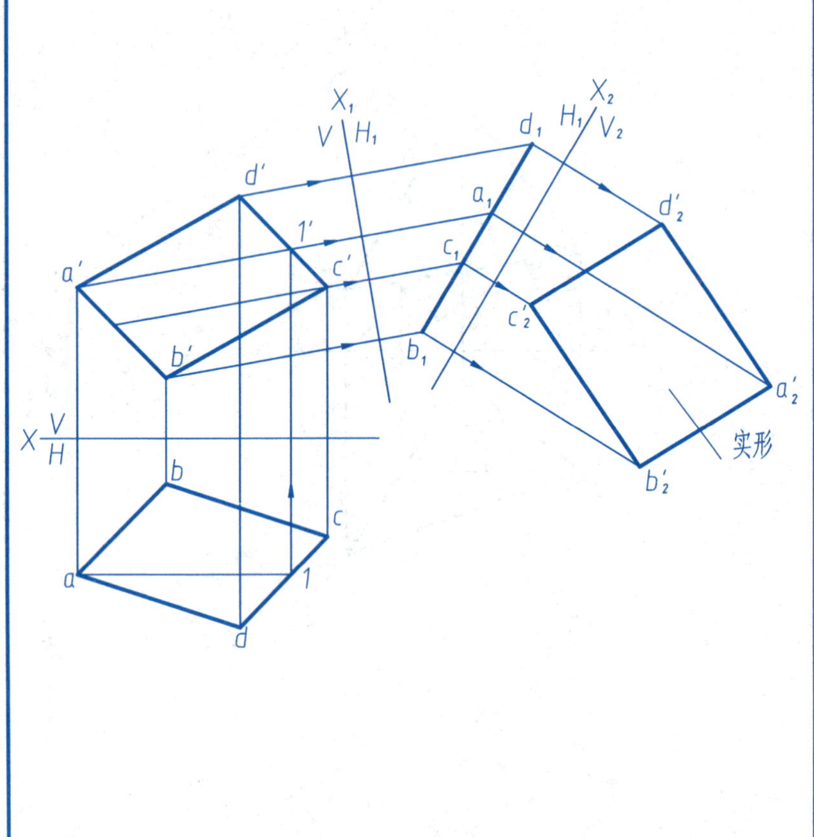

X₁
V
H₁
d₁
X₂
H₁
V₂
d′
a₁
1′
d′₂
a′
c₁
c′
c′₂
b′
b₁
a′₂
X
V
H
实形
b
b′₂
c
a
1
d

3-4 直线MN垂直于$\triangle ABC$，用换面法求直线MN的投影，N为垂足，并求出点M到$\triangle ABC$的距离。

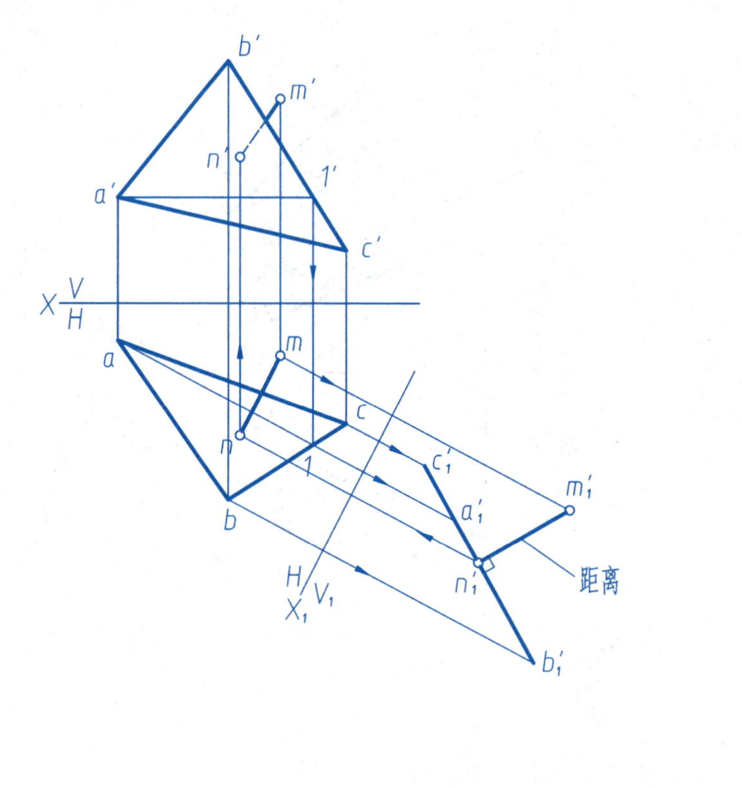

b′
m′
n′
1′
a′
c′
X
V
H
m
a
c
n
c′₁
1
m′₁
b
a′₁
n′₁
距离
H
V₁
X₁
b′₁

3-5 用换面法求交叉两直线AB、CD的公垂线EF。

3-6 已知一漏斗，用换面法求出其中两平面$ABCD$与$ABEF$之间的夹角α。

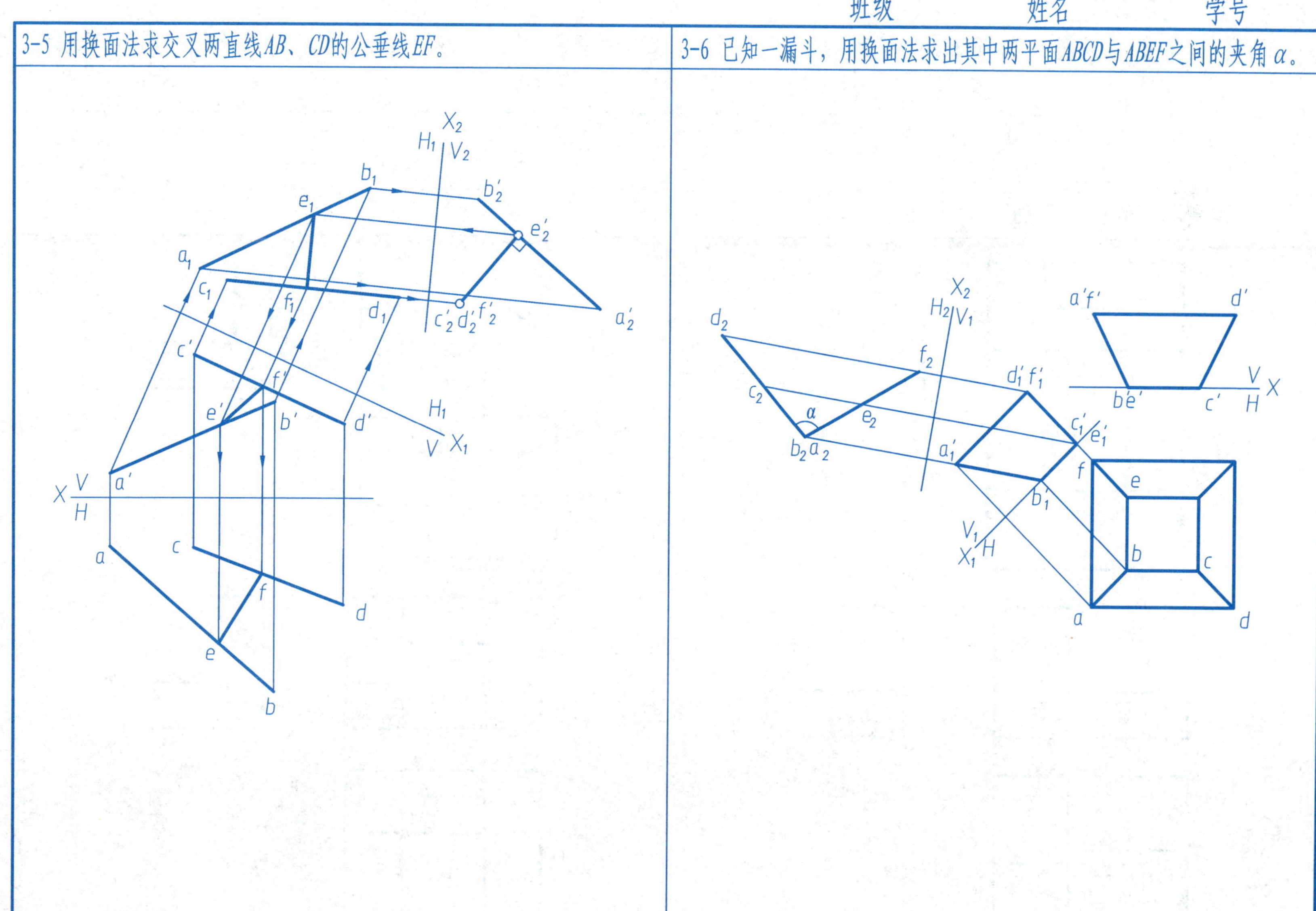

X₂
H₁
V₂
b₁
b′₂
e₁
e′₂
a₁
c₁
f₁
d₁
c′₂ d′₂ f′₂
a′₂
c′
f′
e′
b′
d′
H₁
V
X₁
X
V
H
a′
a
c
f
d
e
b
X₂
H₂
V₁
d₂
f₂
c₂
α
e₂
b₂ a₂
d′₁ f′₁
c′₁ e′₁
a′₁
b′₁
V₁
X₁
H
a′f′
d′
b′e′
c′
V
H
X
f
e
b
c
a
d

4-1 观察立体的三视图，在轴测图中找出对应的立体，并在括号内填写对应的序号。

(5)　(4)　(3)

(2)　(1)　(6)

续 4-1 观察立体的三视图，在轴测图中找出对应的立体，并在括号内填写对应的序号。

(4)　(6)　(1)

(2)　(5)　(3)

4-2 根据轴测图(立体图)画三视图，尺寸从图上按1:1量取。

(1)

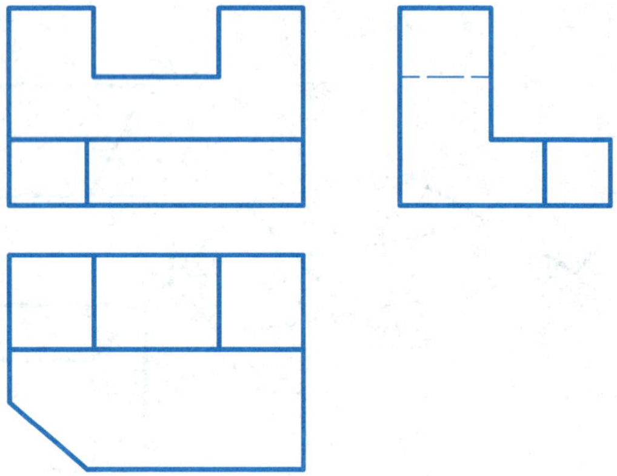

(2)

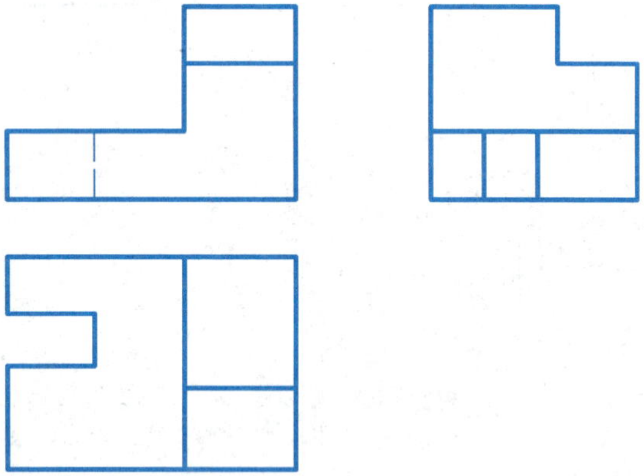

(3)

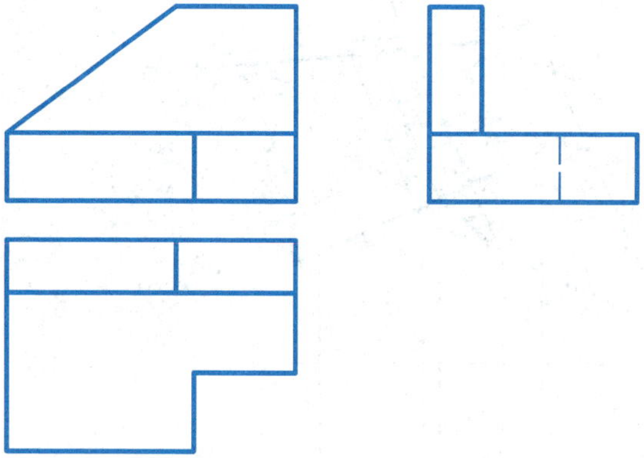

(4)

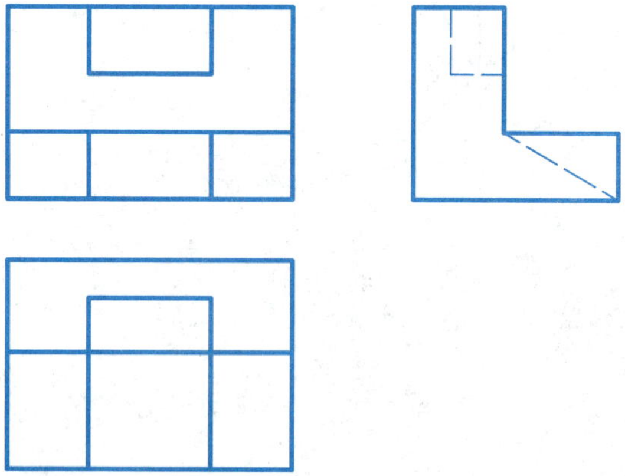

4-3 作出三棱柱的左视图，并作出表面上折线ABCD的水平投影和侧面投影。

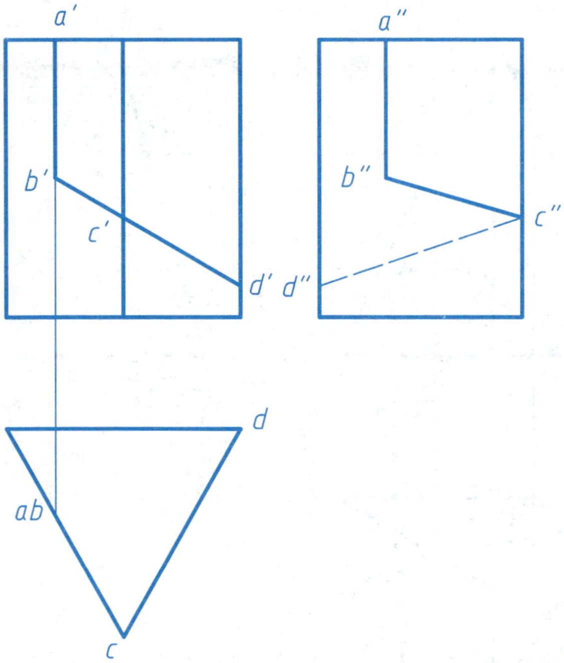

a′ b′ c′ d′ a″ b″ c″ d″ ab c d

4-4 作出六棱柱的主视图，并作出表面折线的正面投影和水平投影。

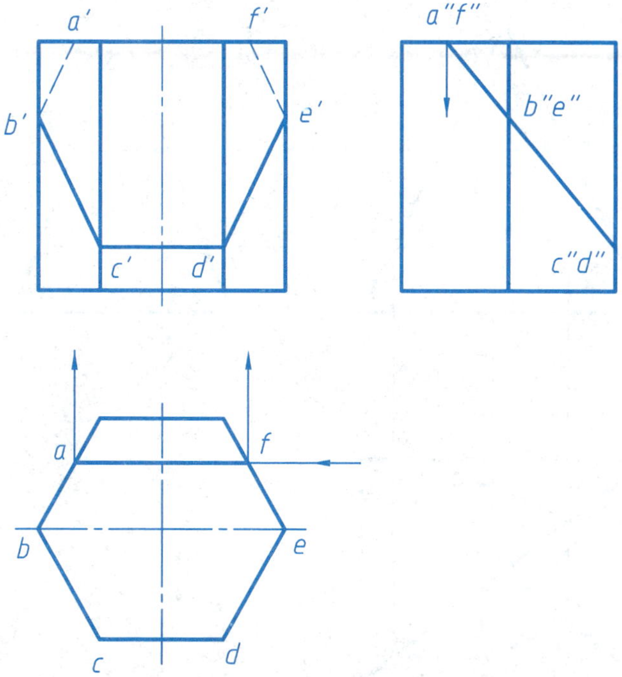

a′ f′ b′ e′ c′ d′ a″f″ b″e″ c″d″ a f b e c d

班级　　　　　　姓名　　　　　　学号

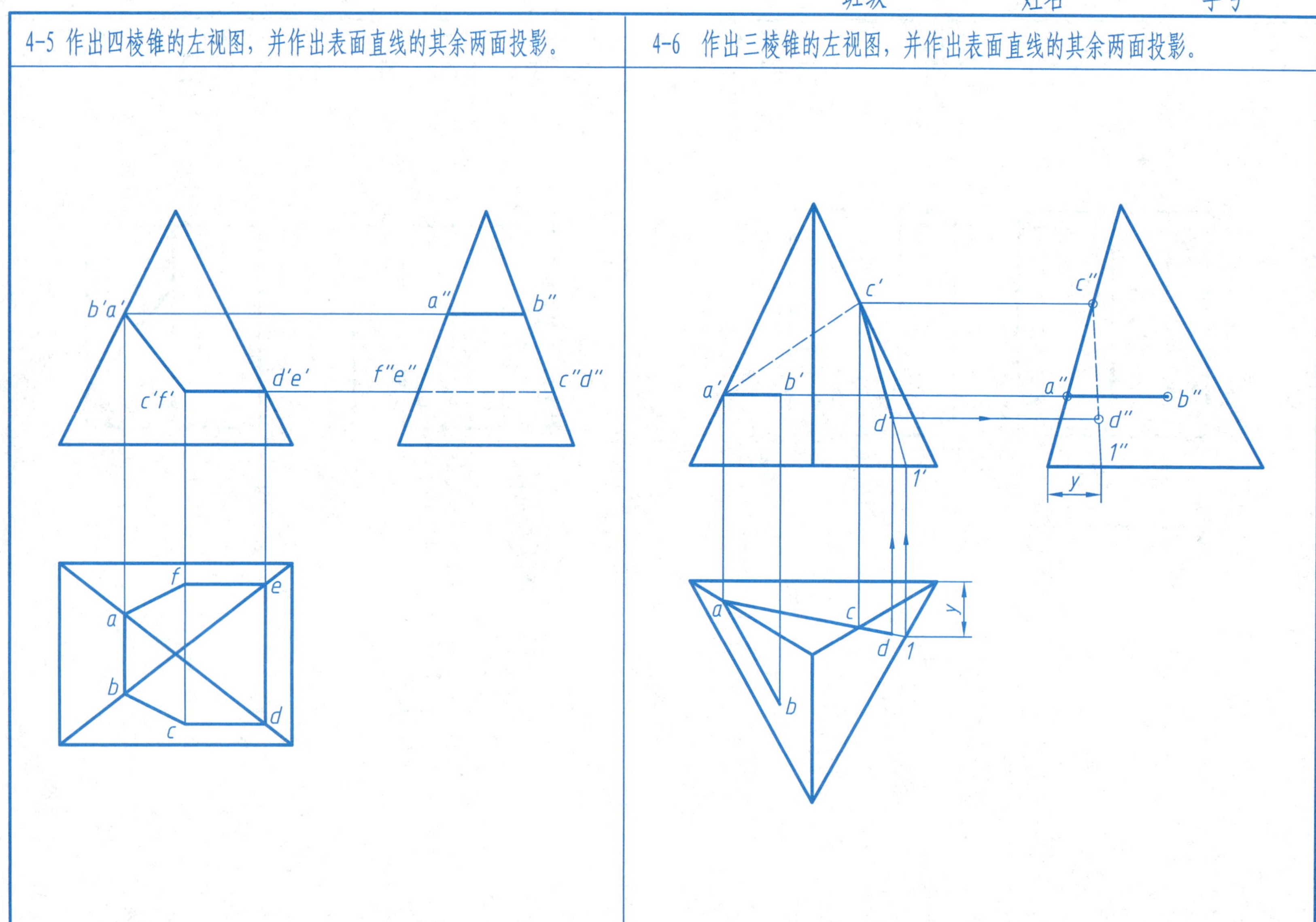
4-5 作出四棱锥的左视图，并作出表面直线的其余两面投影。
b′a′
a″
b″
d′e′
f″e″
c″d″
c′f′
f
e
a
b
d
c
4-6 作出三棱锥的左视图，并作出表面直线的其余两面投影。
c′
c″
a′
b′
a″
b″
d′
d″
1″
1′
y
a
c
d
1
b
y

4-7 作出圆柱体的左视图，并求出其表面直线和曲线的其余两面投影。

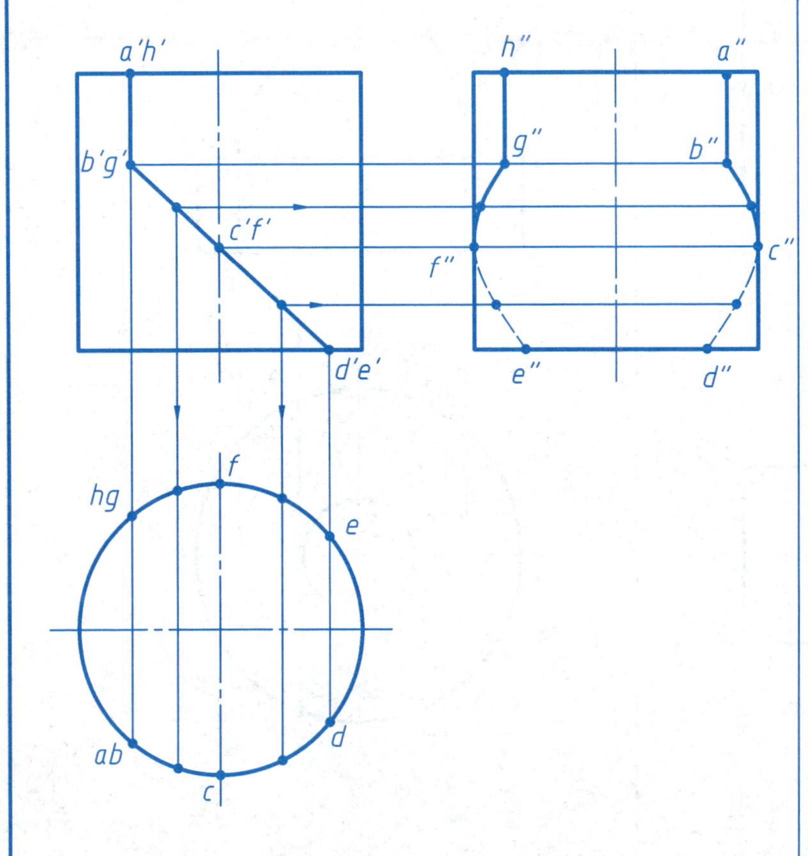
a'h'
b'g'
c'f'
d'e'
h''
a''
g''
b''
f''
c''
e''
d''
f
hg
e
ab
c
d

4-8 画出圆锥体的主视图，并作出表面曲线其余的两面投影。

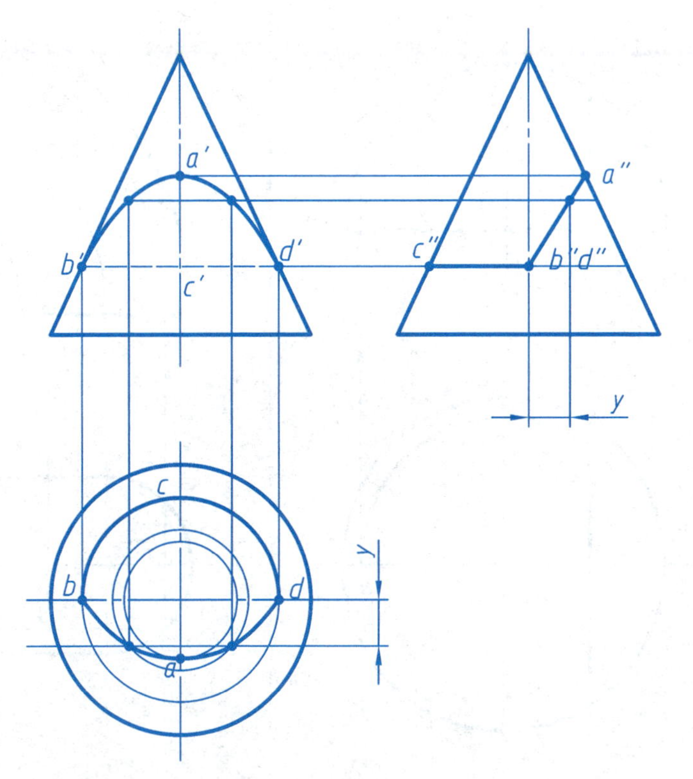
a'
b'
d'
c'
a''
c''
b''d''
y
c
b
d
a

4-9 作出半球的主视图，并求出表面曲线的正面投影。

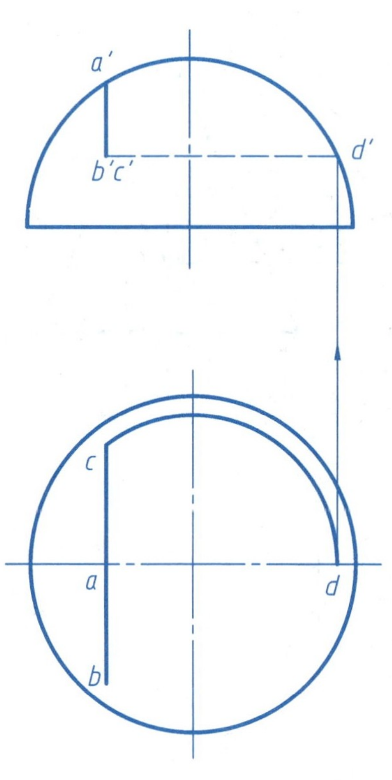
a′
b′c′
d′
c
a
d
b

4-10 作出1/4圆环表面各点的其余投影。

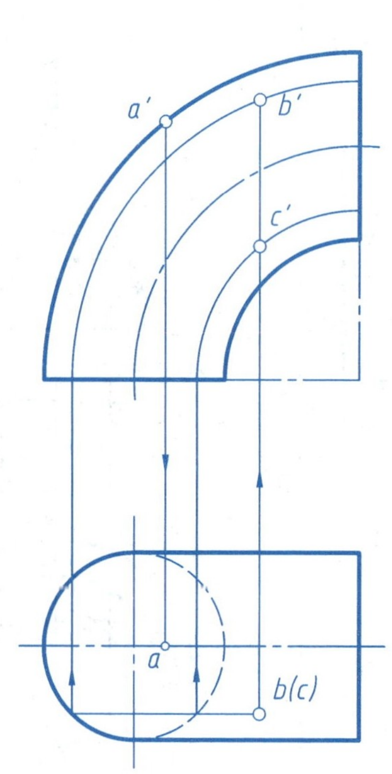
a′
b′
c′
a
b(c)

4-11 完成同轴回转体的两视图，并求出表面各点的其余投影。

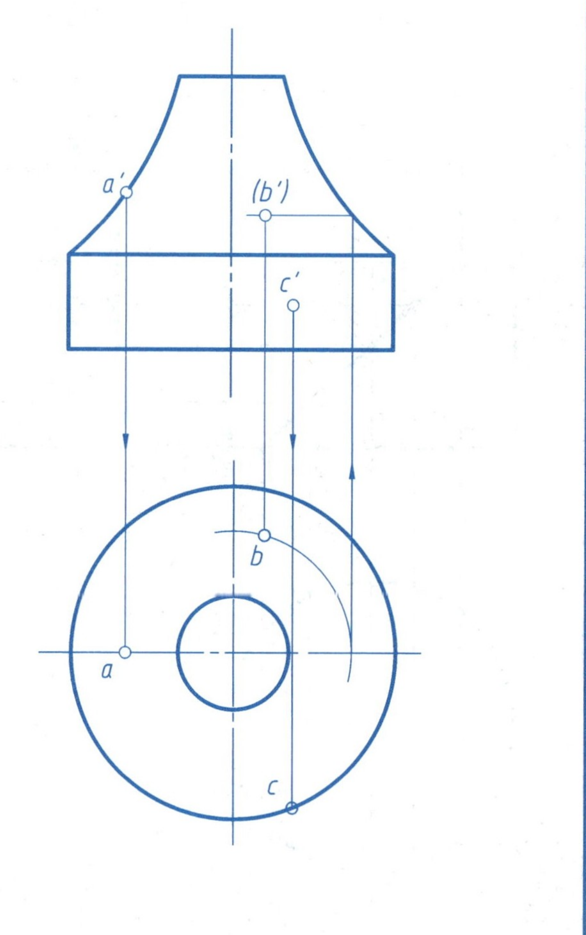
a′
(b′)
c′
b
a
c

班级 姓名 学号

5-1 完成正四棱柱被切割后的左视图。

5-2 完成穿孔正六棱柱被切割后的左视图。

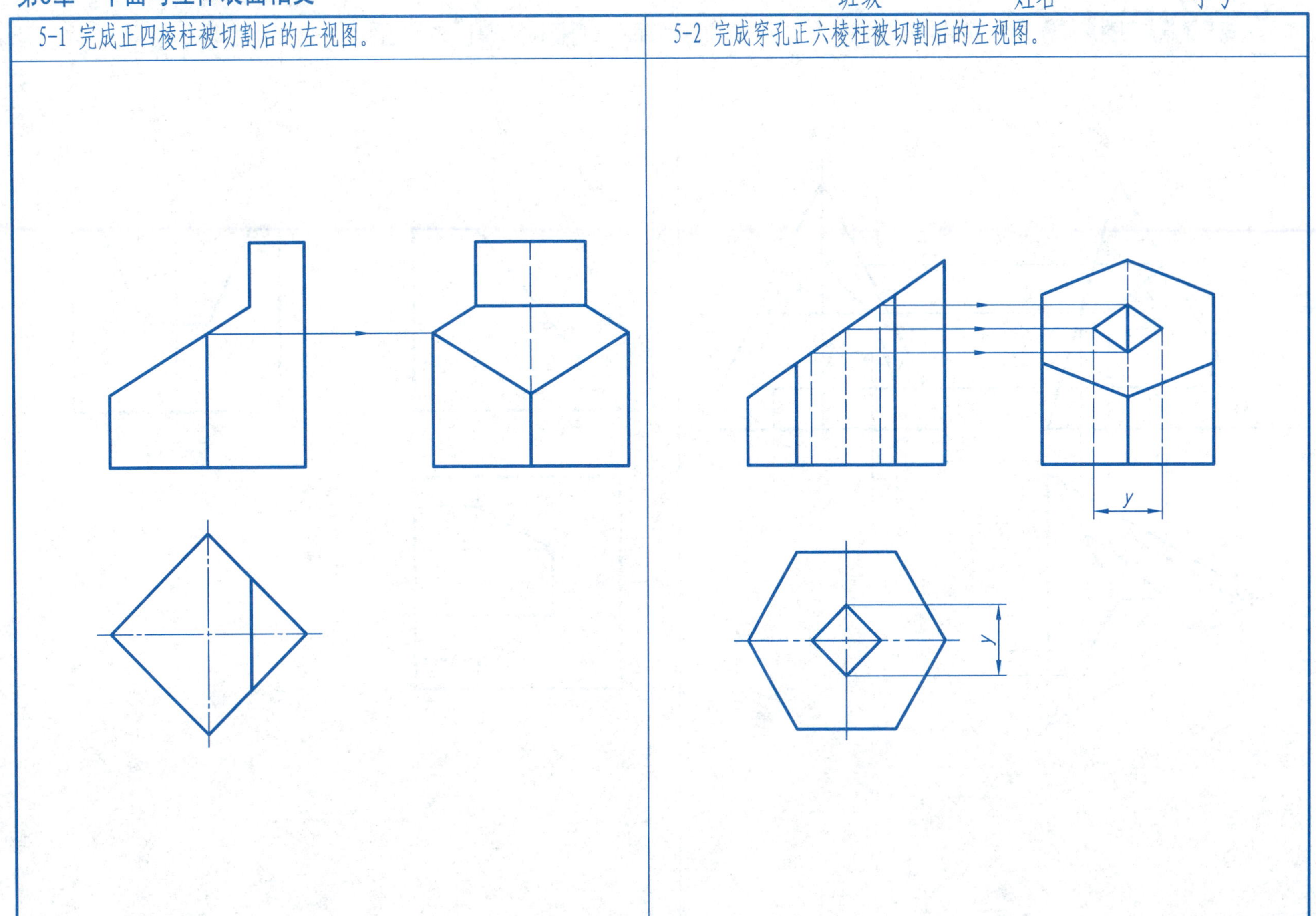
y
y

班级　　　　姓名　　　　学号

5-3 完成三棱锥被切割后的俯视图，并补画左视图。

5-4 补画四棱柱被切割后的俯视图。

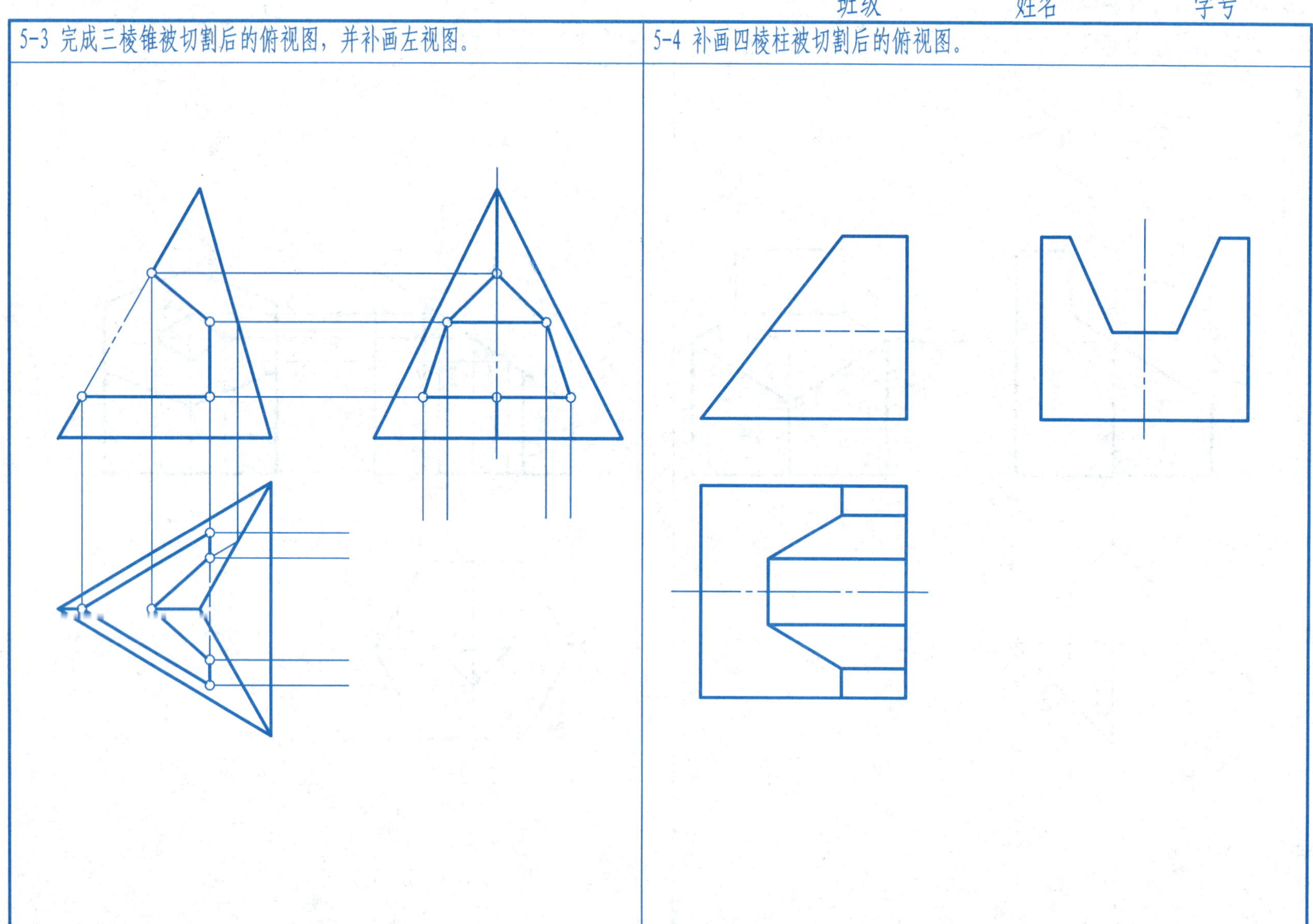

班级　　姓名　　学号

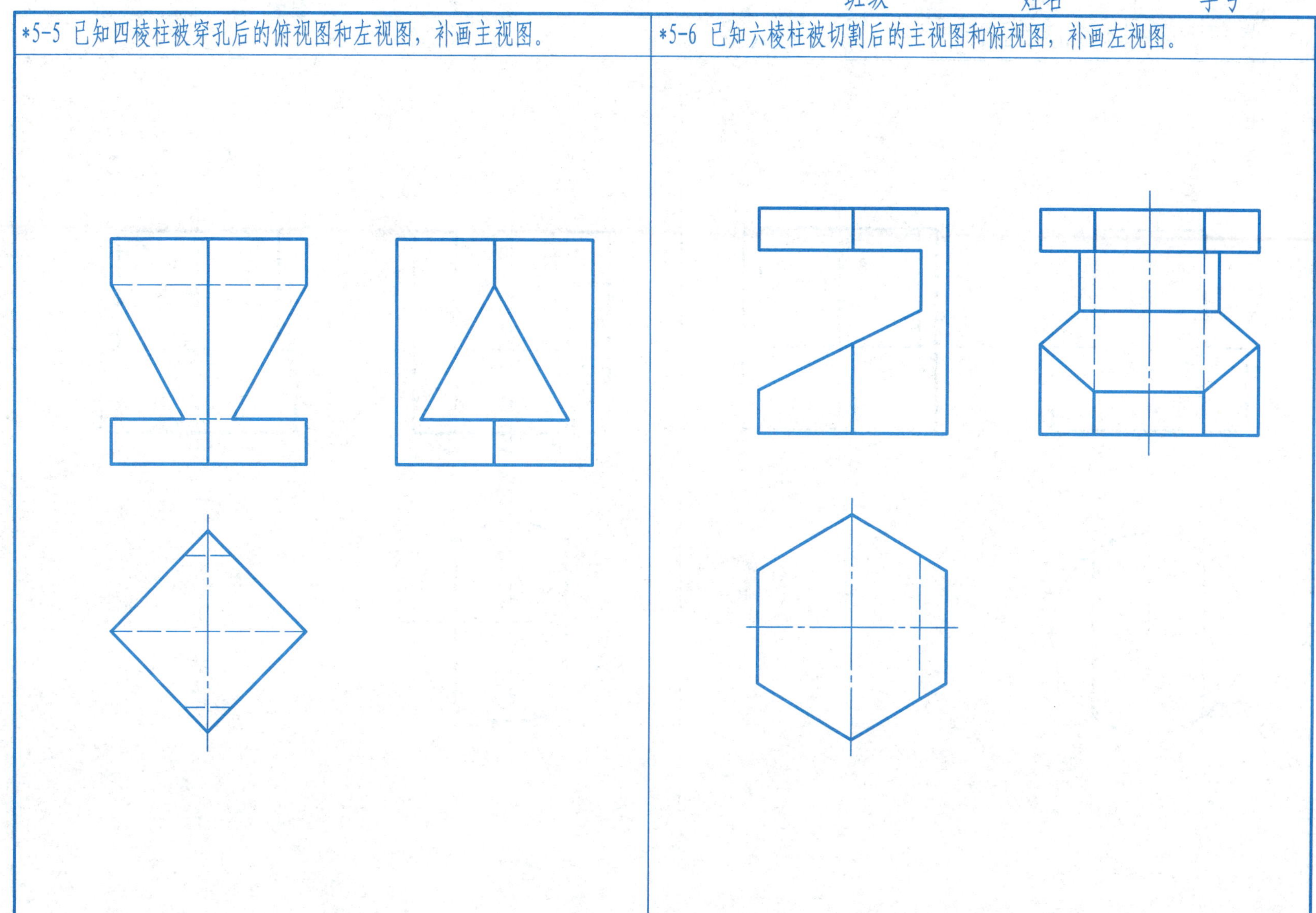
*5-5 已知四棱柱被穿孔后的俯视图和左视图，补画主视图。
*5-6 已知六棱柱被切割后的主视图和俯视图，补画左视图。

5-7 完成下列圆柱体被切割后的左视图。

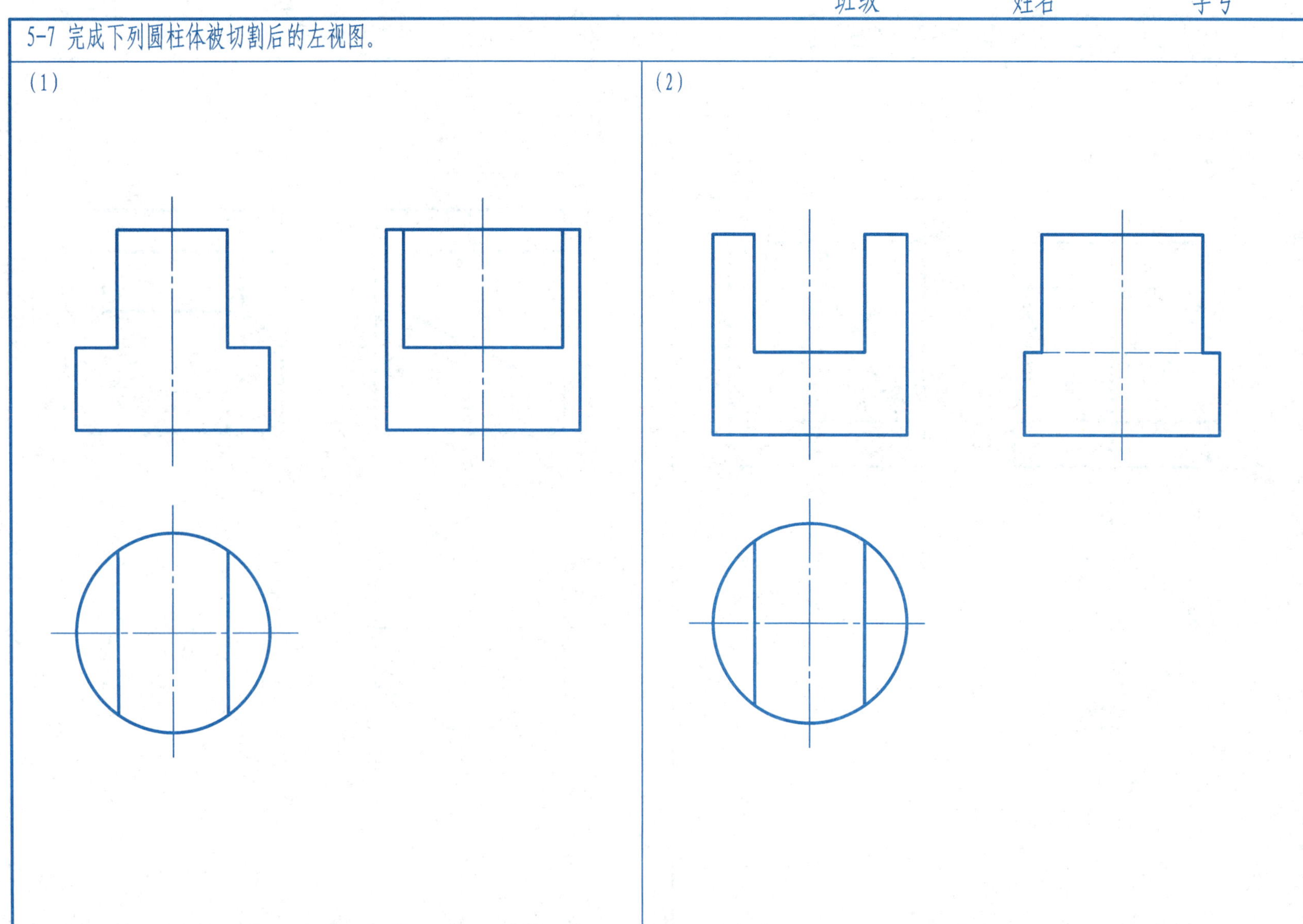
(1)
(2)

*5-8 完成下列圆柱体被切割后的左视图。

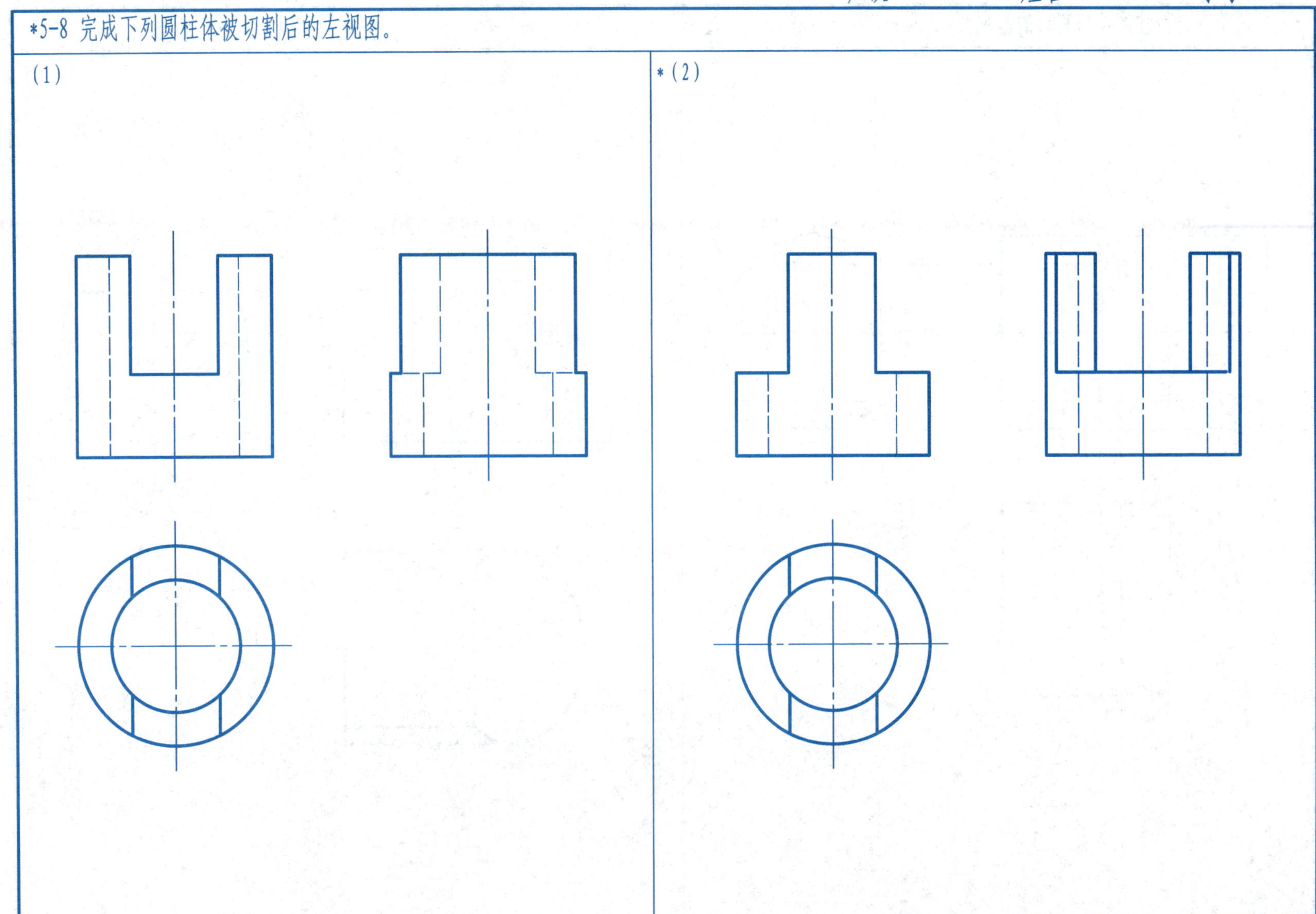
(1)
*(2)

5-9 完成下列圆柱体被切割后的俯视图。

(1)

(2)

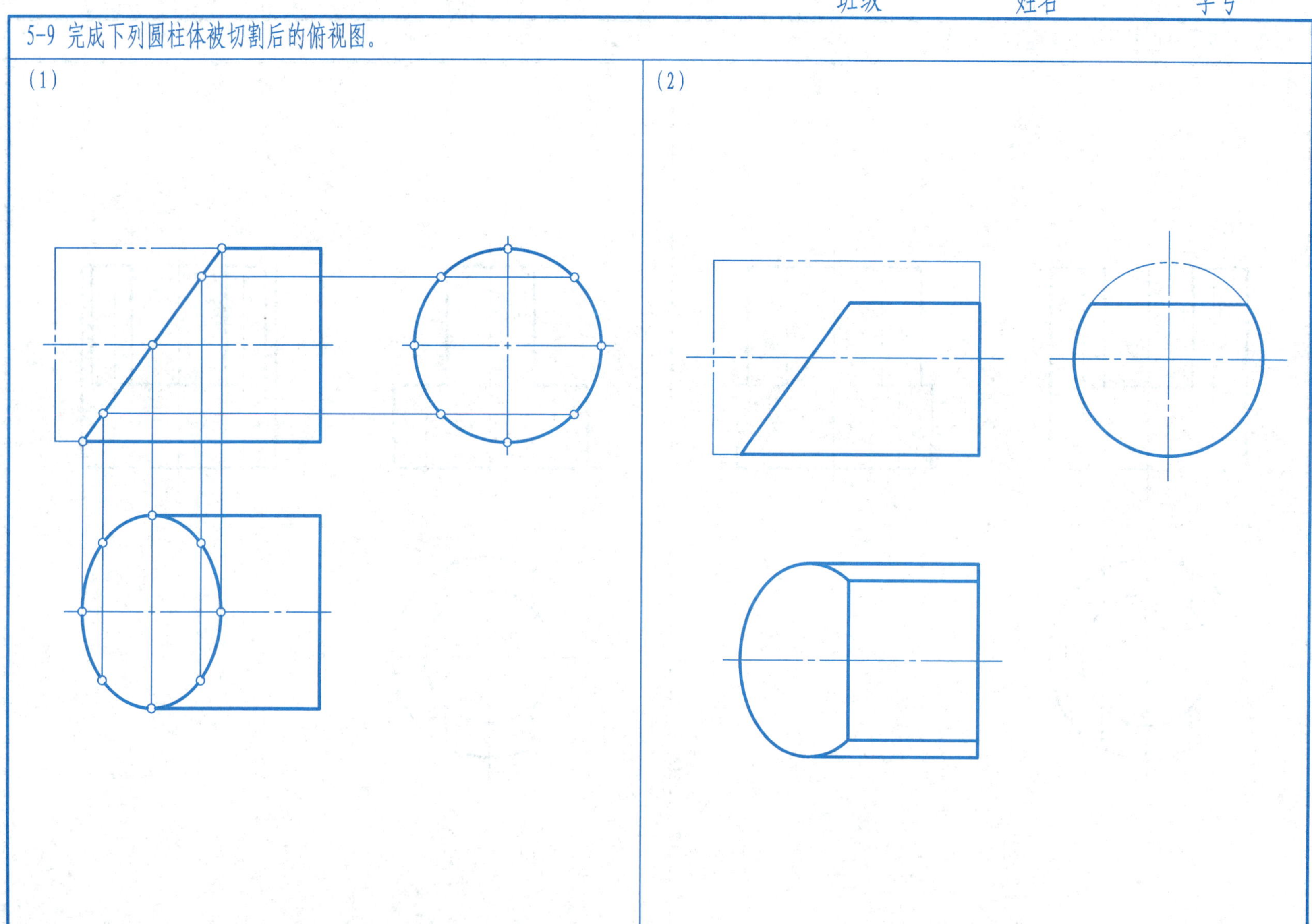

5-10 完成下列圆柱体被切割后的左视图。

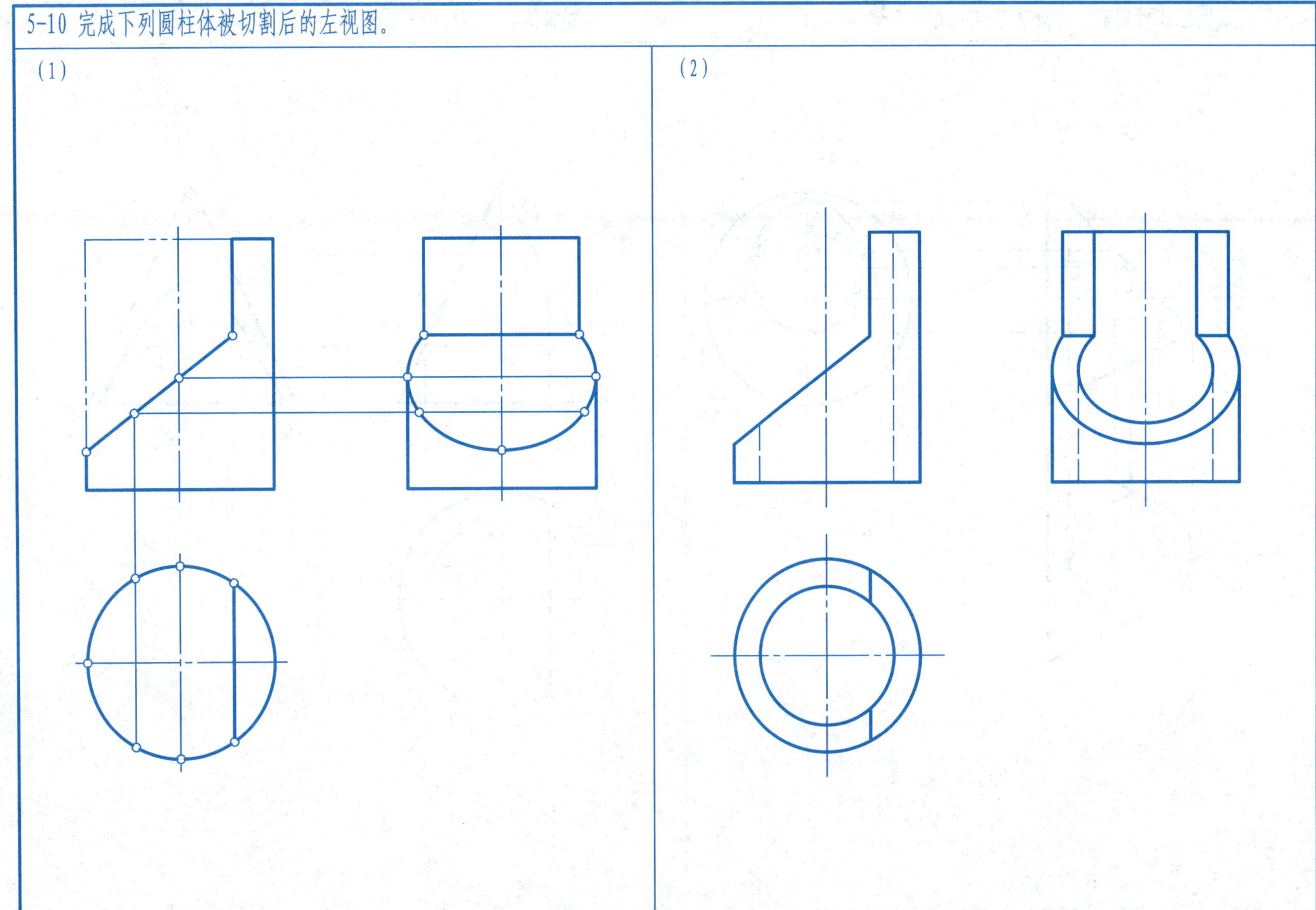
(1)
(2)

班级　　　　姓名　　　　学号

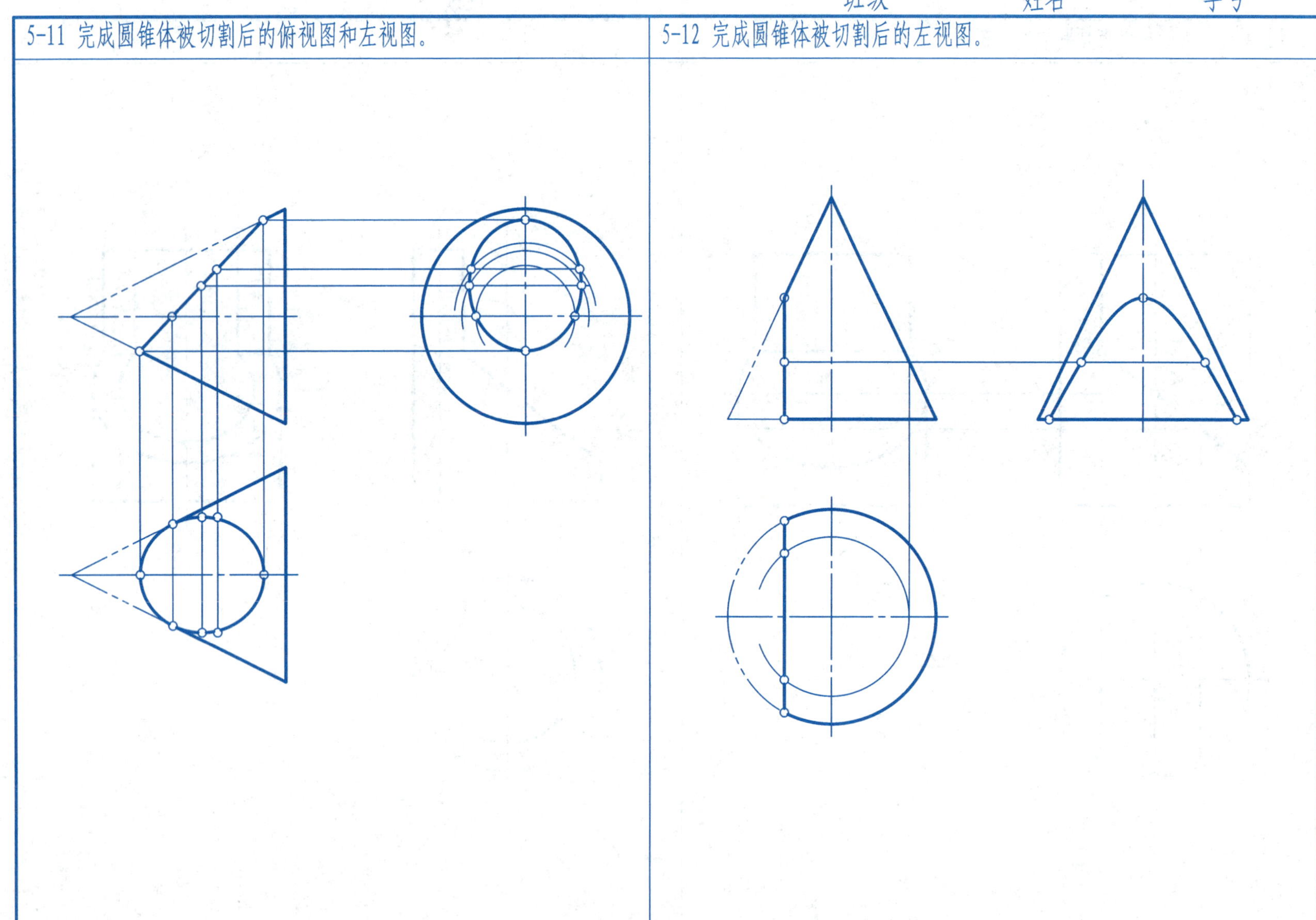

5-11 完成圆锥体被切割后的俯视图和左视图。
5-12 完成圆锥体被切割后的左视图。

班级　　　　姓名　　　　学号

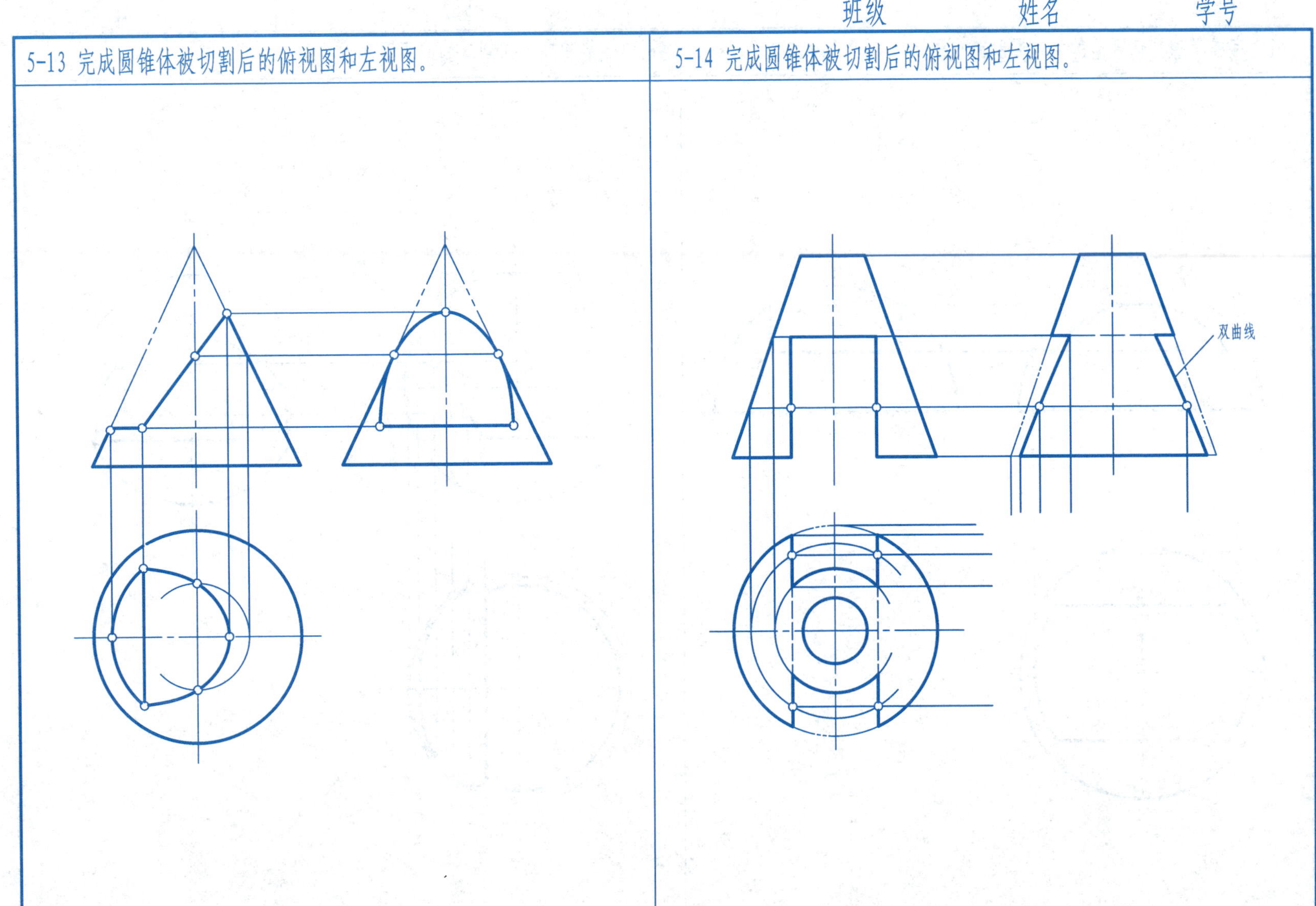
5-13 完成圆锥体被切割后的俯视图和左视图。
5-14 完成圆锥体被切割后的俯视图和左视图。
双曲线

班级　　　　　　姓名　　　　　　学号

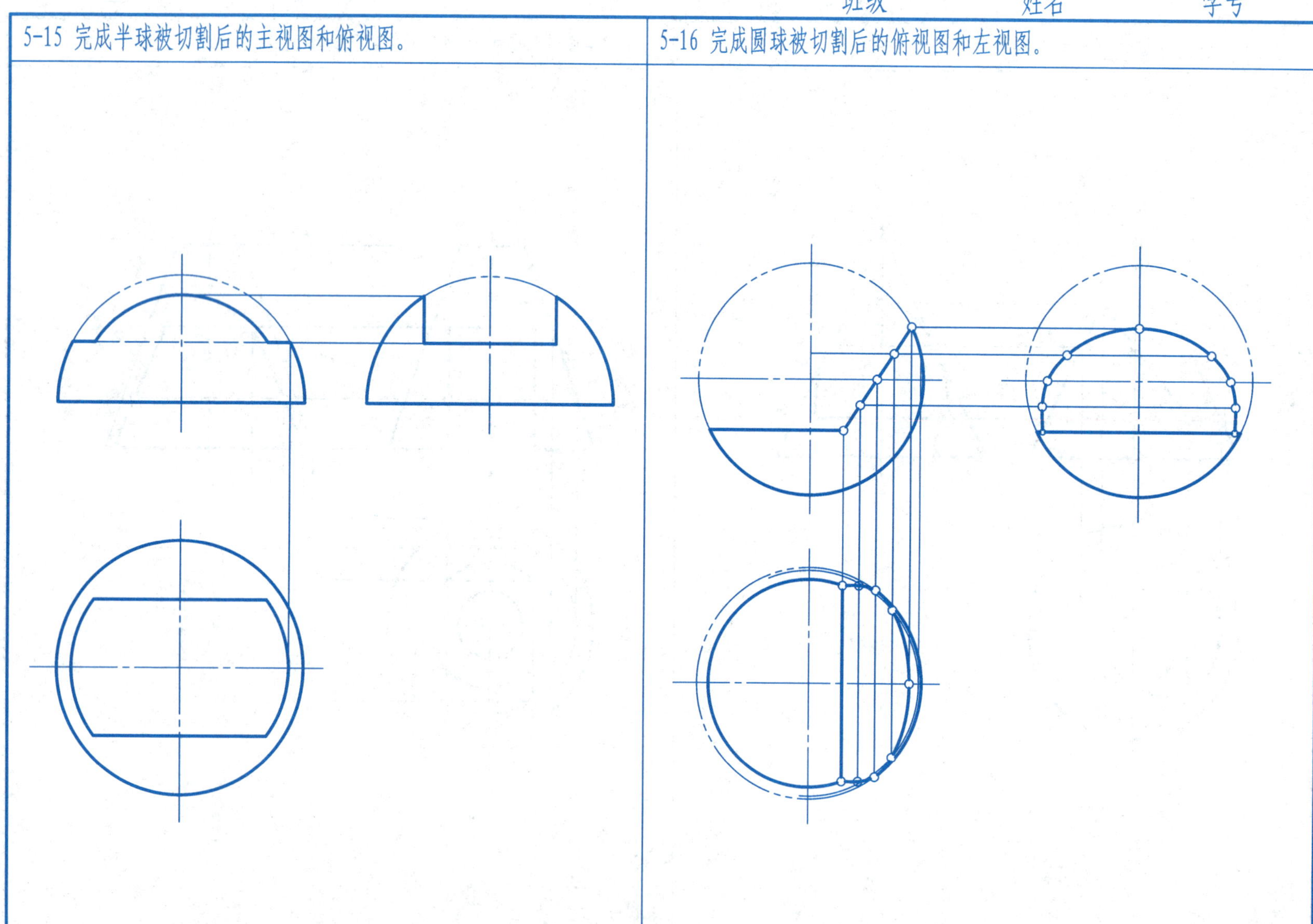
5-15 完成半球被切割后的主视图和俯视图。
5-16 完成圆球被切割后的俯视图和左视图。

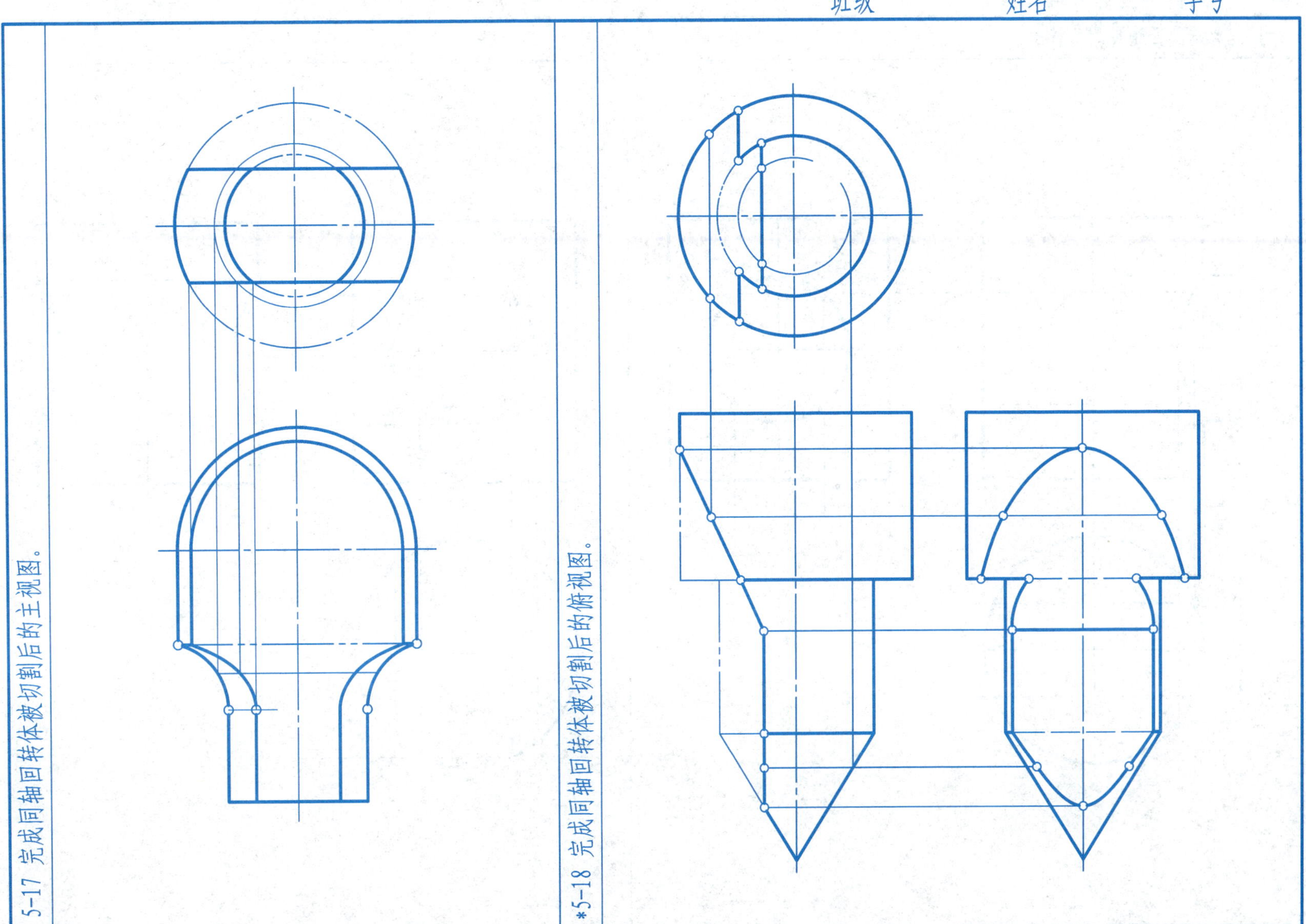

5-17 完成同轴回转体被切割后的主视图。

*5-18 完成同轴回转体被切割后的俯视图。

6-1 完成两圆柱相贯的三视图。

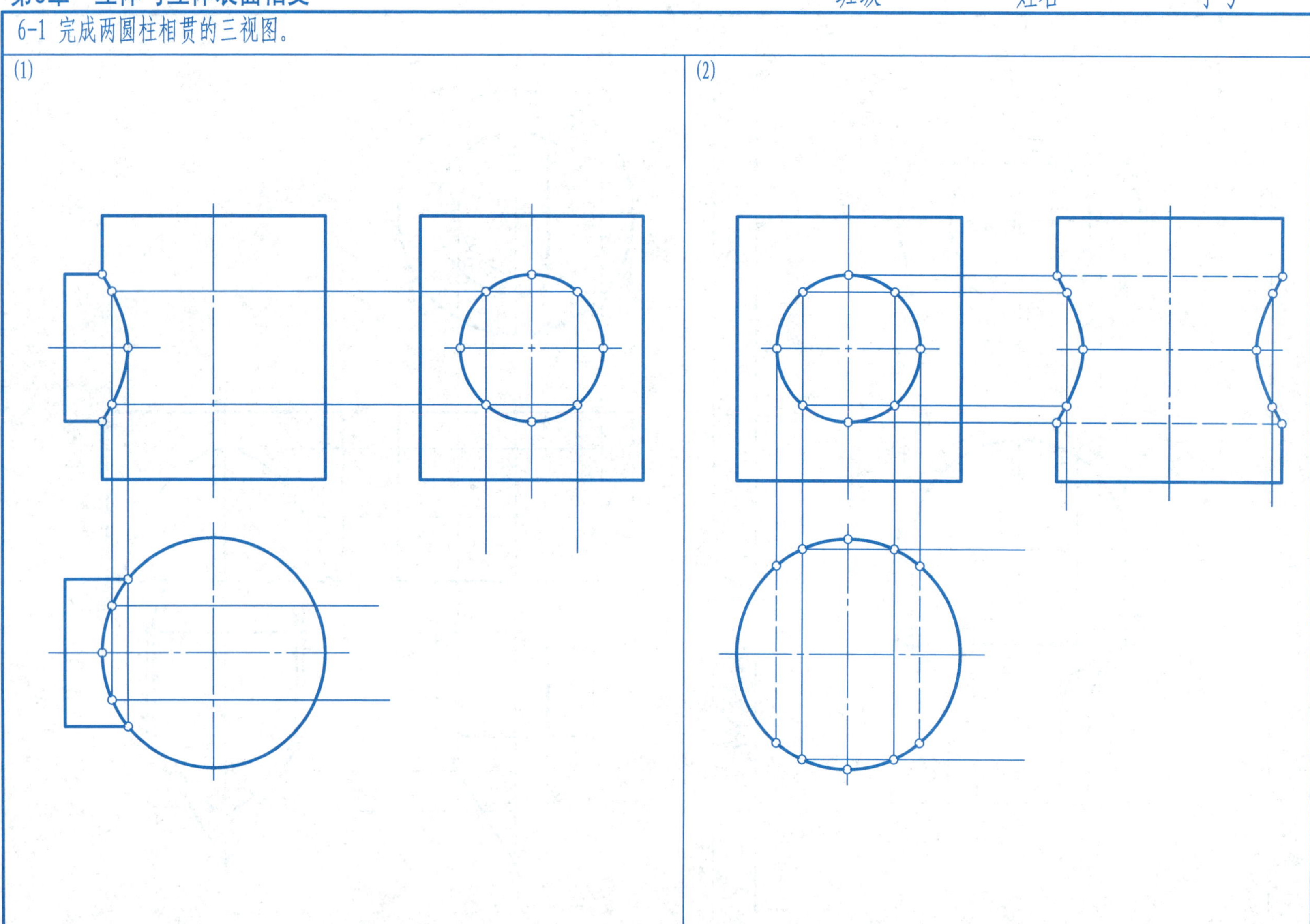
(1)
(2)

6-2 完成圆柱与圆锥相贯的俯视图。

6-3 完成圆柱与圆台相贯的俯视图和左视图。

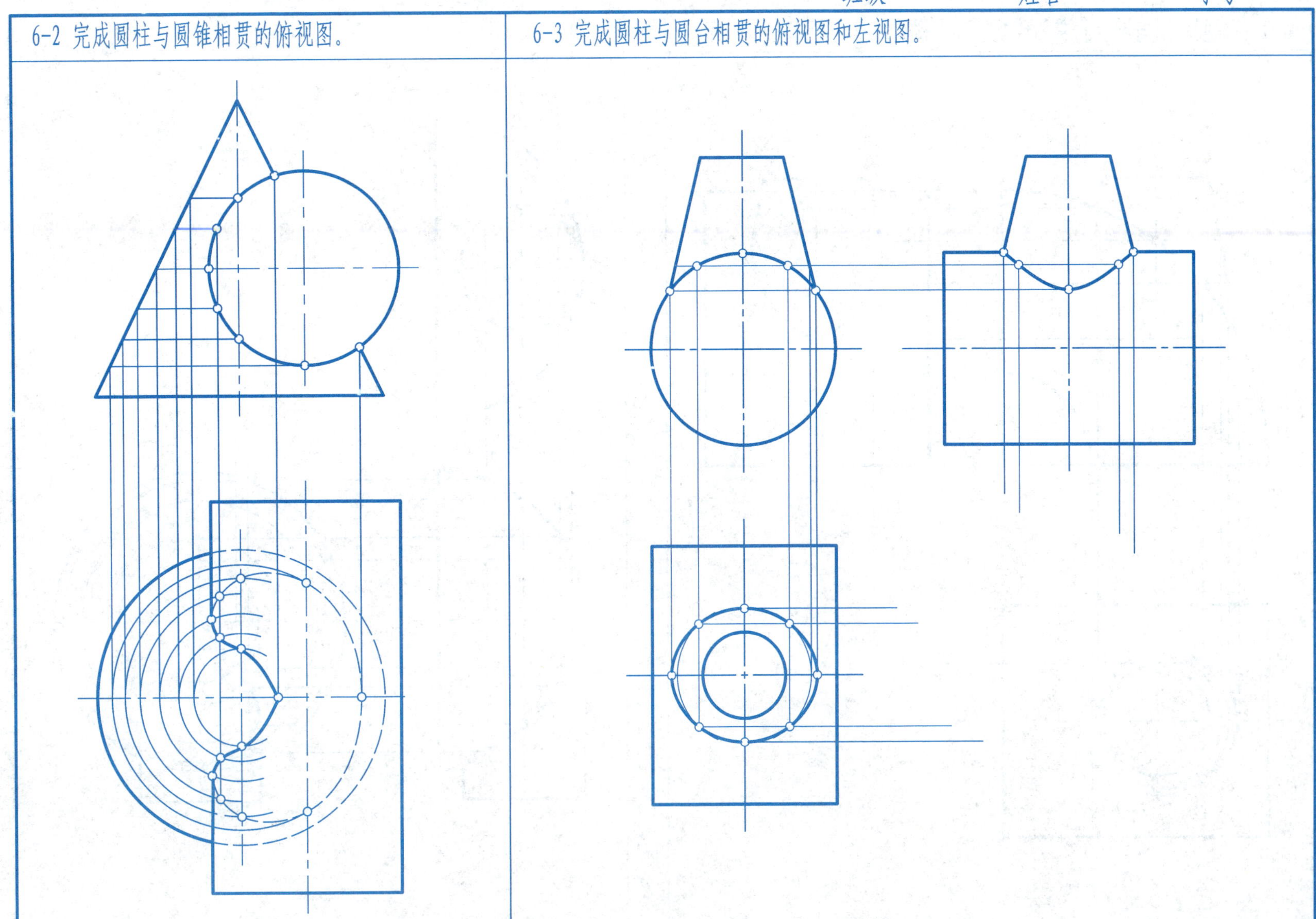

6-4 完成圆柱面与圆台相贯的俯视图和左视图。

6-5 完成主视图和左视图。

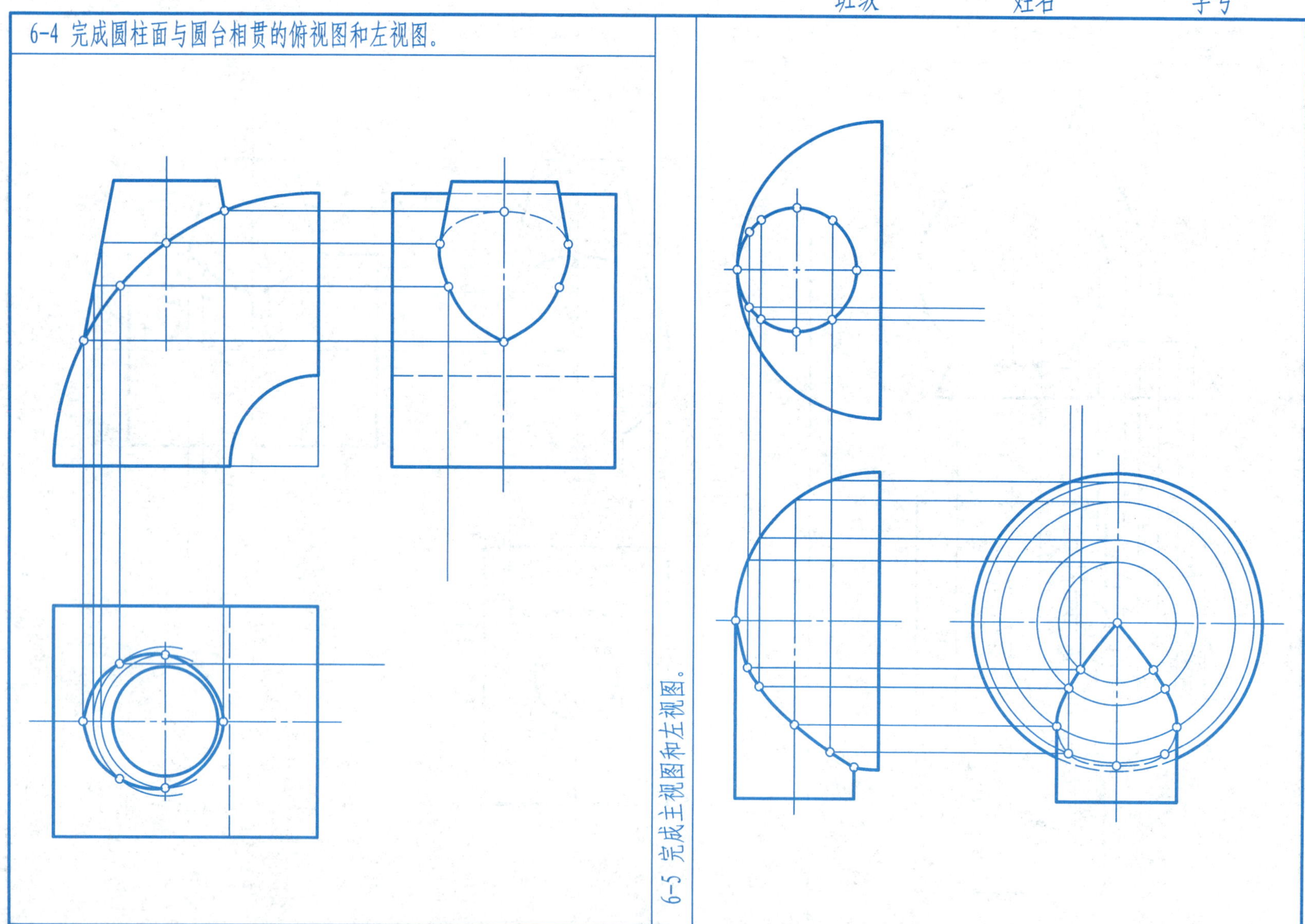

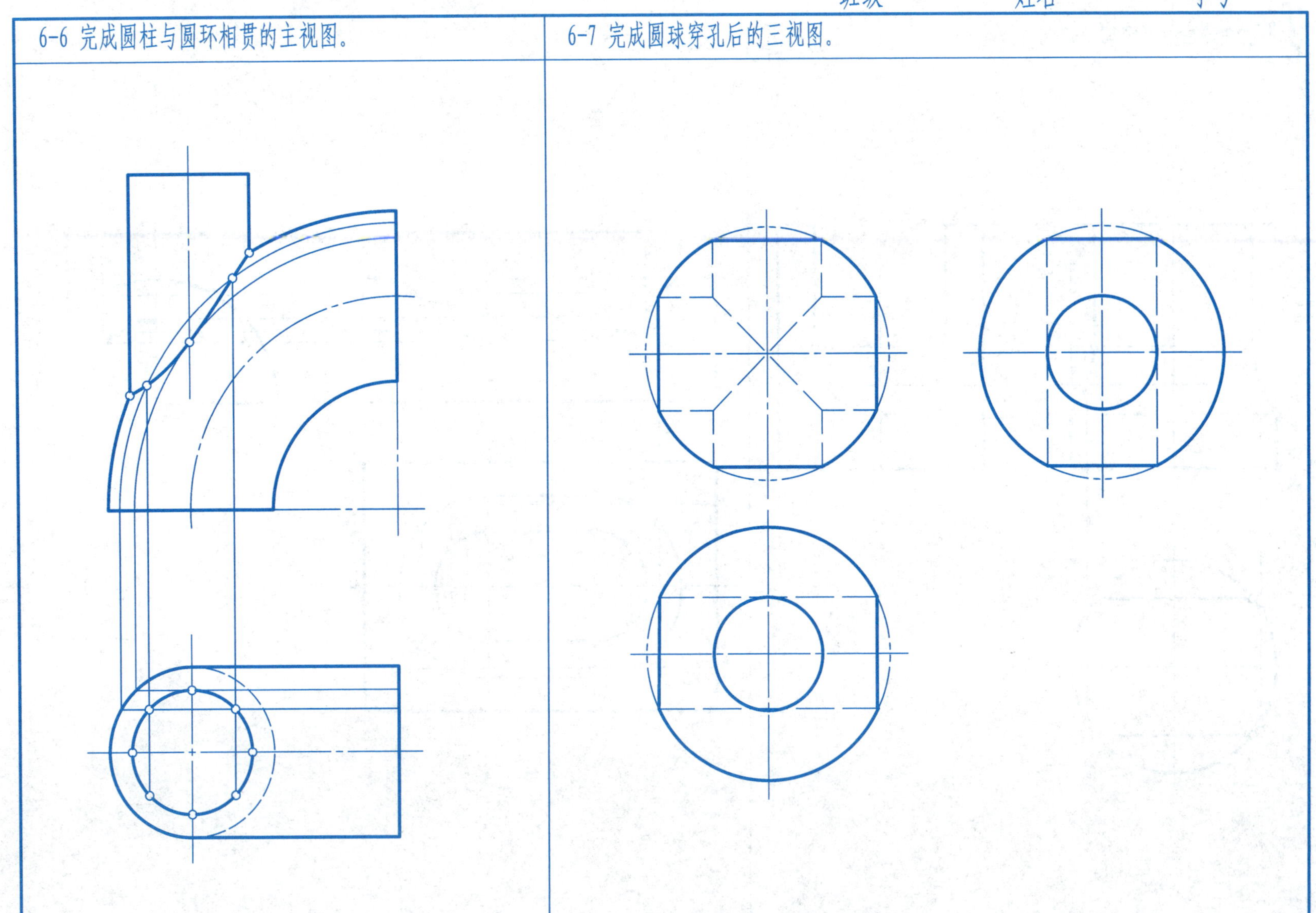
6-6 完成圆柱与圆环相贯的主视图。
6-7 完成圆球穿孔后的三视图。

6-8 补全组合相贯体的主视图。

(1)

(2)

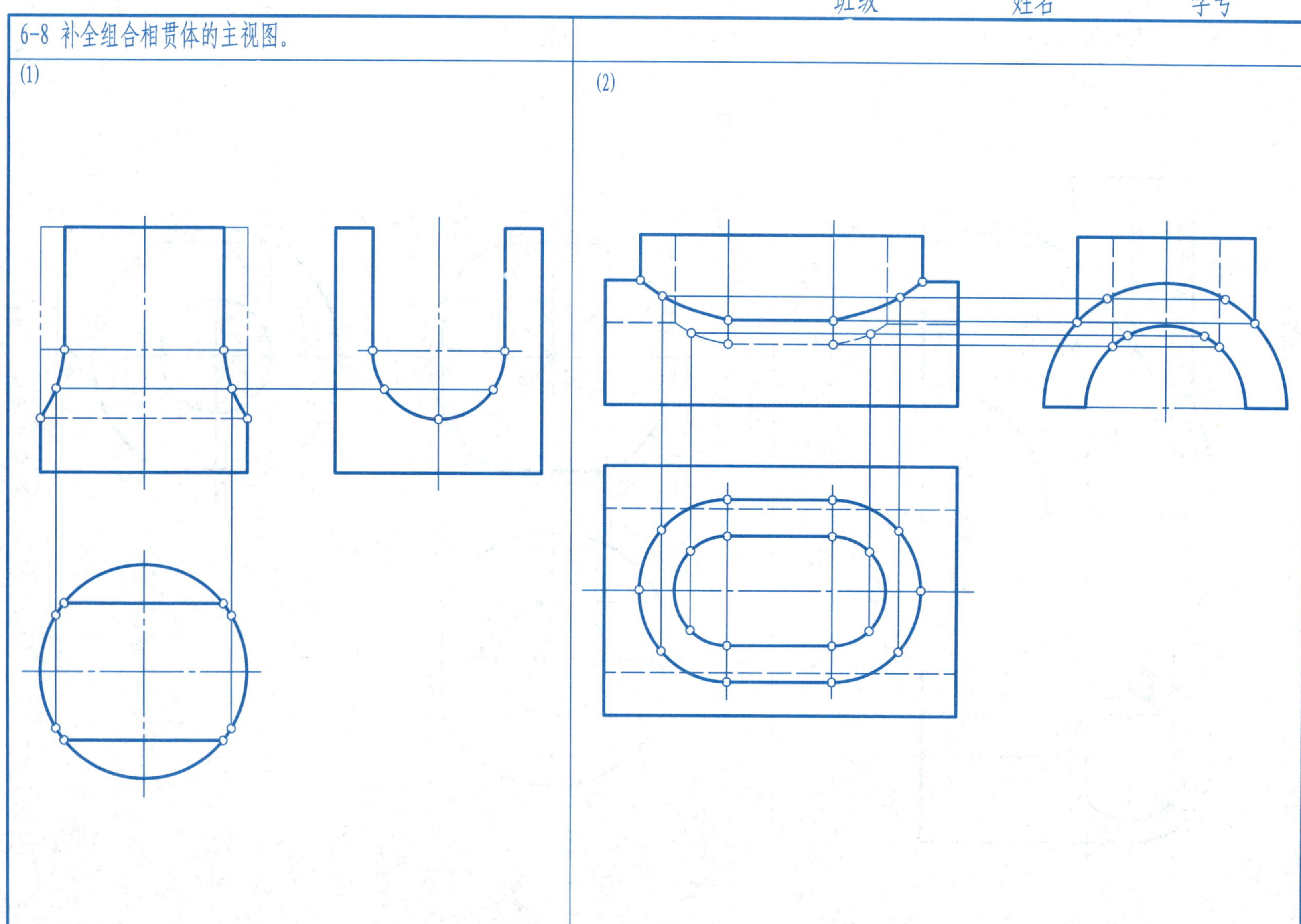

6-9 补全组合相贯体的主视图。

*6-10 补全组合相贯体的主视图和俯视图。

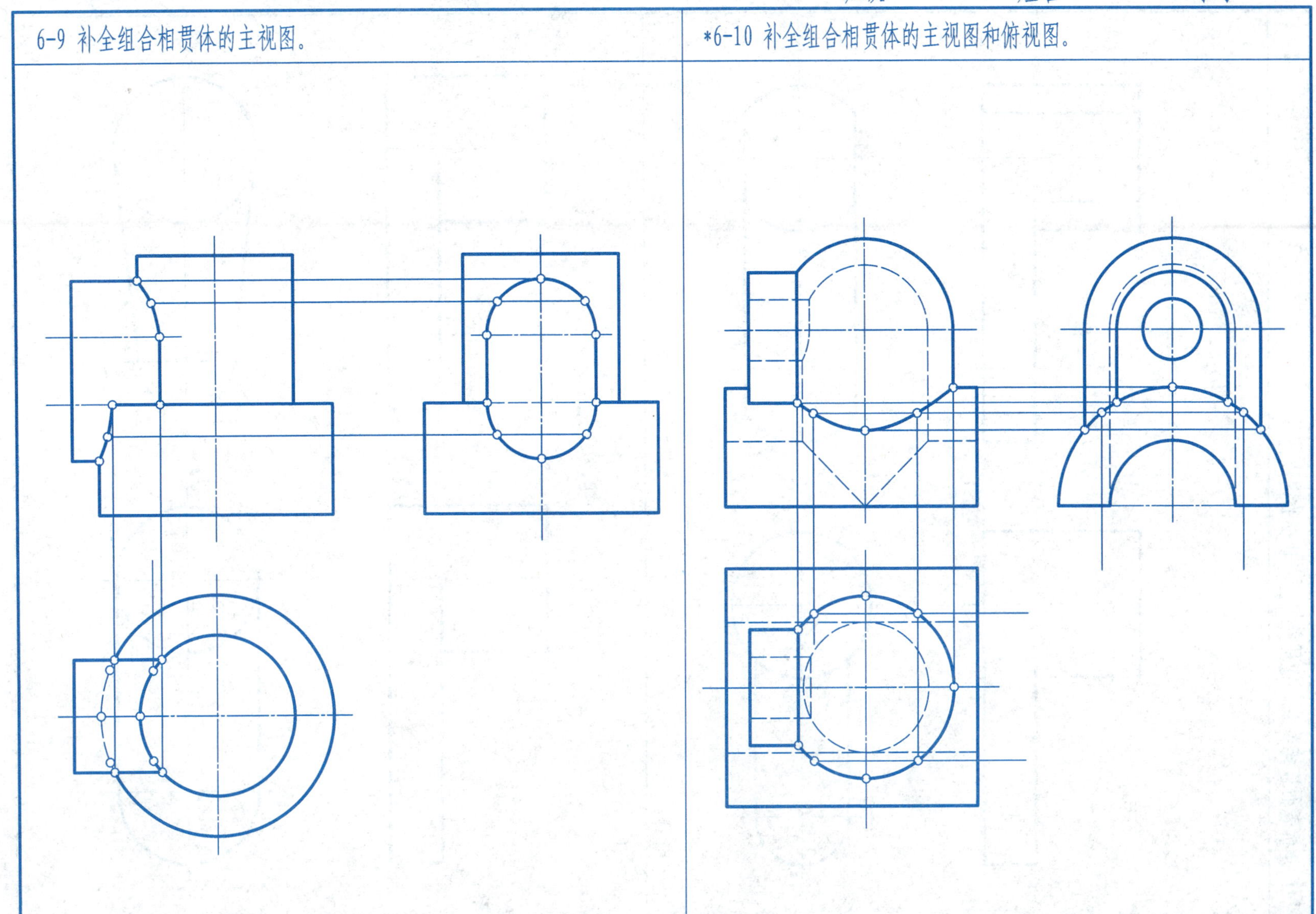

班级　　　　姓名　　　　学号

7-1 分析表面连接关系，补画主视图中缺少的图线。

(1)

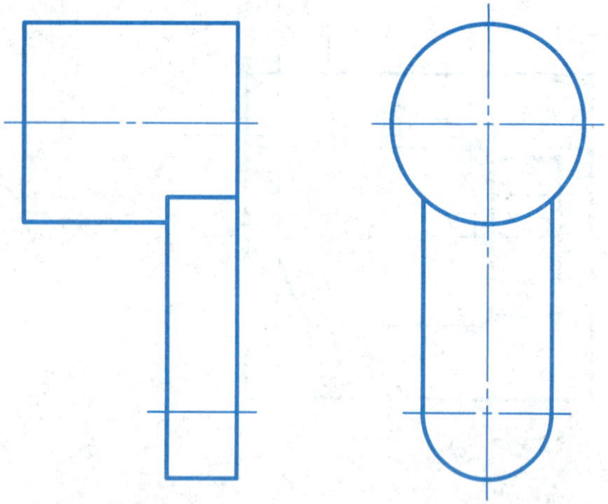

(2)

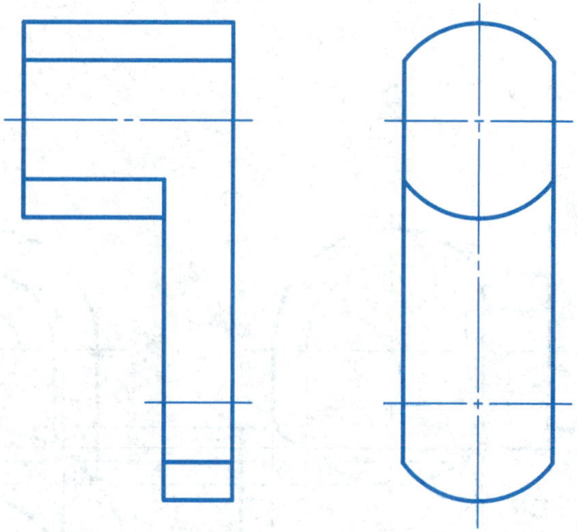

(3)

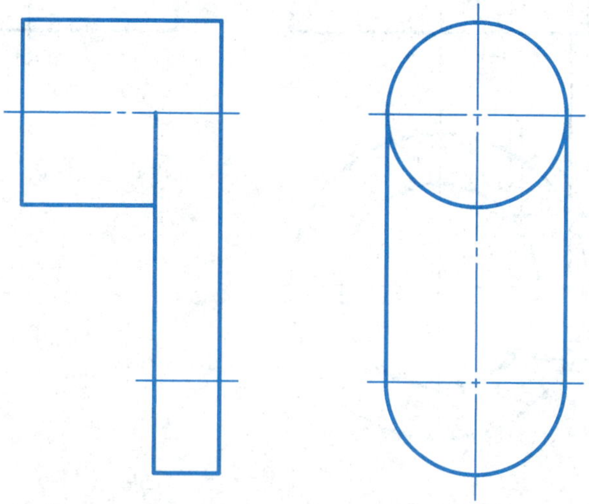

(4)

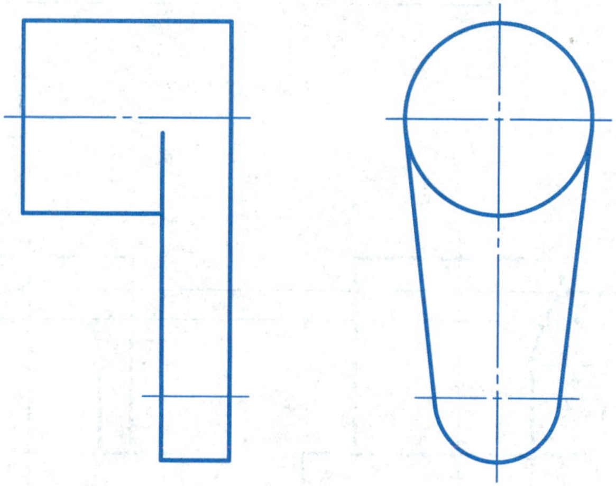

7-2　参考立体图补画视图中所缺图线。

7-3　参考立体图，补画视图中所缺图线(主视图中圆柱与圆柱的相贯线用简化画法画出)。

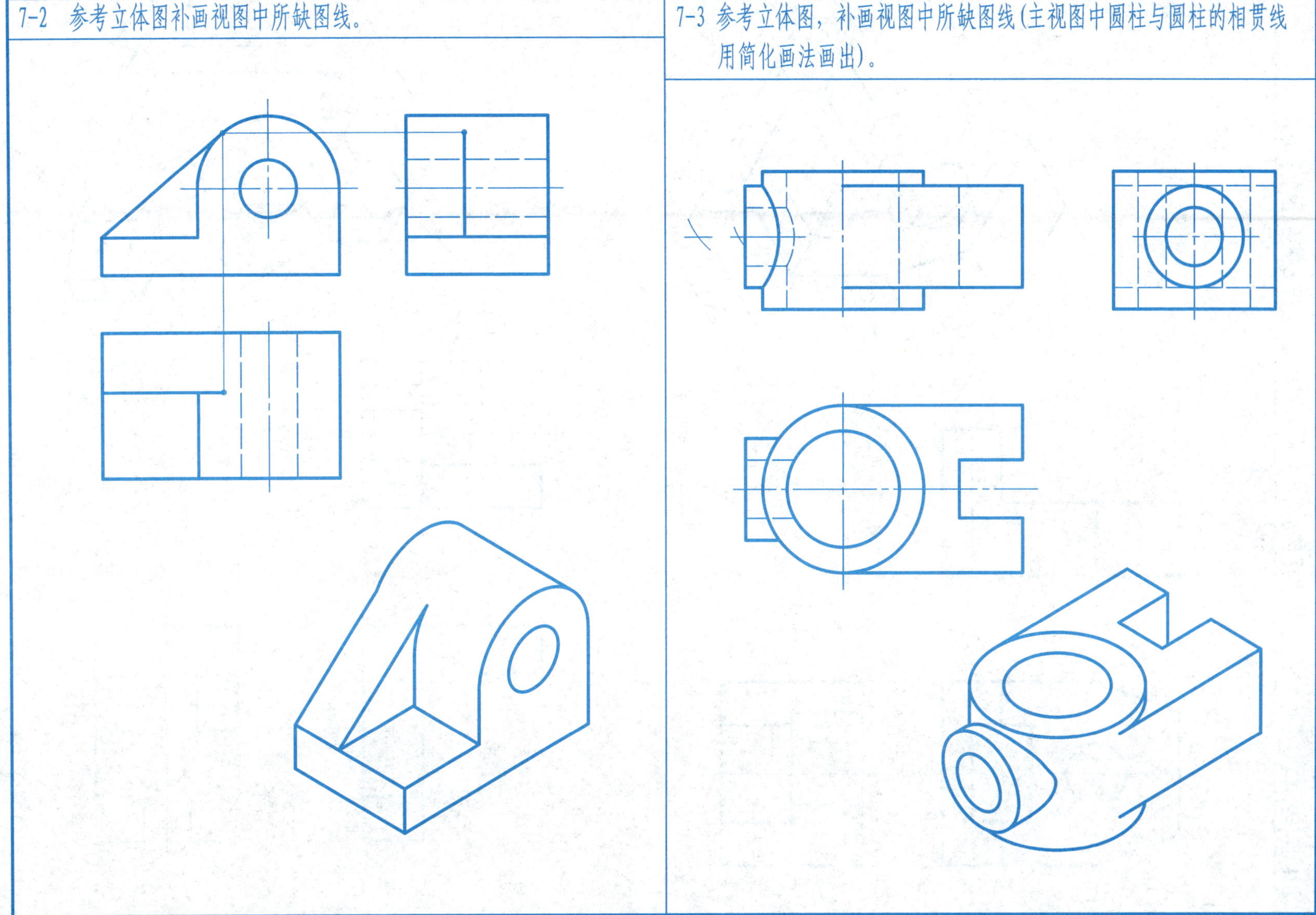

7-4 根据立体图，正确选择主视图的投影方向，并根据尺寸1∶1画出三视图(图中孔为通孔)。

(1)

(2)

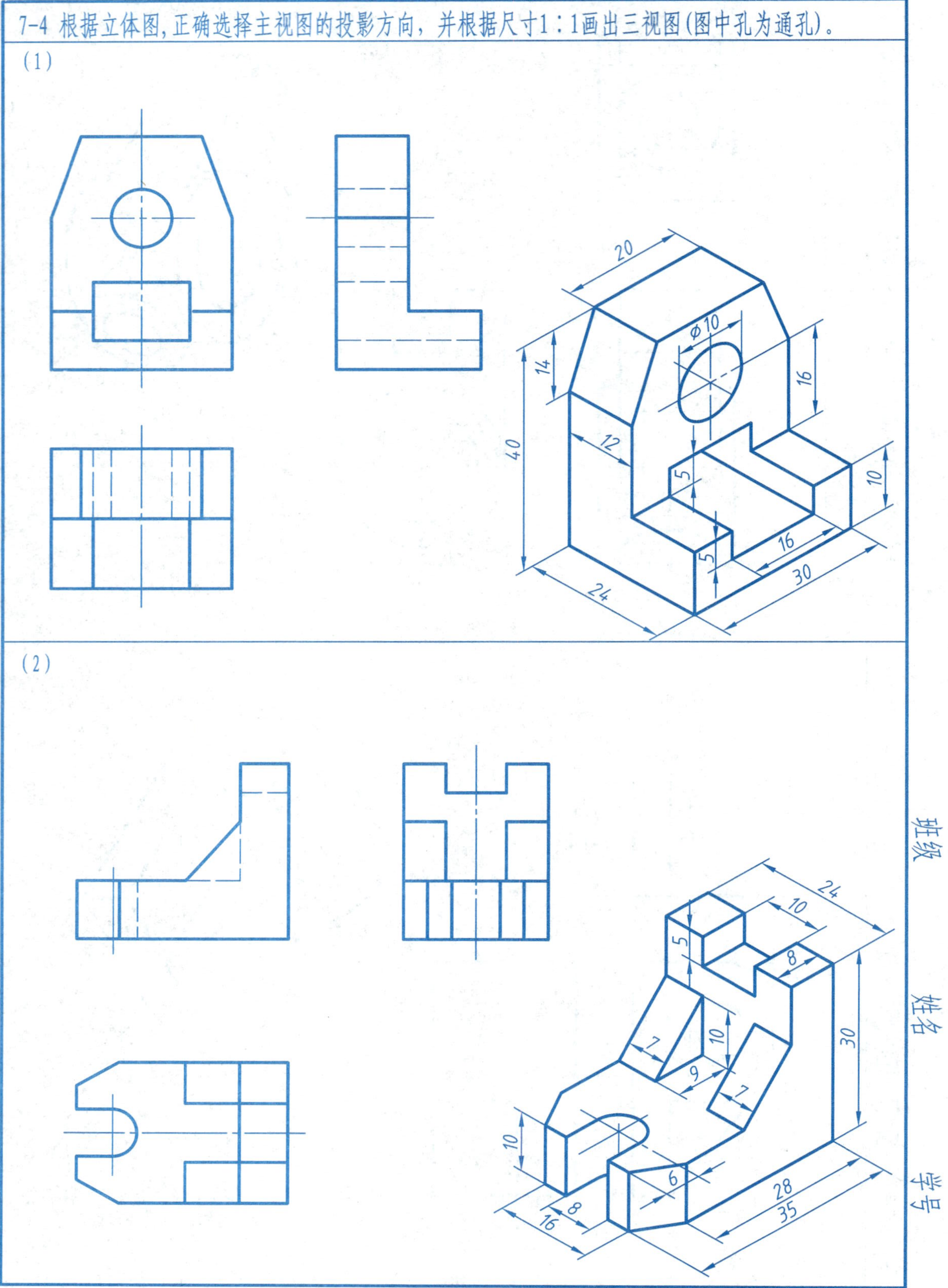
20
φ10
14
16
40
12
5
10
5
16
30
24
24
10
5
8
7
10
30
9
7
10
6
8
16
28
35

班级

姓名

学号

班级　　　　姓名　　　　学号

续7-4 根据立体图，正确选择主视图的投影方向，并根据尺寸1∶1画出三视图（不注尺寸，图中孔为通孔）。

（3）

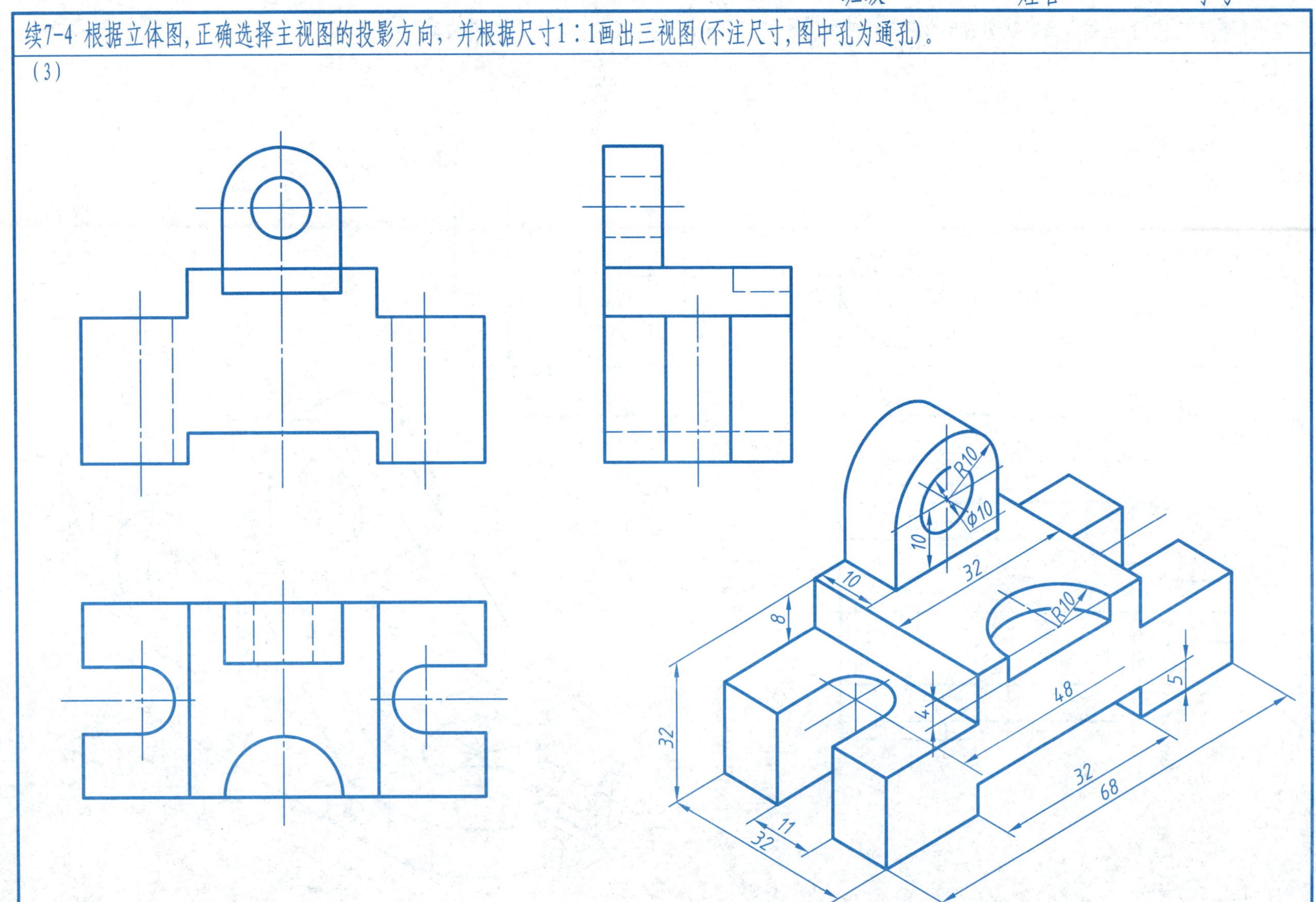

R10
φ10
10
10
32
8
R10
48
5
4
32
32
68
11
32

班级　　　　姓名　　　　学号

续7-4 根据立体图，正确选择主视图的投影方向，并根据尺寸1∶1画出三视图(不注尺寸，图中孔为通孔)。

(4)

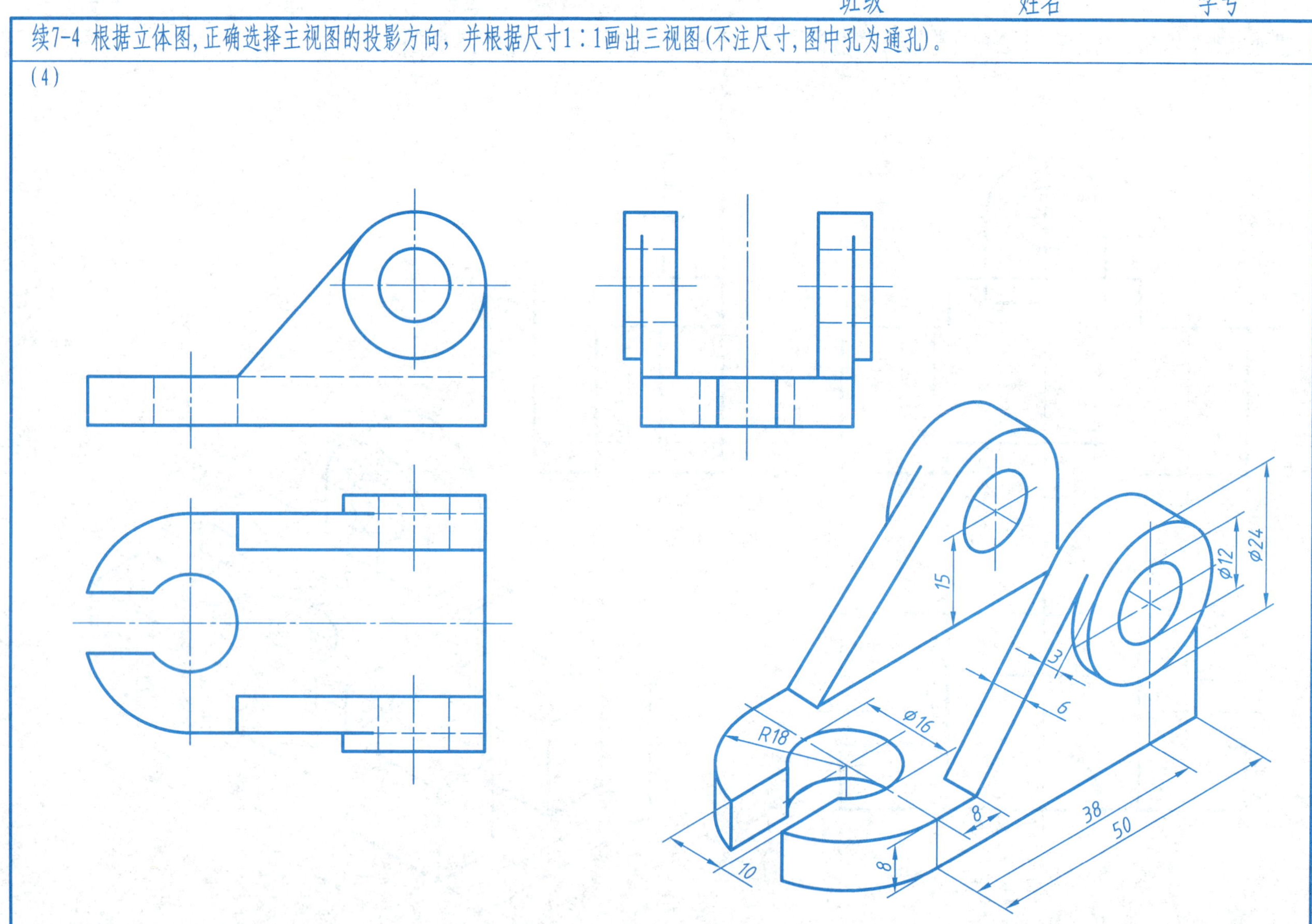

15
R18
⌀16
3
6
⌀12
⌀24
8
38
50
10
8

7-5 想象出立体的形状，并补画出左视图。

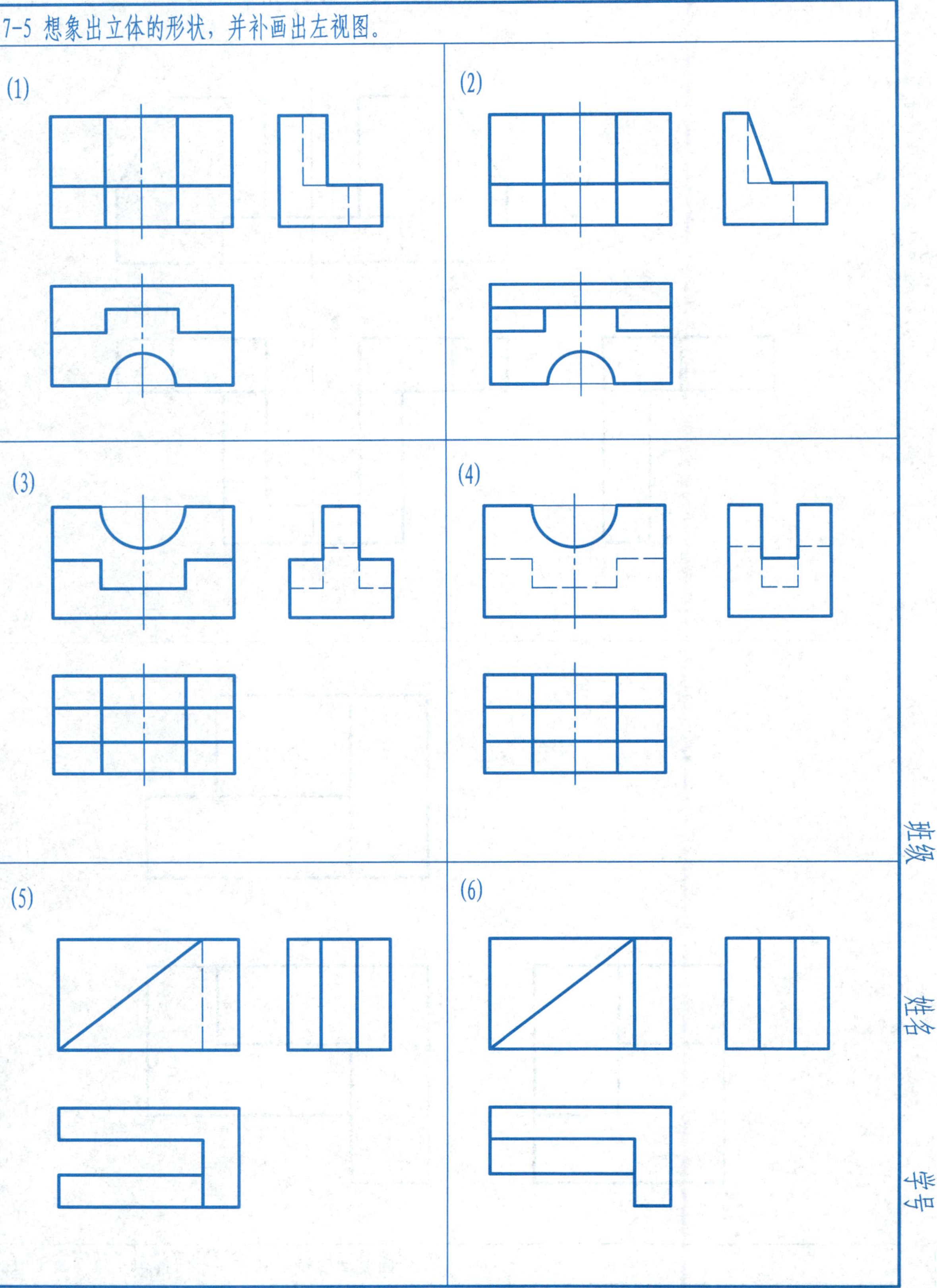
(1)
(2)
(3)
(4)
(5)
(6)

班级　　　　姓名　　　　学号

7-6 想象出立体的形状，并补画出第三视图。

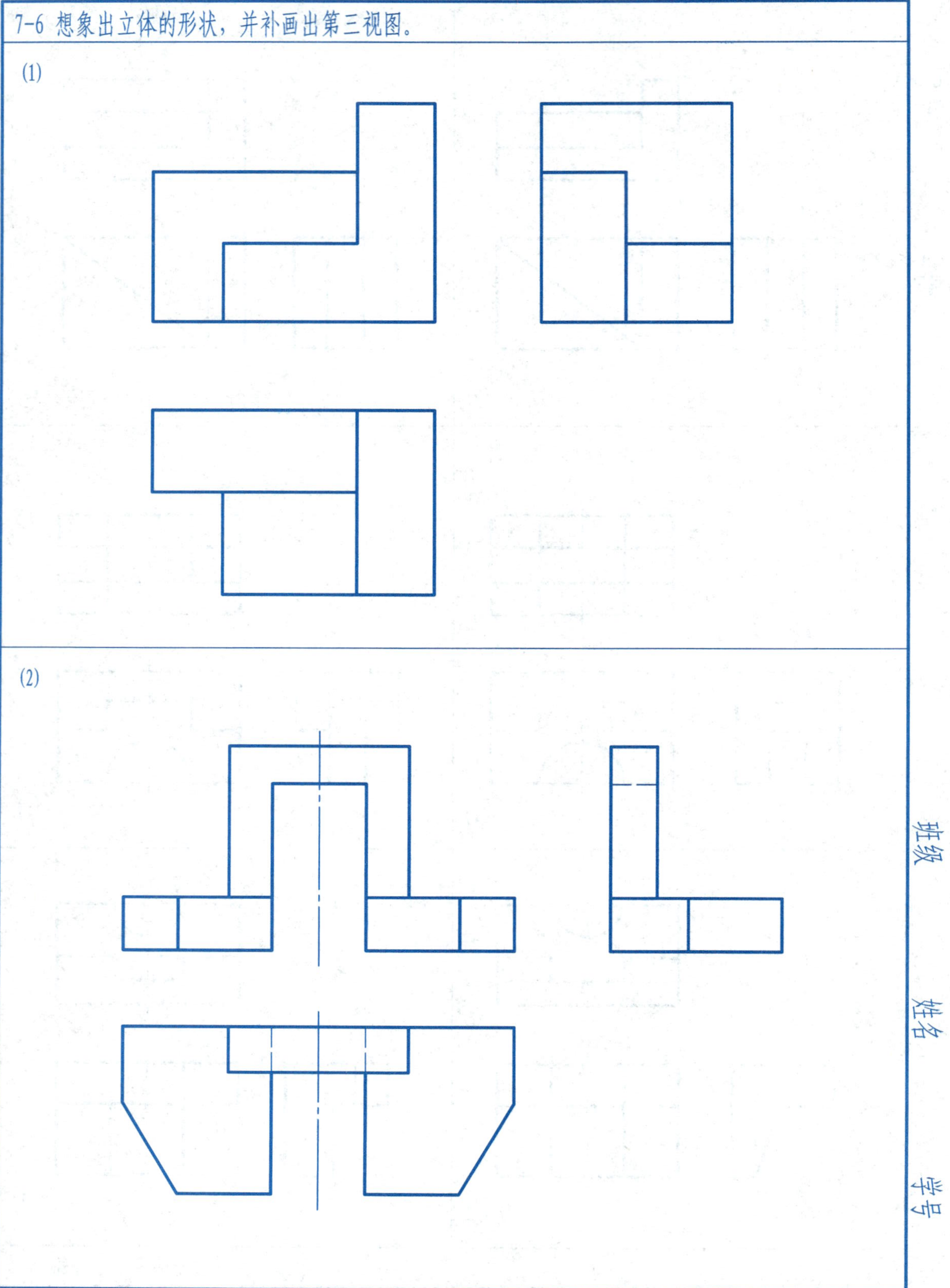
(1)
(2)

班级　　　　姓名　　　　学号

续7-6 想象出立体的形状，并补画出第三视图。

(3)

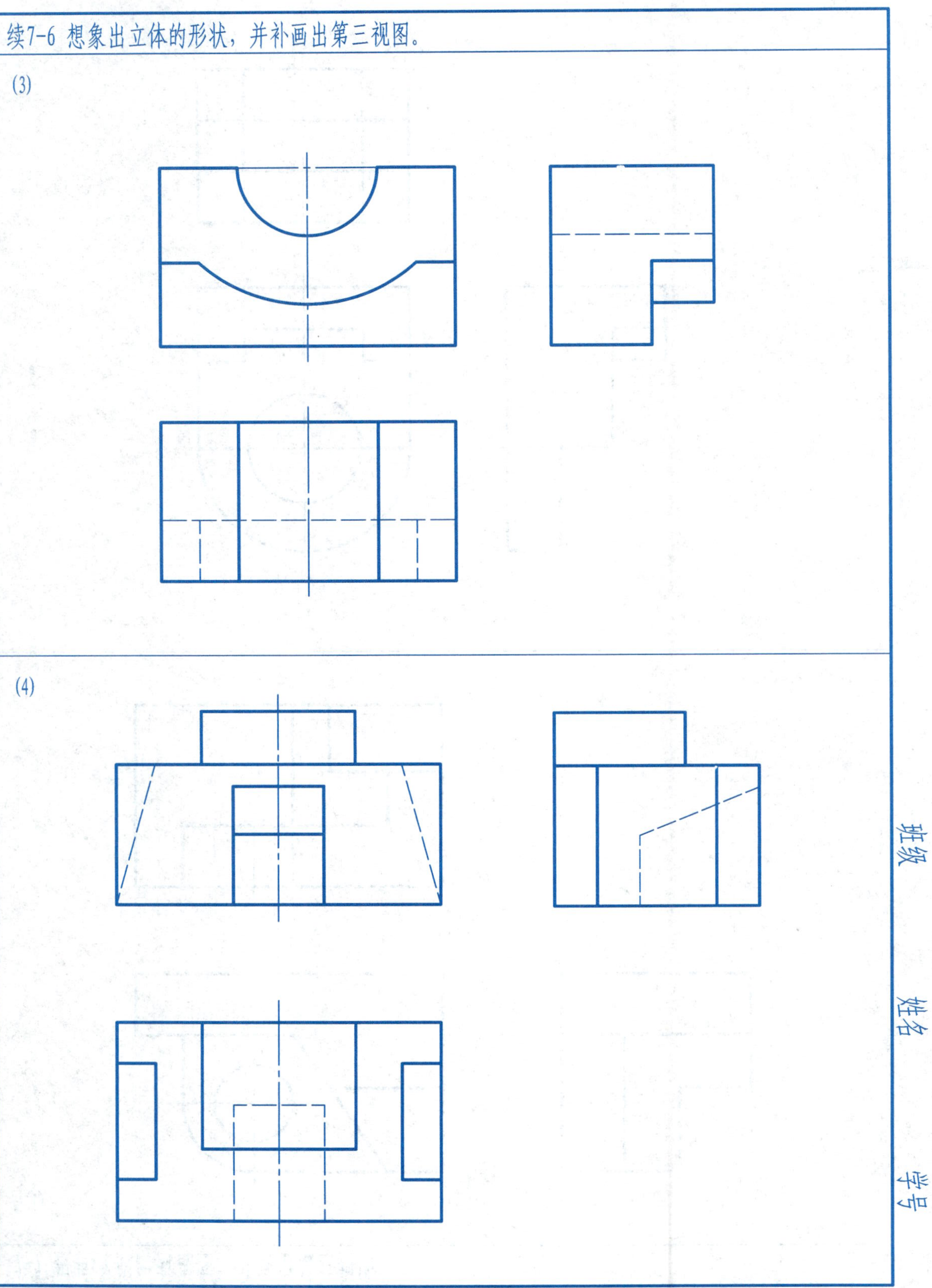

(4)

7-7 根据立体的两视图，补画出第三视图。

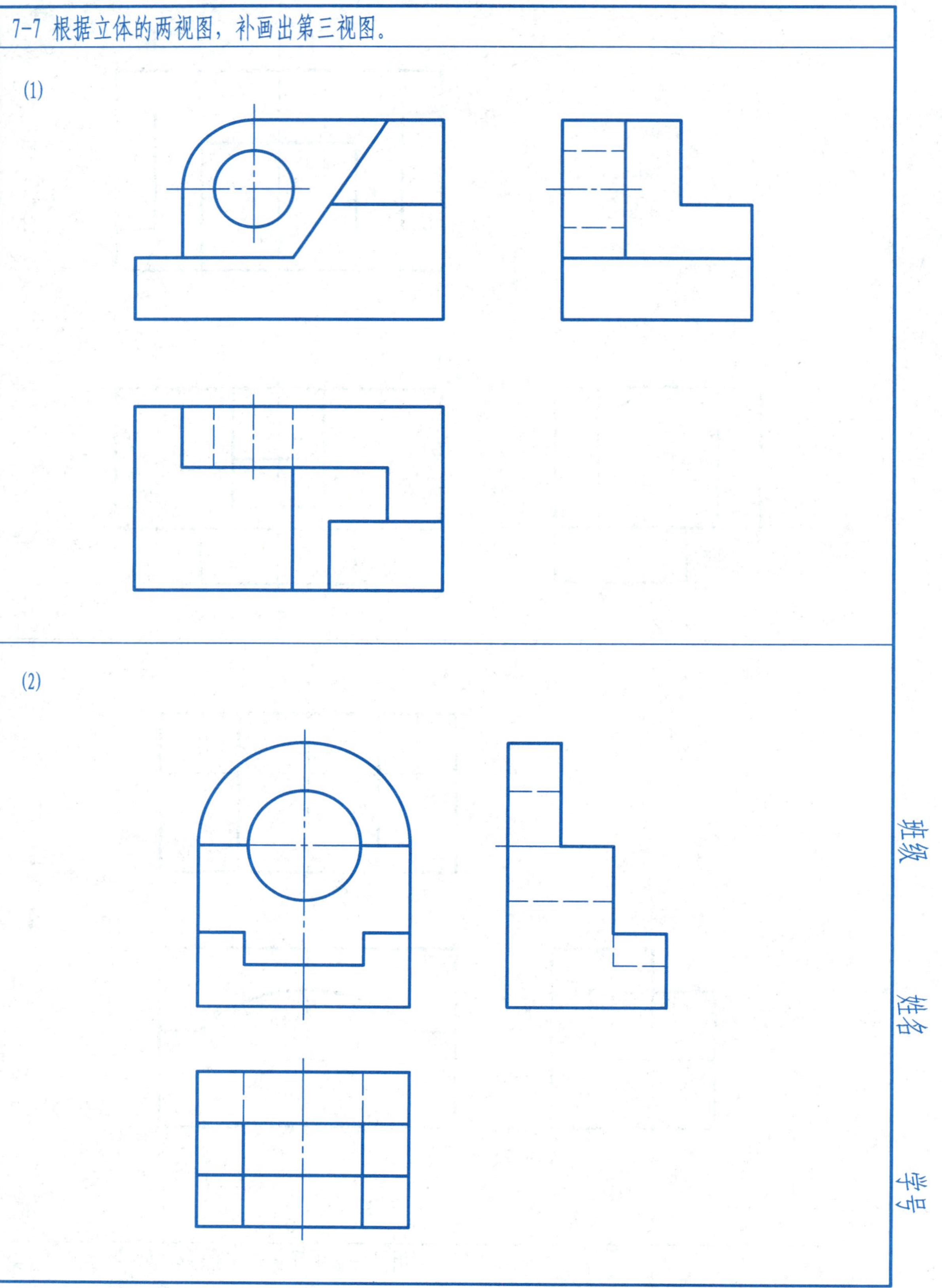
(1)
(2)

班级　　姓名　　学号

班级　　　　姓名　　　　学号

7-8 根据立体的两个视图，补画出第三视图。

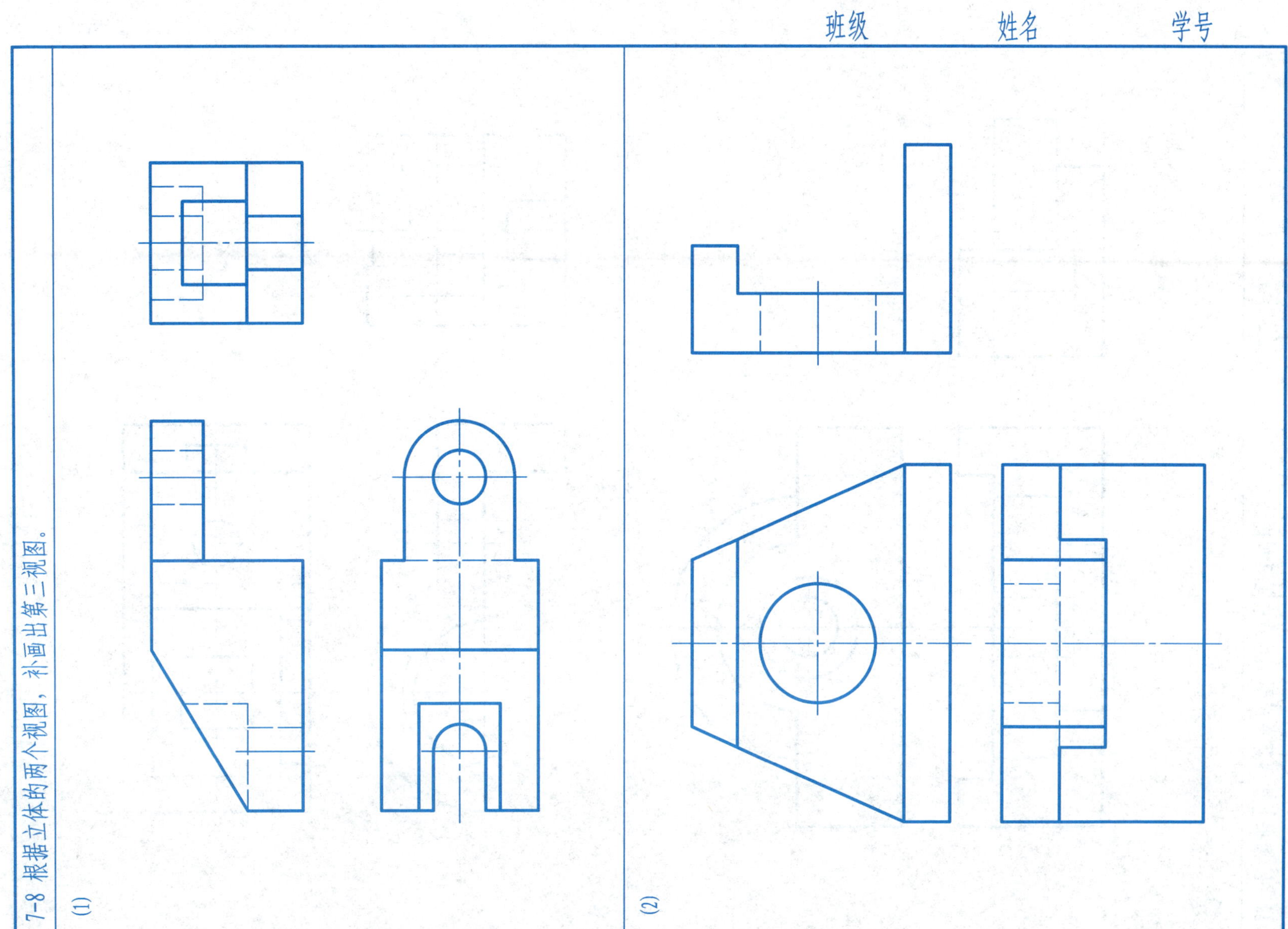

(1)
(2)

班级　　　　姓名　　　　学号

续7-8 根据立体的两个视图，补画出第三视图。

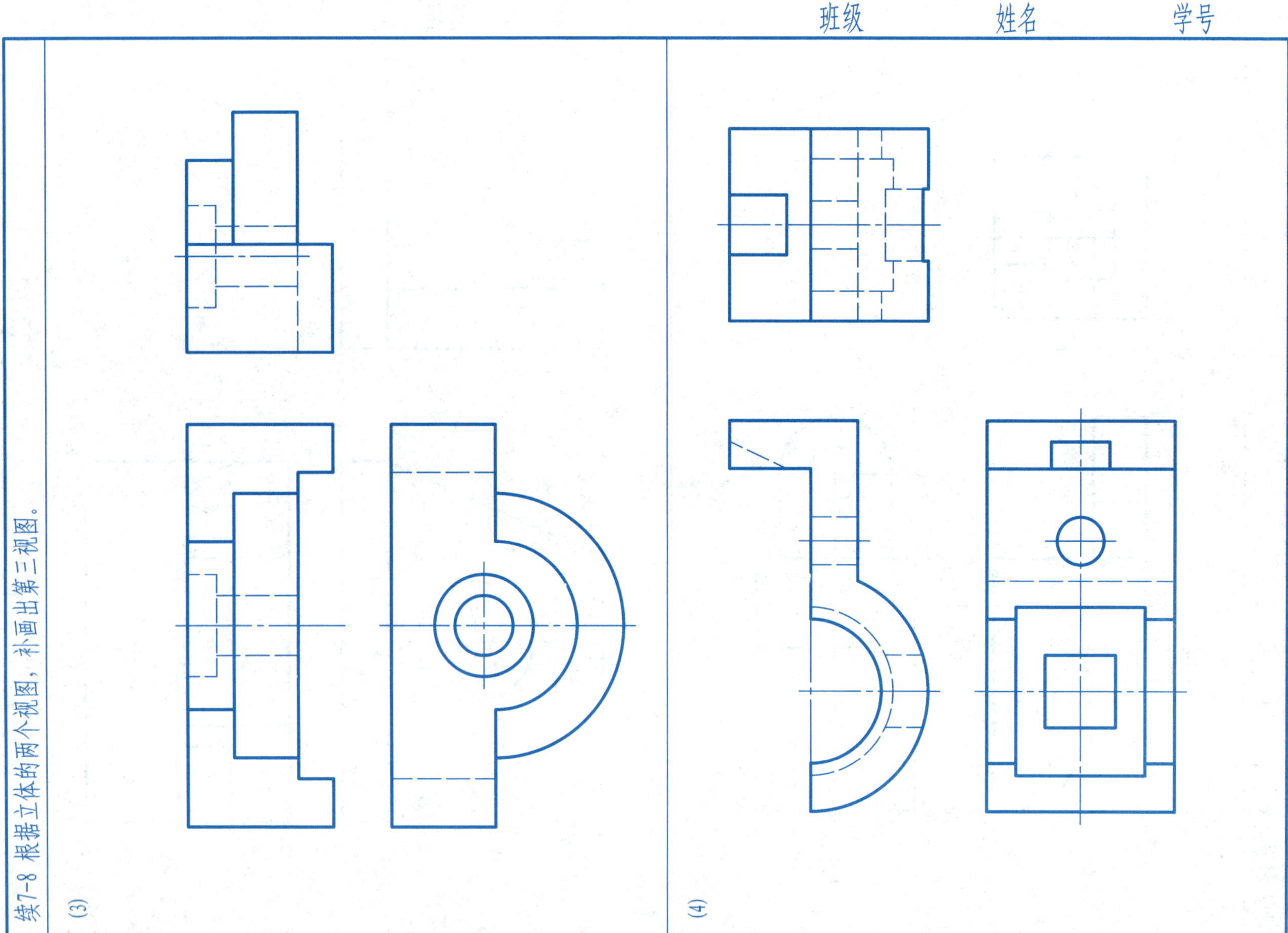

(3)

(4)

7-9 根据立体的主视图和俯视图，补画出左视图。

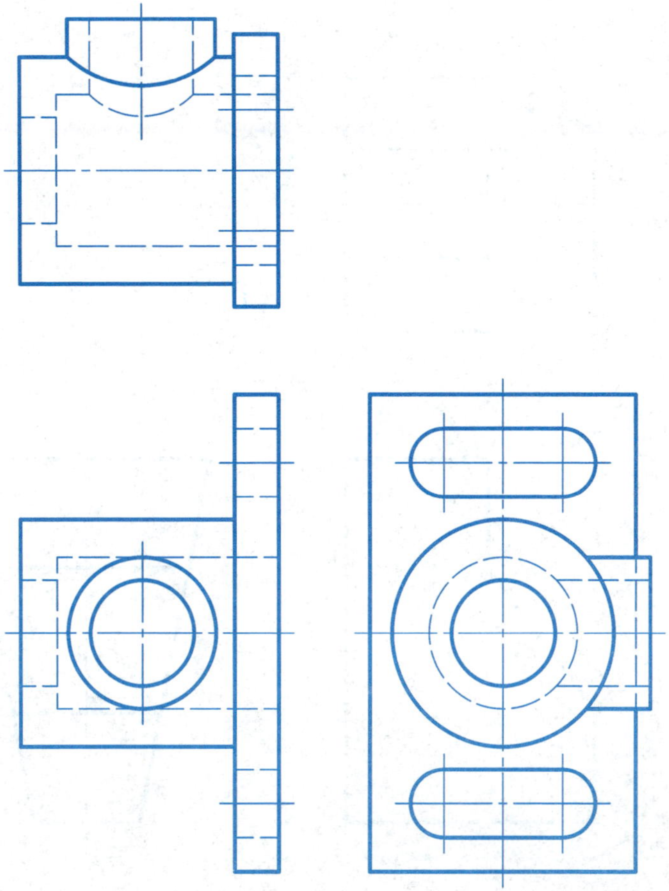

(1)

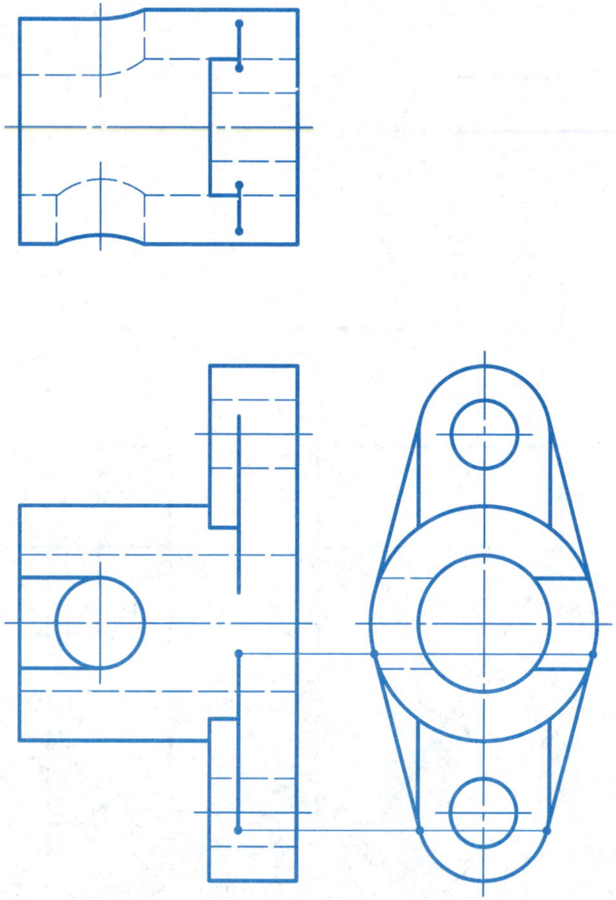

*(2)

班级　　姓名　　学号

7-10 读懂两视图，补画第三视图。

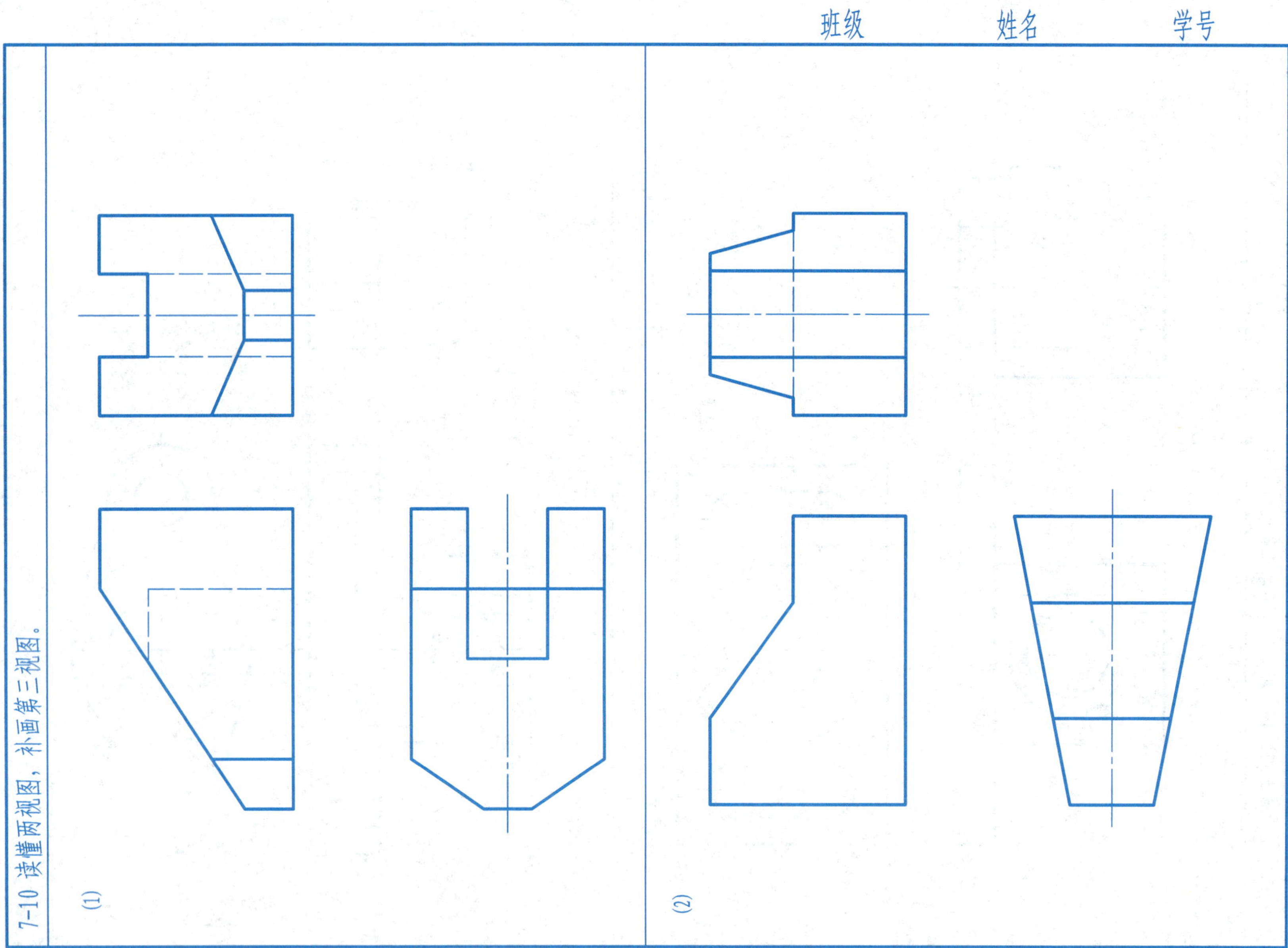
(1)
(2)

班级 姓名 学号

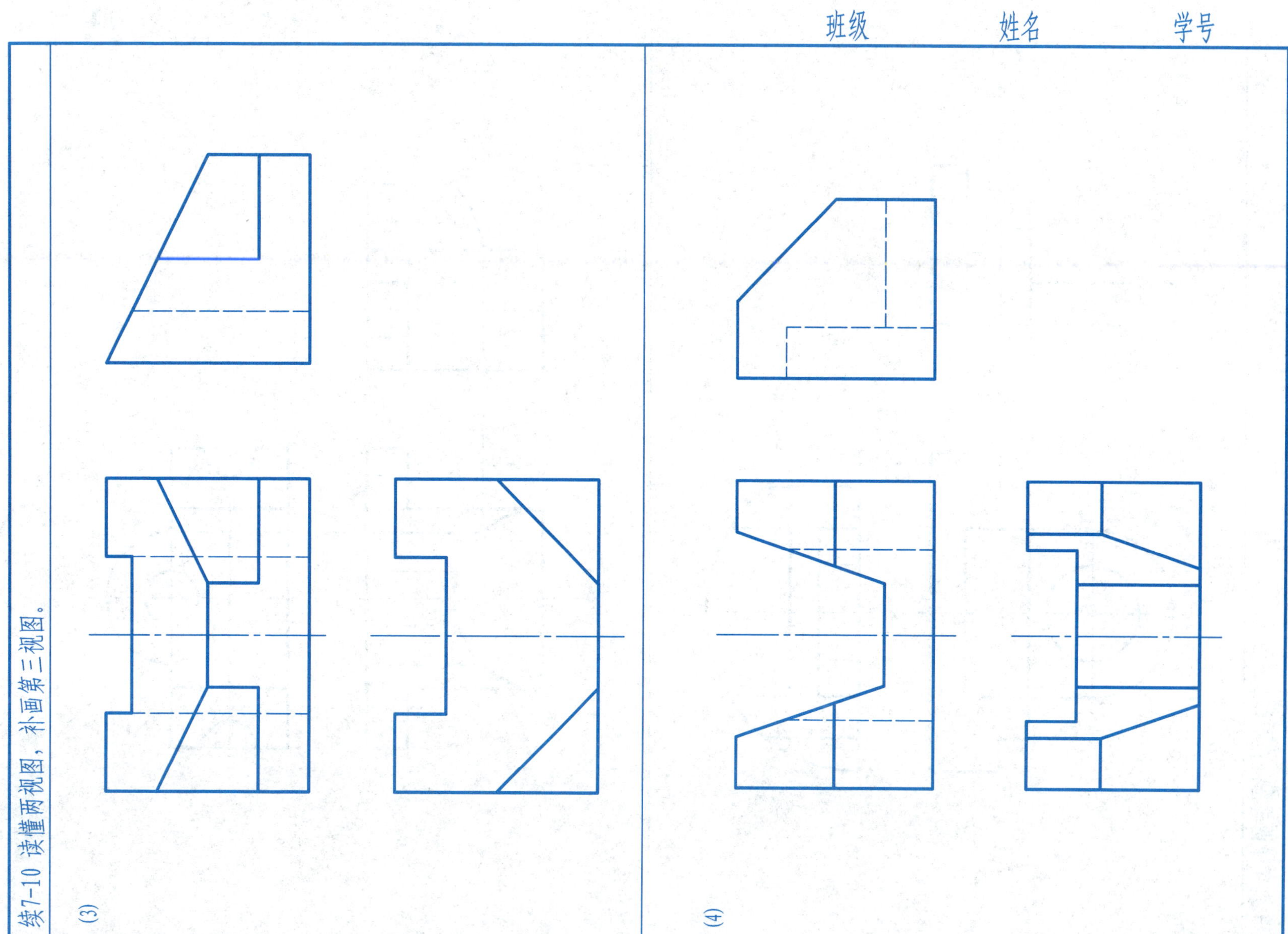

续7-10 读懂两视图，补画第三视图。
(3)
(4)

班级　　姓名　　学号

7-11 读懂两视图，补画第三视图。

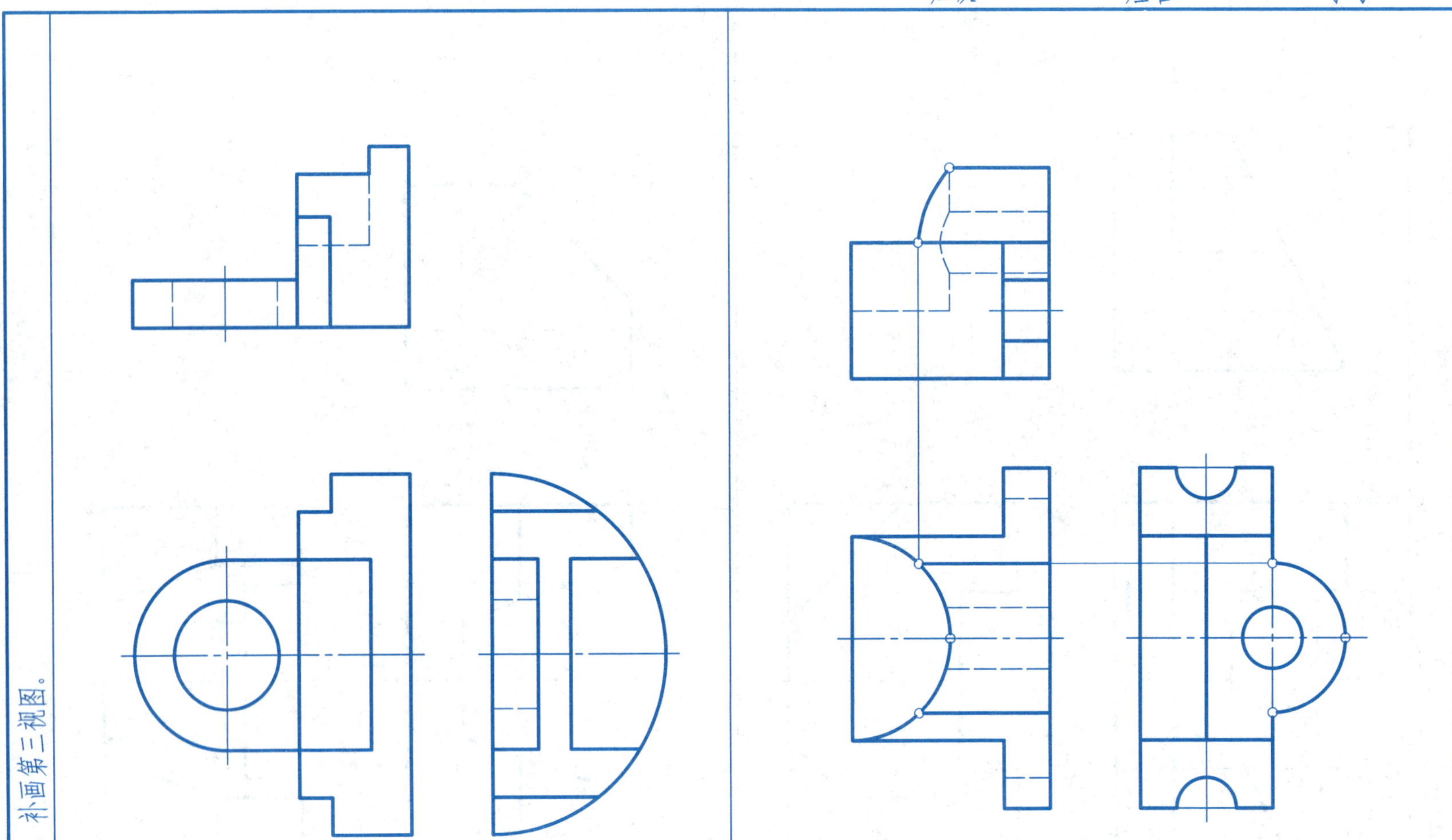

(1)

*(2)

7-12　根据主视图和俯视图，补画左视图。

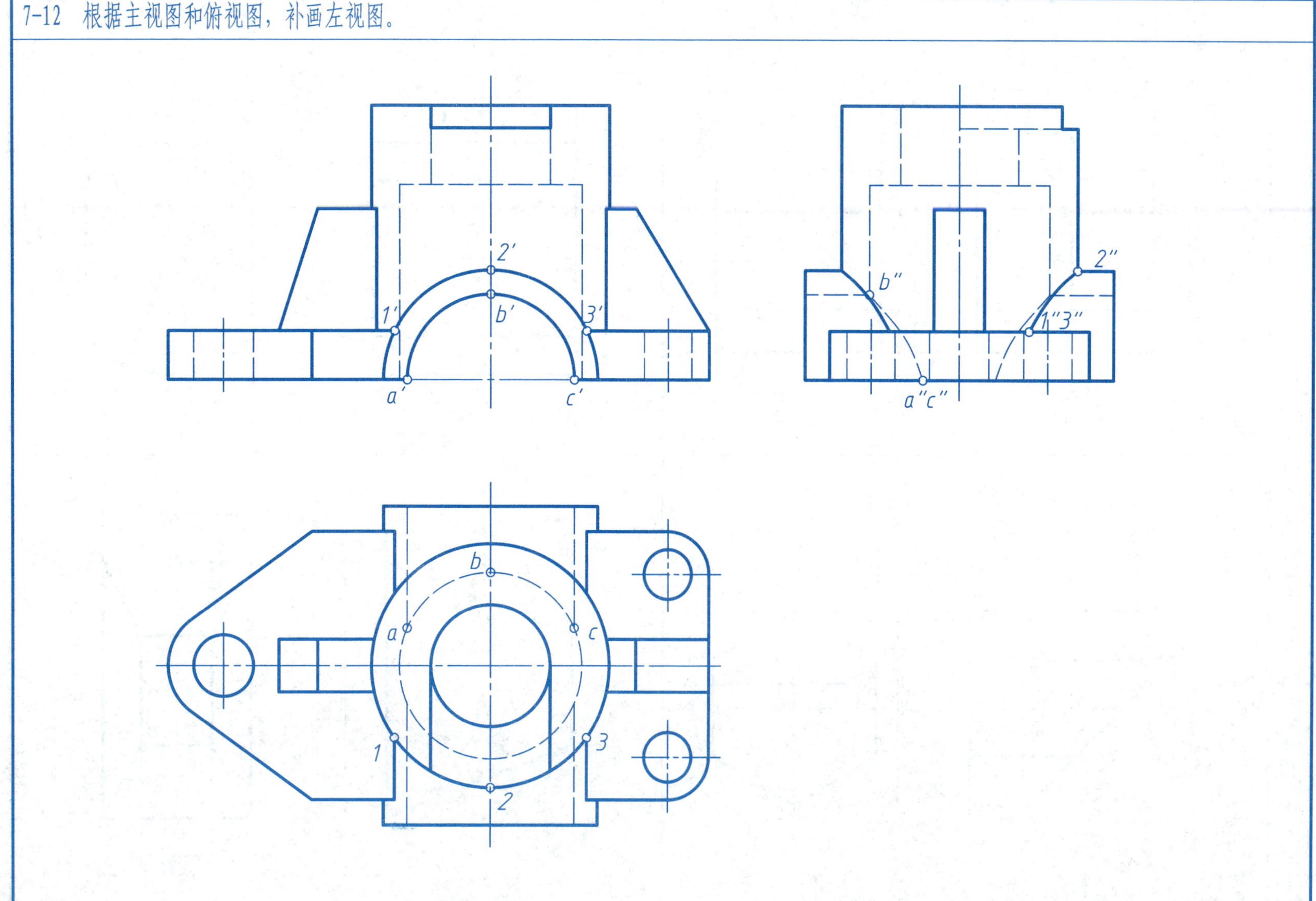
2′
1′
b′
3′
a′
c′
2″
b″
1″3″
a″c″
b
a
c
1
3
2

7-13 标注下列各题尺寸,数值从图中按1:1量取,并取整数。

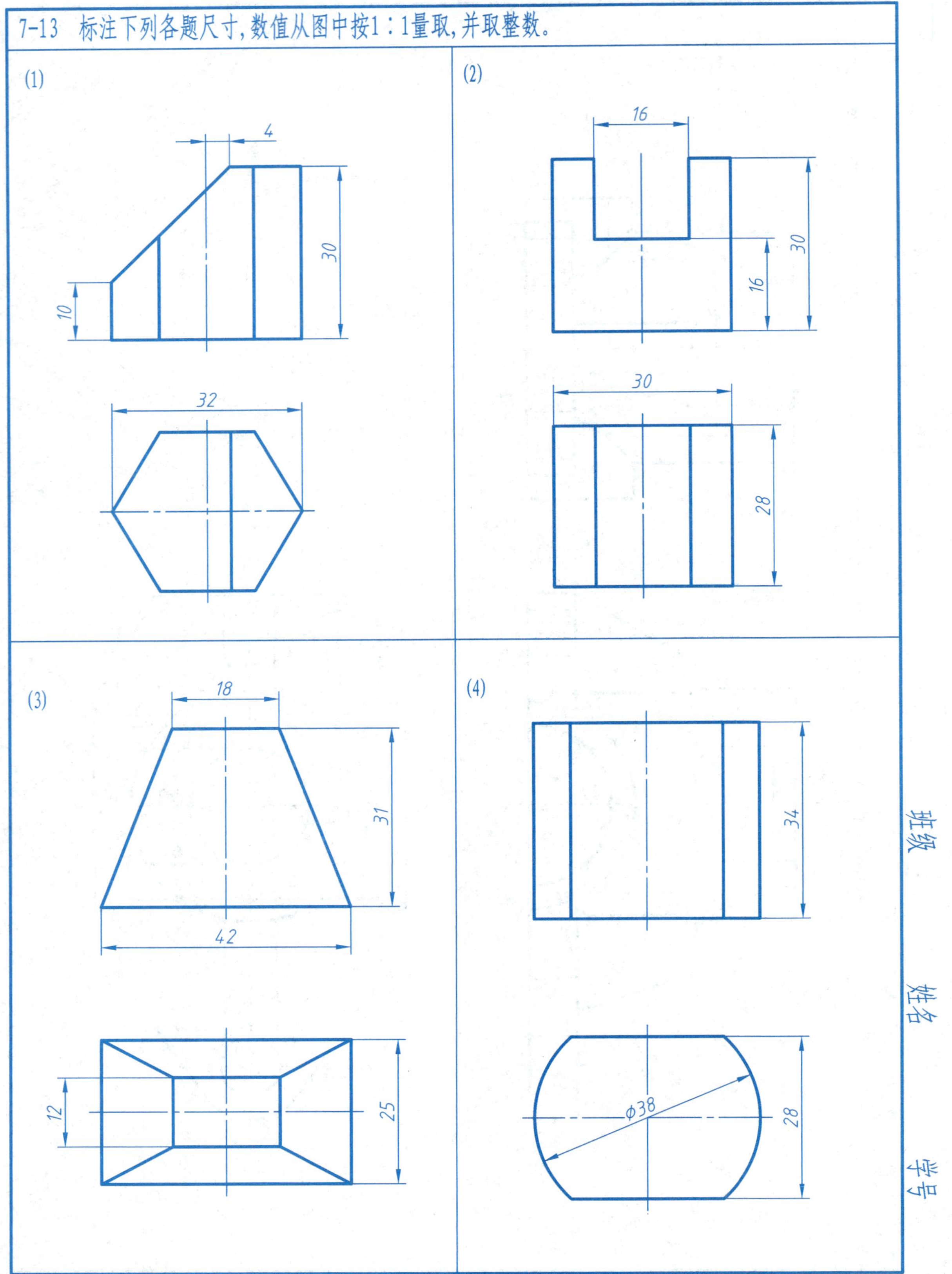
(1)
4
30
10
32
(2)
16
30
16
30
28
(3)
18
31
42
12
25
(4)
34
ϕ38
28

7-14　标注下列各题尺寸，数值从图中按1∶1量取，并取整数。

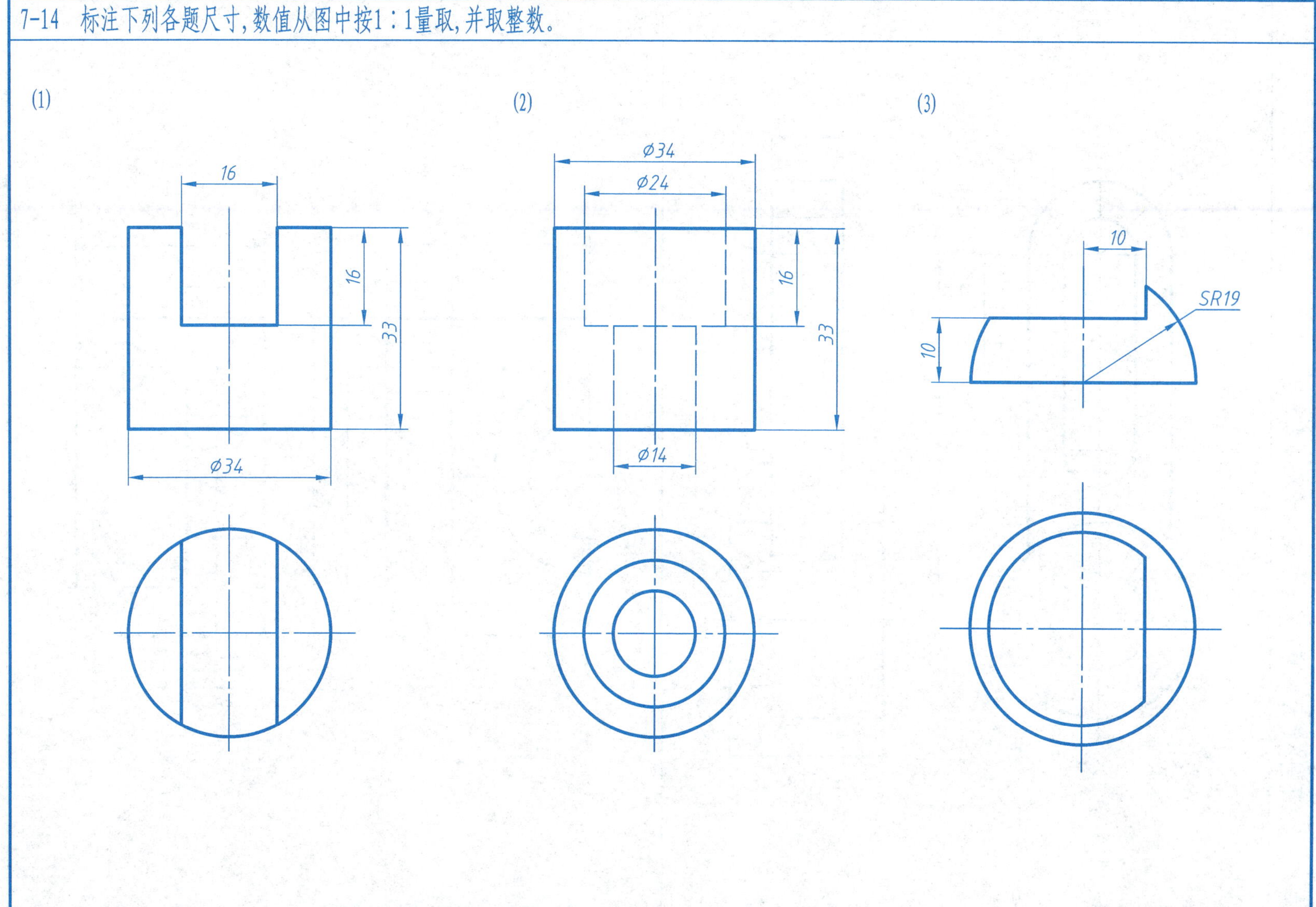
(1)
16
16
33
Ø34
(2)
Ø34
Ø24
16
33
Ø14
(3)
10
SR19
10

7-15 标注下列各题尺寸，数值从图中按1:1量取，并取整数。

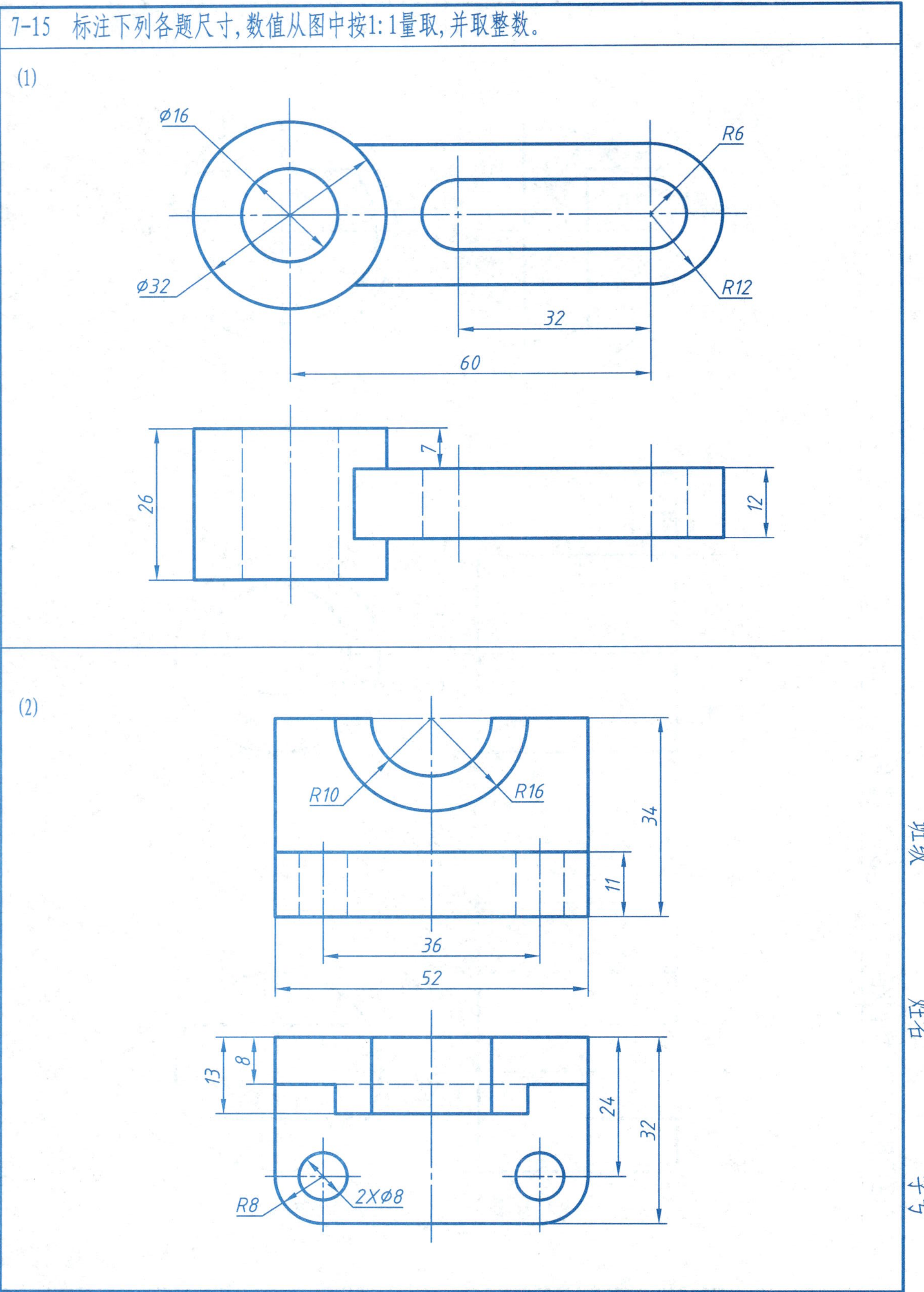
(1)
ø16
R6
ø32
R12
32
60
7
26
12
(2)
R10
R16
34
11
36
52
8
13
24
32
R8
2Xø8

7-16 补画出左视图，并标注尺寸，尺寸数值从图中按1:1量取，取整数。

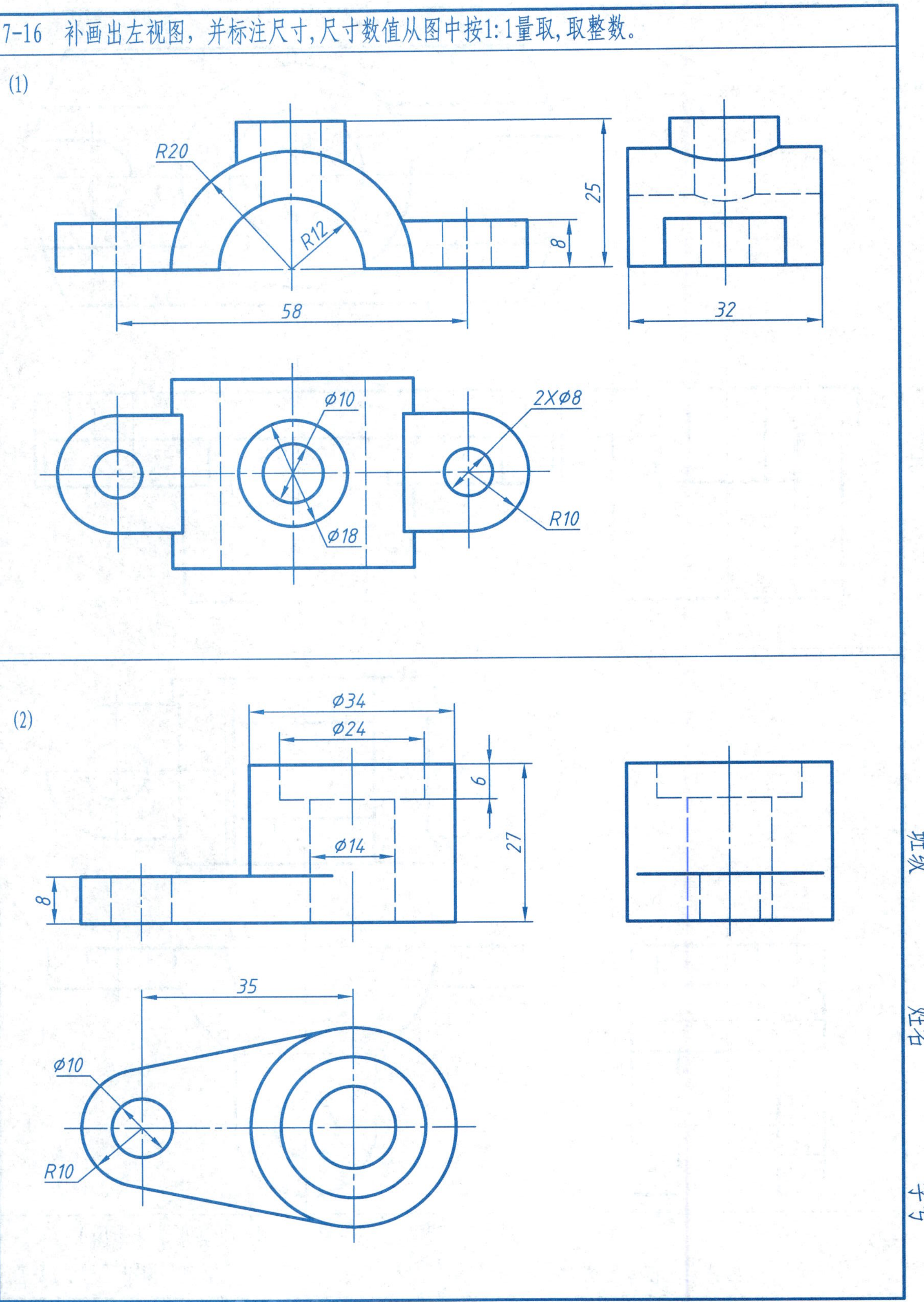
(1)
R20
R12
25
8
58
32
Φ10
2XΦ8
Φ18
R10
(2)
Φ34
Φ24
6
27
Φ14
8
35
Φ10
R10

班级　　　　姓名　　　　学号

7-17 画三视图：采用1∶1的比例，将第(1)题与第(2)题的三视图画在同一张A3图纸上，并标注尺寸（图中孔均为通孔，图名：组合体三视图1、2）。

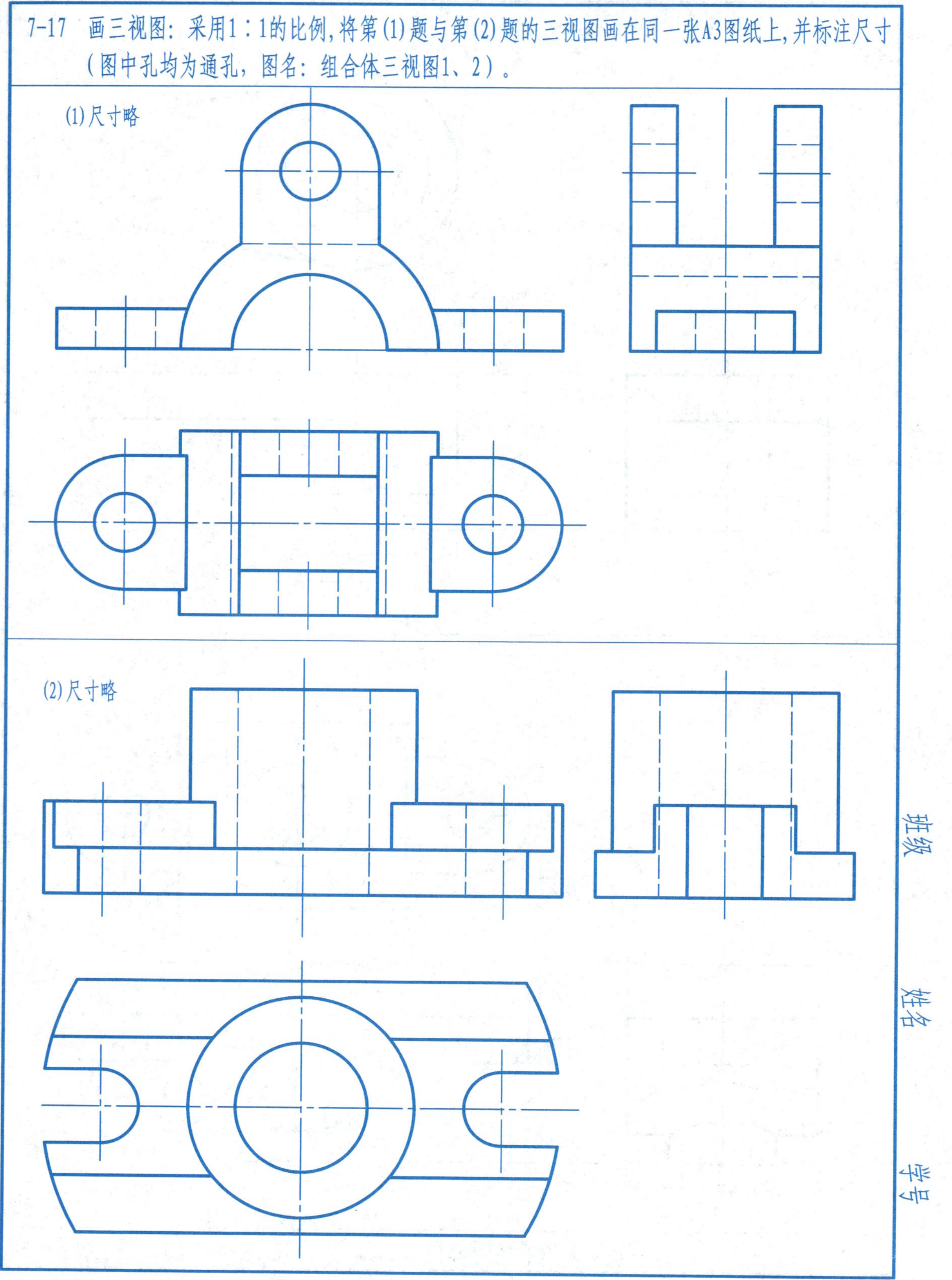

(1)尺寸略
(2)尺寸略

班级　　　　姓名　　　　学号

7-18　采用1∶2的比例，用A3图纸画出立体的三视图，并标注尺寸（图中孔均为通孔，图名：组合体三视图3）。

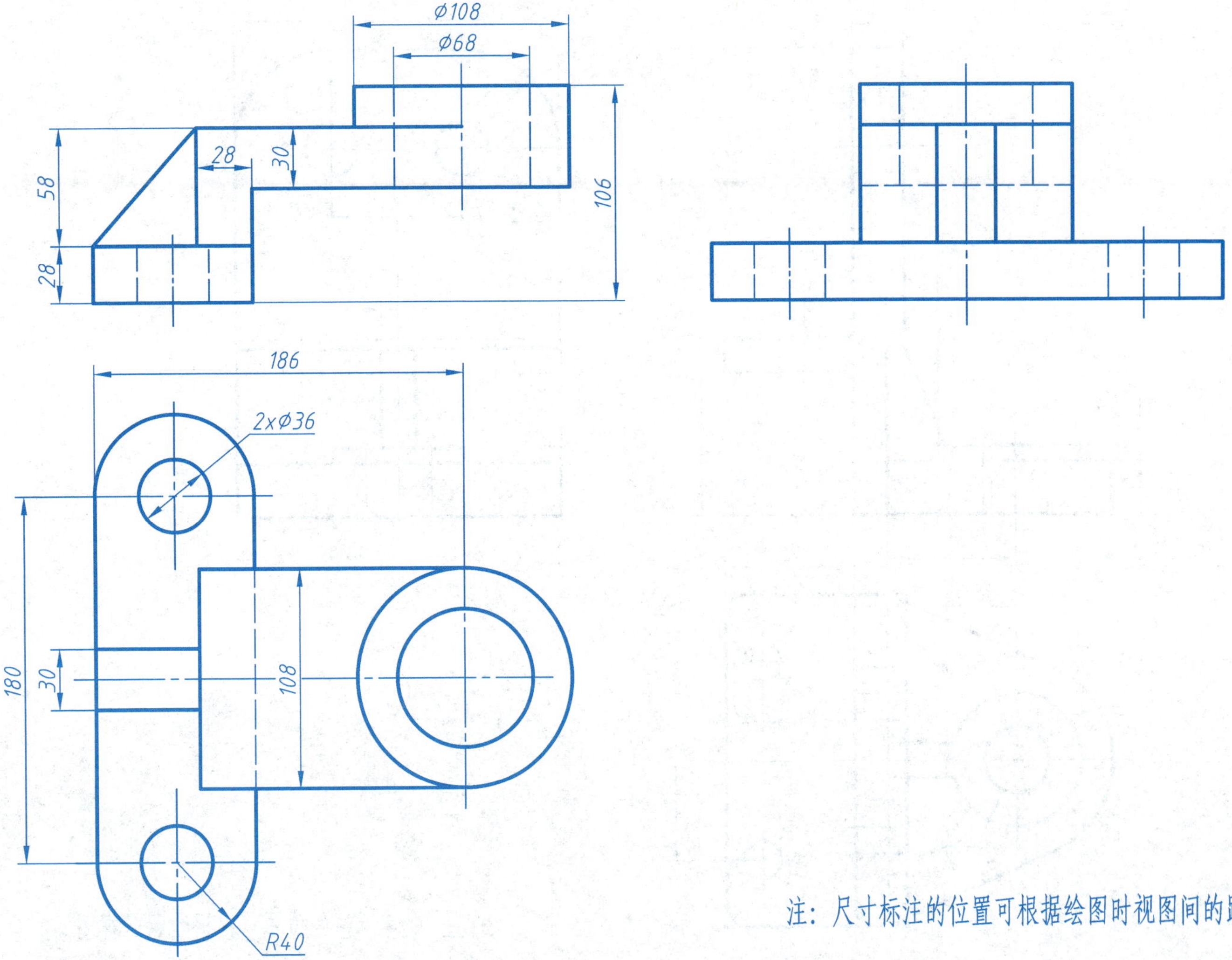

⌀108
⌀68
58
28
30
28
106
186
2×⌀36
180
30
108
R40

注：尺寸标注的位置可根据绘图时视图间的距离调整。

班级　　　　　　姓名　　　　　　学号

7-19　采用1∶2的比例，用A3图纸画出所示立体的三视图，并标注尺寸（图中孔均为通孔，图名：组合体三视图4）。

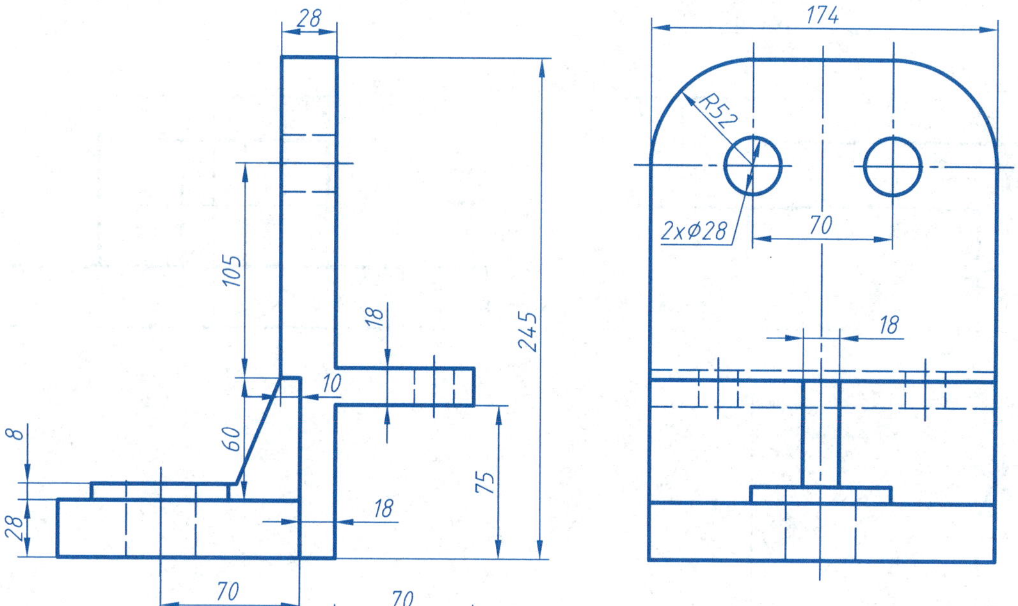

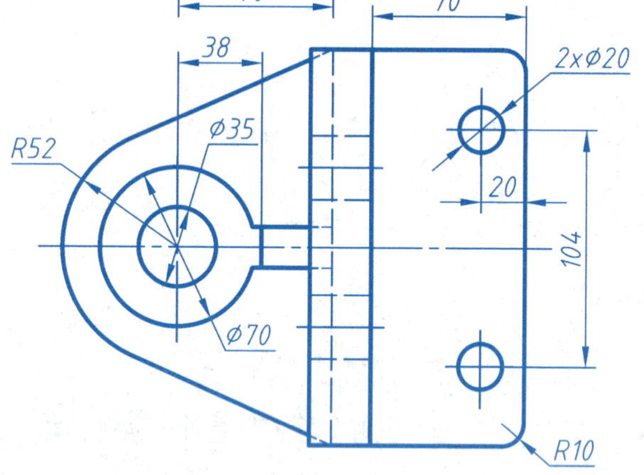

28
105
245
18
10
60
8
28
75
18
70
174
R52
2x∅28
70
18
70
38
2x∅20
∅35
R52
20
104
∅70
R10

注：尺寸标注的位置可根据绘图时视图间的距离调整。

班级　　　　姓名　　　　学号

7-20 采用2∶1的比例，用A3图纸画出立体的三视图，并标注尺寸（图中孔均为通孔，图名：组合体三视图5）。

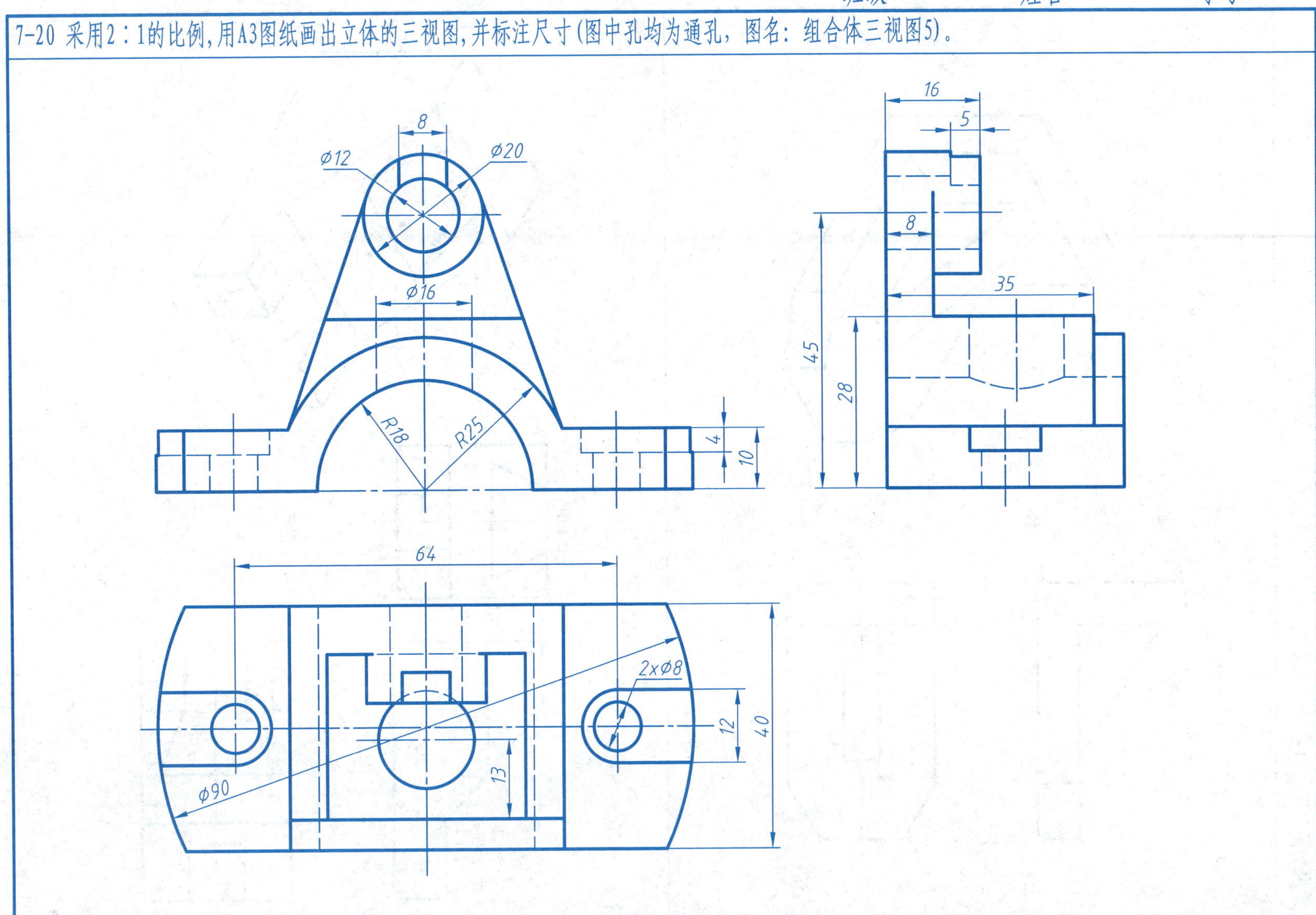

8
Ø12
Ø20
Ø16
R18
R25
4
10
16
5
8
35
45
28
64
2xØ8
12
40
13
Ø90

7-21　画出下列立体的正等测。

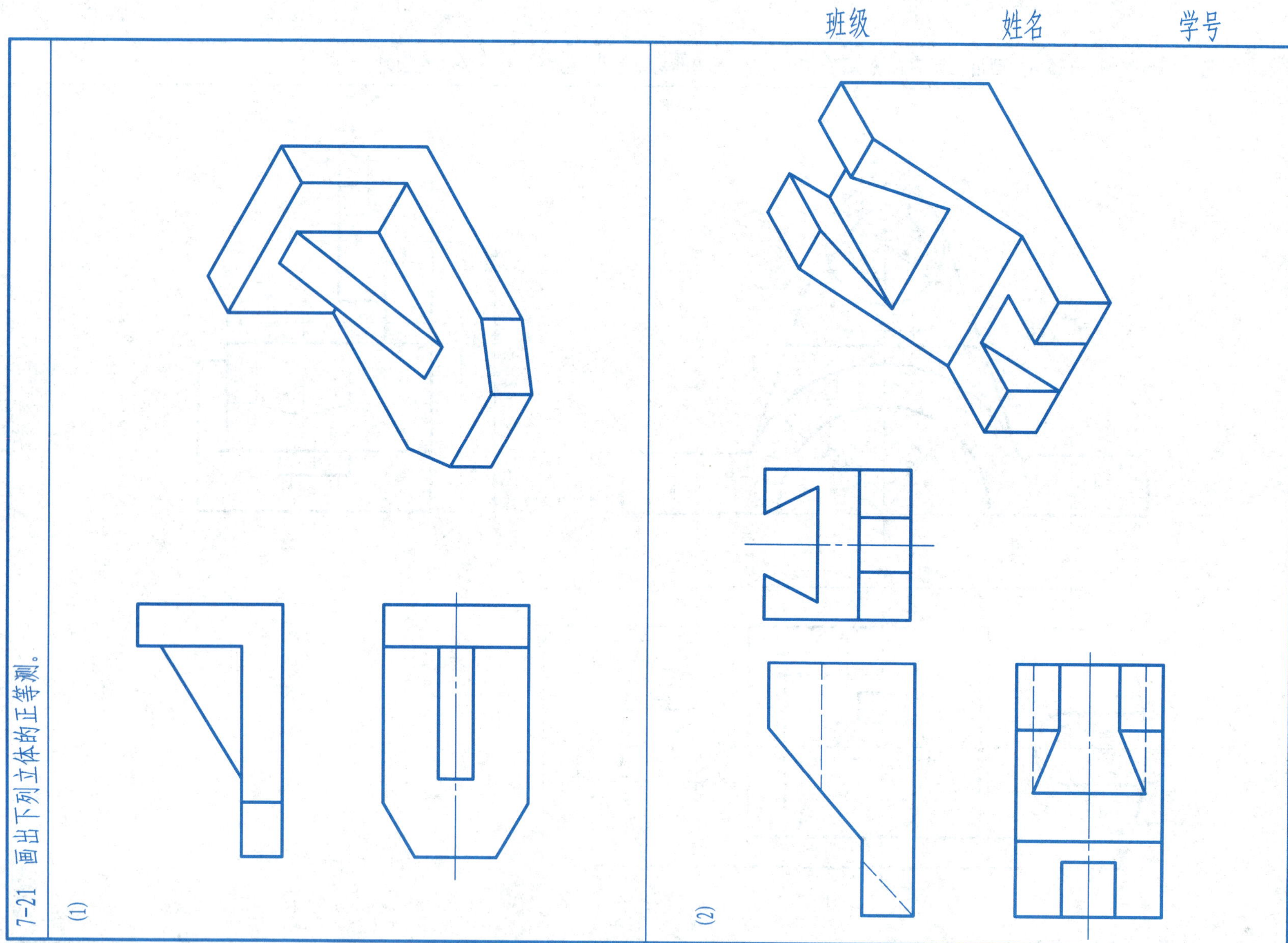
(1)
(2)

班级　　　　姓名　　　　学号

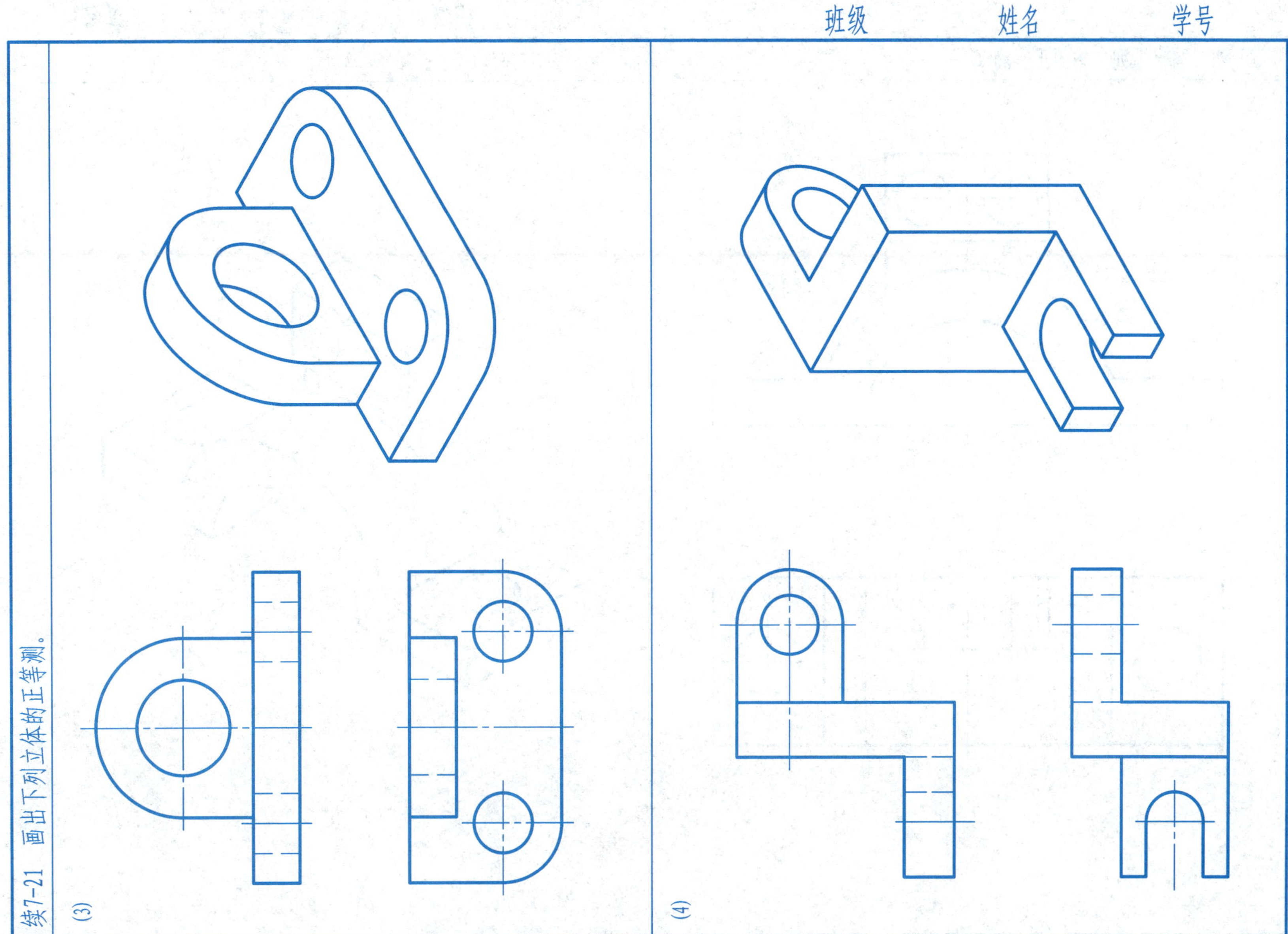
续7-21　画出下列立体的正等测。
(3)
(4)

续7-21　画出下列立体的正等测。

(5)

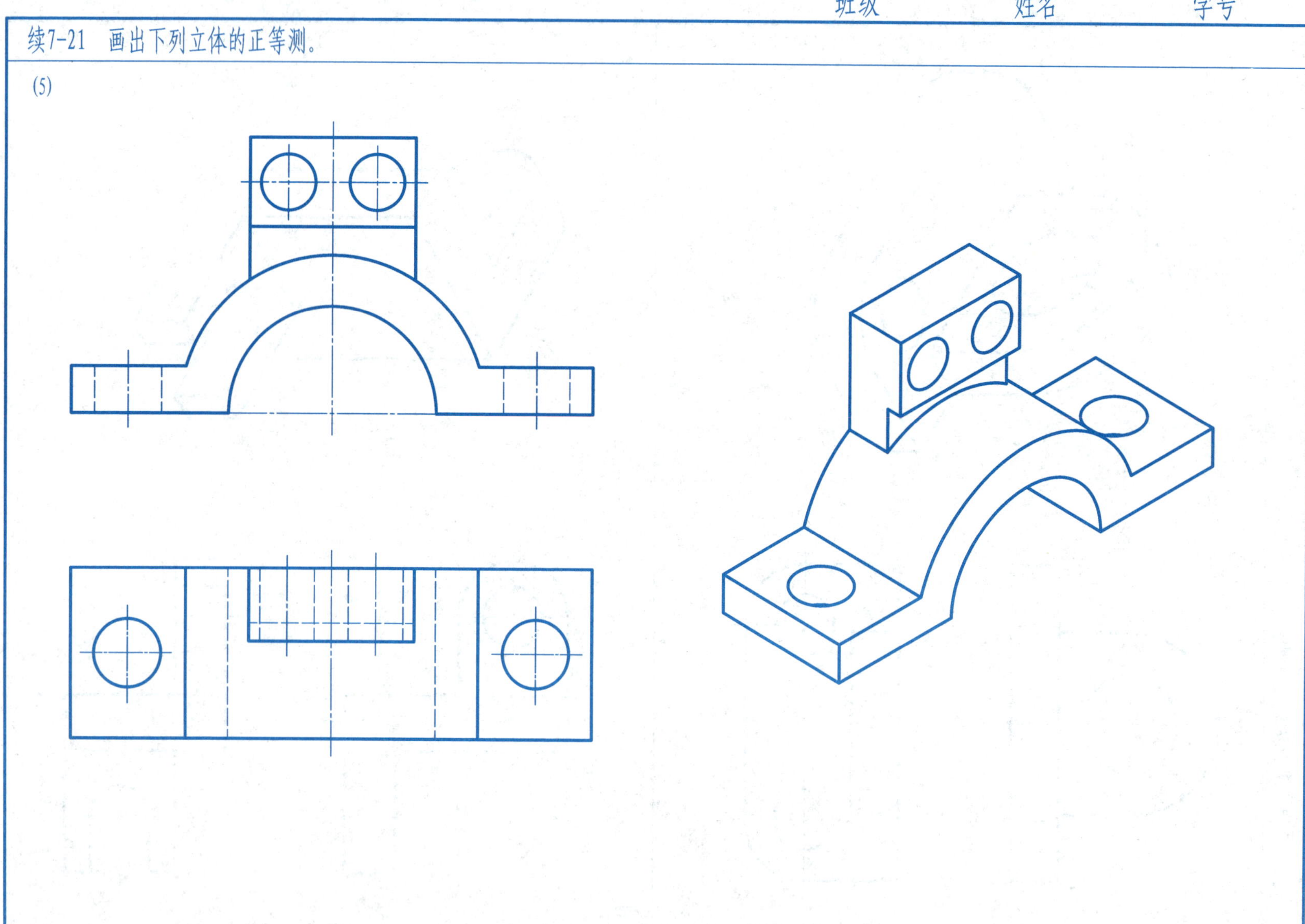

班级　　　　姓名　　　　学号

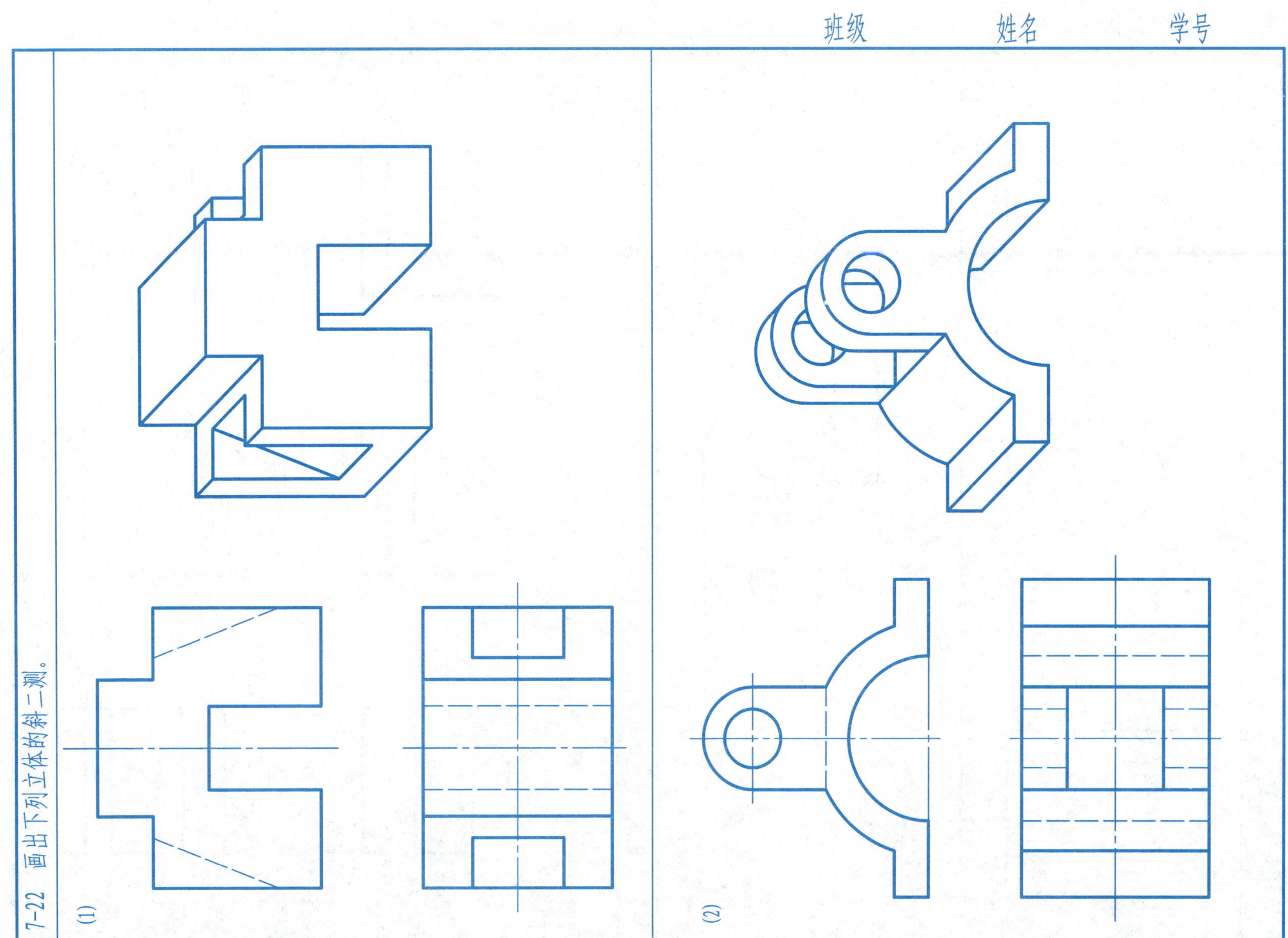
7-22　画出下列立体的斜二测。
(1)
(2)

班级　　　　姓名　　　　学号

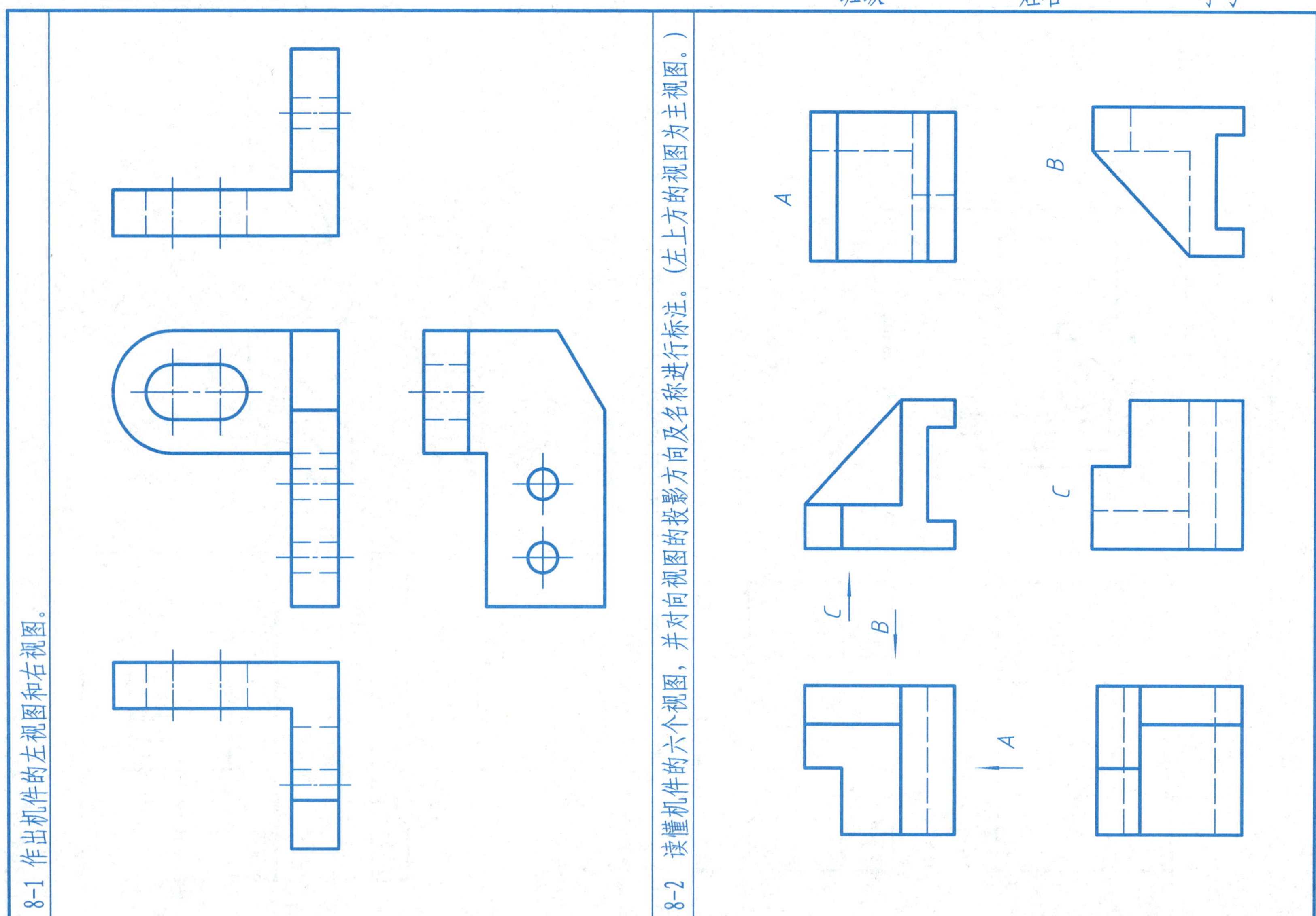
8-1 作出机件的左视图和右视图。
8-2 读懂机件的六个视图，并对向视图的投影方向及名称进行标注。(左上方的视图为主视图。)
A
B
C
C
B
A

8-3　读懂机件形状，补画出A向斜视图。

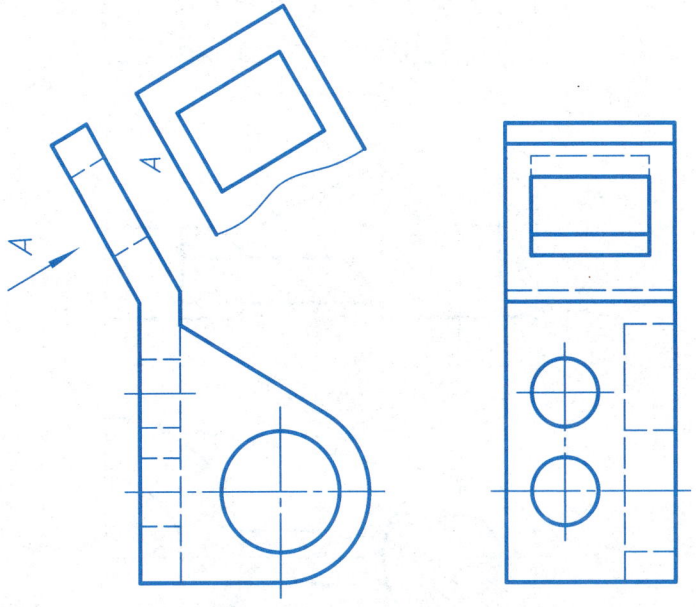

8-4　在指定位置画出斜视图及局部视图。

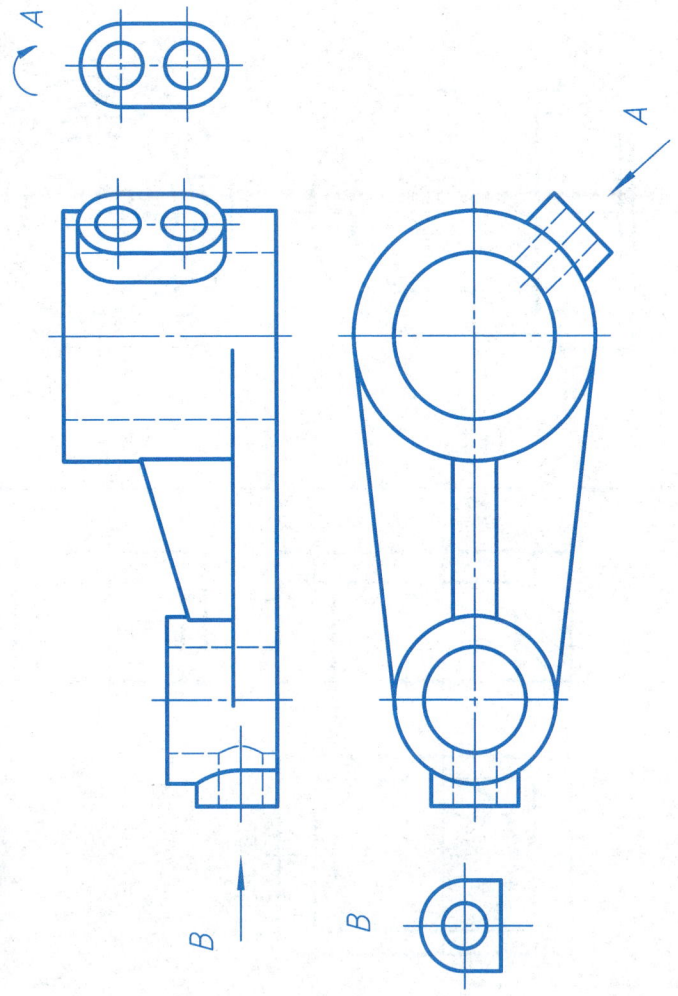

班级　　　　　　姓名　　　　　　学号

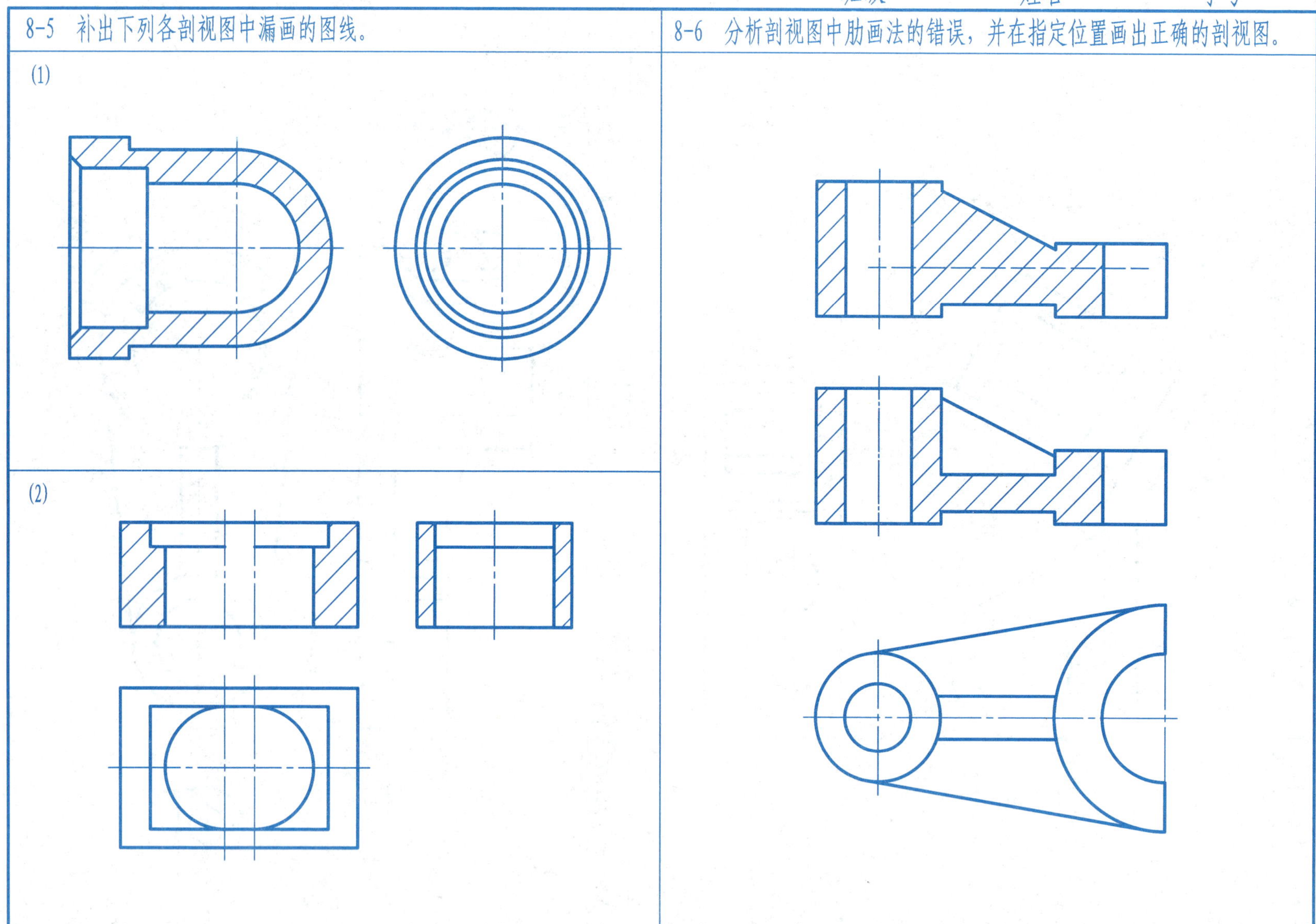
8-5　补出下列各剖视图中漏画的图线。
(1)
(2)
8-6　分析剖视图中肋画法的错误，并在指定位置画出正确的剖视图。

班级　　　　姓名　　　　学号

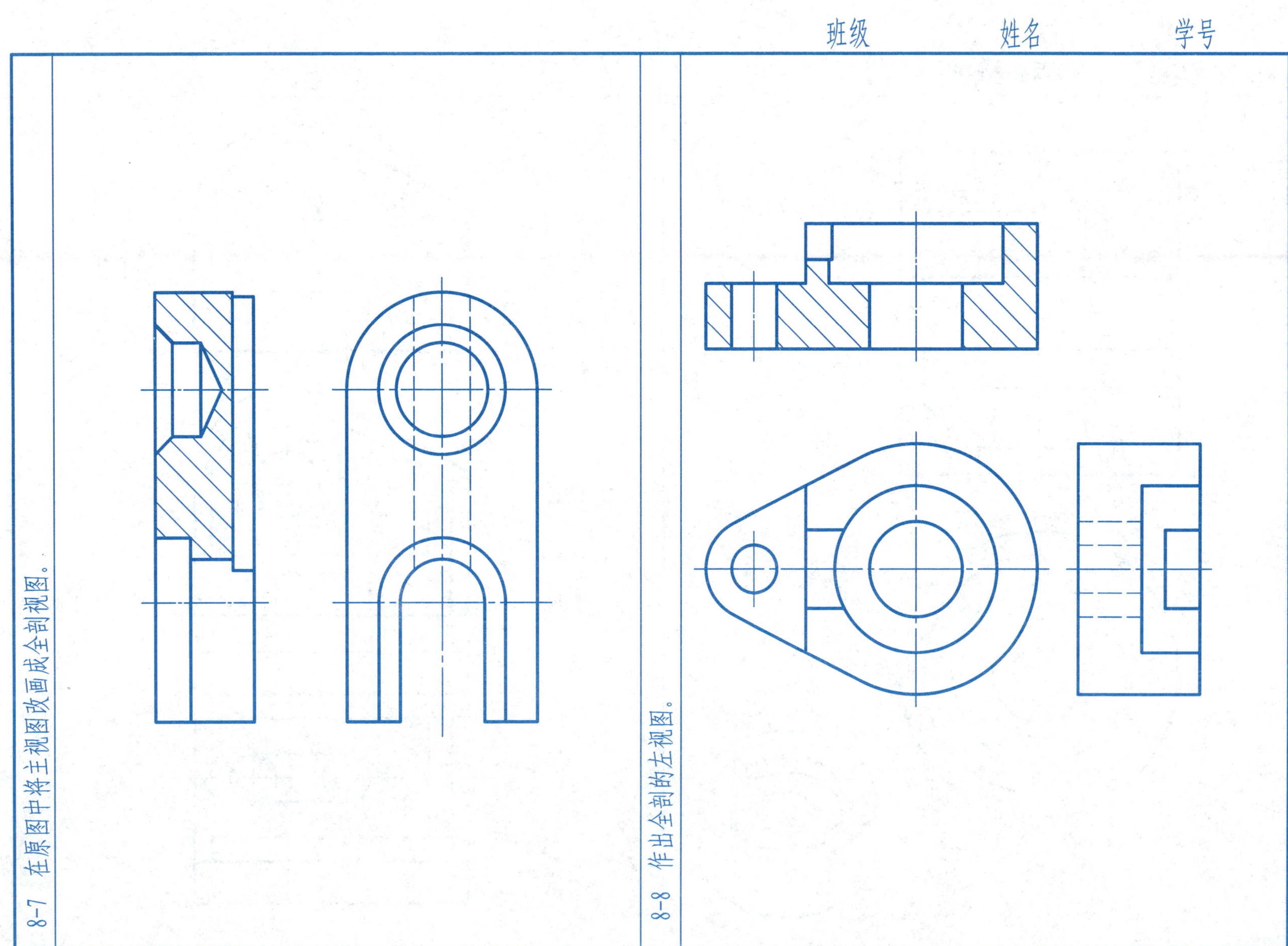

8-7　在原图中将主视图改画成全剖视图。

8-8　作出全剖的左视图。

8-9　在指定位置将主视图画成全剖视图。

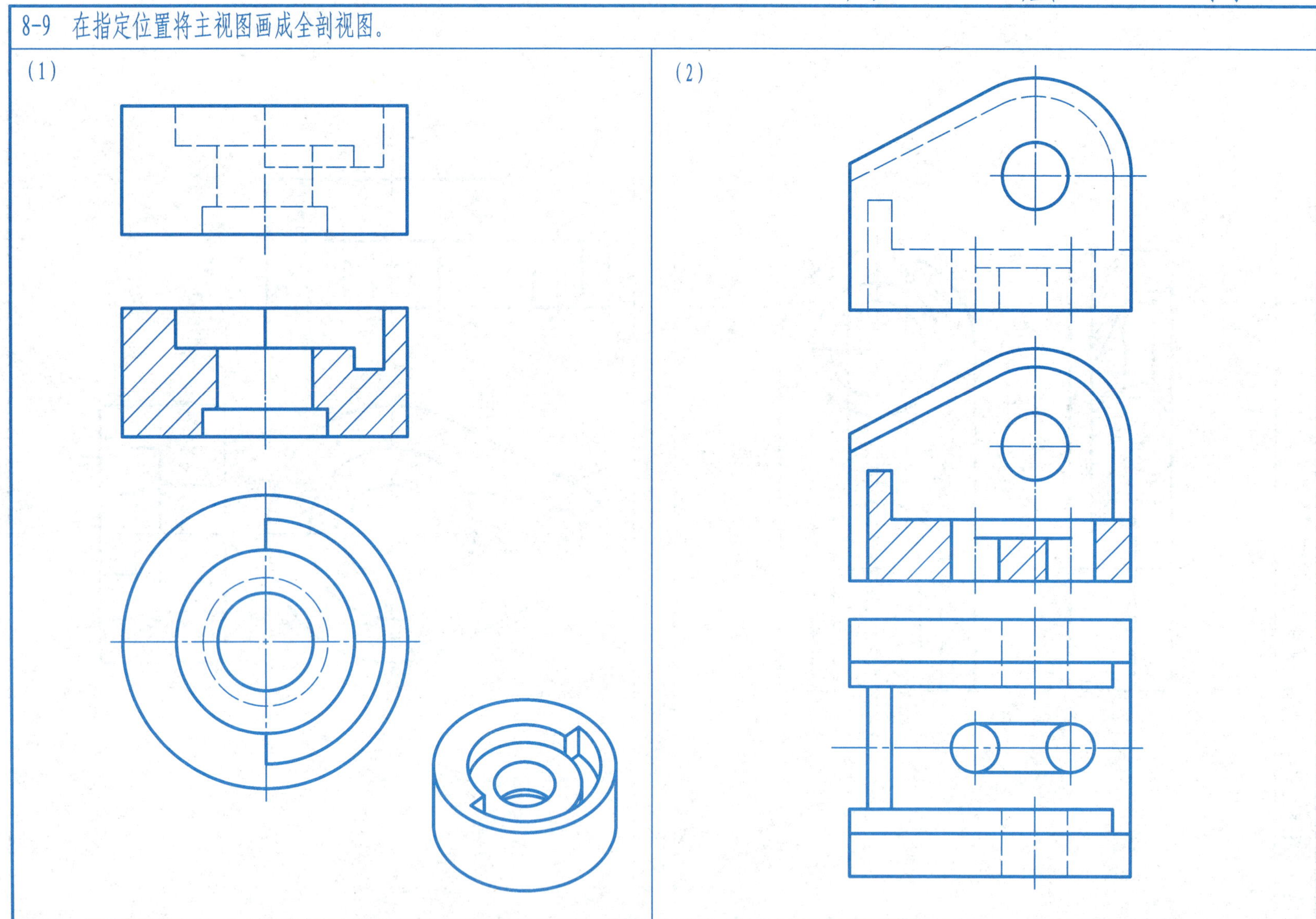
(1)
(2)

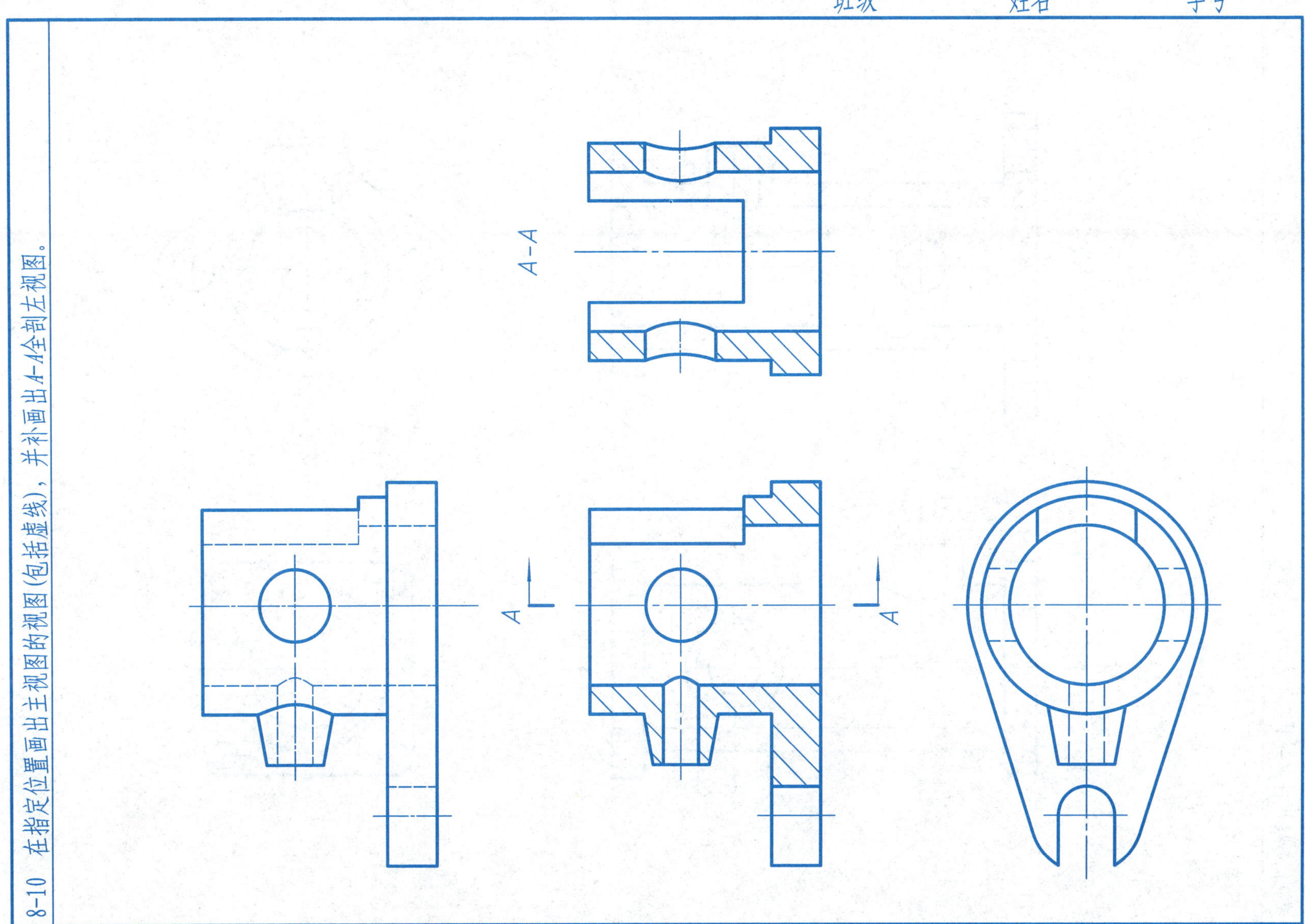
8-10　在指定位置画出主视图的视图(包括虚线)，并补画出A-A全剖左视图。
A-A
A
A

8-11 看懂机件形状补画出C-C全剖视图。

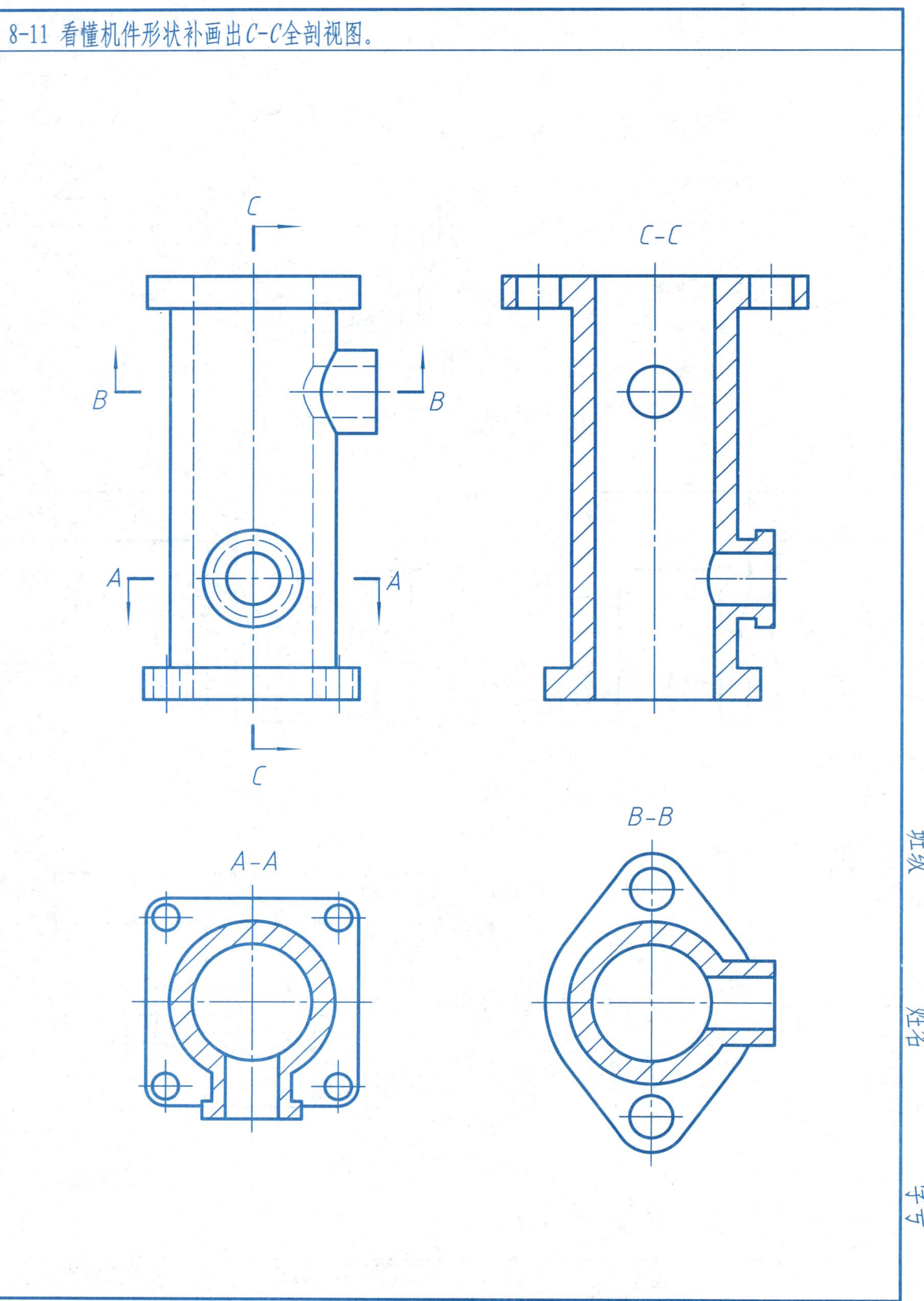

C
B
B
A
A
C
C-C
A-A
B-B

班级　　　　　姓名　　　　　学号

班级　　　　　　姓名　　　　　　学号

8-12 补画半剖的主视图中缺漏的图线。

8-13 补画半剖的主视图和左视图中缺漏的图线。

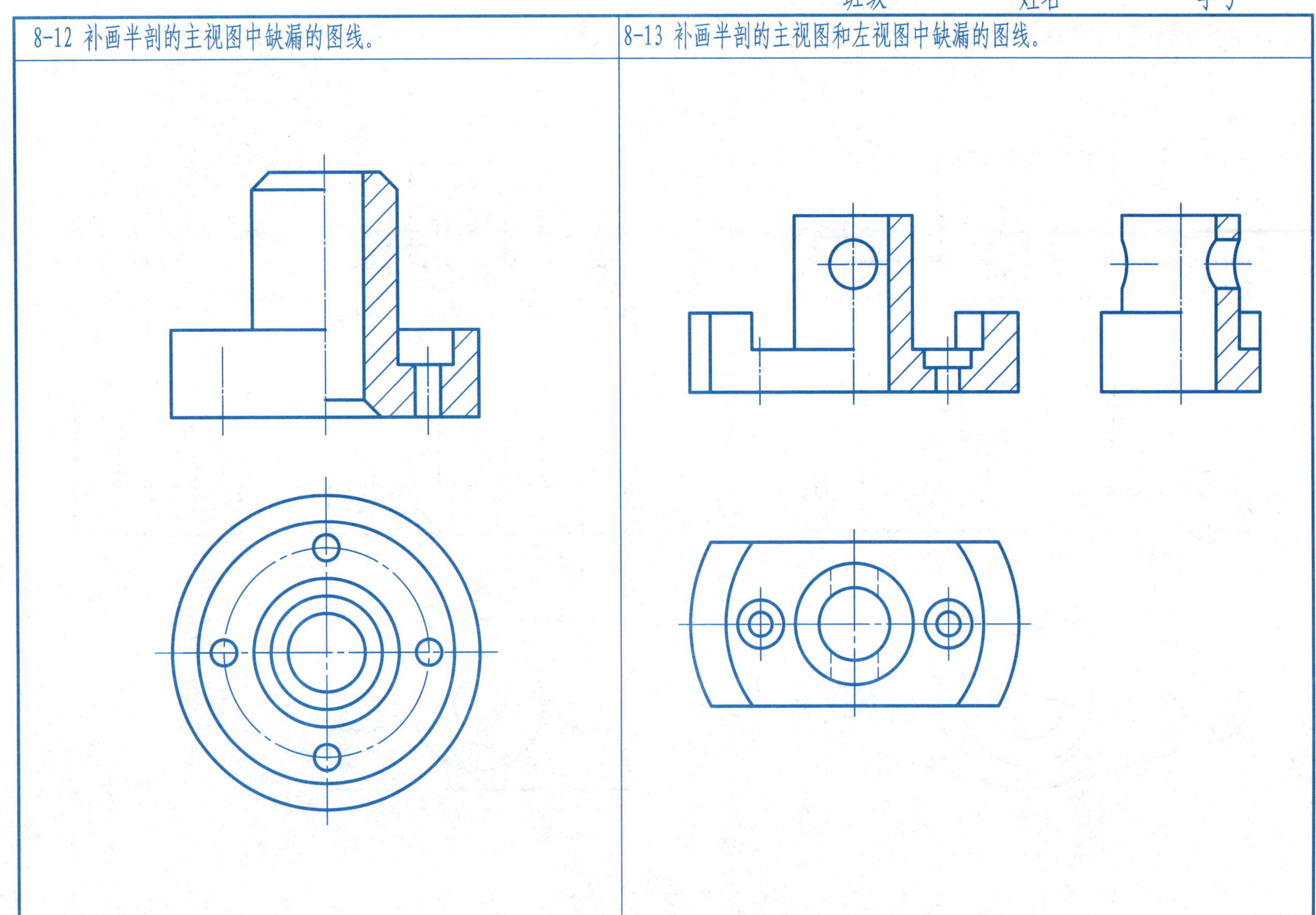

班级　　　　姓名　　　　学号

8-14 在指定位置将主视图画成半剖视图。

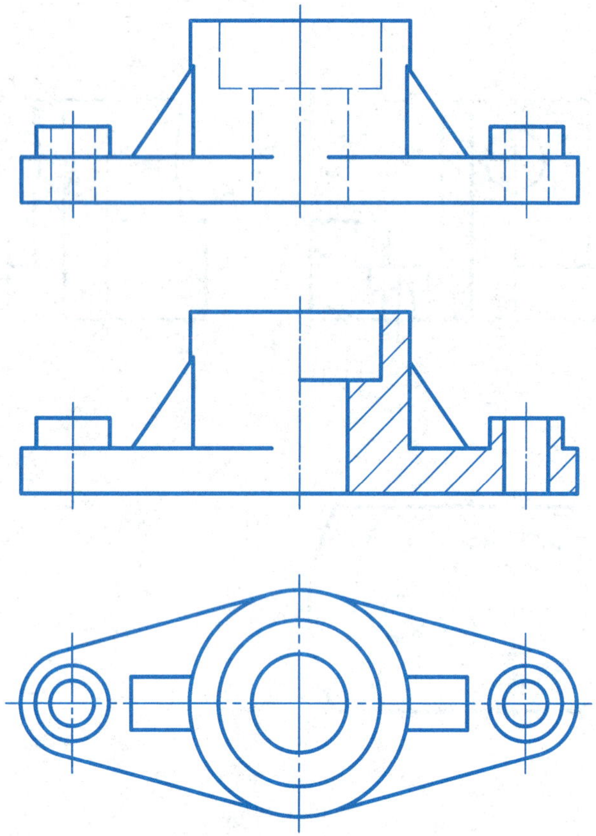

8-15 在指定位置将主视图画成半剖视图，左视图画成全剖视图。

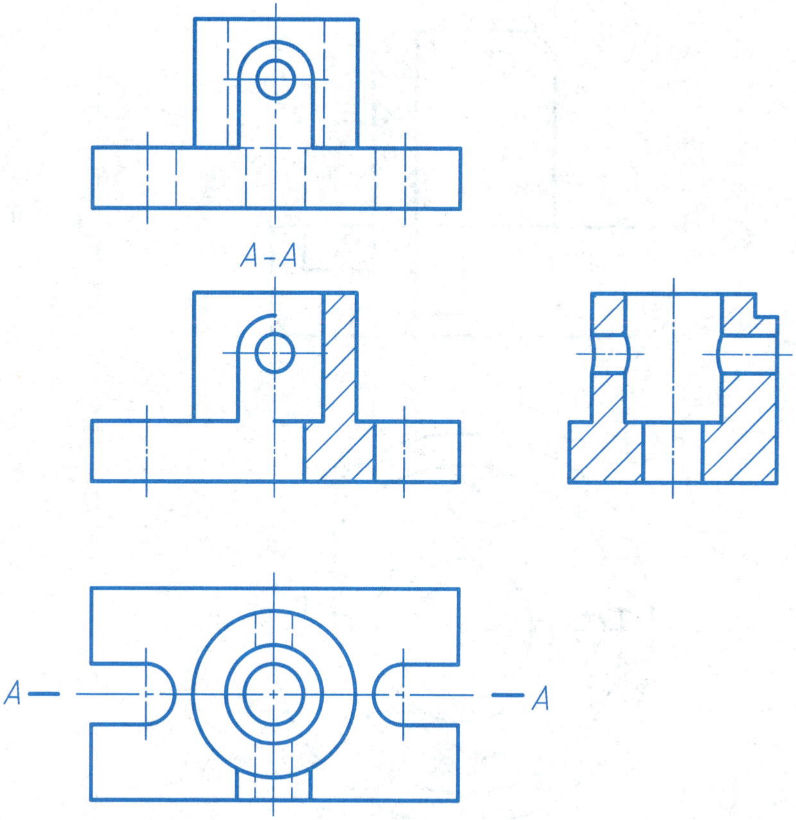

A-A

A　　A

8-16 在指定位置将主视图及左视图画成半剖视图。

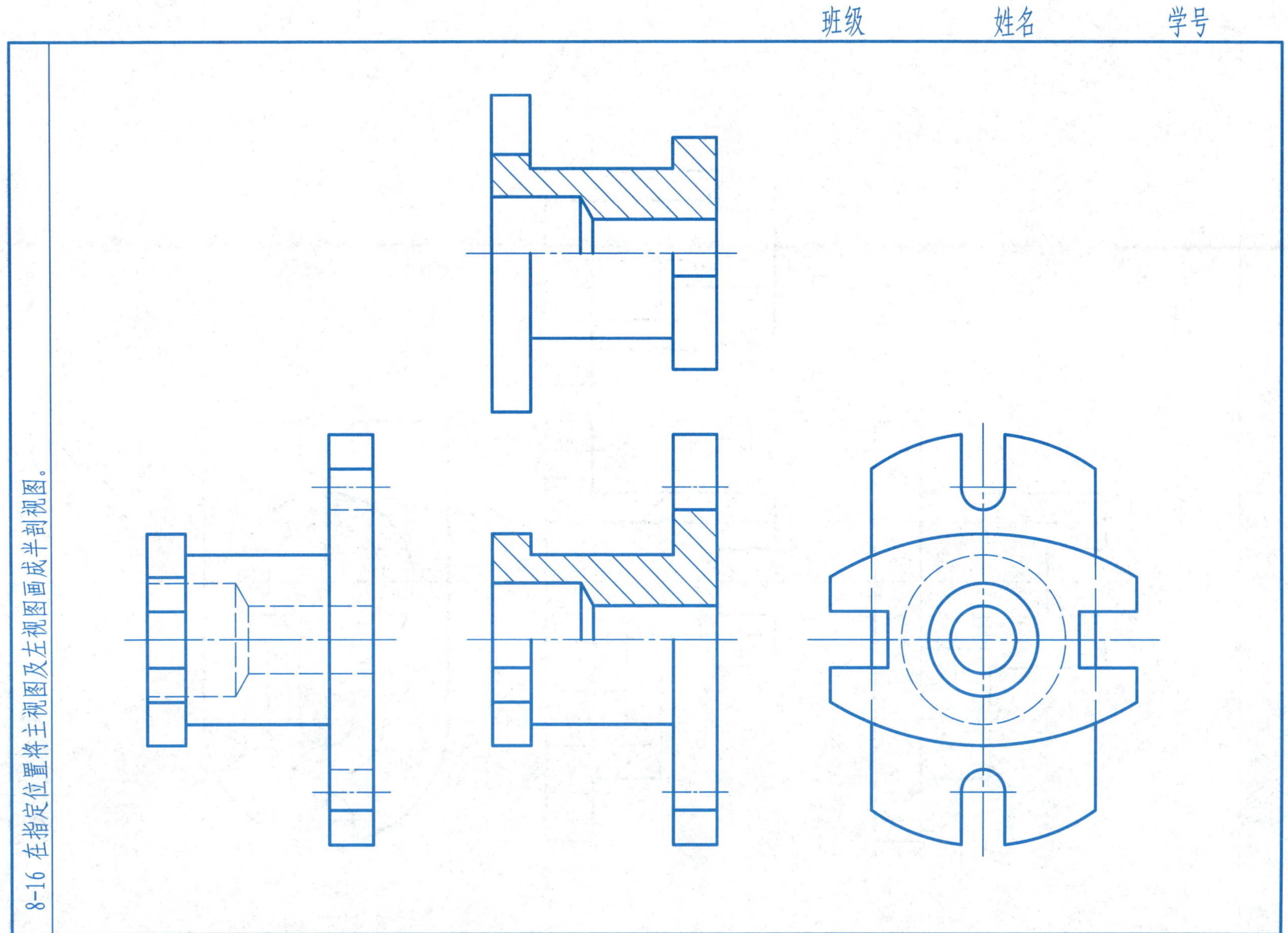

8-17　在指定位置将主视图画成全剖视图，左视图画成半剖视图。

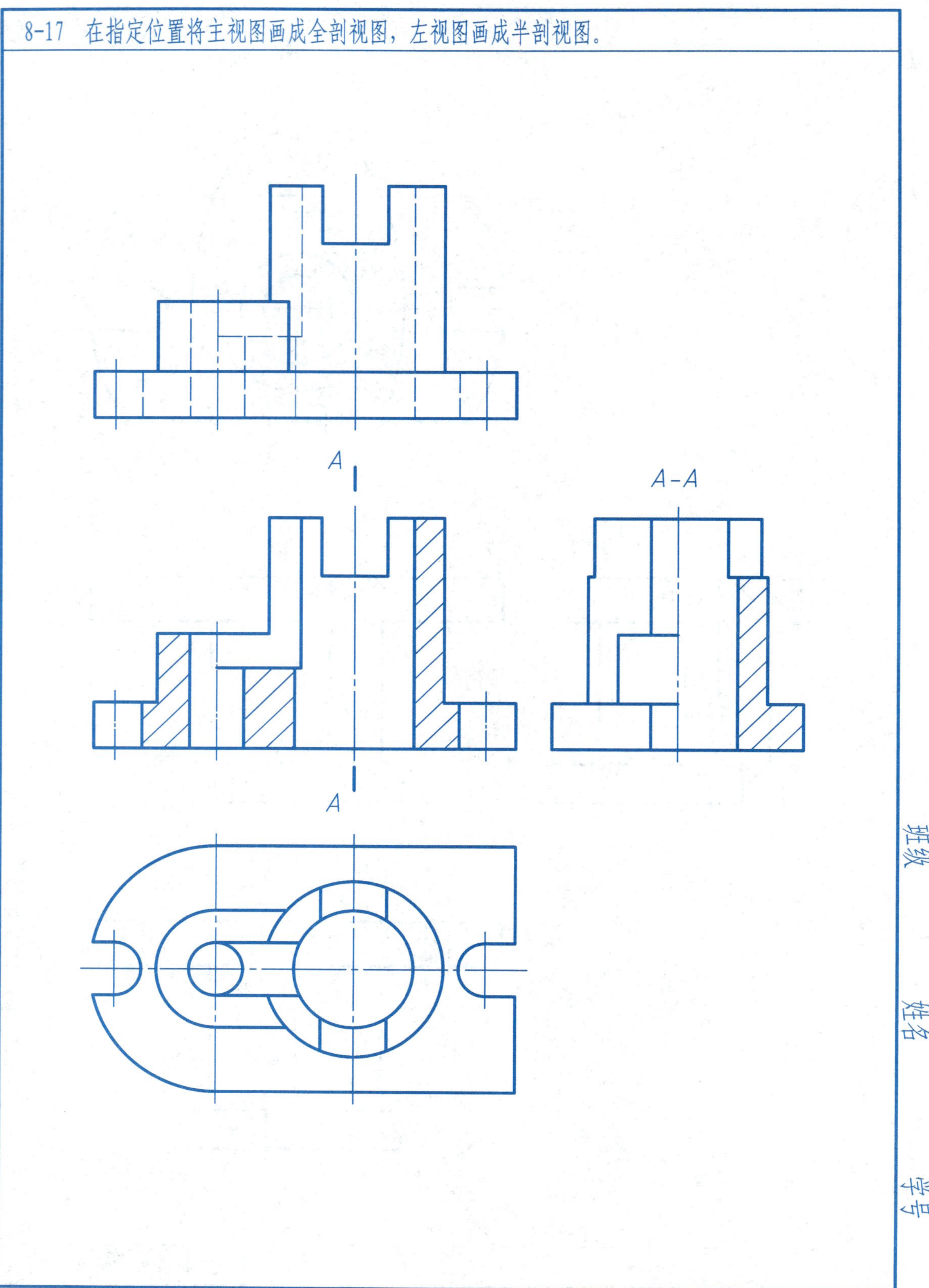
A
A-A
A

班级　　　　姓名　　　　学号

8-18 在指定位置将主视图、俯视图画成半剖视图，左视图画成全剖视图。

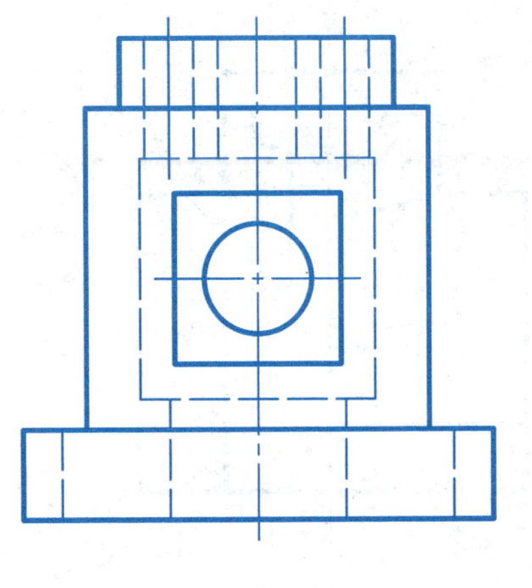

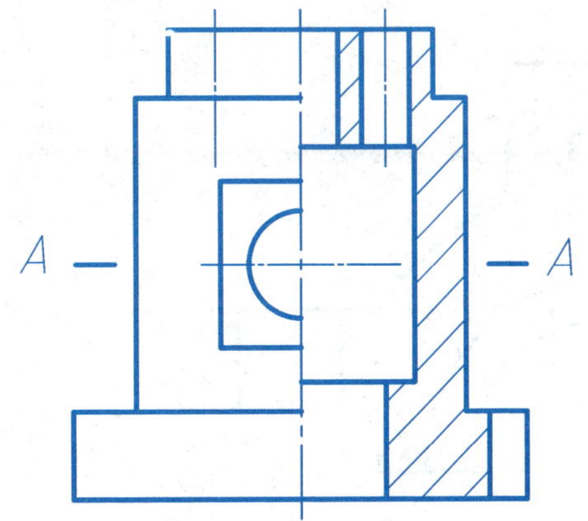
A
A

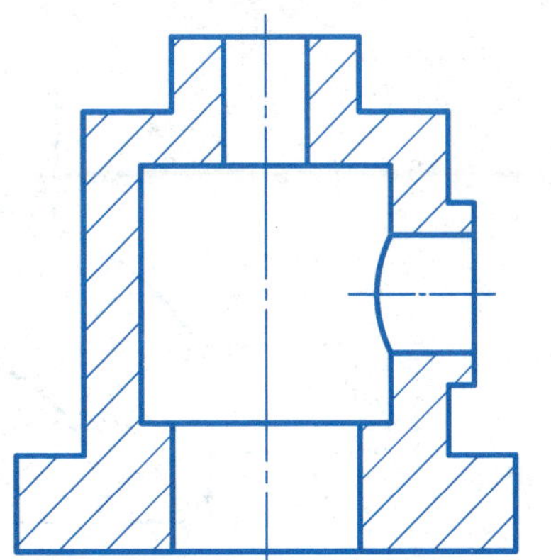

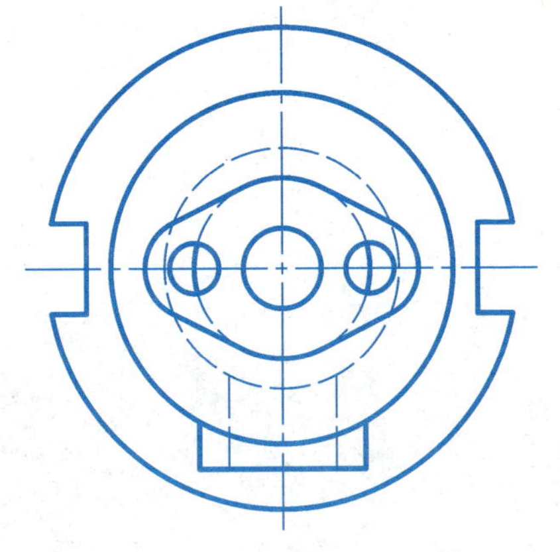

A—A

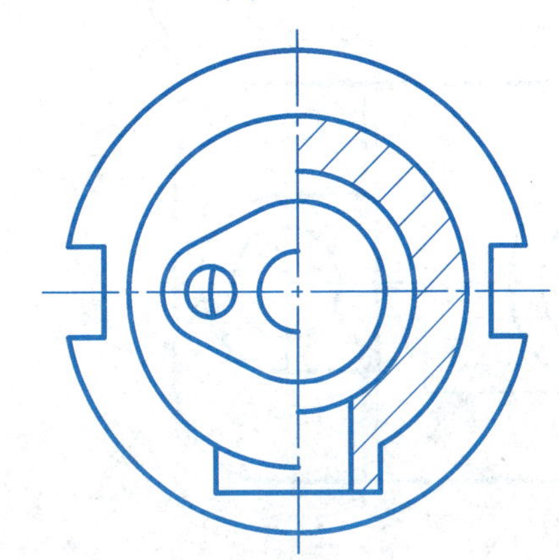

班级　　　　姓名　　　　学号

8-19　补全主视图的半个外形图，并画出半剖的左视图。

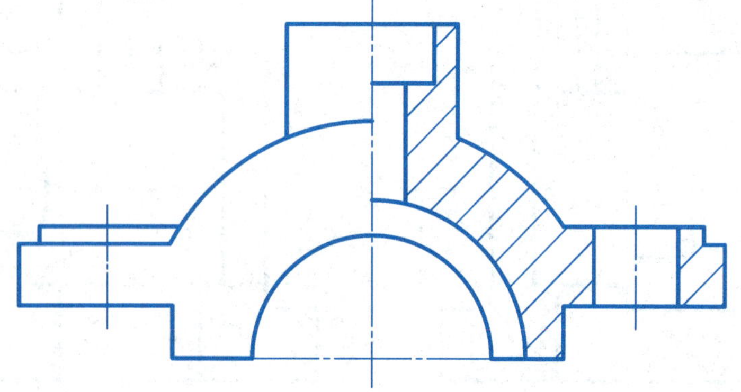

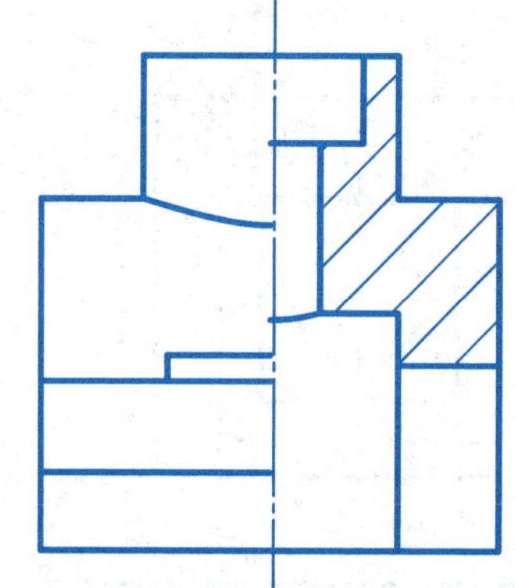

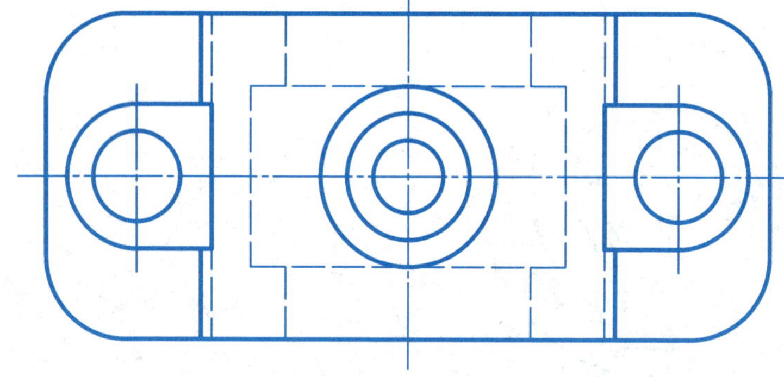

班级　　　　姓名　　　　学号

*8-20　已知机件的俯视图和左视图，补画半剖的主视图。

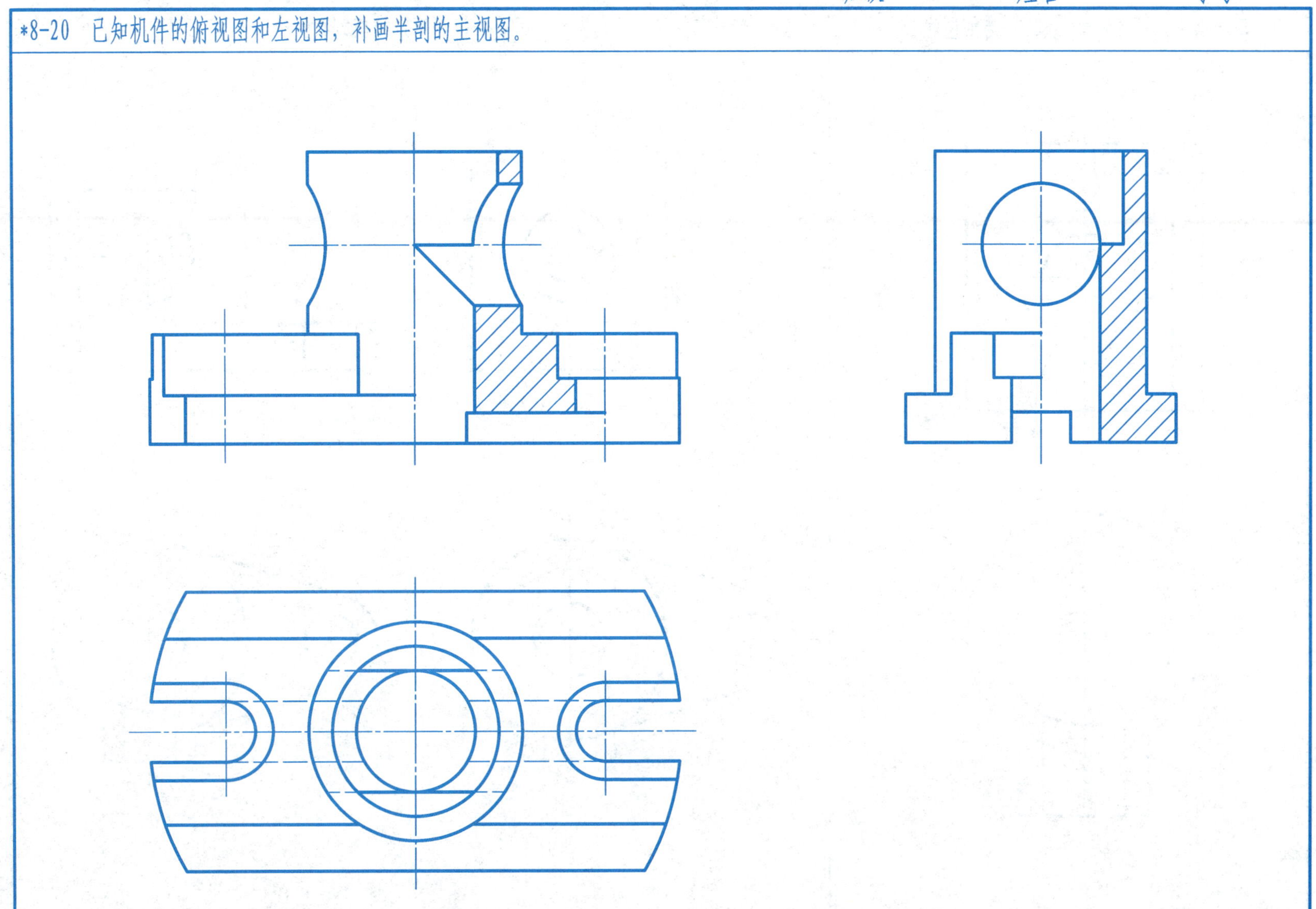

8-21 改正局部剖视图中的错误,不要的图线打“×”。

8-22 在指定位置将机件的主视图及俯视图画成局部剖视图。

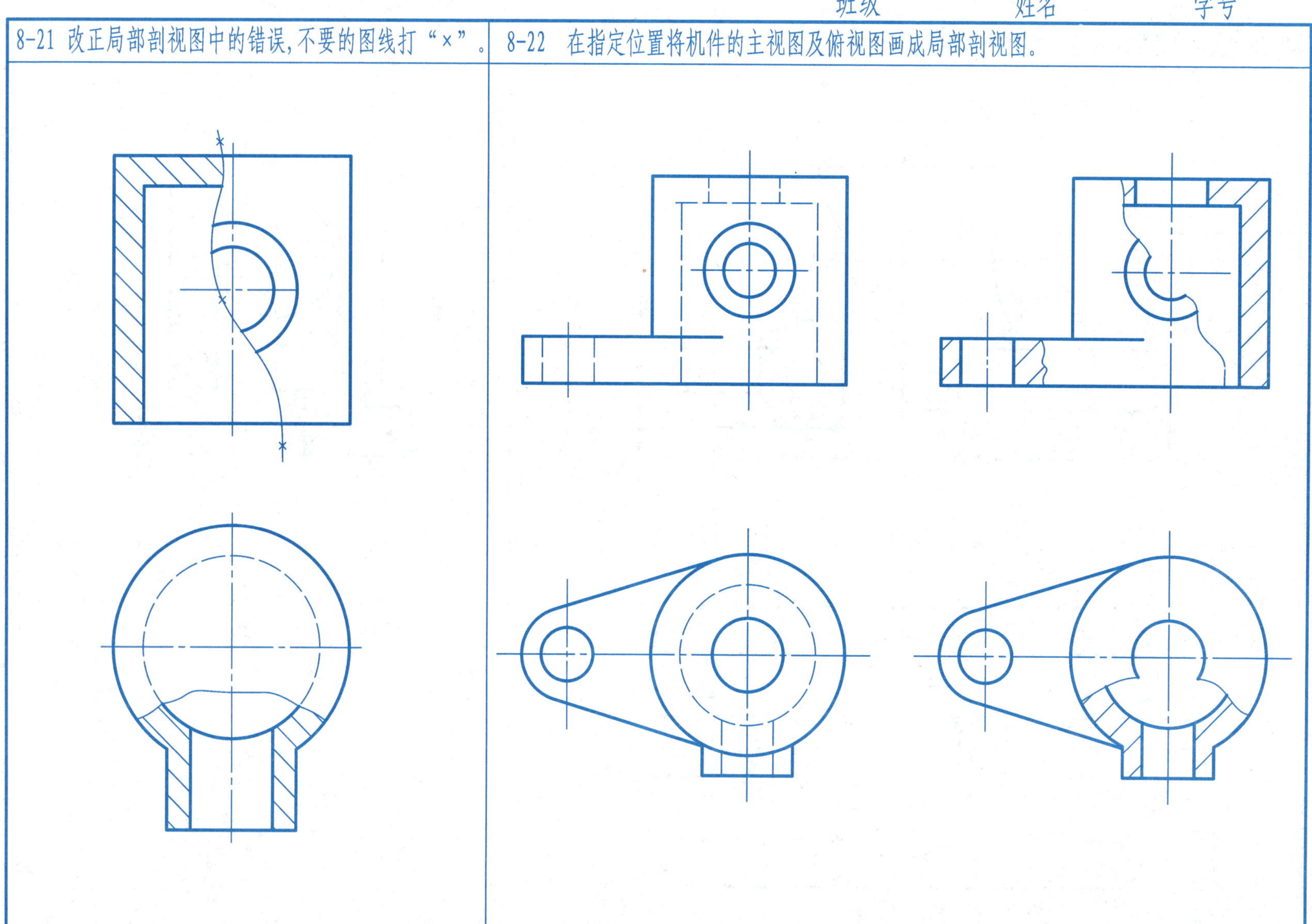

班级　　　　姓名　　　　学号

8-23 在指定的位置，将俯视图中的三个孔画成局部剖视图。

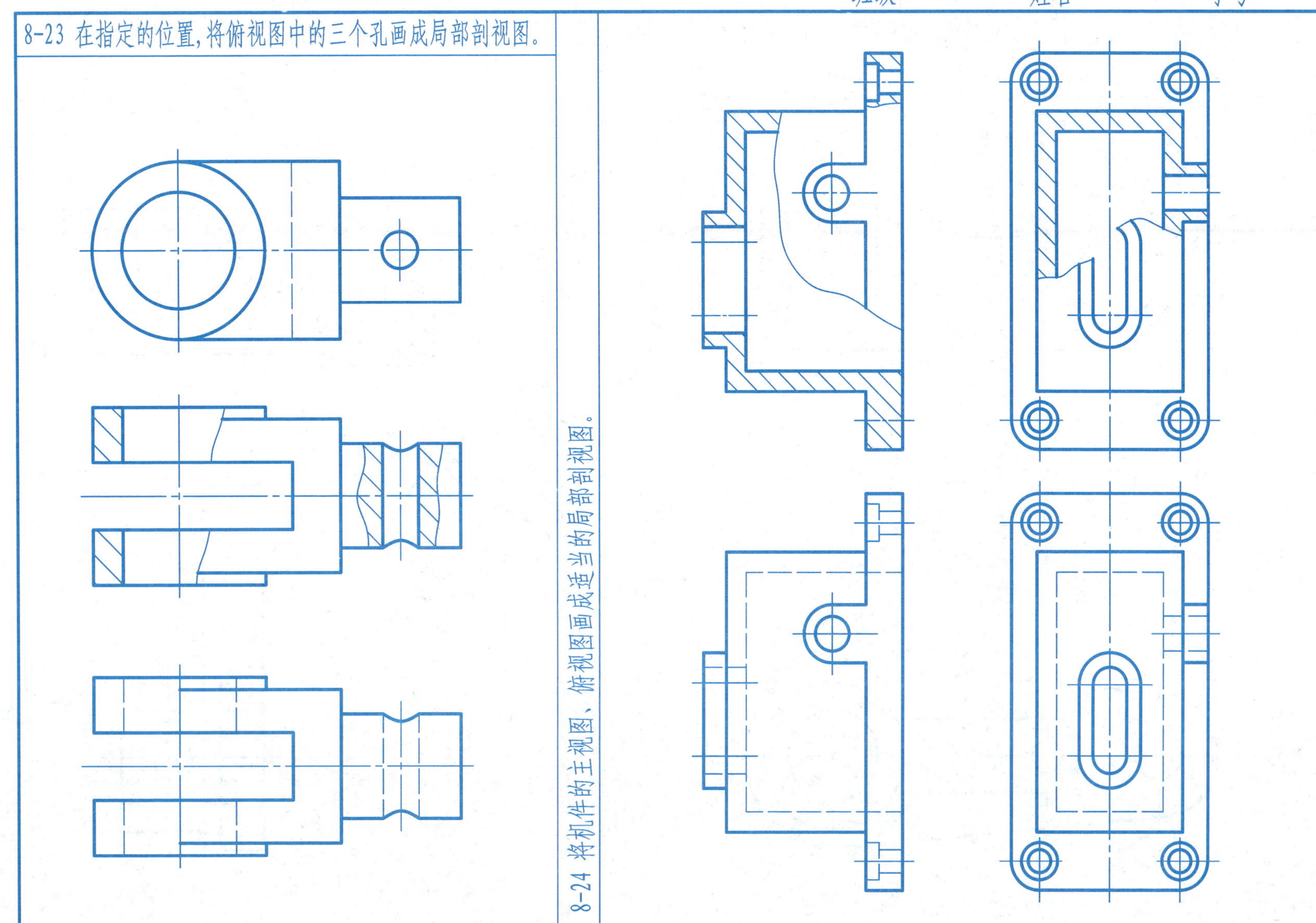

8-24 将机件的主视图、俯视图画成适当的局部剖视图。

班级　　　　　　姓名　　　　　　学号

8-25　参考主视图和左视图，画出机件的A-A斜剖视图和B-B剖视图，并分析在画出这两个剖视图后，可否省略左视图。打“√”选择正确答案（可√、否）。

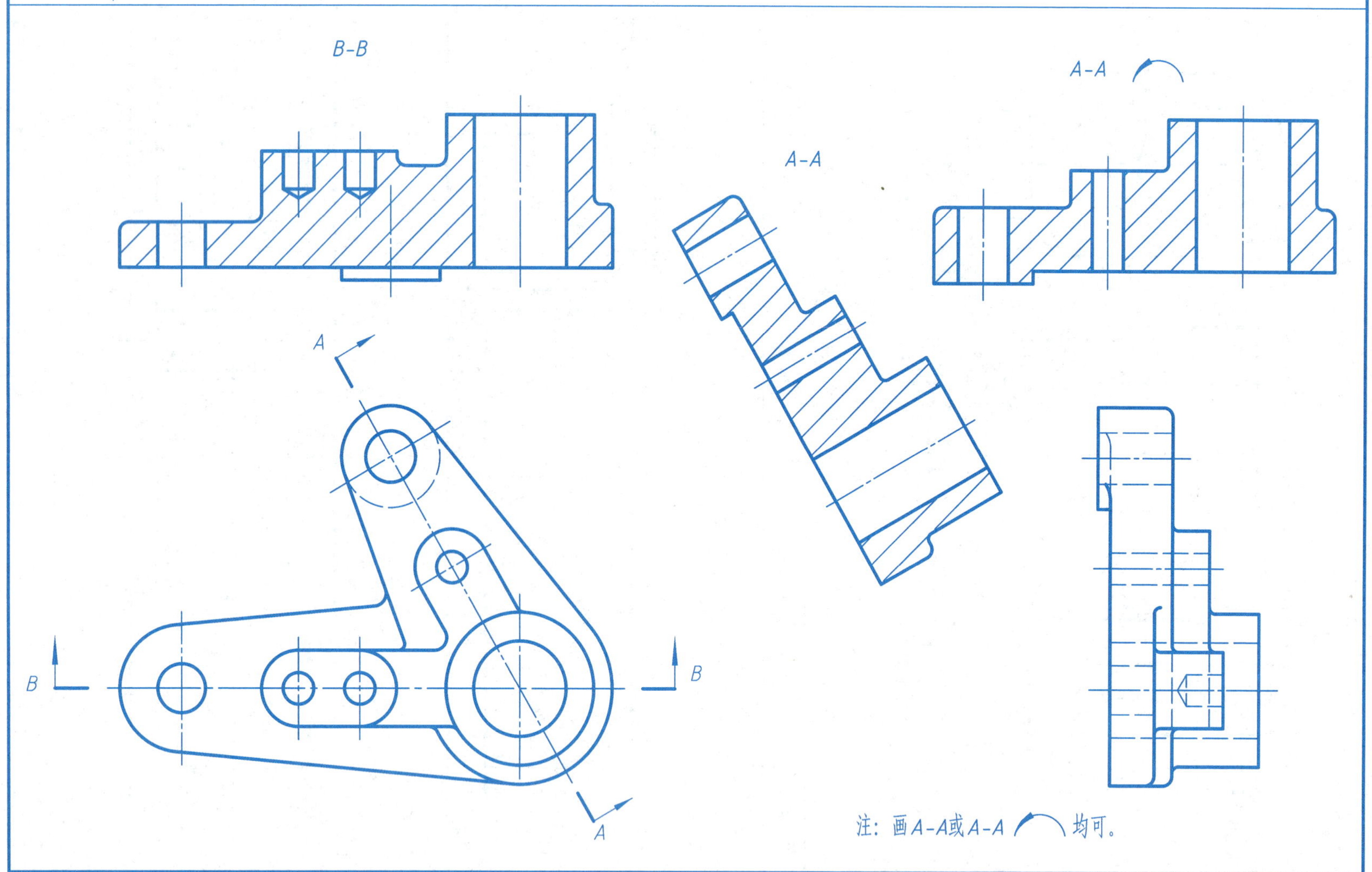

B-B
A-A
A-A
A
A
B
B
注：画A-A或A-A 均可。

8-26 在指定位置将主视图画成两个相交剖切平面(旋转剖)剖开后的全剖视图。

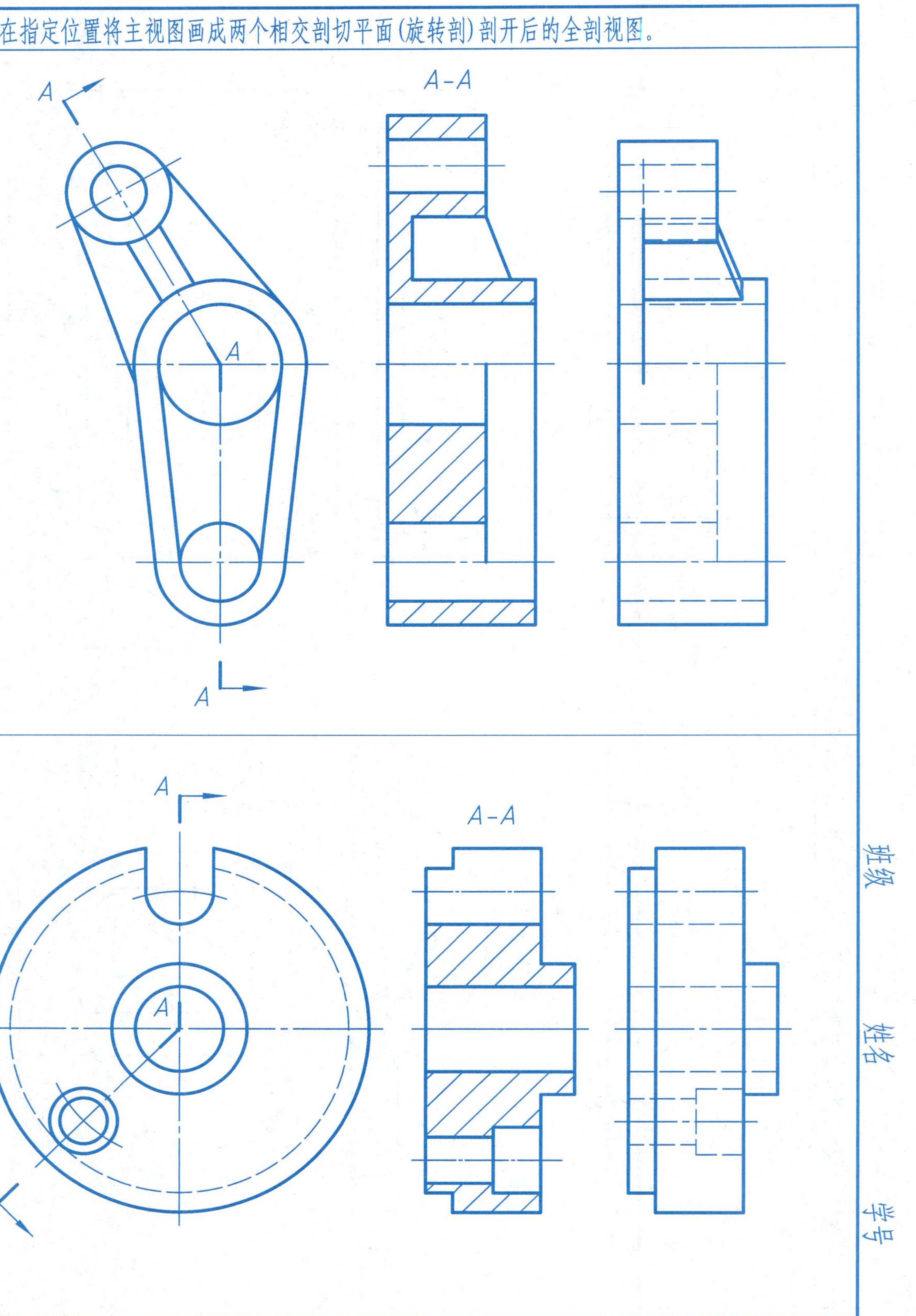

(1)
A
A-A
A
A
(2)
A
A-A
A
A

班级　　姓名　　学号

8-27　在指定位置将机件的主视图画成两个平行剖切平面(阶梯剖)剖开后的全剖视图。

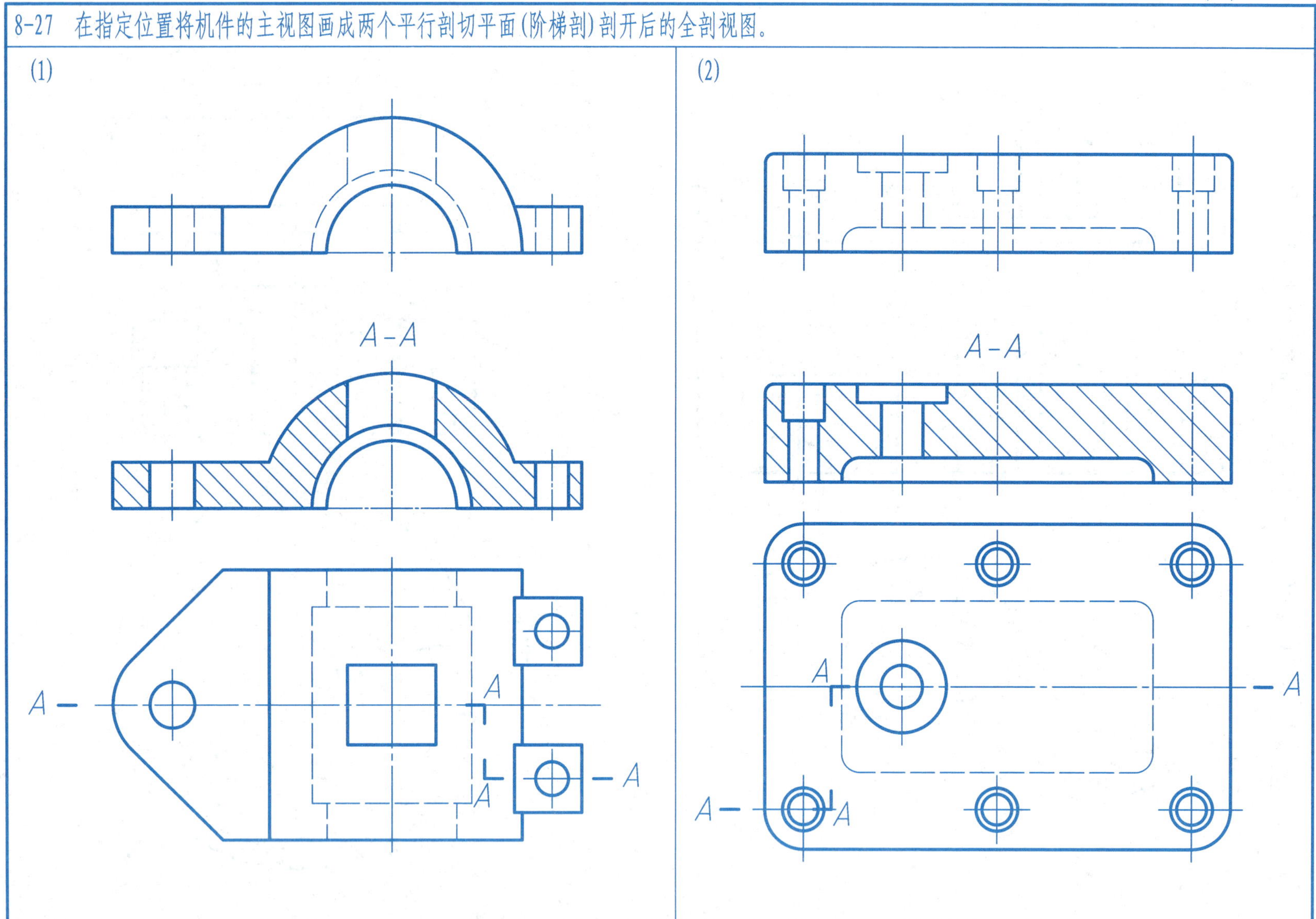
(1)
A-A
A
A
A
A
(2)
A-A
A
A
A
A

8-28　将主视图改画为使用两个平行的剖切平面(阶梯剖)剖开后的全剖视图,并作出 A-A 半剖左视图。

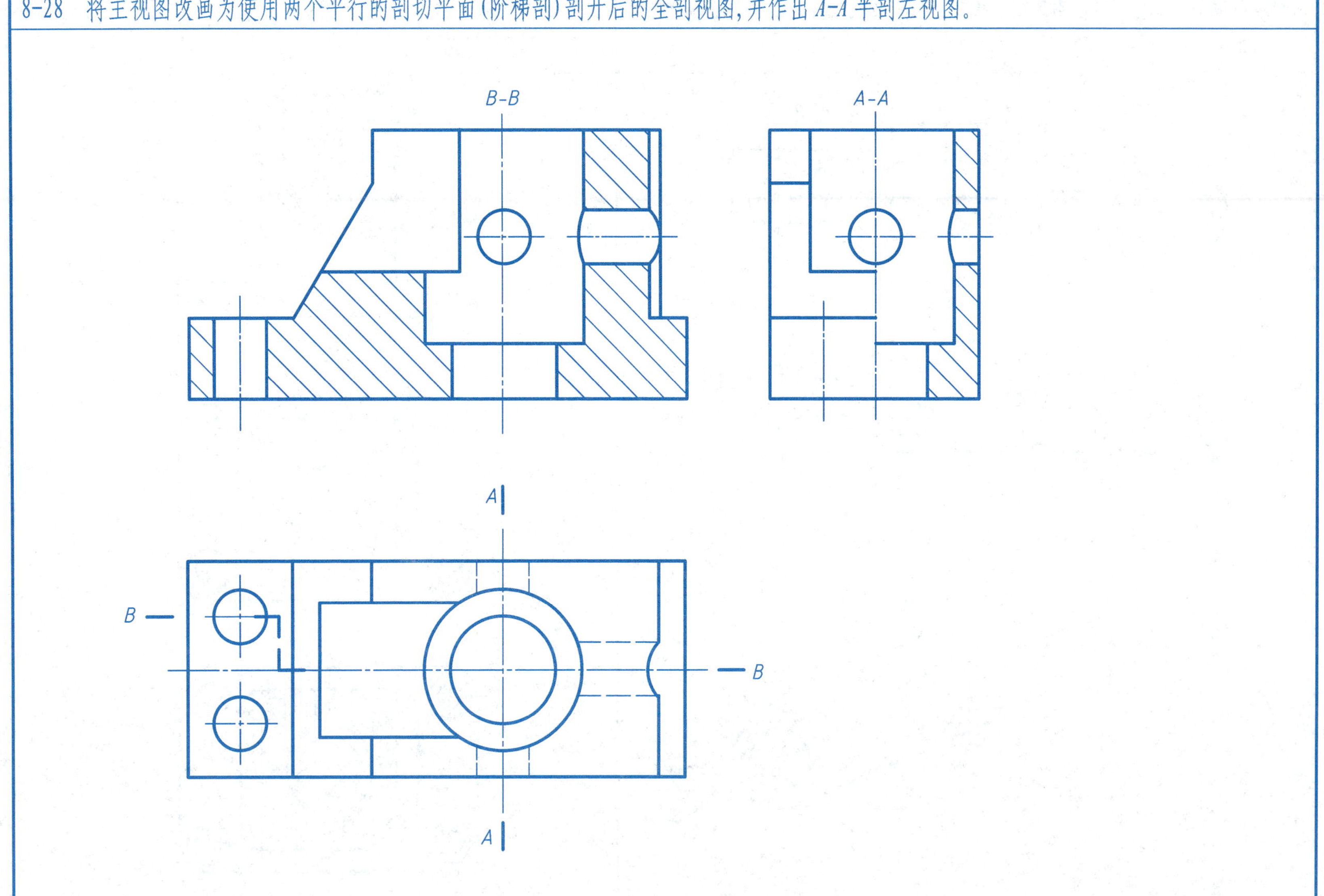

B-B
A-A
A
B
B
A

8-29 在指定位置将主视图画成两个相交剖切平面(旋转剖)剖开后的局部剖视图。

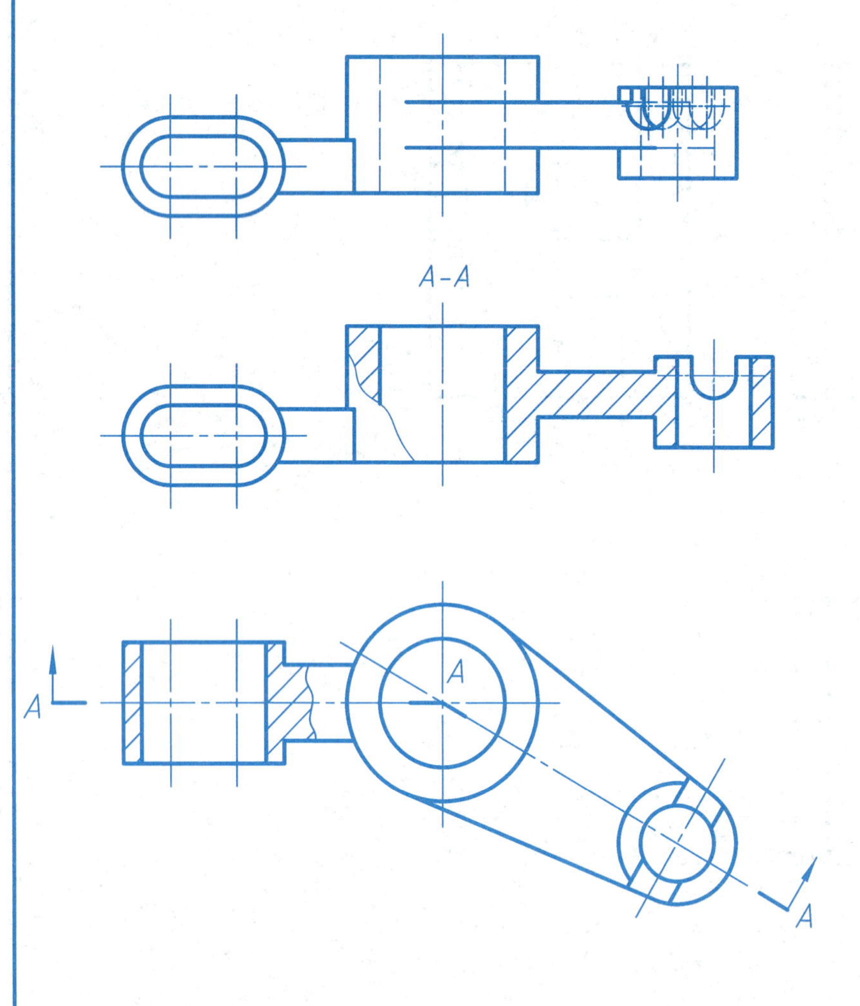
A-A
A
A
A

8-30 在指定位置将俯视图画成两个平行剖切平面(阶梯剖)剖开后的半剖视图。

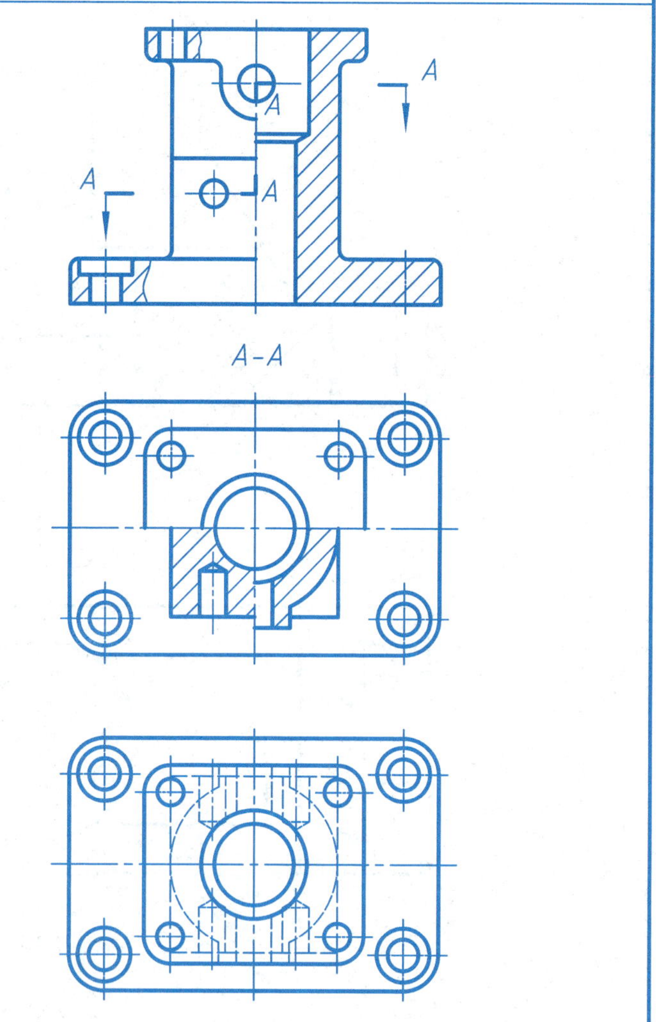
A
A
A
A
A-A

8-31 在指定位置将主视图画成复合剖的A-A剖视图。

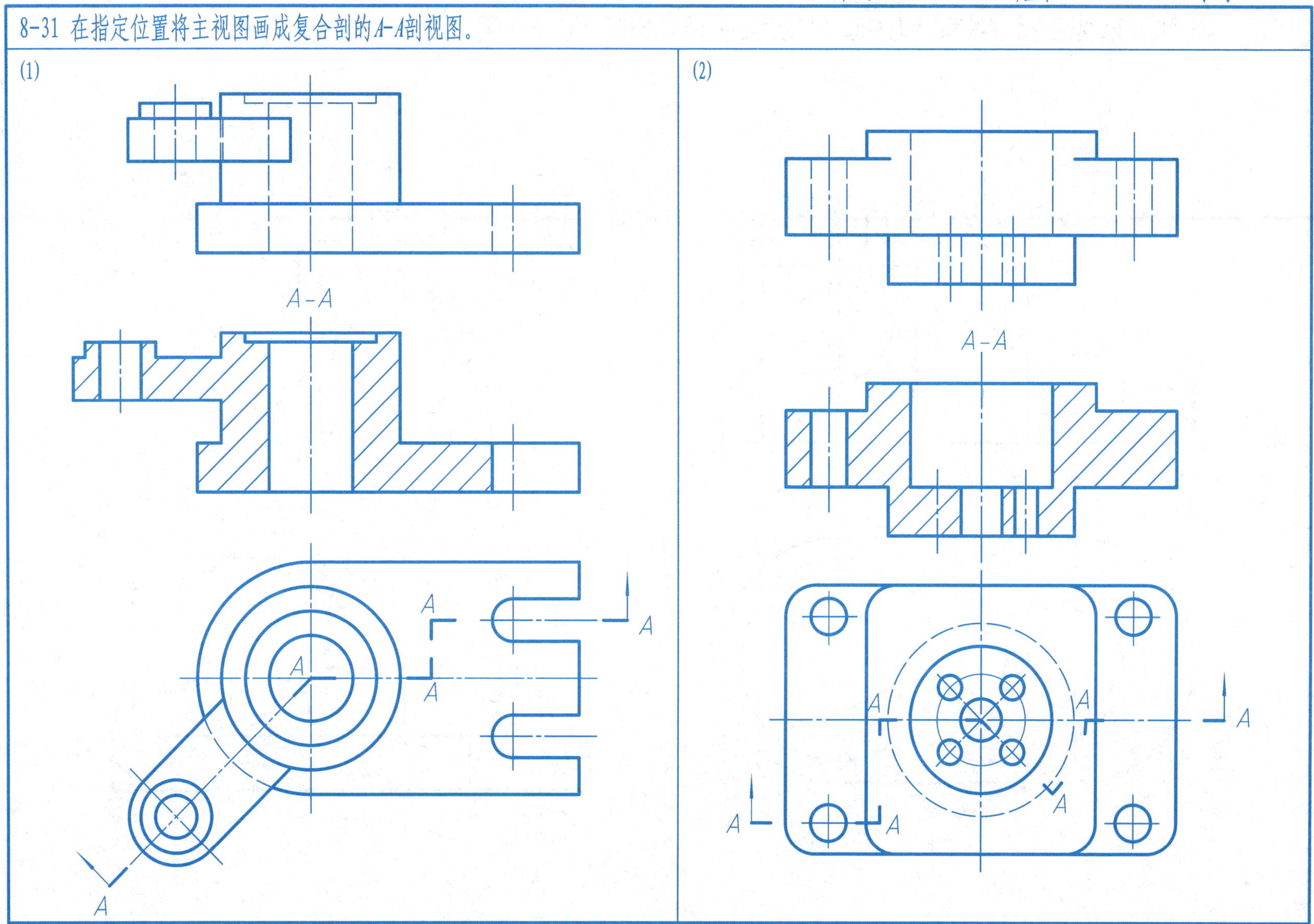

(1)
A-A
A
A
A
A
A
(2)
A-A
A
A
A
A
A
A
A

8-32 已知俯视图和A向视图，将主视图画成全剖视图，左视图画成两个平行剖切平面(阶梯剖)剖开后的全剖视图。

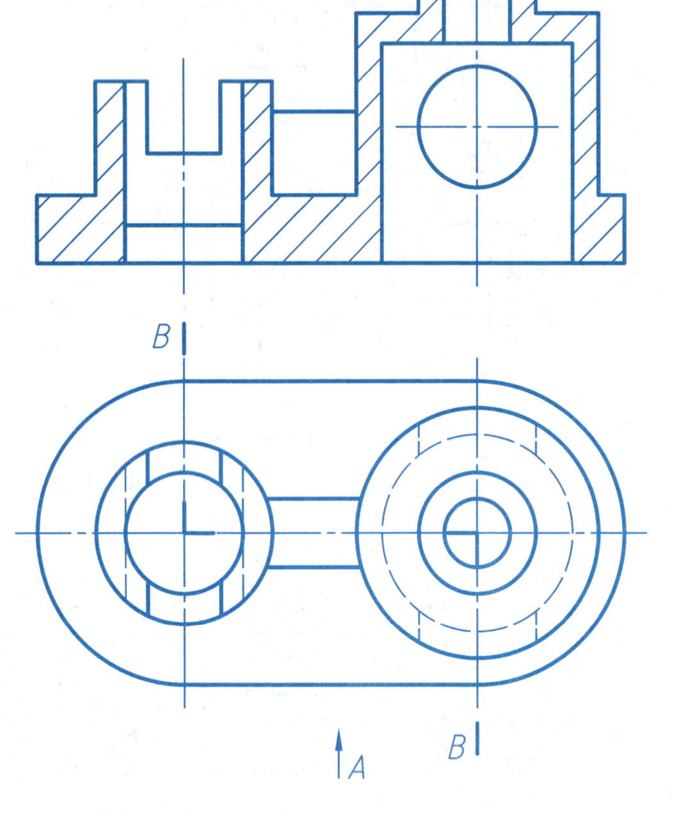
B
B
A

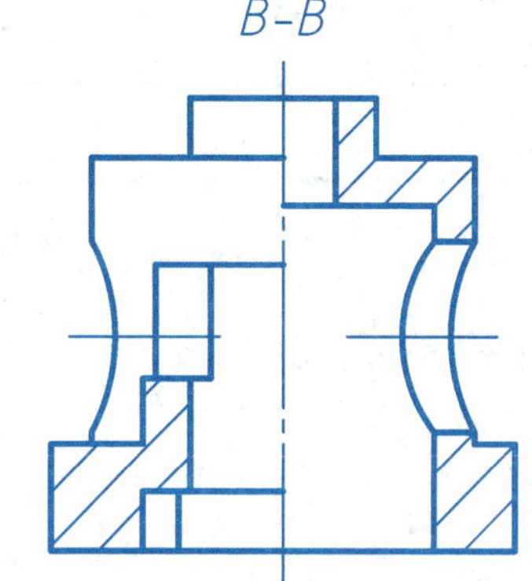
B-B

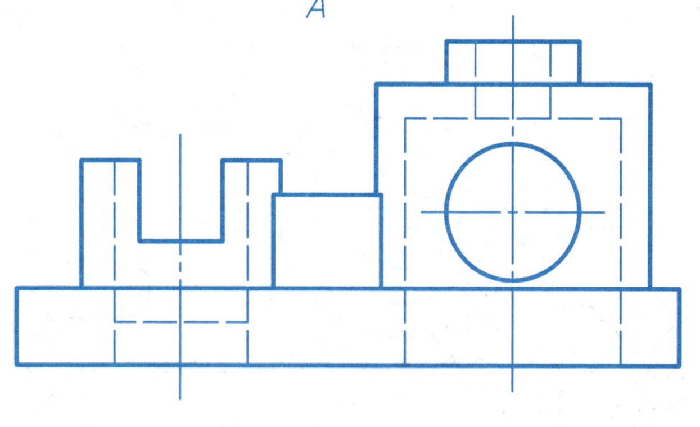
A

8-33 标注剖视图的尺寸，数值按1∶1从图中量取(取整数)。

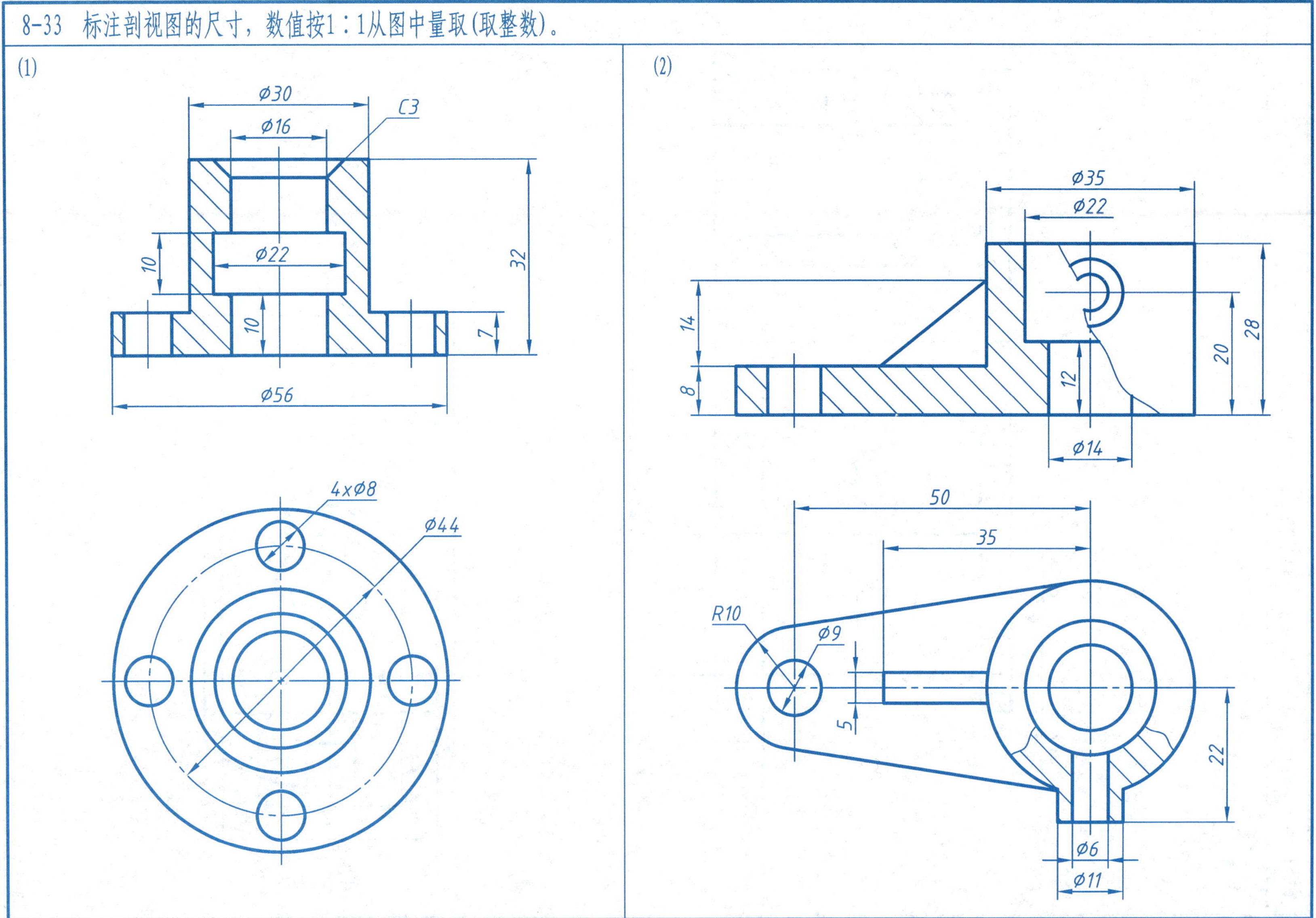
(1)
Ø30
C3
Ø16
Ø22
10
10
32
7
Ø56
4×Ø8
Ø44
(2)
Ø35
Ø22
14
8
12
20
28
Ø14
50
35
R10
Ø9
5
22
Ø6
Ø11

8-34 标注剖视图的尺寸，数值按1:1从图中量取(取整数)。

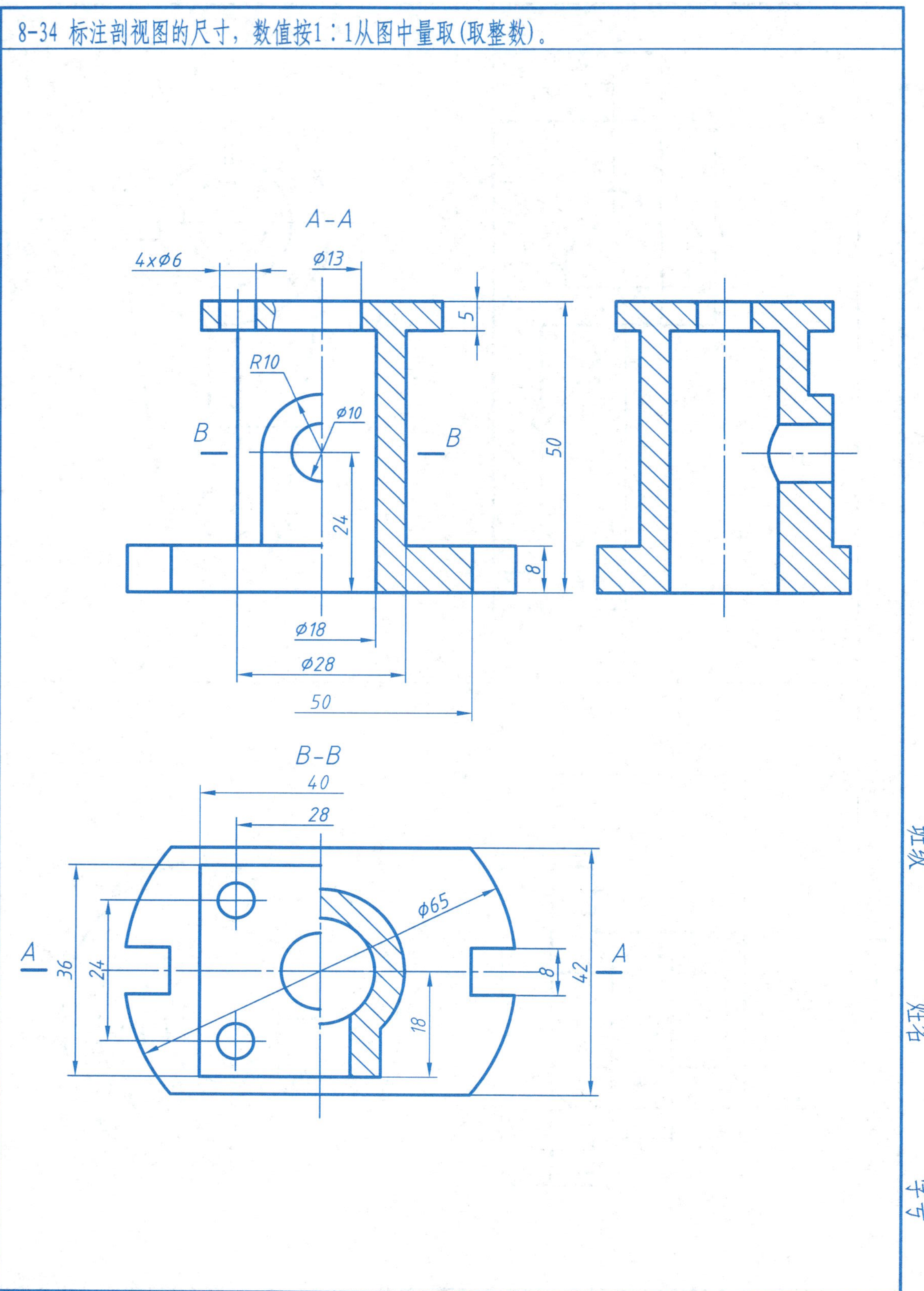

A-A
4×ϕ6
ϕ13
5
R10
ϕ10
B
B
50
24
8
ϕ18
ϕ28
50
B-B
40
28
ϕ65
A
A
36
24
8
42
18

班级　　　　姓名　　　　学号

班级　　　　姓名　　　　学号

8-35 按指定的剖切位置绘制断面图。(注：轴的左方键槽深4.5 mm；90° 锥坑深3 mm；右方半圆键键槽宽6 mm，中间圆孔直径为6 mm。)

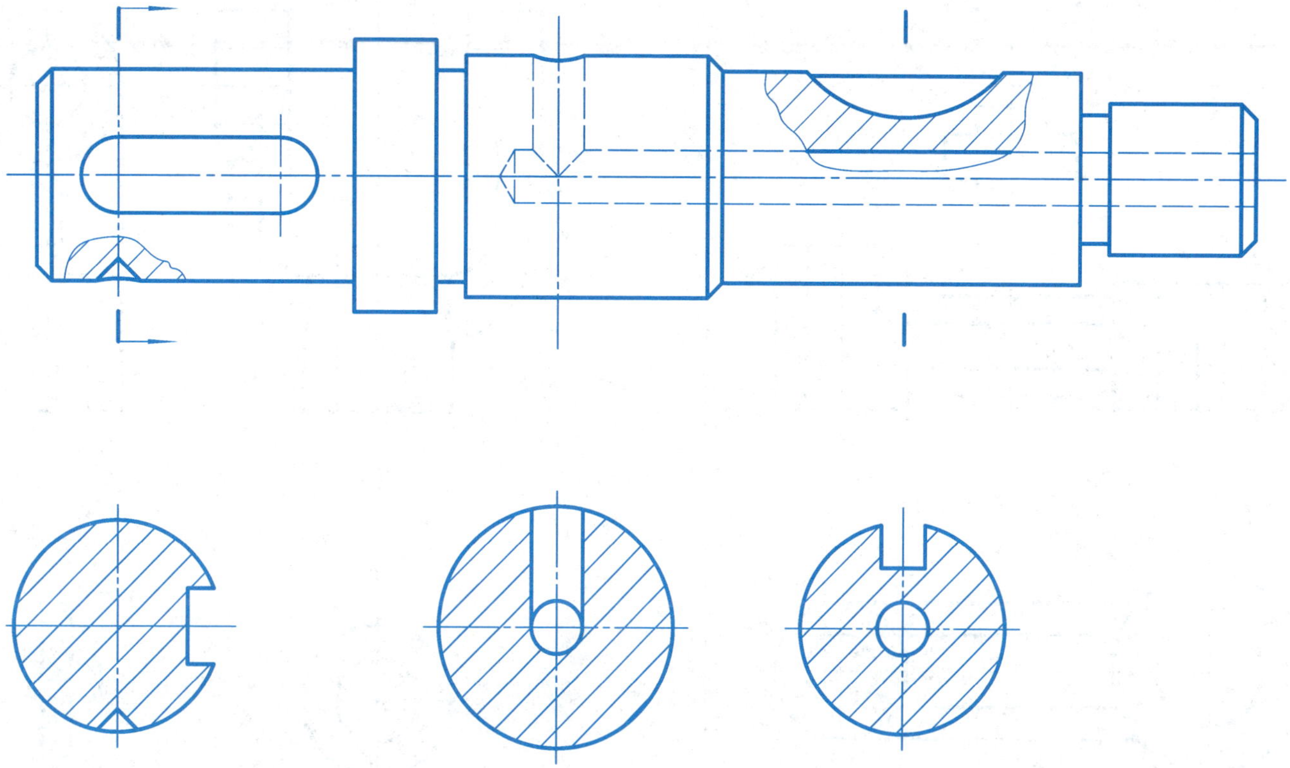

8-36 在指定位置画移出断面图。

8-37 在指定位置画B-B移出断面图。

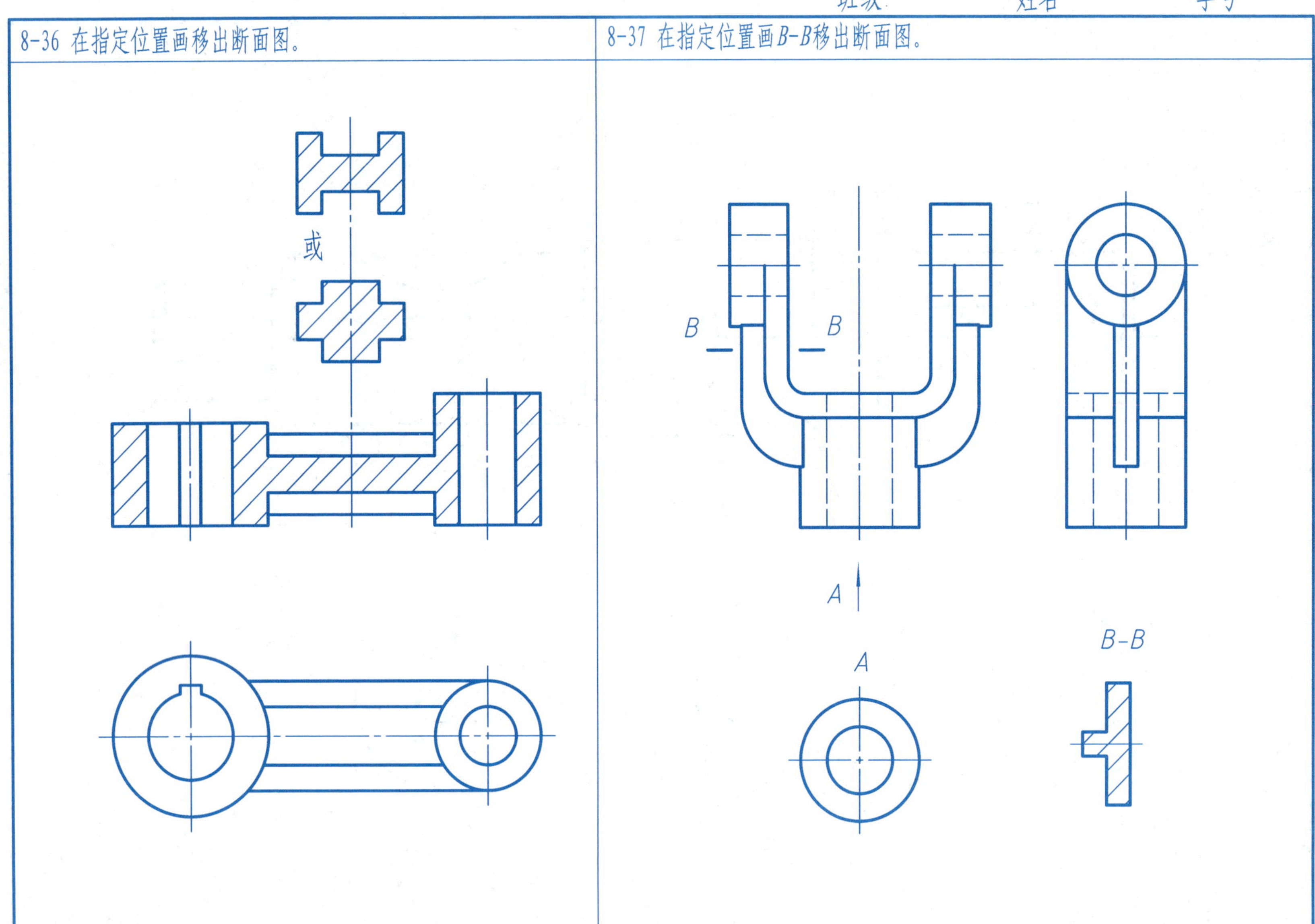

或
B
B
A
A
B-B

班级　　　　　　姓名　　　　　　学号

8-38　在指定位置(主视图点画线处)作出连接板的重合断面图。

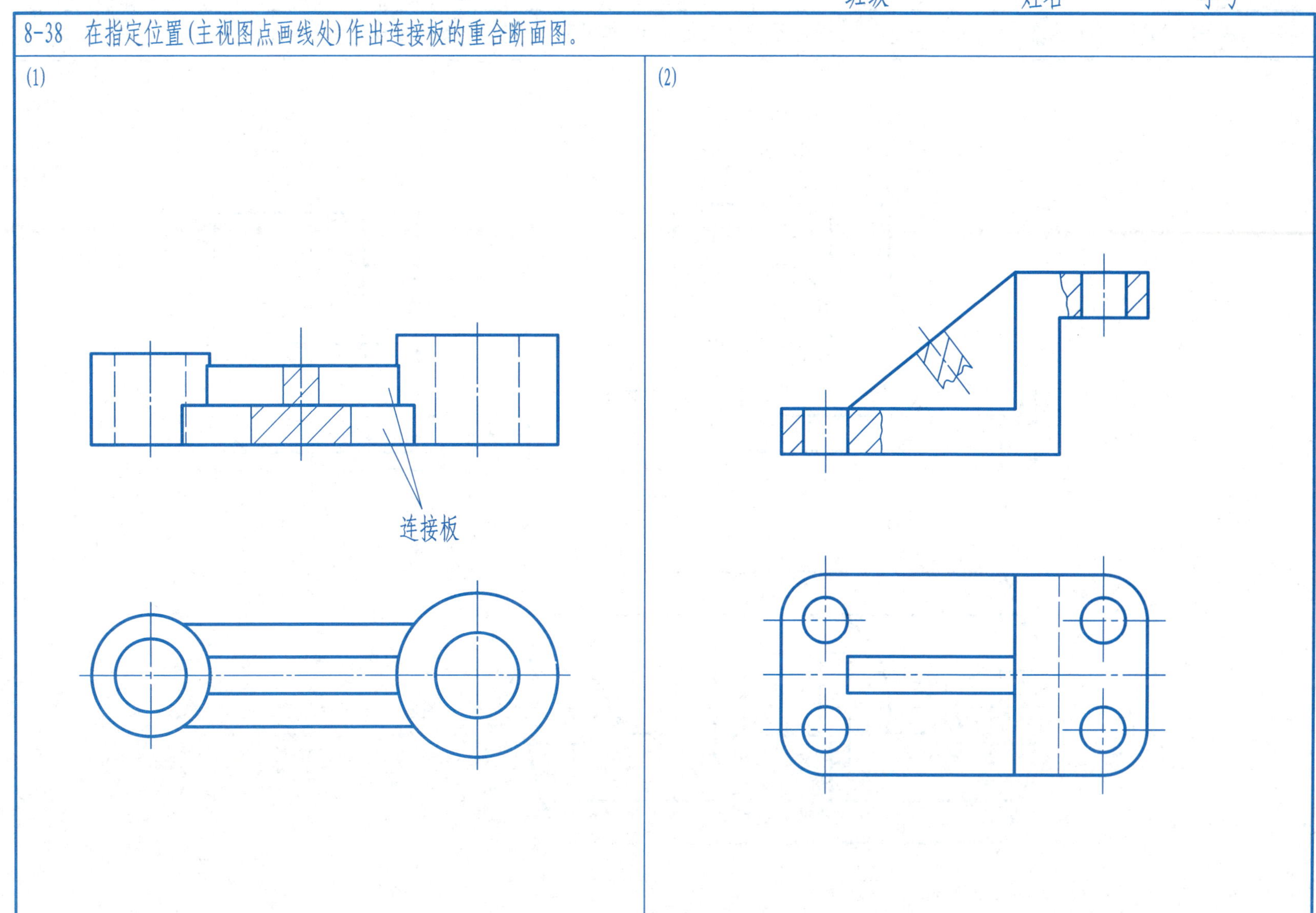
(1)
(2)
连接板

班级　　　　姓名　　　　学号

8-39 根据所给视图，在A3图纸上画出机件的主、俯、左视图，并作适当剖视，绘图比例2∶1。(图名：表达方案选择1)

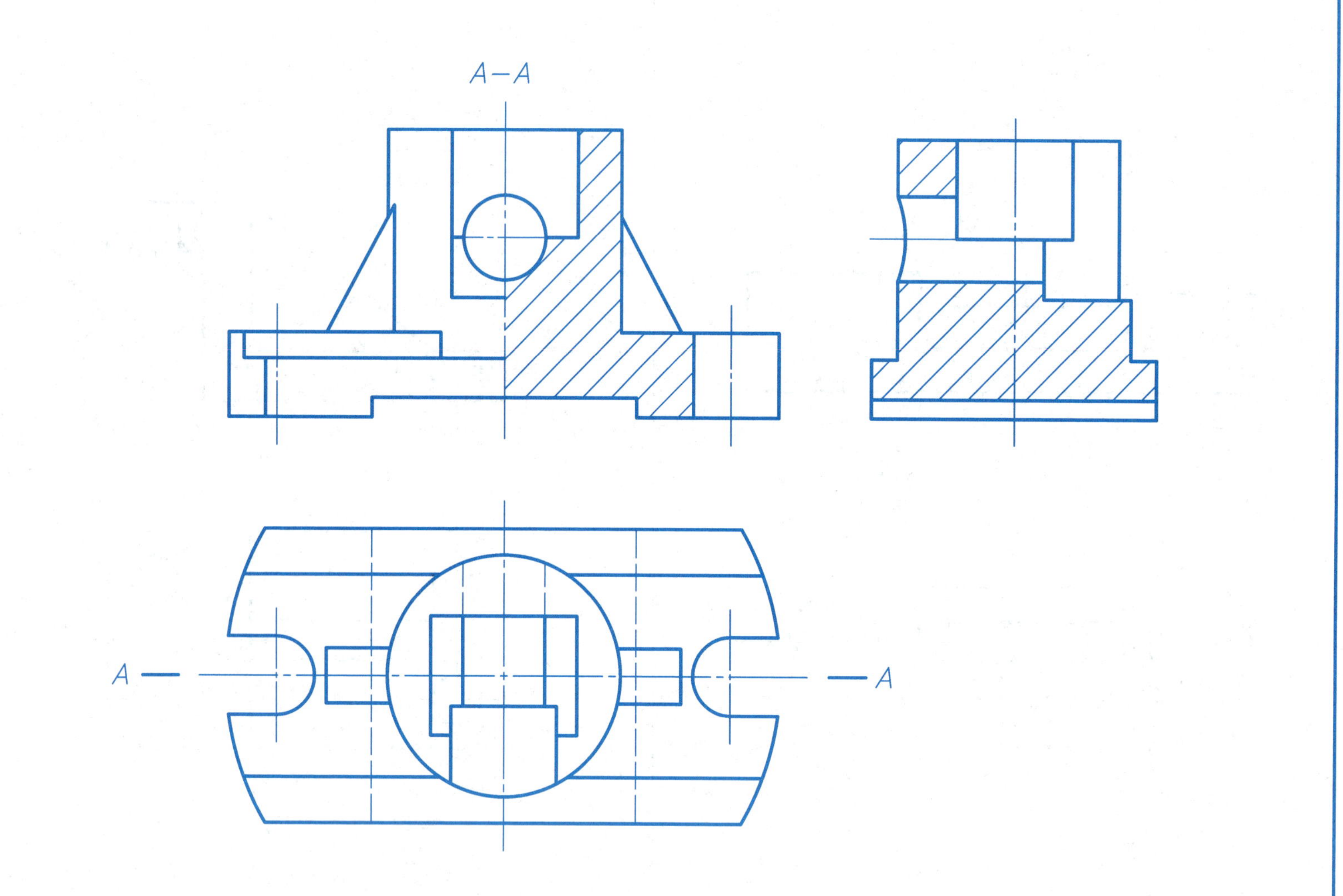

A—A
A
A

8-40　由机件的两视图，选择合适的表达方案(剖视、断面图和其它视图)，画在A3图纸上，绘图比例1∶2，并标注尺寸。(图名：表达方案选择2)

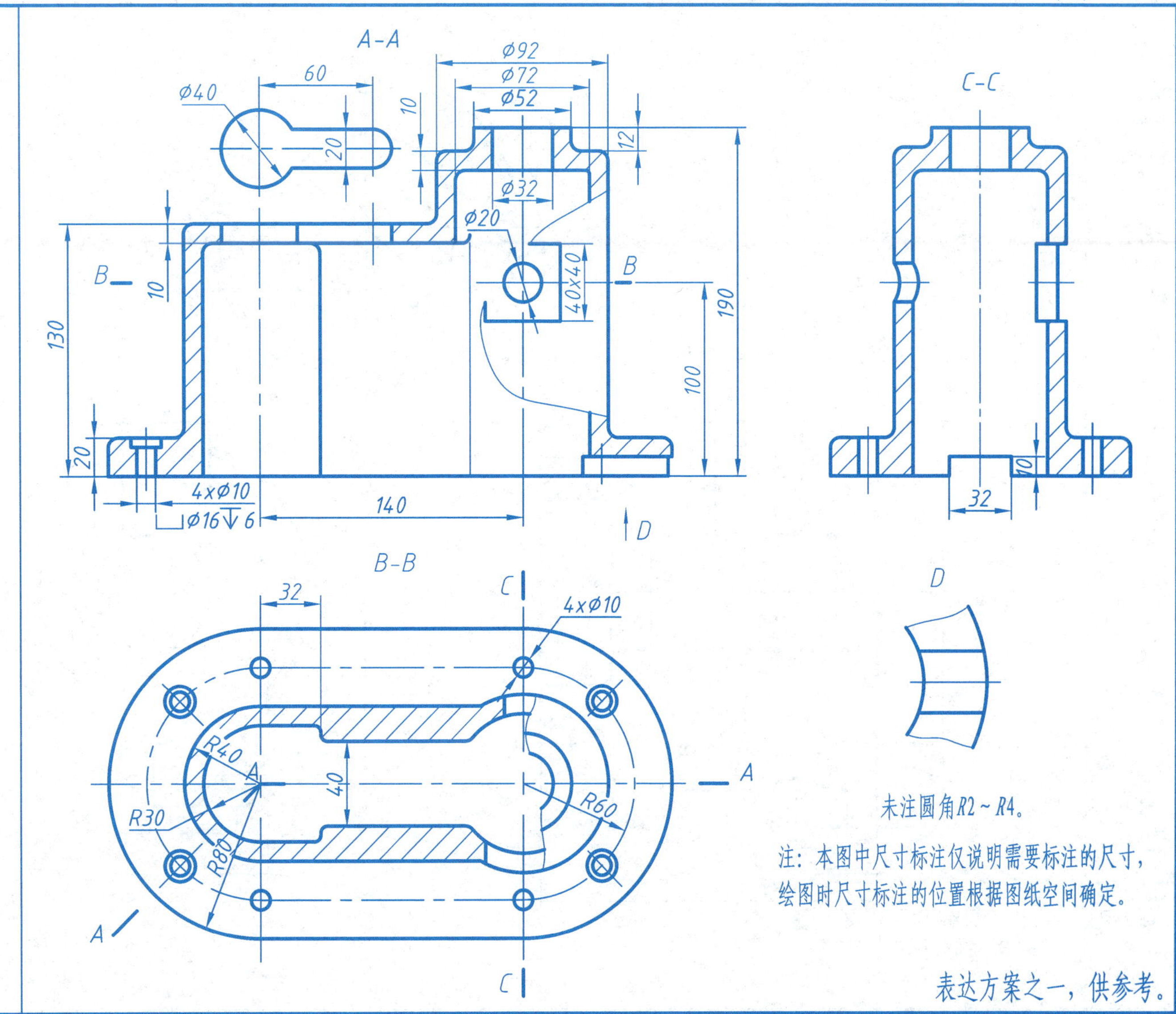
A-A
60
ϕ40
20
ϕ92
ϕ72
ϕ52
10
12
ϕ32
ϕ20
40X40
B
B
10
130
20
190
100
4xϕ10
⌴ϕ16↧6
140
D
C-C
10
32
B-B
32
C
4xϕ10
R40
40
R30
R80
R60
A
A
C
D

未注圆角R2～R4。

注：本图中尺寸标注仅说明需要标注的尺寸，绘图时尺寸标注的位置根据图纸空间确定。

表达方案之一，供参考。

8-41 选择适当的表达方案，将图示机件的内外部形状结构表达清楚，并标注尺寸。用A3图纸，比例为1∶1。（图名：表达方案选择3）

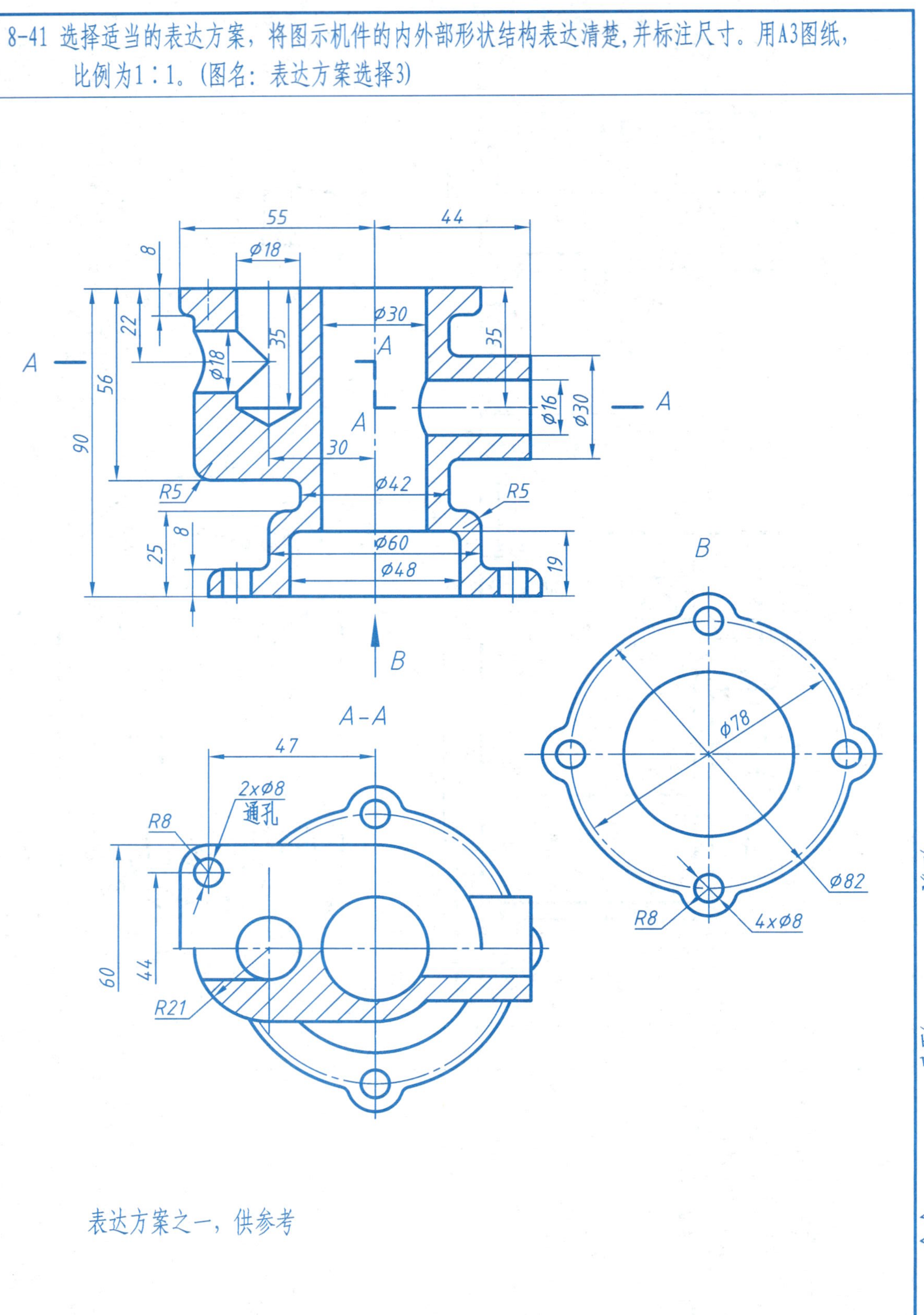

55
44
8
φ18
22
35
φ30
A
35
A
56
φ18
φ16
φ30
A
90
30
φ42
R5
R5
8
φ60
25
φ48
19
B
B
A-A
φ78
47
2×φ8
通孔
R8
φ82
R8
4×φ8
60
44
R21
表达方案之一，供参考

班级　　　　　姓名　　　　　学号

8-42　选择适当的表达方案，将图示机件的内外部形状结构表达清楚，并标注尺寸。用A3图纸，比例为1：2。(图名：表达方案选择4)

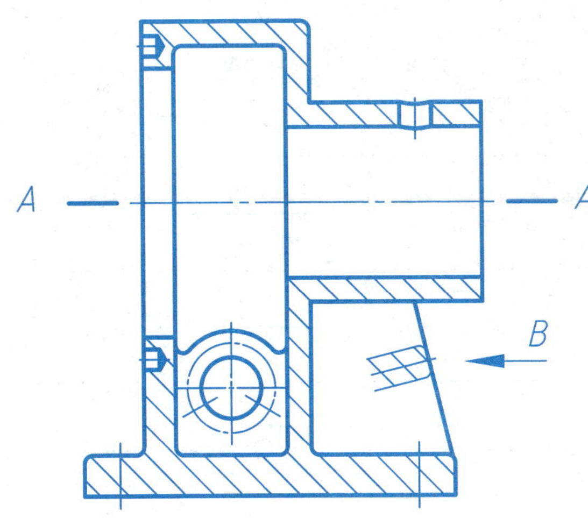
A
A
B

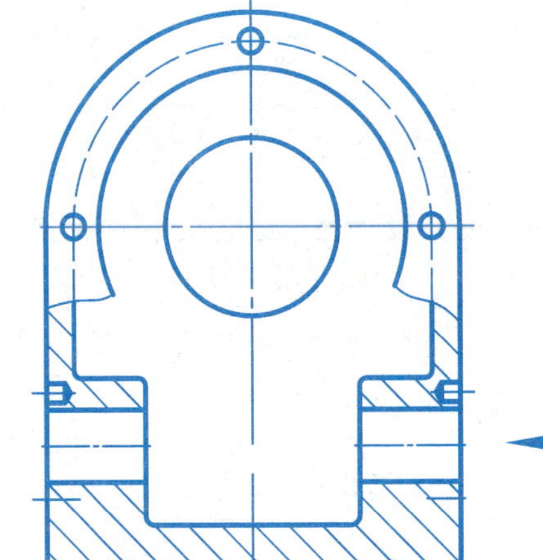
C
C

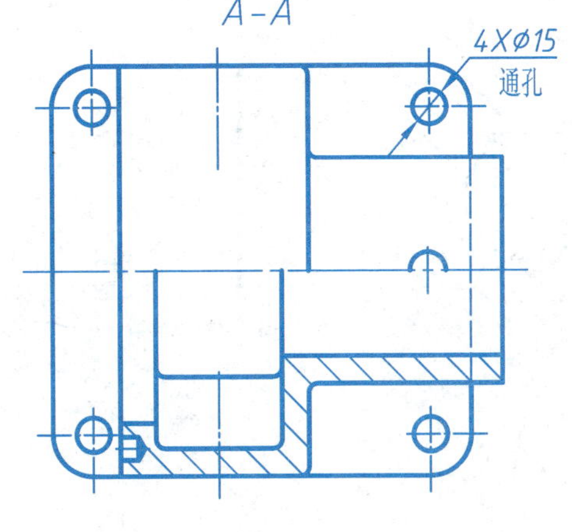
A-A
4XØ15
通孔

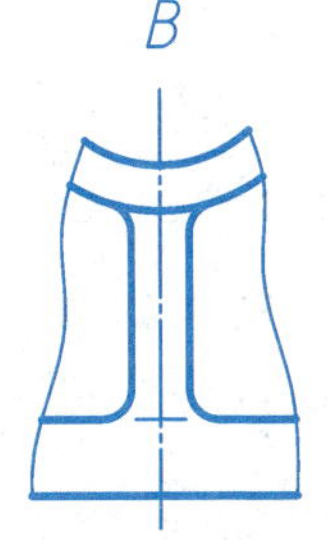
B

表达方案之一，供参考。

注：尺寸标注略。

9-1 识别下列螺纹标记中各代号的意义，并填表。

螺纹标记	螺纹种类	螺纹大径	导程	螺距	线数	公差带代号	旋向
M20LH-6H	普通螺纹（粗牙、外螺纹）	20	2.5	2.5	单线	6H	左旋
M20X1.5-6g7g	普通螺纹(细牙、内螺纹)	20	1.5	1.5	单线	6g、7g	右旋
Tr40X14(P7)-8e	梯形螺纹(内螺纹)	40	14	7	双线	8e	右旋
G3/4	非螺纹密封的管螺纹(内螺纹)	26.441	1.814	1.814	单线		右旋

9-2 分析螺纹画法中的错误，将正确画法画在下面指定处。

(1)

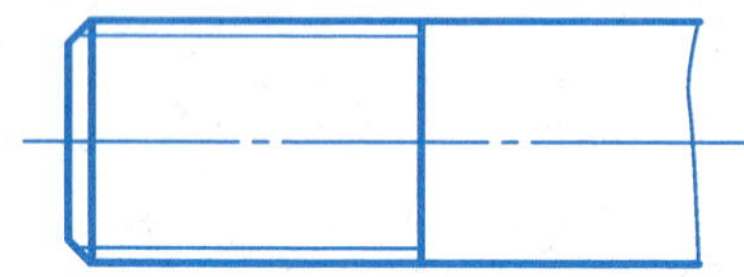

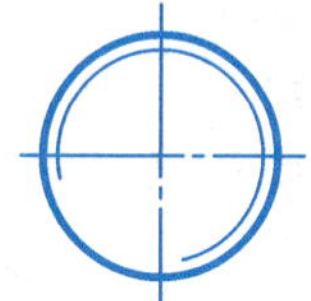

(2)

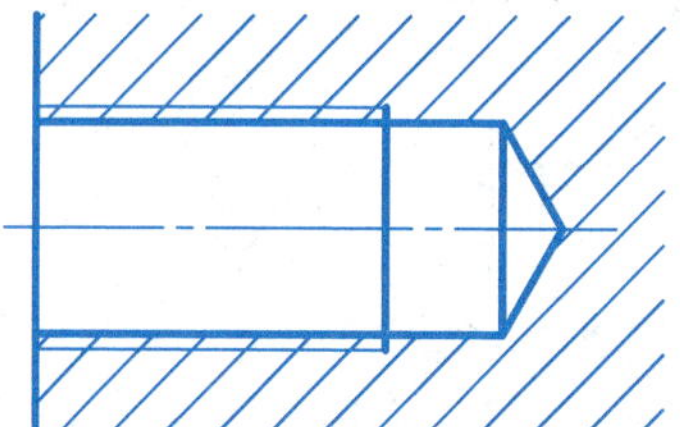

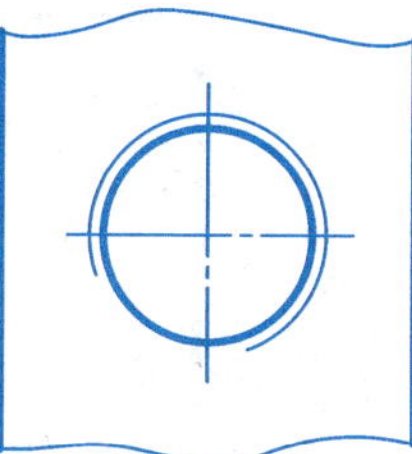

班级　　　　姓名　　　　学号

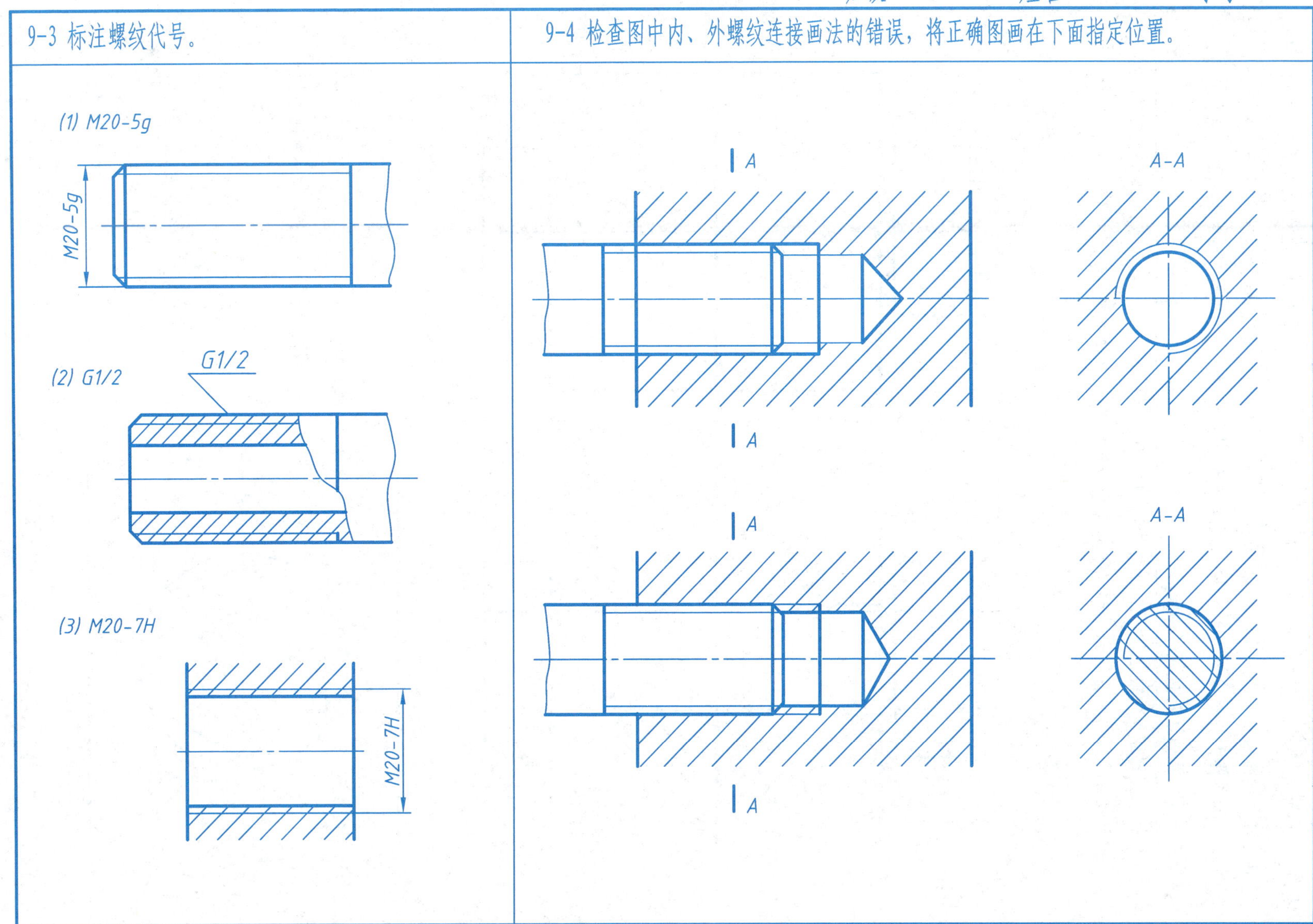
9-3 标注螺纹代号。
(1) M20-5g
M20-5g
(2) G1/2
G1/2
(3) M20-7H
M20-7H
9-4 检查图中内、外螺纹连接画法的错误，将正确图画在下面指定位置。
A
A-A
A
A
A-A
A

9-5　已知螺栓GB/T 5780—2016 *M*16×*l*，螺母GB/T 6170—2015 *M*16，垫圈GB/T 97.1—2002 16，计算并查表确定螺栓公称长度*l*后，用省略画法(或规定画法)画螺栓连接装配图(1∶1)。主视图作全剖，俯视图和左视图画外形，并写出螺栓的规定标记。注：可与9-6题画在同一张A3图纸上。(图名：螺纹紧固件连接装配图。)

说明：应先计算得到螺栓的画图长度l_h=76 mm，再画图。

计算并查表确定注写规定标记时的螺栓公称长度l=80 mm(参考教材(例9-1))。

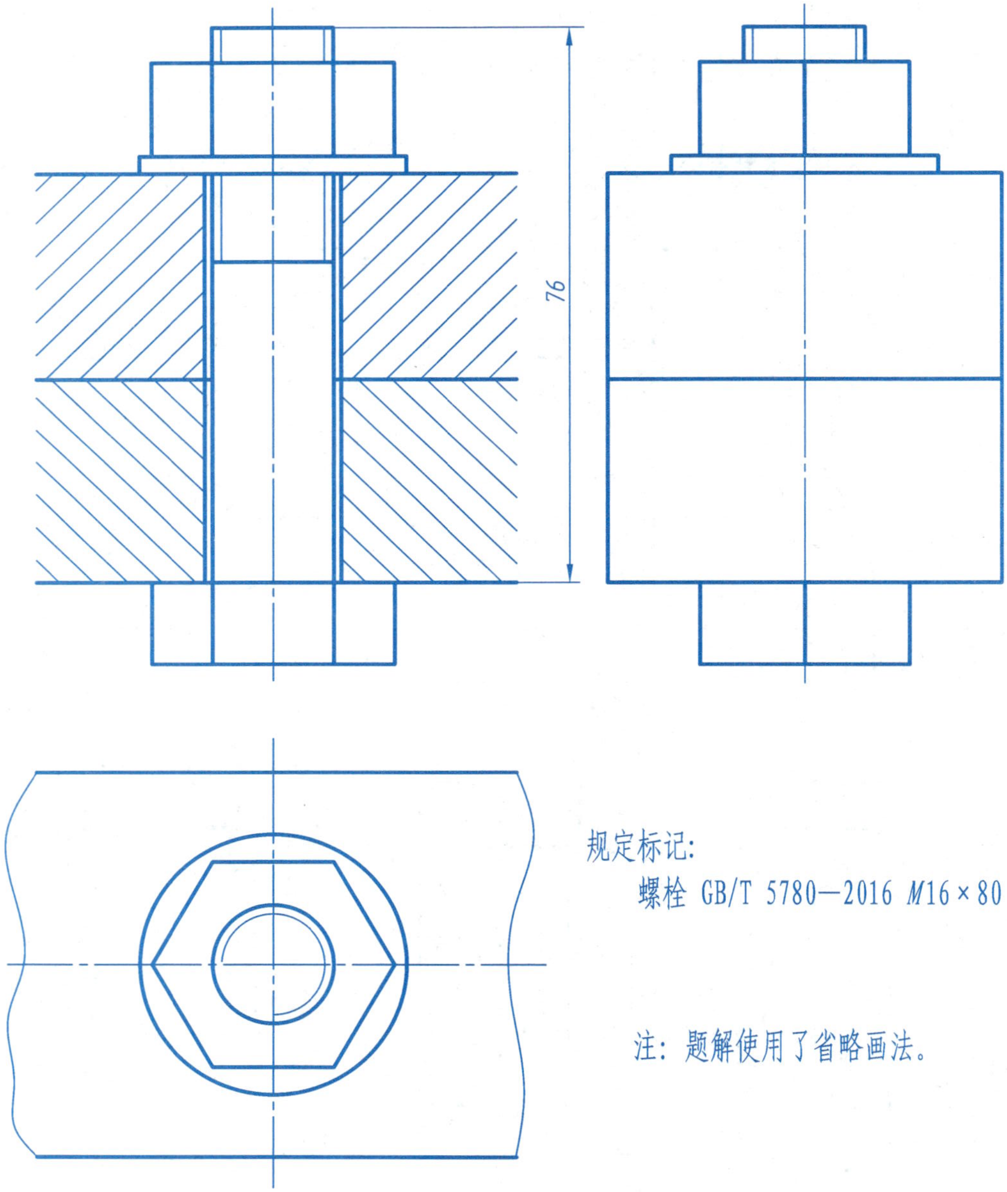

76

规定标记：

螺栓 GB/T 5780—2016 *M*16×80

注：题解使用了省略画法。

班级　　姓名　　学号

9-6 已知双头螺柱 GB/T 899—1988 $M16 \times l$，螺母 GB/T 6170—2015 $M16$，垫圈 GB/T 93—1987 16，计算并查表确定螺柱的公称长度l 后，用省略画法(或规定画法)画双头螺柱连接装配图(比例 1∶1)。主视图作全剖，俯视图画外形，并写出双头螺柱的规定标记。注：可与9-5题画在同一张A3图纸上。(图名：螺纹紧固件连接装配图。)

说明：应先计算得到螺柱的画图长度l_h =39 mm(参考教材9.2.3节)，再画图。

计算并查表确定注写规定标记时的螺柱公称长度l =45 mm(参考教材(例9－2))。

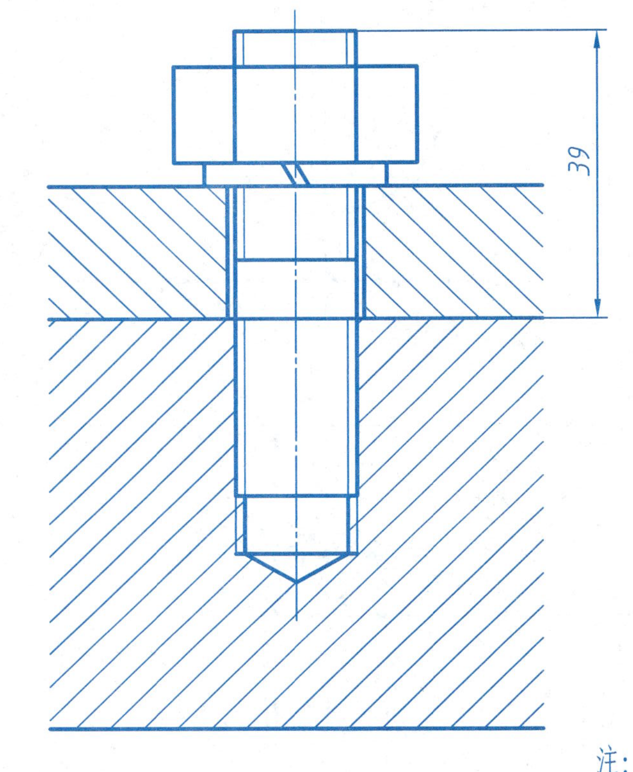
39

注：题解使用了省略画法。

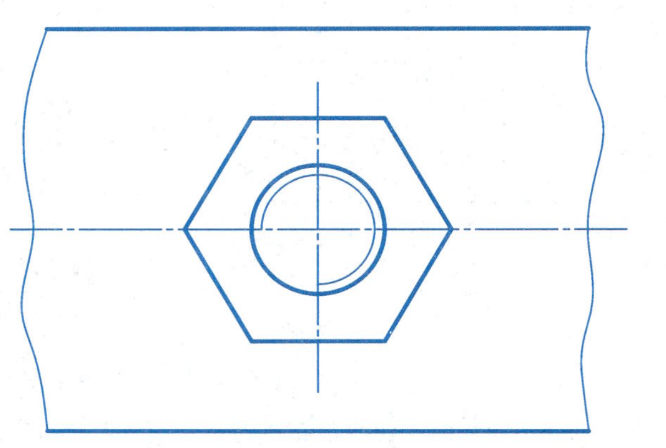

规定标记：

螺柱 GB/T 899—1988 $M16 \times 45$

9-7 已知螺钉 GB/T 68—2016 *M*8×25，用省略画法画出螺钉连接装配图(比例2:1)。主视图作全剖，俯视图画外形。

解：本题按螺钉的螺杆上部分制出螺纹画的，即将螺纹终止线画在螺孔口之上，也可按全部制出螺纹画(参考教材图9-20(b))。

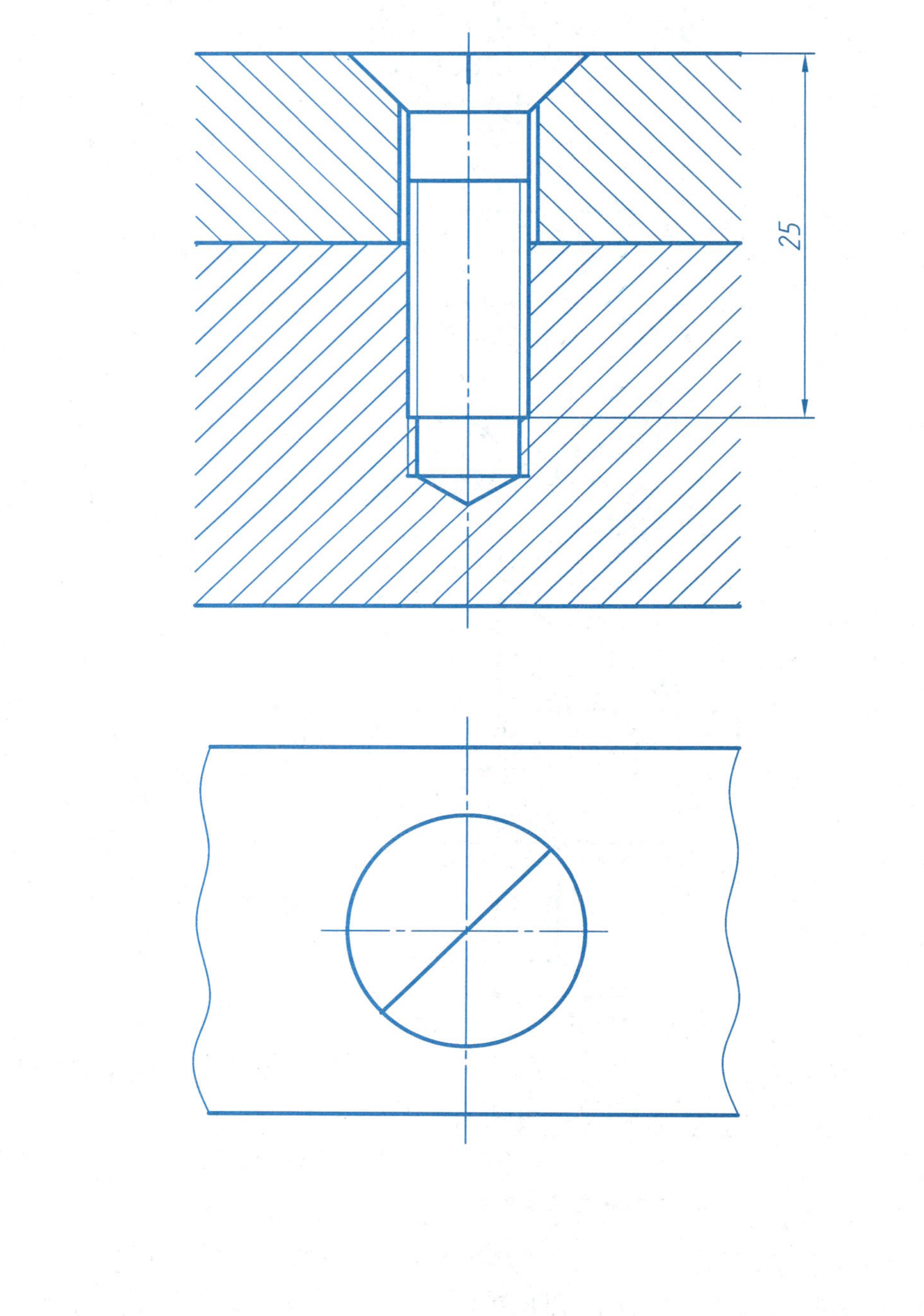

25

班级　　　　姓名　　　　学号

班级　　　　姓名　　　　学号

9-8 (1) 查表注出轴和齿轮上的键槽尺寸;

(2) 画出用普通平键(键12×28 GB/T 1096—2003)连接轴和齿轮的装配图(比例1∶2)。

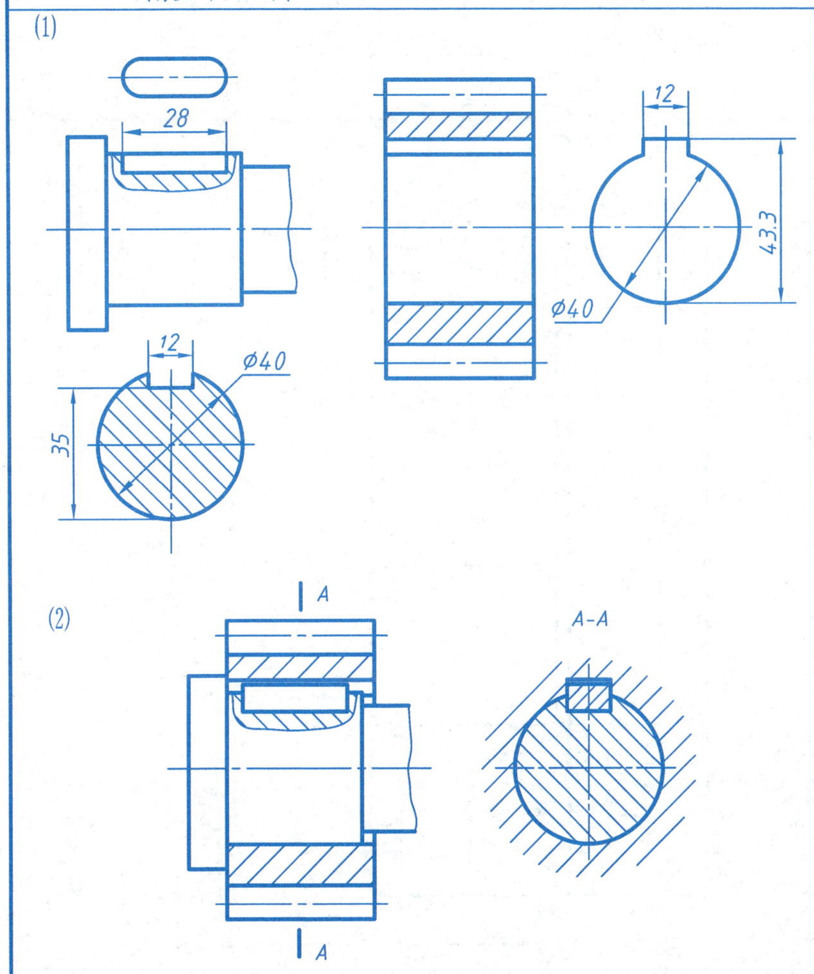

(1)
28
12
43.3
Ø40
12
Ø40
35
(2)
A
A-A
A

9-9 图(1)为轴、齿轮和销。在(2)中画出用销(GB/T 119.1—2000 5m6×32)连接轴和齿轮的装配图(比例1∶1)。

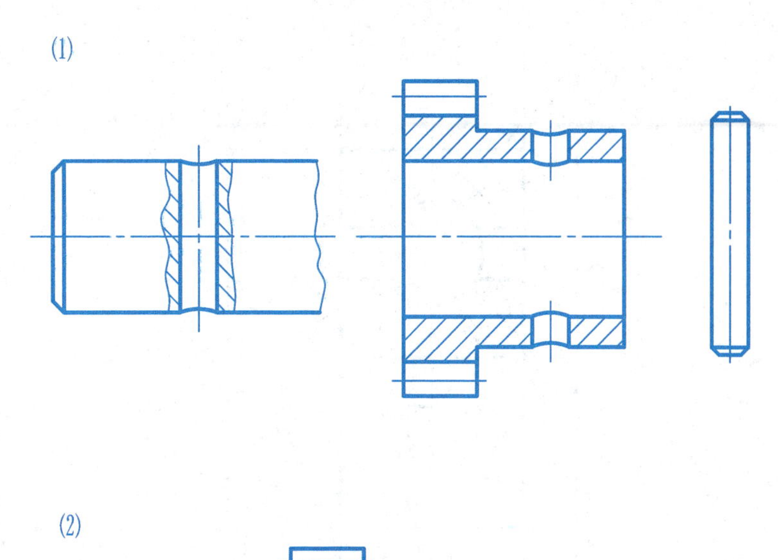

(1)

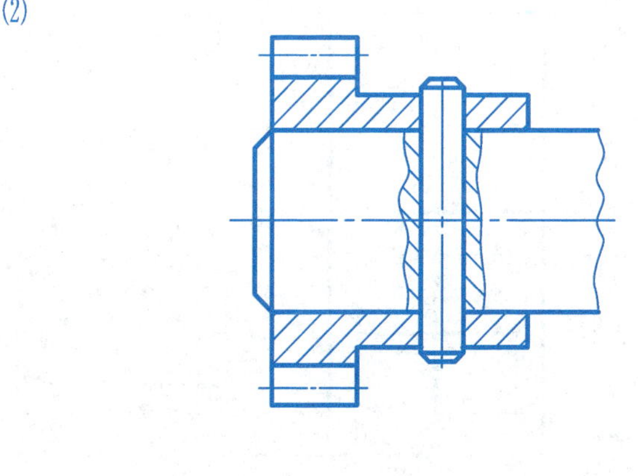

(2)

班级　　　　姓名　　　　学号

9-10 按规定画法绘制轴承6309(比例1∶1，不注尺寸)，并填写以下参数。

d=45　　D=100　　B=25

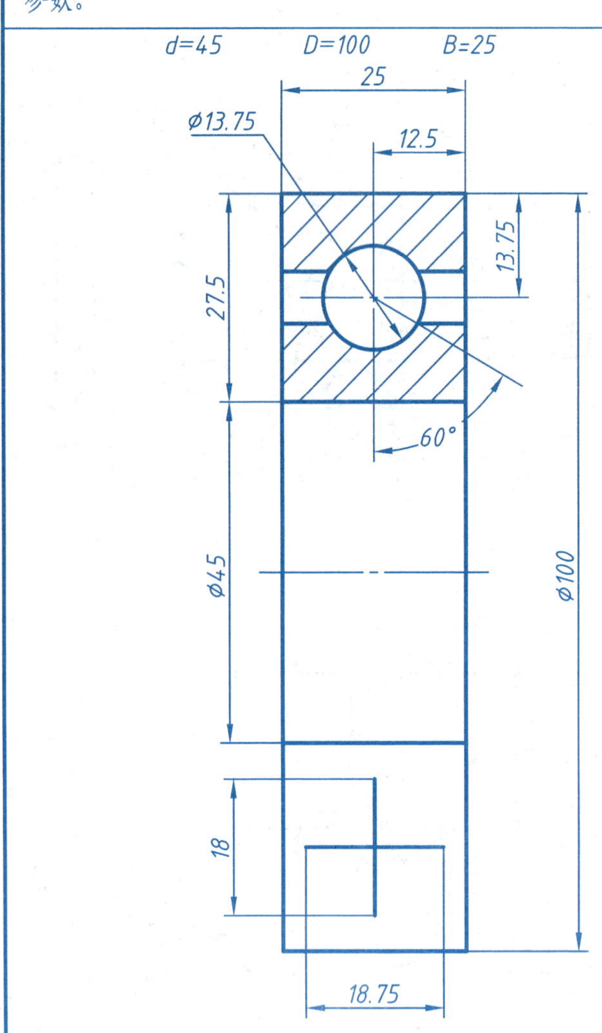

25
ϕ13.75
12.5
13.75
27.5
60°
ϕ45
ϕ100
18
18.75

9-11 按规定画法绘制轴承32211(比例1∶1，不注尺寸)，并填写以下参数。

d=55　　D=100　　T=26.75　　B=25　　C=21

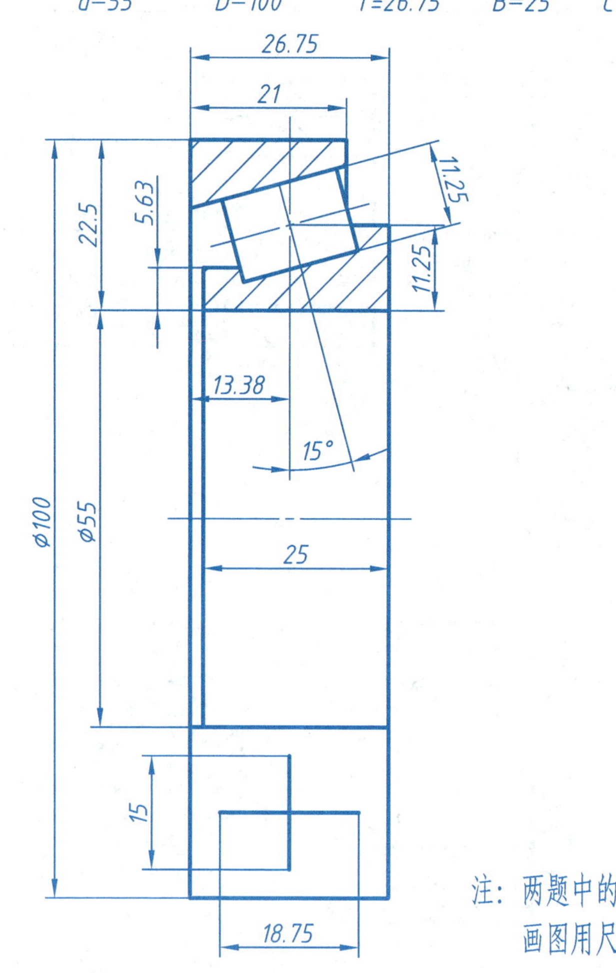

26.75
21
11.25
22.5
5.63
11.25
13.38
15°
ϕ100
ϕ55
25
15
18.75

注：两题中的尺寸均为画图用尺寸。

9-12 圆柱螺旋弹簧的外径$D_2=80$ mm，节距$t=16$ mm，簧丝直径$d=10$ mm，有效圈数$n=10$，支承圈数$n_2=2.5$，右旋。计算出弹簧的中径D、自由高度H_0。用1：1的比例画出弹簧的全剖主视图并标注尺寸：中径D，节距t，簧丝直径d，弹簧自由高度H_0。

弹簧中径$D=D_2-d=80-10=70$ mm

弹簧自由高度$H_0=nt+(n_2-0.5)d=10\times16+(2.5-0.5)\times10=180$ mm

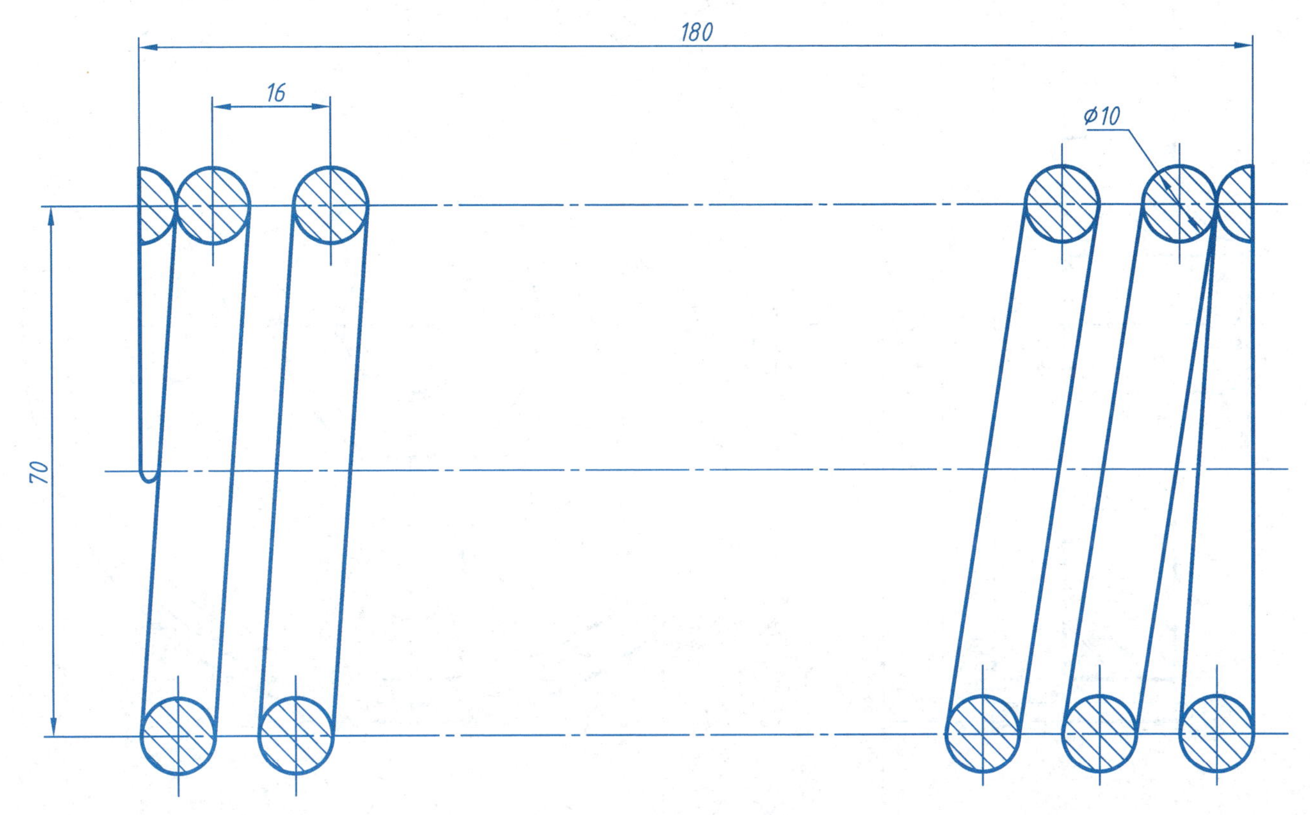
180
16
Ø10
70

9-13 已知：标准直齿圆柱齿轮的齿数$Z=40$，模数$m=5$ mm，试求出分度圆直径d、齿根圆直径d_a和齿根圆直径d_f。用1∶2的比例完成其两视图（主视图全剖，左视图画外形），并在图中标注分度圆直径d、齿顶圆直径d_a和齿根圆直径d_f。

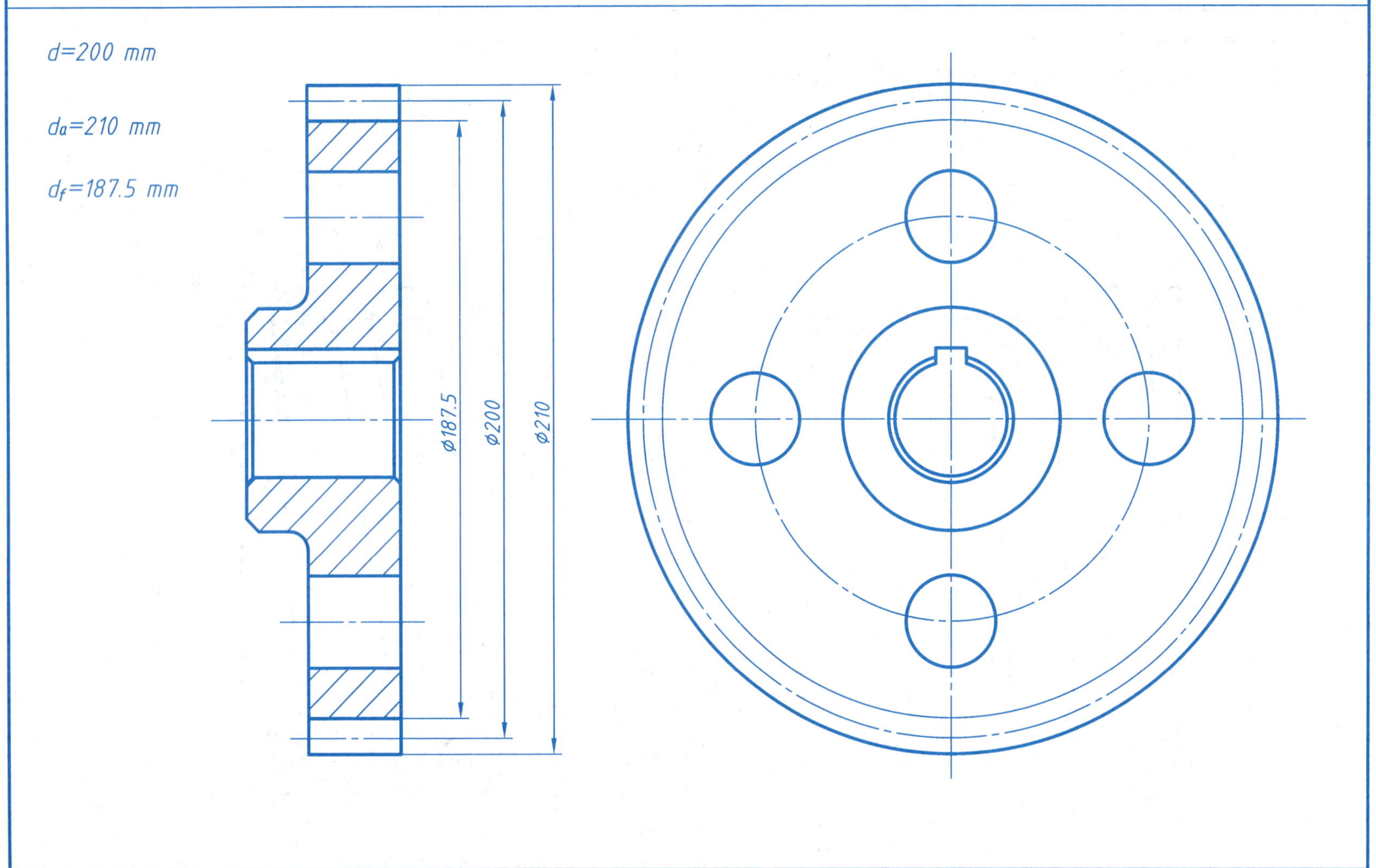
d=200 mm
da=210 mm
df=187.5 mm
φ187.5
φ200
φ210

9-14 已知两直齿圆柱齿轮相啮合，模数$m=3$ mm，齿数$Z_1=16$、$Z_2=24$，用1∶1的比例完成其两视图(主视图全剖，左视图画外形)，并计算出以下尺寸，在图中注出中心距a。

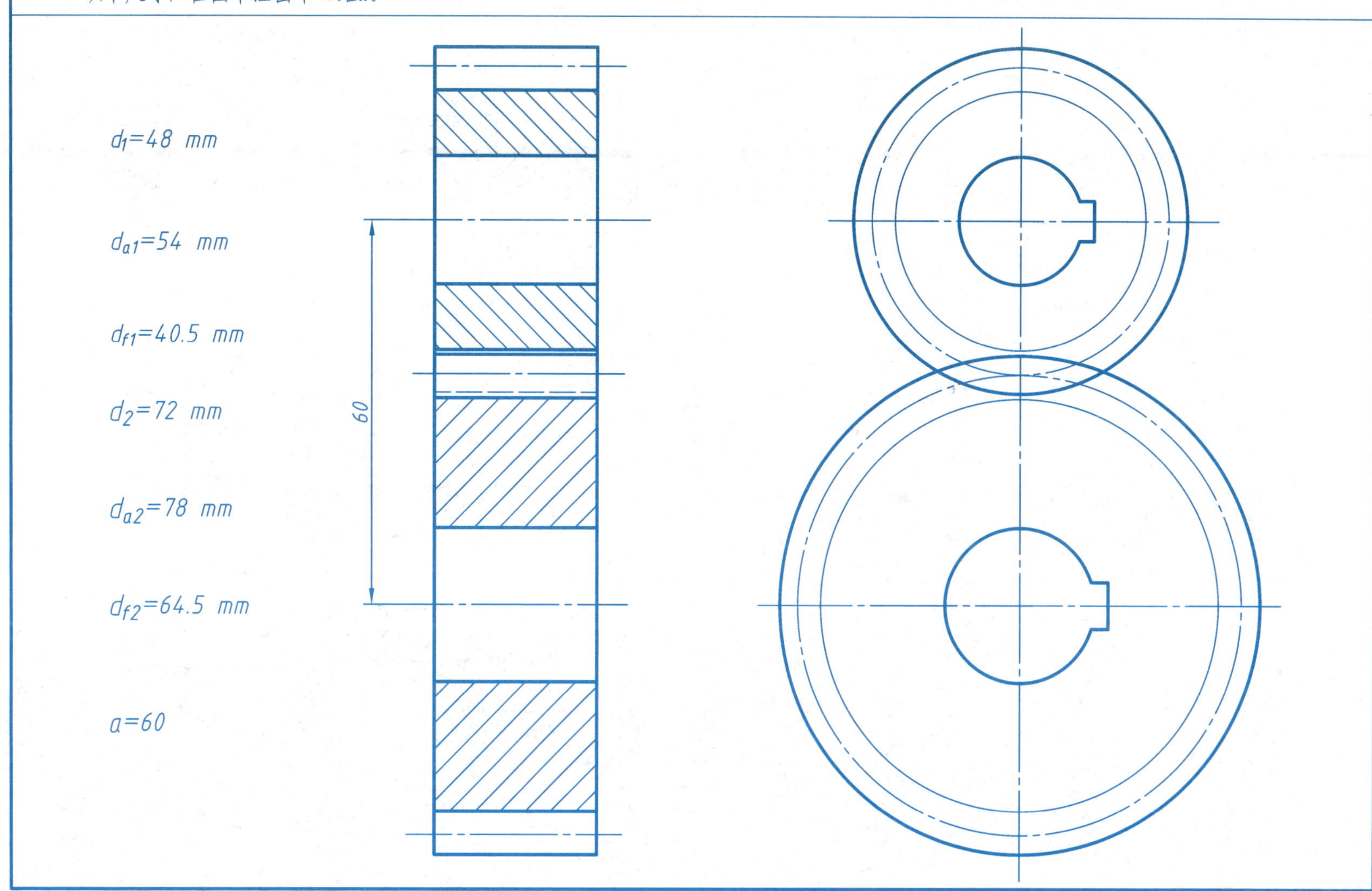

d1=48 mm
da1=54 mm
df1=40.5 mm
d2=72 mm
da2=78 mm
df2=64.5 mm
a=60
60

10-1 在六棱柱外表面上标注表面粗糙度代号，高度参数*Ra*为6.3。

10-2 零件各表面的粗糙度如上图所示，将各表面粗糙度标注在下图上。

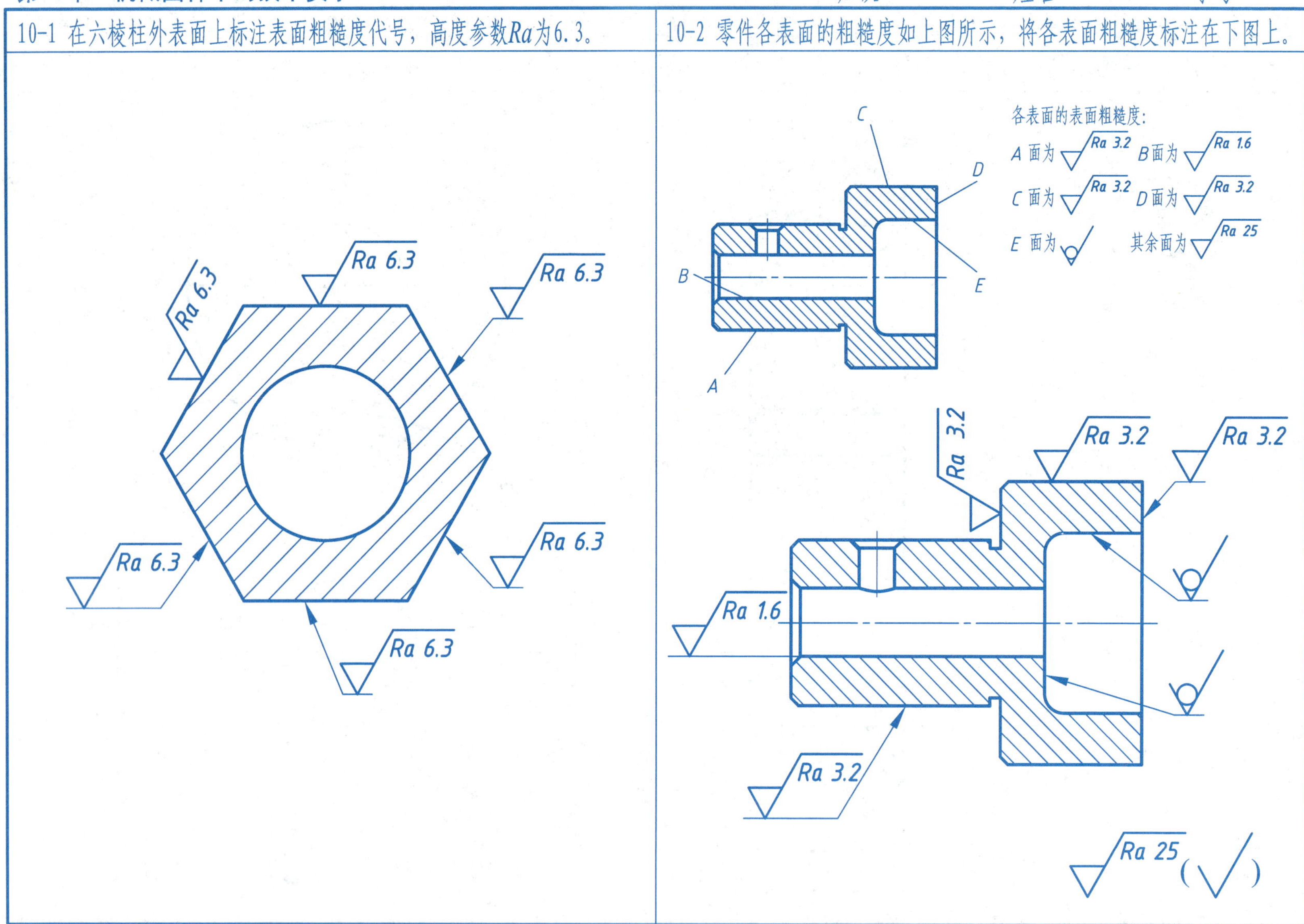
Ra 6.3
Ra 6.3
Ra 6.3
Ra 6.3
Ra 6.3
Ra 6.3
Ra 6.3
C
D
B
E
A
各表面的表面粗糙度:
A 面为 Ra 3.2
B面为 Ra 1.6
C 面为 Ra 3.2
D 面为 Ra 3.2
E 面为
其余面为 Ra 25
Ra 3.2
Ra 3.2
Ra 3.2
Ra 1.6
Ra 3.2
Ra 25

10-3 某仪器中轴和孔的配合尺寸为$\phi 30S7/h6$。

(1) 此配合是<u>基轴</u>制<u>过盈</u>配合。

(2) 从表中查出孔和轴的上、下极限偏差，在下面的零件图中分别注出轴和孔的公称尺寸和上、下极限偏差值。

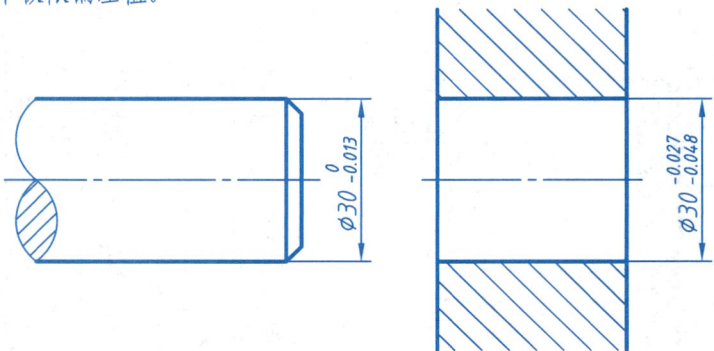

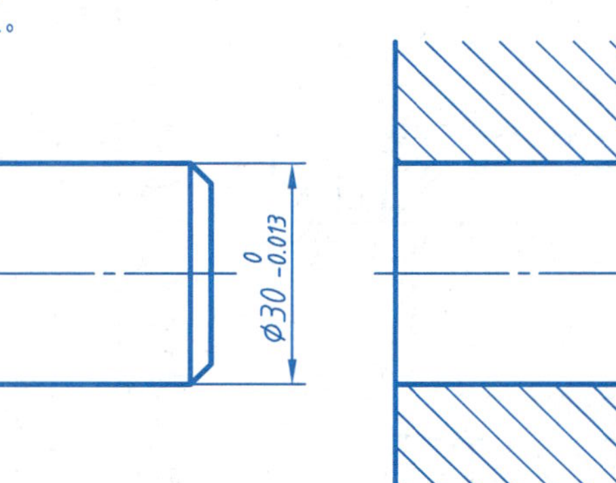

ϕ30 0 -0.013
ϕ30 -0.027 -0.048

(3) 画出孔轴装配图，并注出公称尺寸和配合代号。

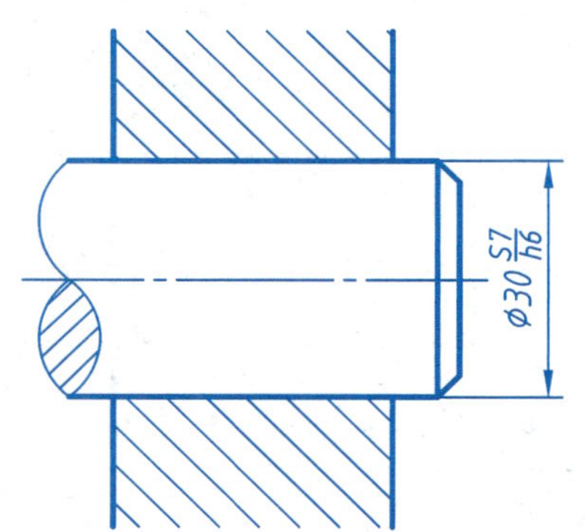

ϕ30 S7/h6

(4) 画出轴和孔的公差带图。

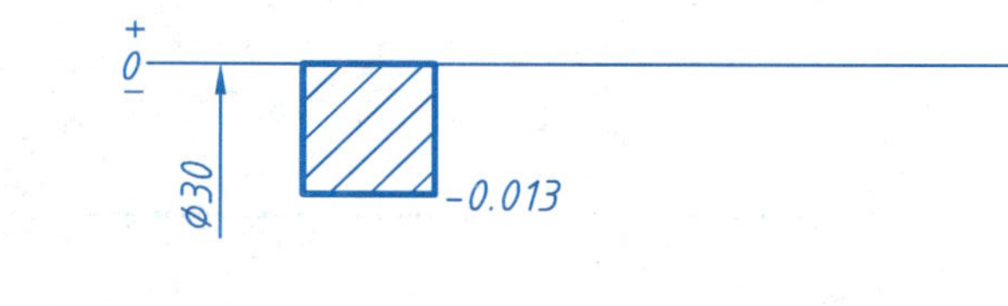

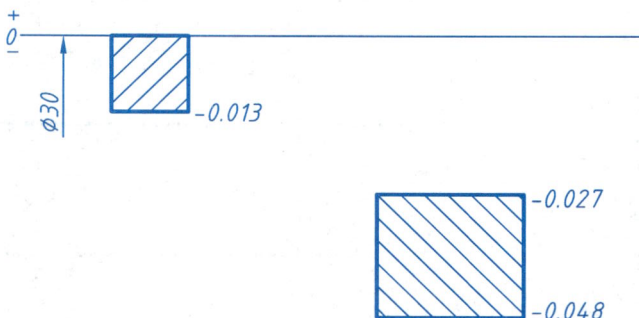

+
0
−
ϕ30
-0.013
-0.027
-0.048

10-4　已知与轴承外圈配合的机座孔尺寸为$\phi52$，公差带代号为$J7$；与轴承内圈配合的轴颈基本尺寸为$\phi30$，公差带代号为$k6$，在装配图(图(a))中标注尺寸和配合代号，并在零件图(图(b)、图(c))中标注机座和轴相应结构的尺寸、公差带代号与极限偏差值。

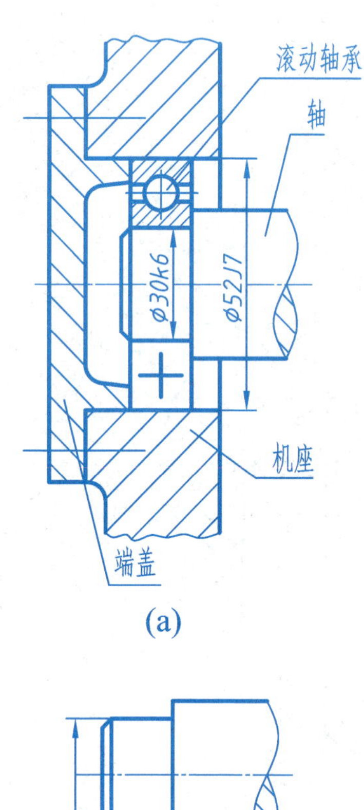
滚动轴承
轴
ø30k6
ø52J7
机座
端盖

(a)

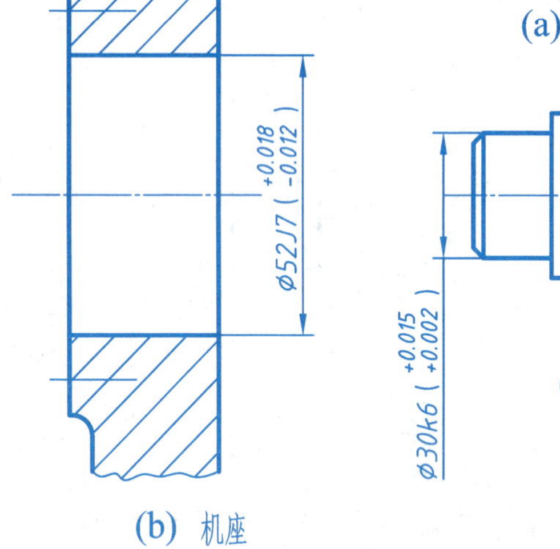
ø52J7 (+0.018 -0.012)

(b)　机座

ø30k6 (+0.015 +0.002)

(c)　轴

10-5　解释图中标注的形位公差的含义。

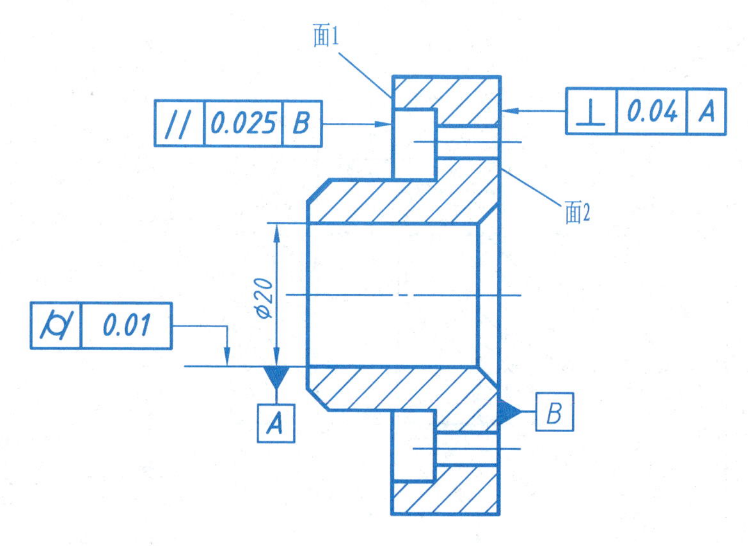
面1
// 0.025 B
⊥ 0.04 A
面2
ø20
0.01
A
B

// 0.025 B	零件上面1对面2的平行度公差为0.025。
⊥ 0.04 A	零件上面2对ø20圆柱孔轴线的垂直度公差为0.04。
⌭ 0.01	零件上ø20圆柱孔的圆柱度公差为0.01。

11-1 读懂主轴零件图，并完成题目要求。

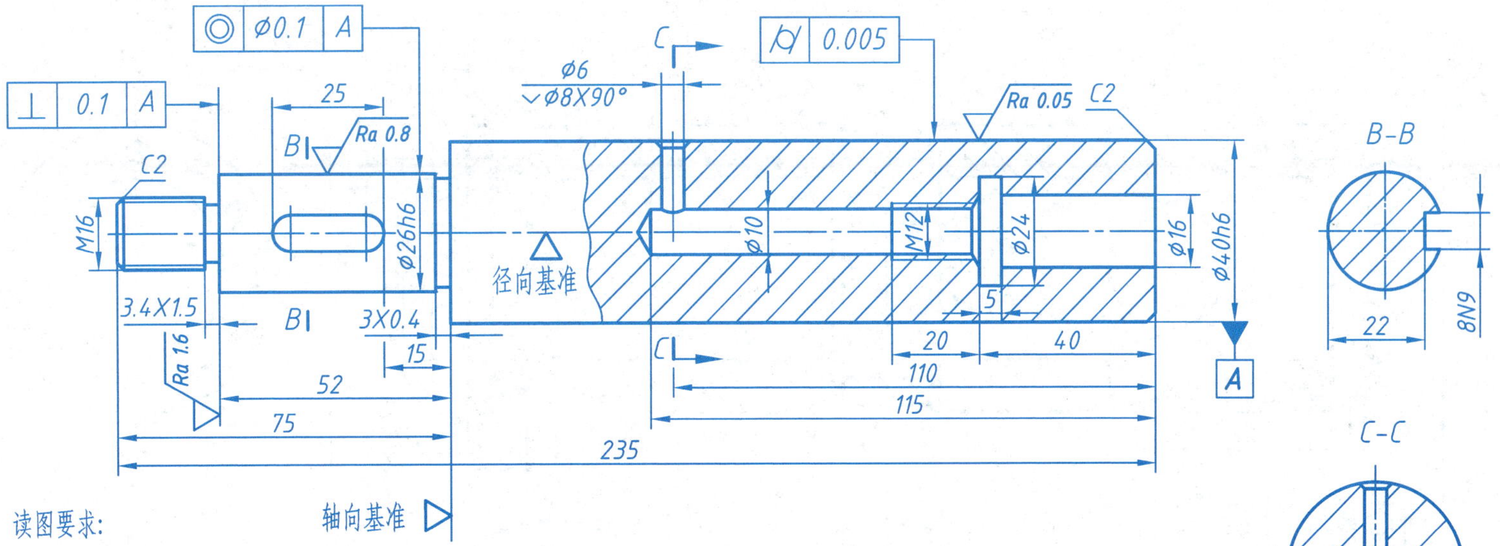

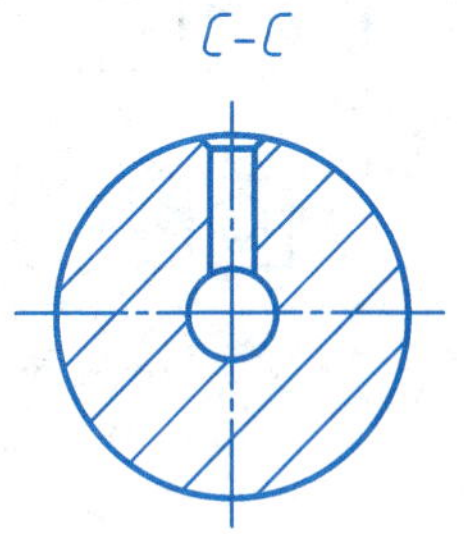

⌀0.1 A
⊥ 0.1 A
25
B
Ra 0.8
C2
M16
⌀26h6
3.4X1.5
B
3X0.4
15
Ra 1.6
52
75
径向基准
⌀6
⌵⌀8X90°
C
0.005
Ra 0.05
C2
⌀10
M12
⌀24
5
⌀16
⌀40h6
20
40
110
115
235
C
A
B-B
22
8N9
C-C
轴向基准

读图要求:

(1) 看懂主轴零件图，补画C−C断面图。

(2) 用符号"Δ"和文字标出轴向和径向的主要尺寸基准。

(3) 直径为 ⌀40h6 的圆柱面，其表面粗糙度高度参数 Ra= 0.05 mm 。

(4) 解释下例几何公差的含义。

⊥	0.1	A	所指端面对于 ⌀14h6圆柱轴线的垂直度公差是0.1 mm。
◎	⌀0.1	A	⌀26h6圆柱的轴线对于⌀40h6圆柱轴线的同轴度公差是⌀0.1 mm。
⌭	0.005		⌀40h6 圆柱的圆柱度公差是0.005 mm。

技术要求

1. 调质处理（26～31）HRC。
2. 去除毛刺。

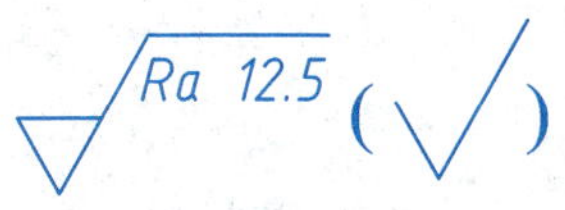
Ra 12.5

制图			45		(校 名)
					主　轴
校对			比 例		
审核			共　张　第　张		图号

班级　　　　　　姓名　　　　　　学号

11-2 读懂套筒零件图,并完成题目要求。

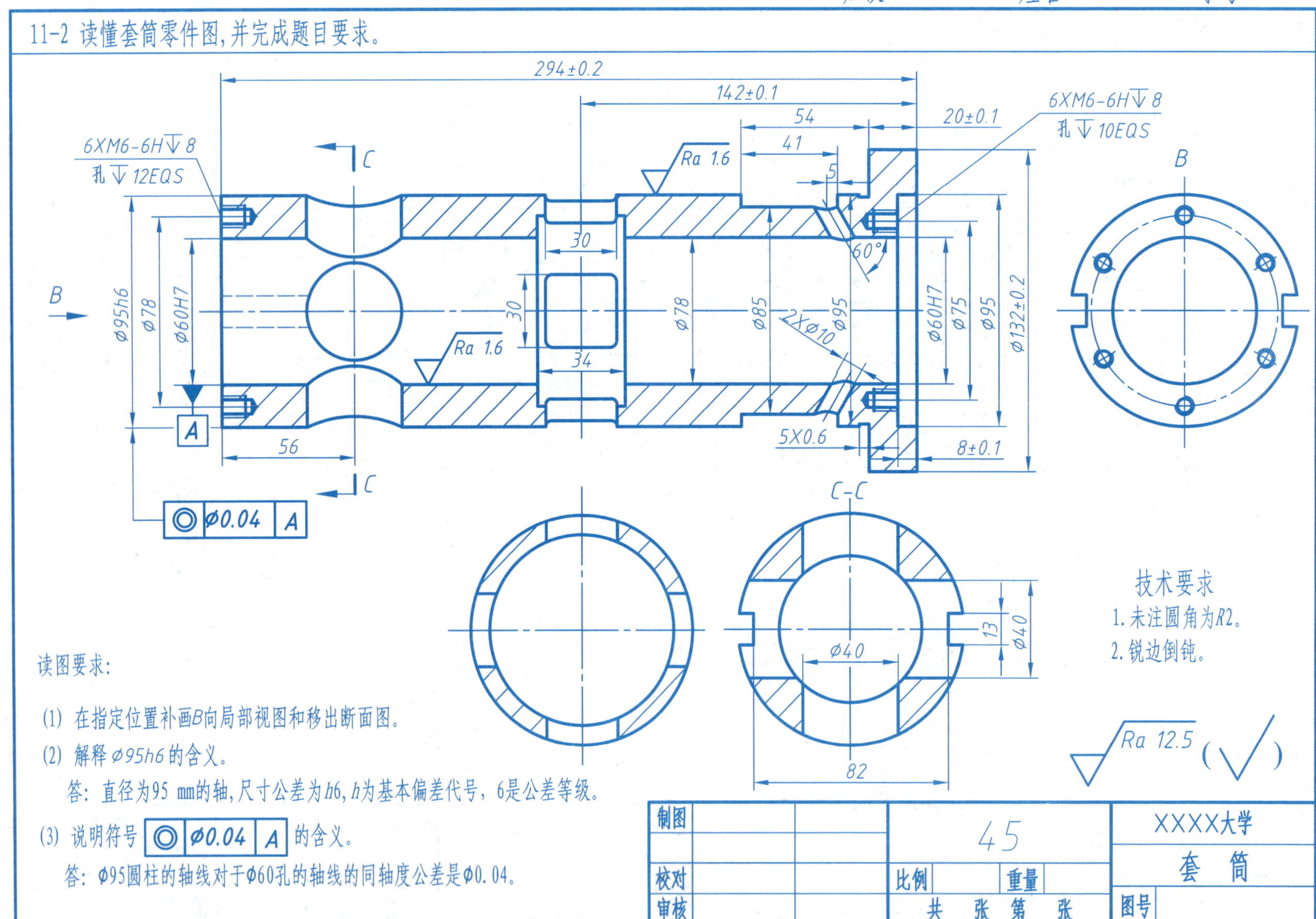

294±0.2
142±0.1
54
41
5
20±0.1
6XM6-6H↧8
孔↧12EQS
6XM6-6H↧8
孔↧10EQS
Ra 1.6
Ra 1.6
B
C
C
C-C
30
30
34
56
60°
2Xφ10
5X0.6
8±0.1
φ95h6
φ78
φ60H7
φ78
φ85
φ95
φ60H7
φ75
φ95
φ132±0.2
A
φ0.04 A
φ40
13
φ40
82
技术要求
1. 未注圆角为R2。
2. 锐边倒钝。
Ra 12.5 (√)
制图
校对
审核
45
比例
重量
共 张 第 张
XXXX大学
套 筒
图号

读图要求:

(1) 在指定位置补画B向局部视图和移出断面图。

(2) 解释φ95h6的含义。

答：直径为95 mm的轴，尺寸公差为h6，h为基本偏差代号，6是公差等级。

(3) 说明符号 ◎ φ0.04 A 的含义。

答：φ95圆柱的轴线对于φ60孔的轴线的同轴度公差是φ0.04。

11-3 读端盖零件图，并完成题目要求。

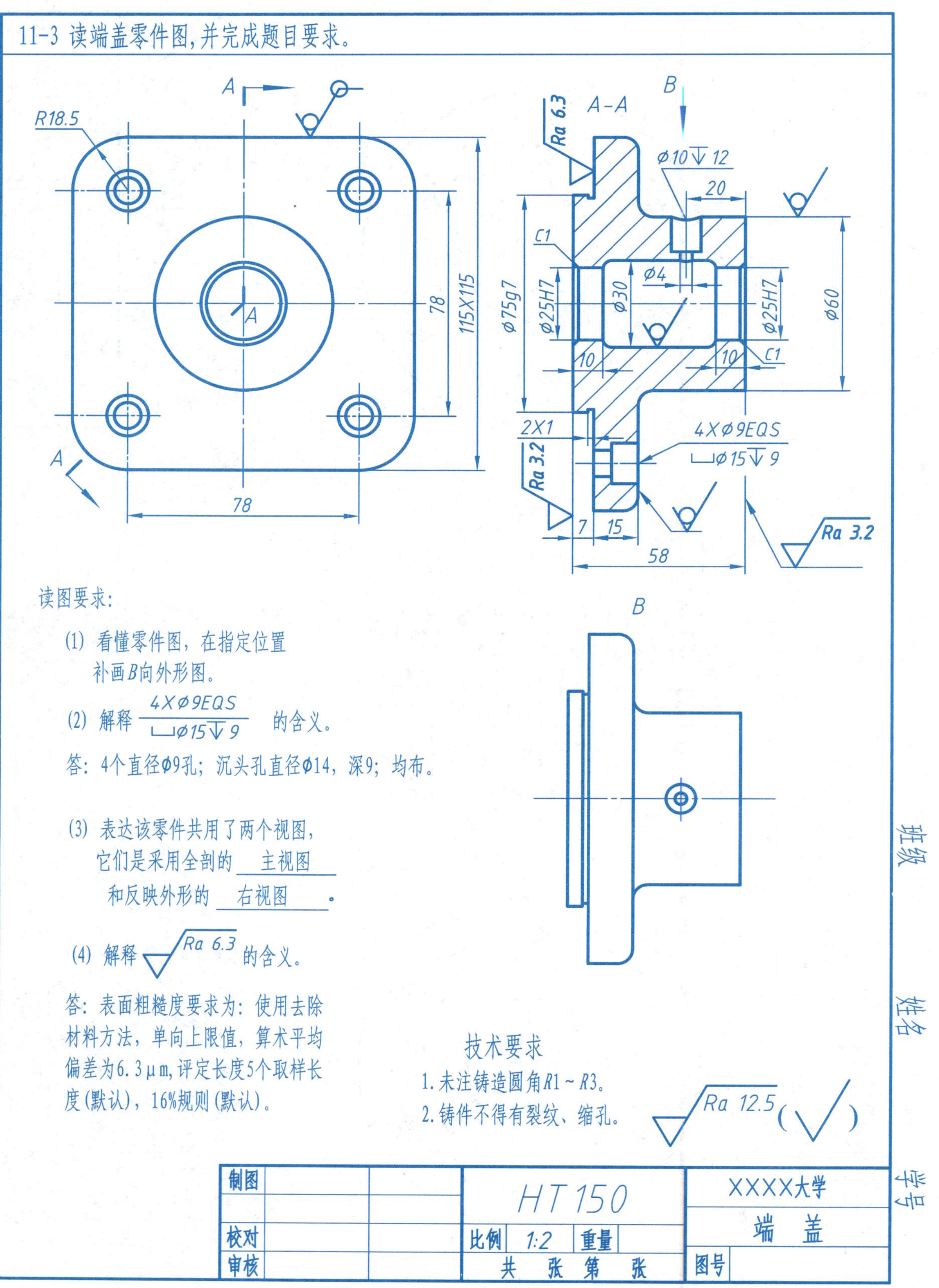

A
A
R18.5
78
115X115
78
A-A
B
Ra 6.3
φ10↧12
20
C1
φ4
φ75g7
φ25H7
φ30
φ25H7
φ60
10
10
C1
2X1
4Xφ9EQS
⌴φ15↧9
Ra 3.2
7
15
58
Ra 3.2
B
制图
校对
审核
HT150
比例 1:2
重量
共 张 第 张
XXXX大学
端 盖
图号

读图要求：

(1) 看懂零件图，在指定位置补画B向外形图。

(2) 解释 $\frac{4X\phi 9EQS}{⌴\phi 15↧9}$ 的含义。

答：4个直径φ9孔；沉头孔直径φ14，深9；均布。

(3) 表达该零件共用了两个视图，它们是采用全剖的 主视图 和反映外形的 右视图 。

(4) 解释 Ra 6.3 的含义。

答：表面粗糙度要求为：使用去除材料方法，单向上限值，算术平均偏差为6.3μm，评定长度5个取样长度(默认)，16%规则(默认)。

技术要求

1. 未注铸造圆角R1～R3。
2. 铸件不得有裂纹、缩孔。

Ra 12.5 (√)

11-4 读零件图，并完成题目要求。

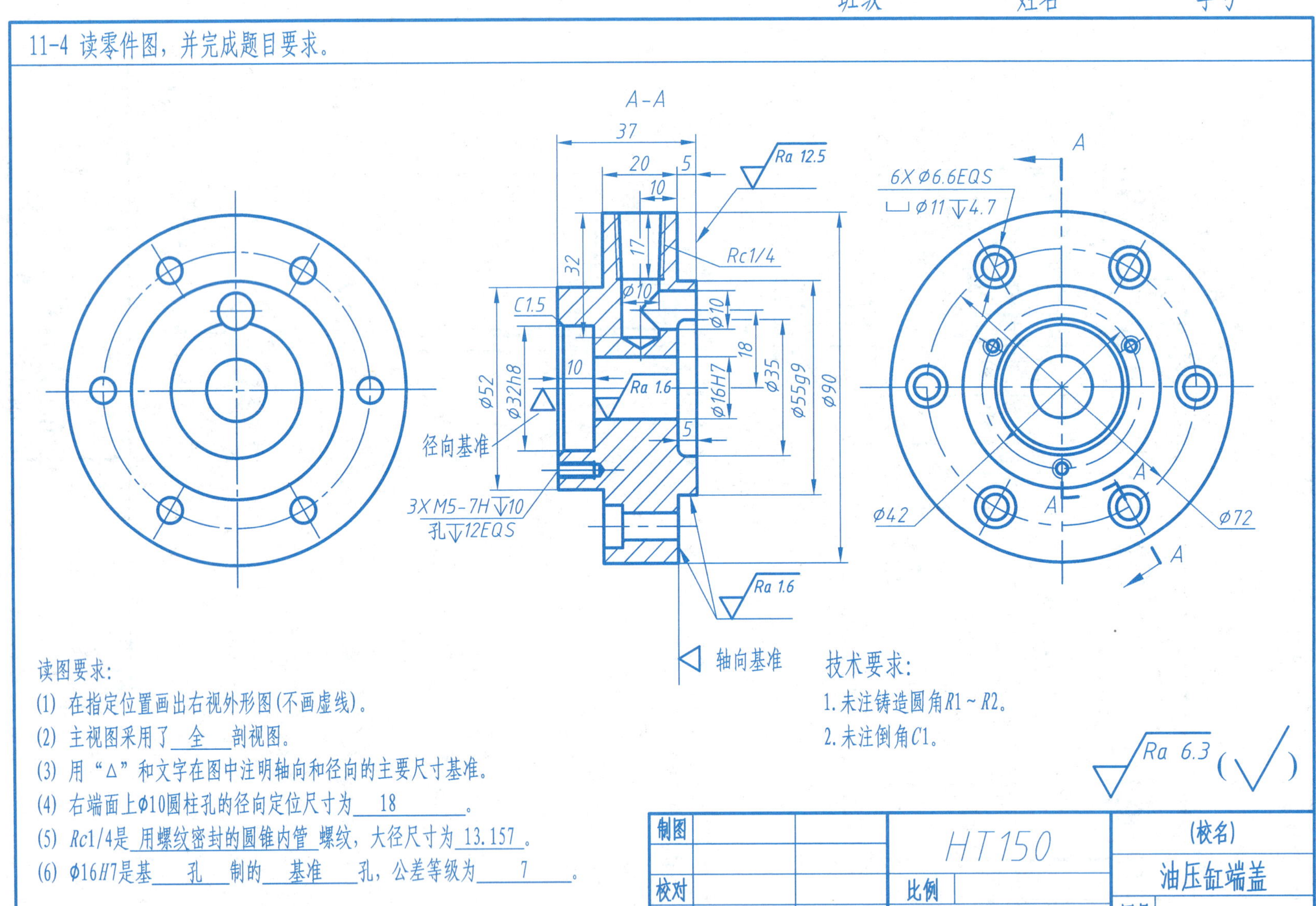
A-A
37
20
5
10
Ra 12.5
17
32
Rc1/4
ϕ10
C1.5
ϕ10
18
10
Ra 1.6
ϕ52
ϕ32h8
ϕ16H7
ϕ35
ϕ55g9
ϕ90
径向基准
5
3XM5-7H↧10
孔↧12EQS
Ra 1.6
轴向基准
A
6Xϕ6.6EQS
⌴ϕ11↧4.7
ϕ42
ϕ72
A

读图要求:

(1) 在指定位置画出右视外形图(不画虚线)。

(2) 主视图采用了＿全＿剖视图。

(3) 用“Δ”和文字在图中注明轴向和径向的主要尺寸基准。

(4) 右端面上ϕ10圆柱孔的径向定位尺寸为＿18＿。

(5) Rc1/4是＿用螺纹密封的圆锥内管＿螺纹，大径尺寸为＿13.157＿。

(6) ϕ16H7是基＿孔＿制的＿基准＿孔，公差等级为＿7＿。

技术要求:

1. 未注铸造圆角R1～R2。
2. 未注倒角C1。

Ra 6.3 (√)

制图			HT150	(校名)
				油压缸端盖
校对			比例	
审核			共　张　第　张	图号

班级　　　　姓名　　　　学号

11-5 读零件图，并完成题目要求。

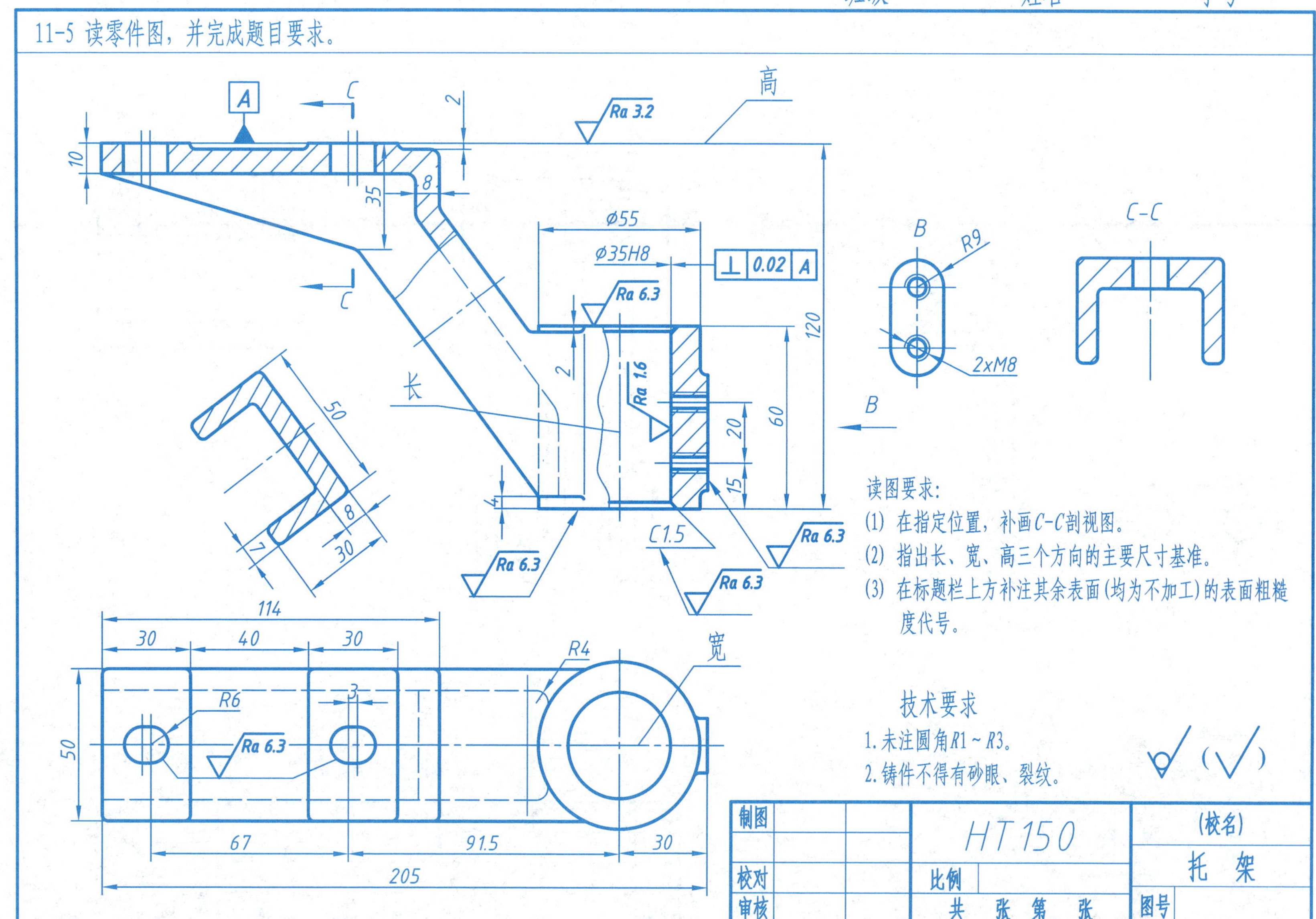

A
C
C
2
10
35
8
Ra 3.2
高
Ø55
Ø35H8
⊥ 0.02 A
Ra 6.3
120
2
Ra 1.6
长
60
20
15
4
B
50
8
30
7
Ra 6.3
C1.5
Ra 6.3
Ra 6.3
B
R9
2xM8
C-C
114
30
40
30
R4
宽
R6
3
Ra 6.3
50
67
91.5
30
205
技术要求
1. 未注圆角R1~R3。
2. 铸件不得有砂眼、裂纹。
( )

读图要求：

(1) 在指定位置，补画C-C剖视图。

(2) 指出长、宽、高三个方向的主要尺寸基准。

(3) 在标题栏上方补注其余表面(均为不加工)的表面粗糙度代号。

制图			HT150	(校名)
				托　架
校对			比例	
审核			共　张　第　张	图号

11-6 读零件图，并完成题目要求。

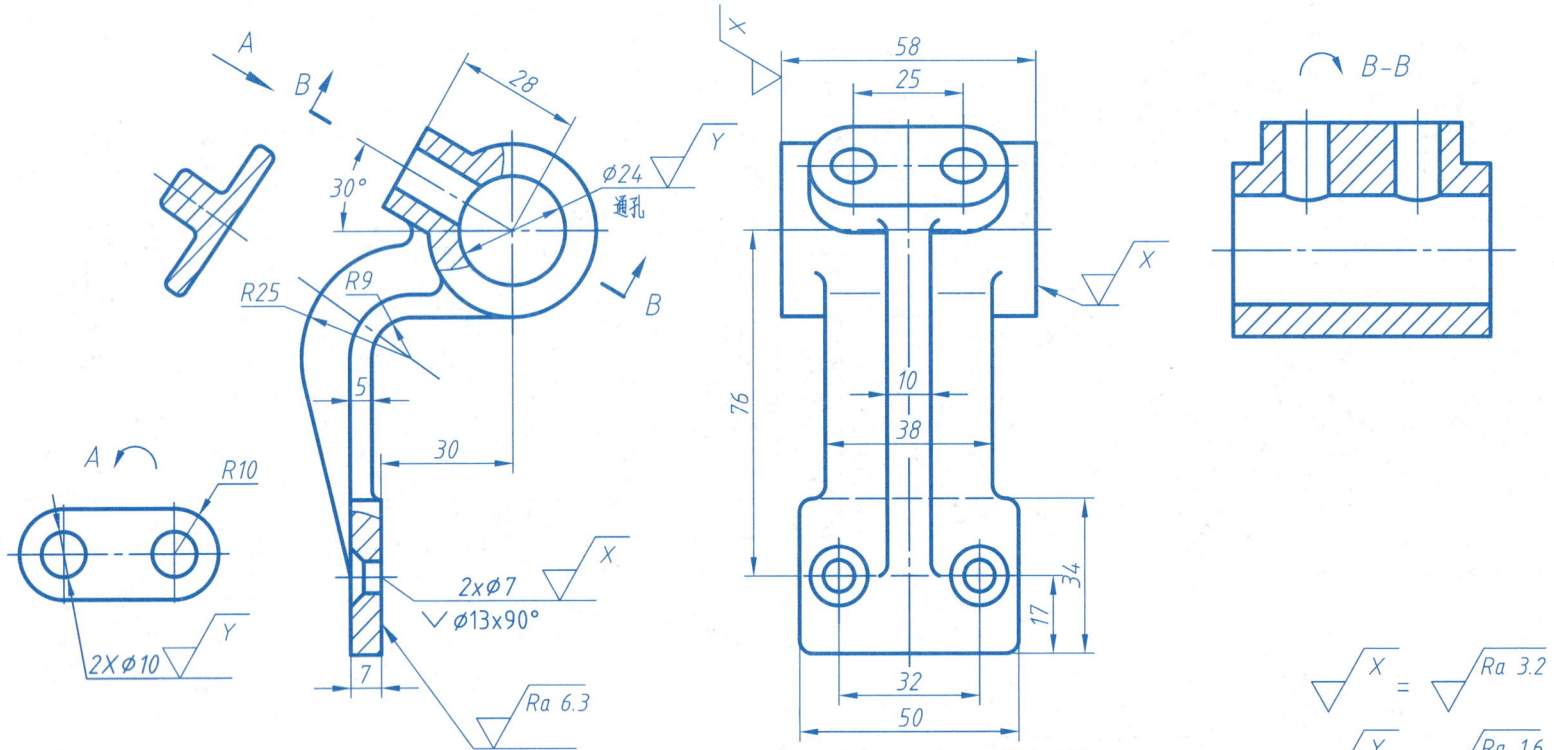

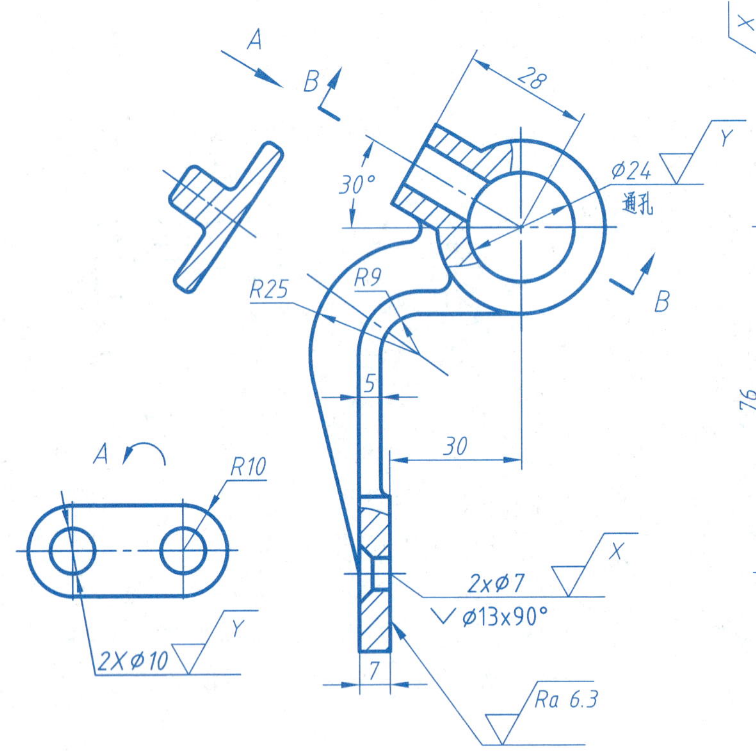

A
B
28
30°
⌀24
通孔
Y
B
R25
R9
5
30
A
R10
2X⌀10
Y
2x⌀7
⌀13x90°
X
7
Ra 6.3

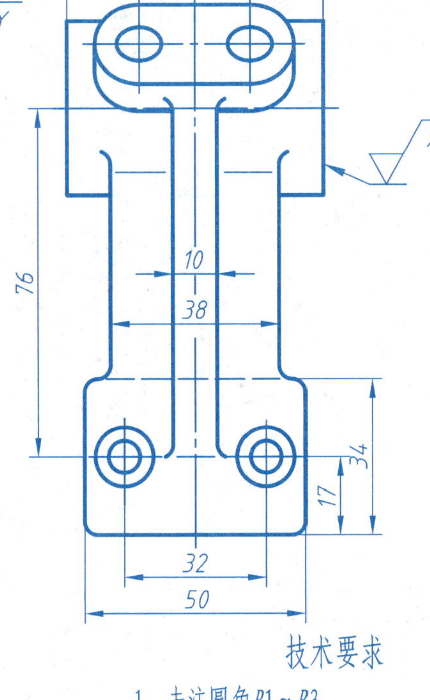

X
58
25
X
76
10
38
34
17
32
50

B-B

X = Ra 3.2

Y = Ra 1.6

( )

技术要求

1. 未注圆角$R1 \sim R3$。
2. 铸件不得有砂眼、缩孔、裂纹等缺陷。

读图要求:

(1) 该零件的表面粗糙度的要求有 *Ra*1.6、*Ra*3.2、*Ra*6.3和不去除材料，其中要求最高的表面*Ra*是 1.6 。

(2) 在指定位置画出断面图(2个)。

制图			HT200		(校名)
					踏 架
校对			比例		
审核			共 张 第 张		图号

班级
姓名
学号

11-7 读零件图，并完成题目要求。

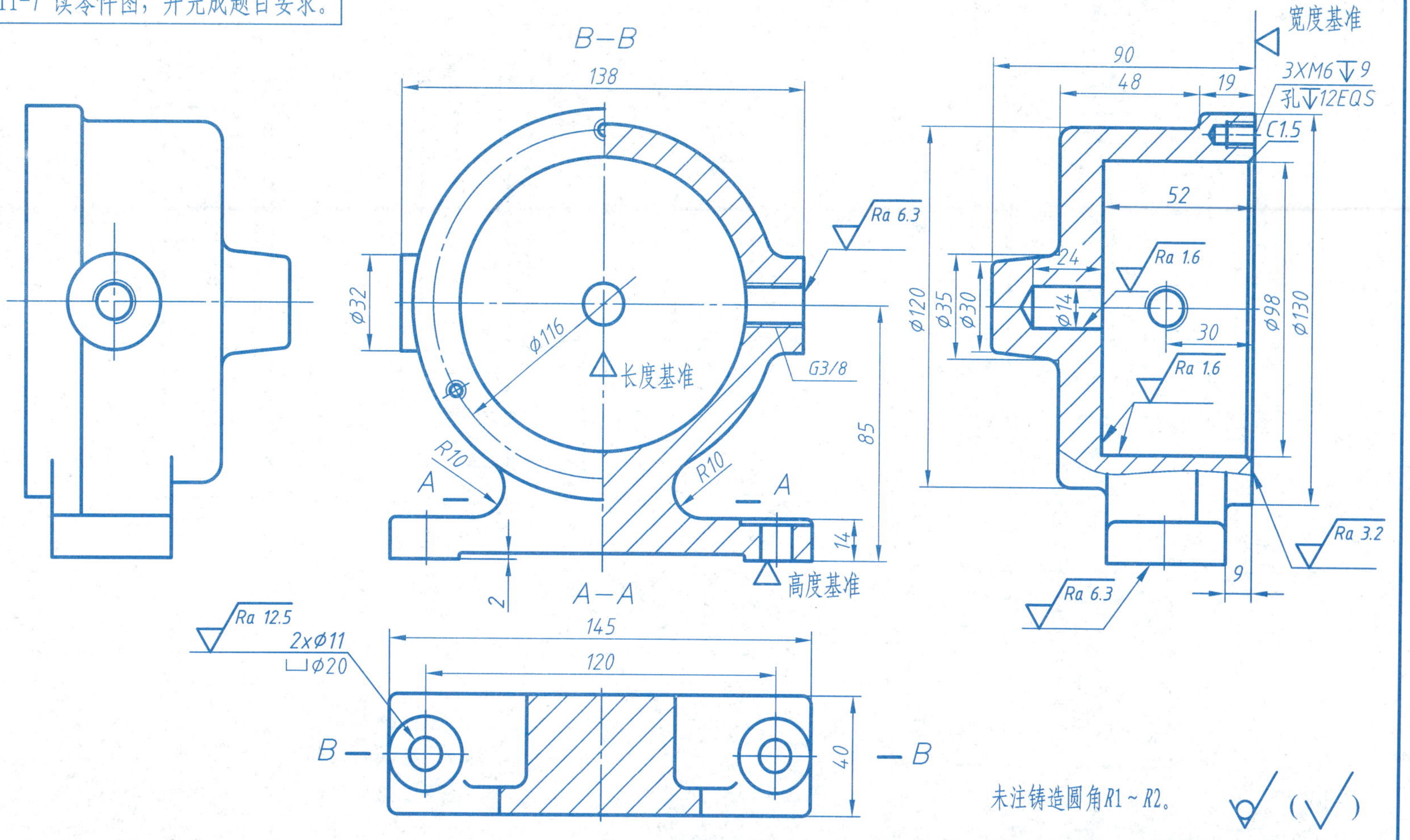

未注铸造圆角R1～R2。

读图要求：

(1) 标出长、宽、高三个方向的尺寸基准。

(2) 在指定位置补画零件右视外形图。

制图			HT200		(校名)
校对			比例		泵　体
审核			共　张　第　张		图号

班级　　　　姓名　　　　学号

11-8 读底座零件图，并完成题目要求(因幅面太小，尺寸略)。

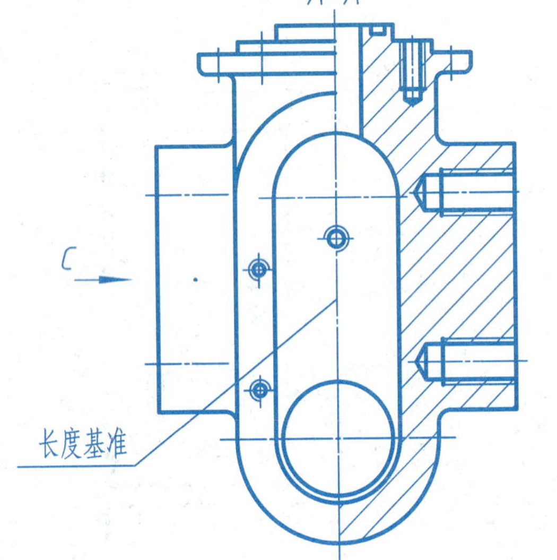

A-A
C
B
长度基准

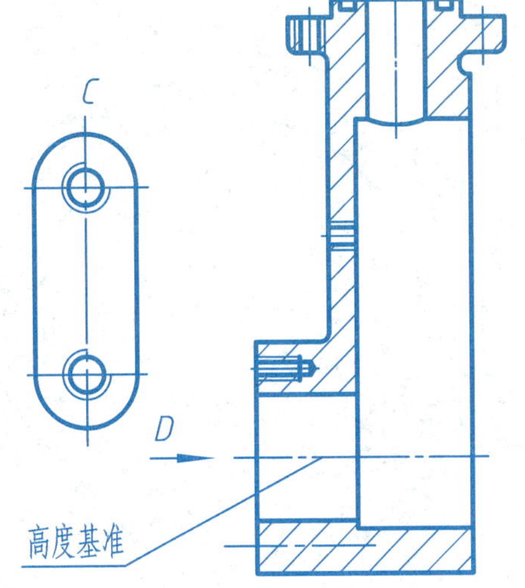

C
D
高度基准

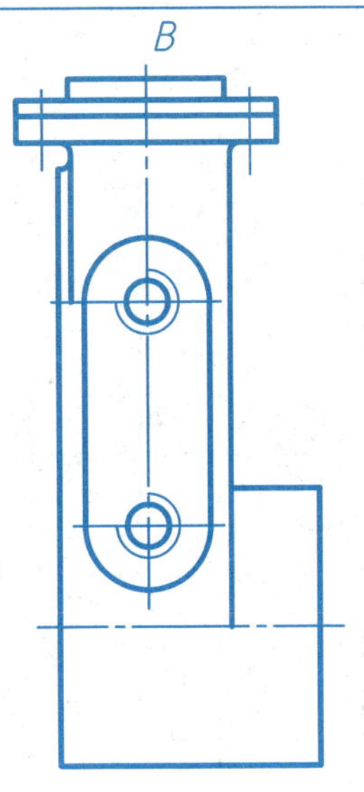

B

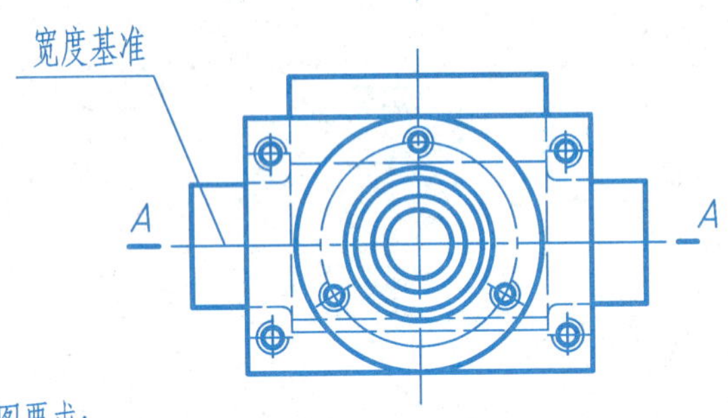

宽度基准
A
A

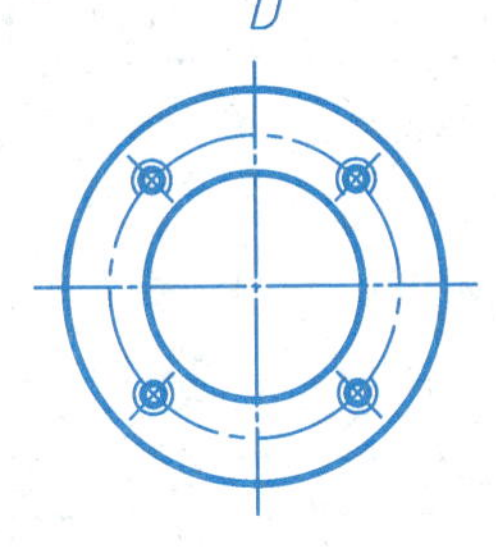

D

技术要求

1. 铸件不得有砂眼、缩孔、裂纹等缺陷。
2. 起模斜度1∶50。

读图要求：

(1) C向视图为 (左视方向)局部 视图；
　　D向视图为 (后视方向)局部 视图。
(2) 在指定位置画出B向视图的外形图(不画虚线)。
(3) 指出长、宽、高三个方向的主要尺寸基准。

制图			HT200		(校名)
					底　座
校对			比例		
审核			共　张　第　张		图号

班级　　　　姓名　　　　学号

11-9　根据轴测图，画拨叉的零件图(材料：HT200)，使用A3图纸，比例1∶1。图名：拨叉。

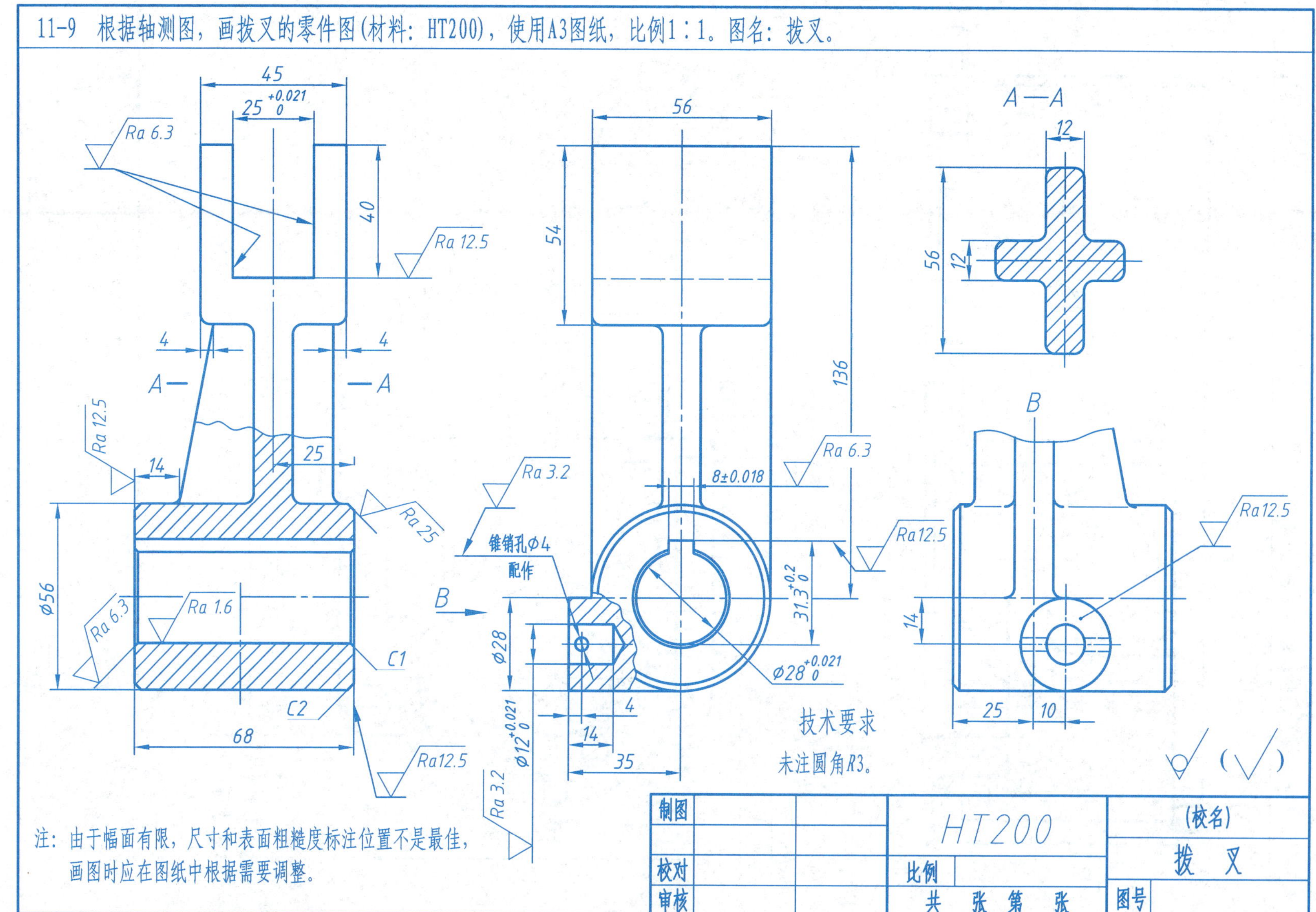
45
25 +0.021 0
Ra 6.3
40
Ra 12.5
4
4
A—
—A
Ra 12.5
14
25
Ra 25
Ø56
Ra 6.3
Ra 1.6
C1
C2
68
Ra12.5
56
54
136
A—A
12
56
12
Ra 6.3
8±0.018
Ra 3.2
锥销孔Ø4
配作
Ra12.5
B
Ø28
31.3 +0.2 0
Ø28 +0.021 0
4
14
35
Ø12 +0.021 0
Ra 3.2
B
Ra12.5
14
25
10
技术要求
未注圆角R3。
( )
制图
校对
审核
HT200
比例
共　张　第　张
(校名)
拨　叉
图号

注：由于幅面有限，尺寸和表面粗糙度标注位置不是最佳，画图时应在图纸中根据需要调整。

*11-10　根据轴测图，画箱体的零件图(材料：HT200)，使用A3图纸，比例1∶2。图名：箱体。

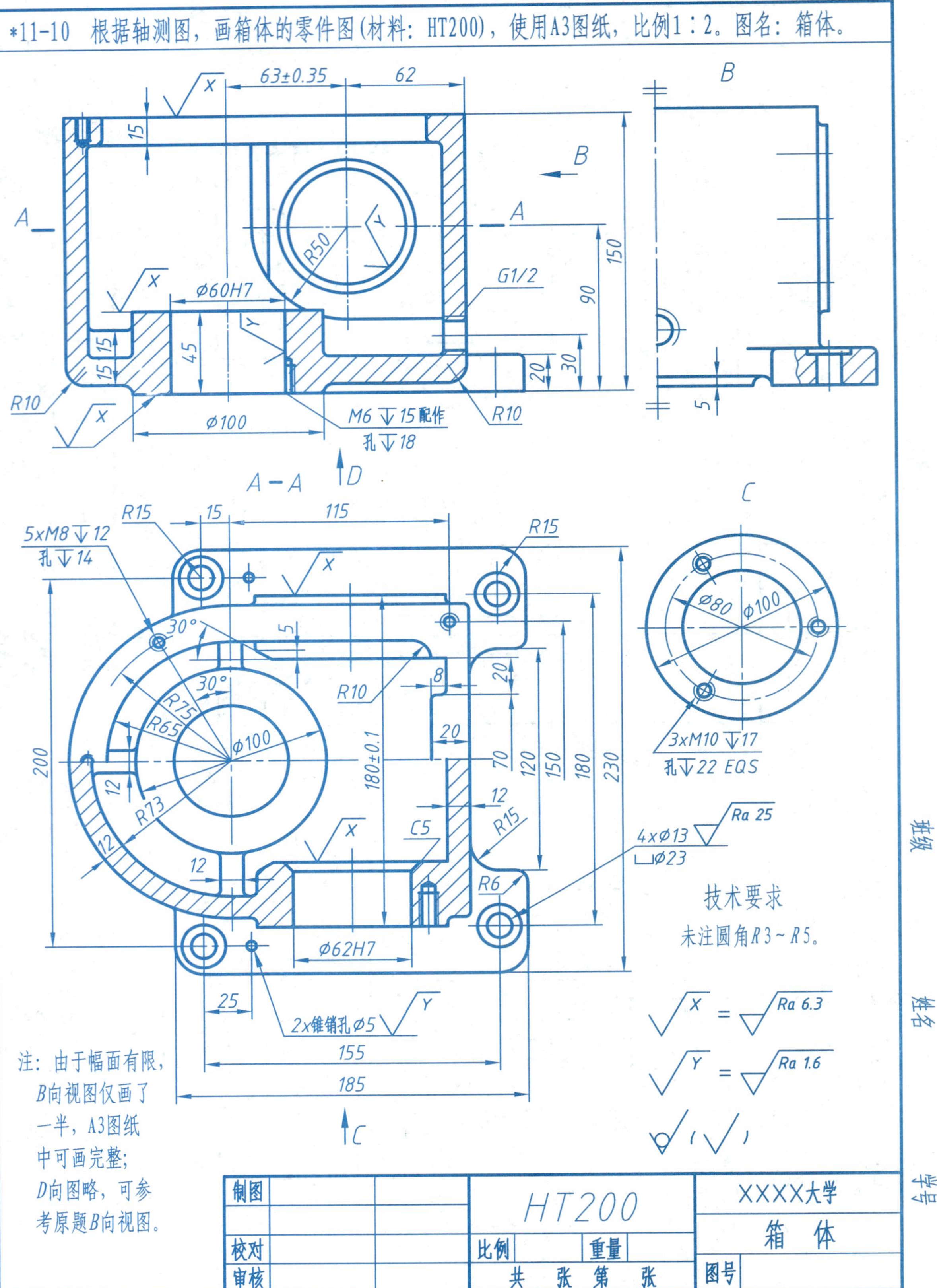

63±0.35
62
15
X
B
A
150
90
30
20
R50
Y
G1/2
ϕ60H7
45
15
15
R10
ϕ100
M6 ↧15配作
孔↧18
R10
5
D
A－A
R15
15
115
5xM8↧12
孔↧14
30°
30°
R75
R65
ϕ100
R10
180±0.1
200
R73
12
12
12
8
20
20
70
120
150
180
230
12
R15
C5
R6
4xϕ13
⌴ϕ23
Ra 25
ϕ62H7
25
2x锥销孔ϕ5
155
185
C
ϕ80
ϕ100
3xM10↧17
孔↧22 EQS
技术要求
未注圆角R3～R5。
X = Ra 6.3
Y = Ra 1.6
注：由于幅面有限，
B向视图仅画了
一半，A3图纸
中可画完整；
D向图略，可参
考原题B向视图。
制图
校对
审核
HT200
比例
重量
共　张　第　张
XXXX大学
箱　体
图号

班级　　姓名　　学号

12-1 由千斤顶的零件图拼画装配图。

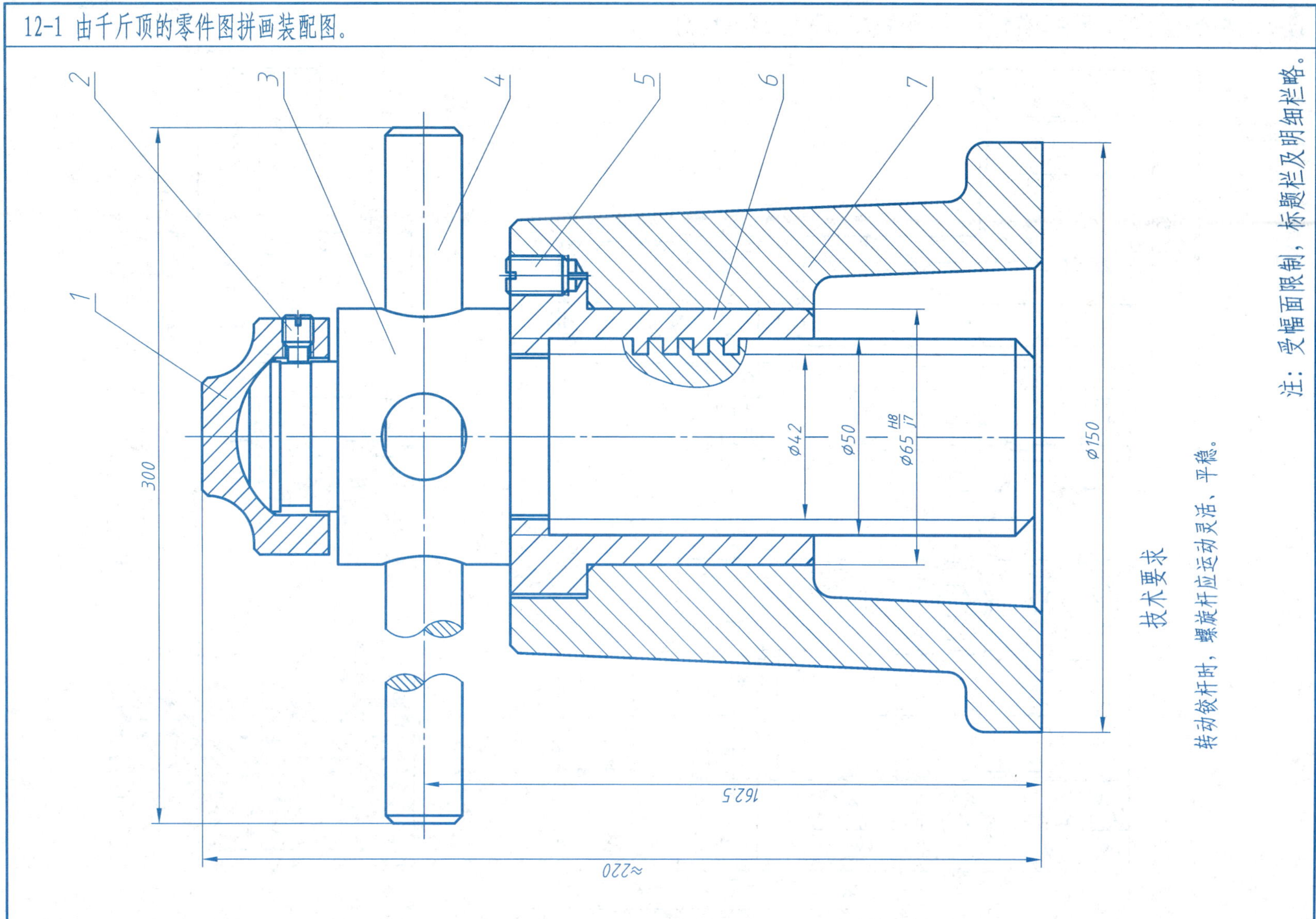
1
2
3
4
5
6
7
300
162.5
≈220
Ø42
Ø50
Ø65 H8/j7
Ø150
技术要求
转动铰杆时，螺旋杆应运动灵活、平稳。
注：受幅面限制，标题栏及明细栏略。

班级　　　　姓名　　　　学号

12-2 由夹紧卡爪的零件图拼画装配图。(零件序号、标题栏及明细栏略)

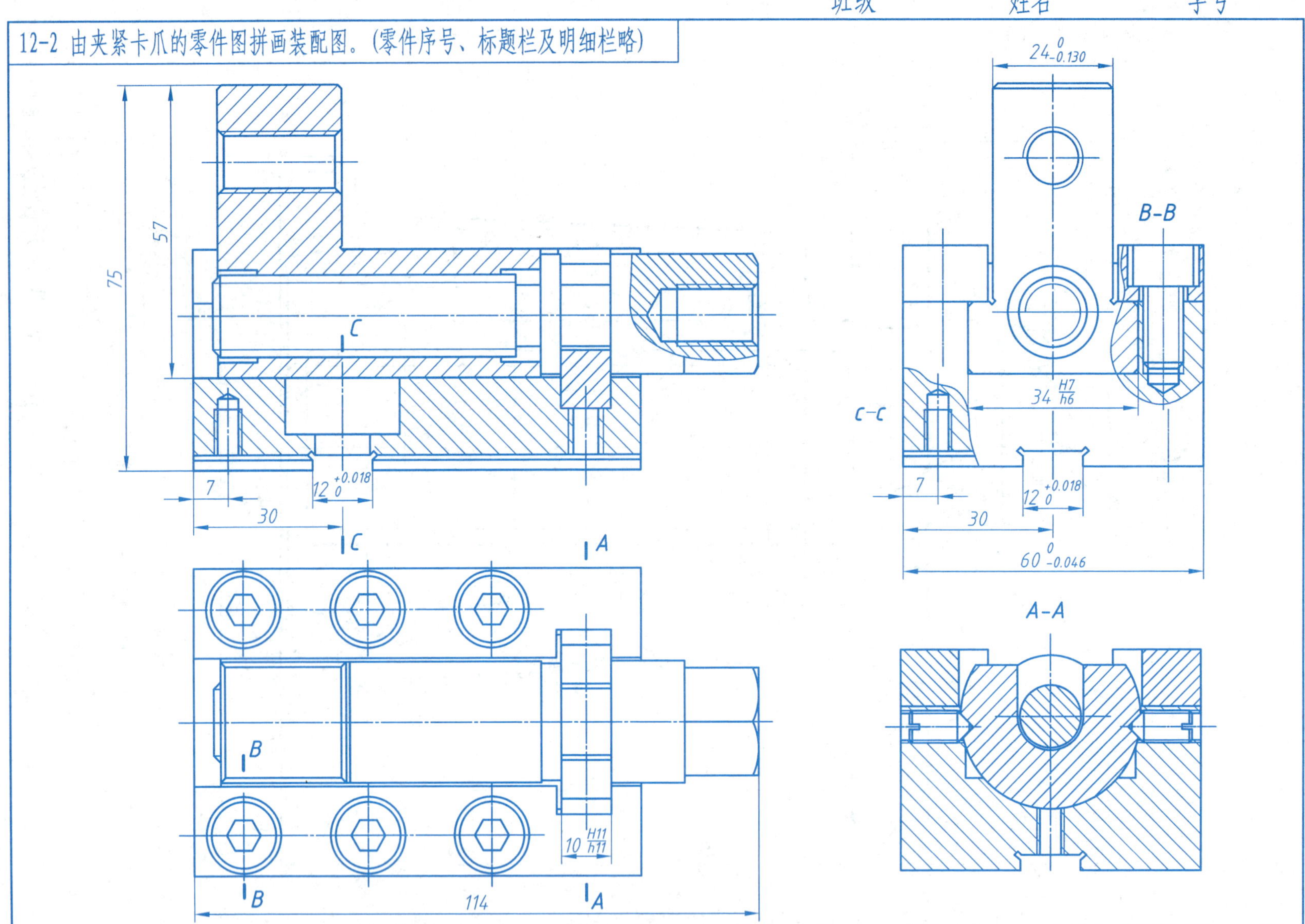

75
57
C
7
$12^{+0.018}_{0}$
30
C
A
B
B
A
$10\frac{H11}{h11}$
114
$24^{0}_{-0.130}$
B-B
$34\frac{H7}{h6}$
C-C
7
$12^{+0.018}_{0}$
30
$60^{0}_{-0.046}$
A-A

班级　　　　姓名　　　　学号

12-3 读柱塞泵装配图，并拆画零件（按装配图中零件图形大小拆画）：泵体1、螺塞11和管接头13，并将装配图中与该零件相关的尺寸移到零件图中。

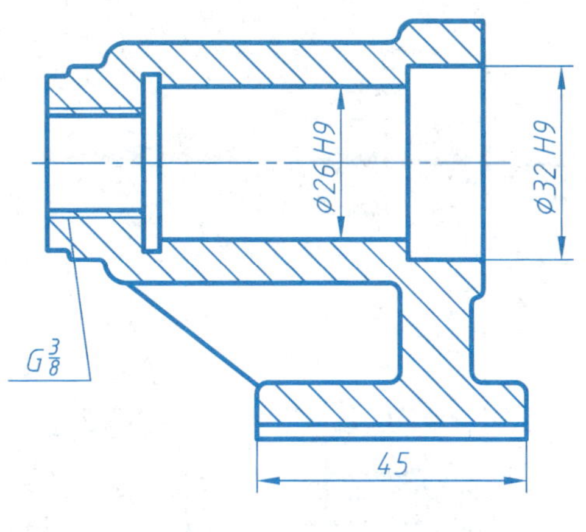

ø26 H9
ø32 H9
$G\frac{3}{8}$
45

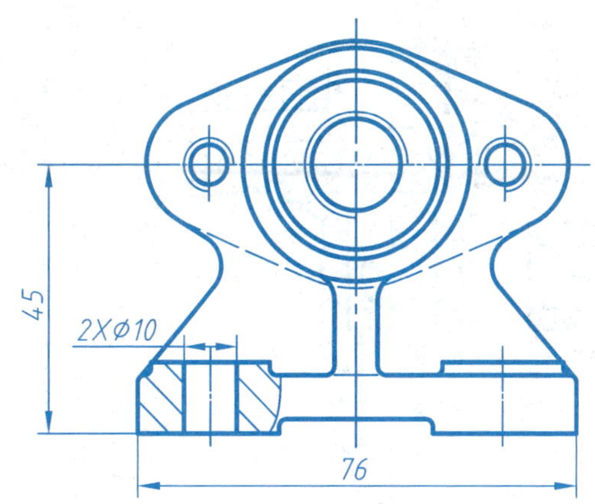

45
2Xø10
76

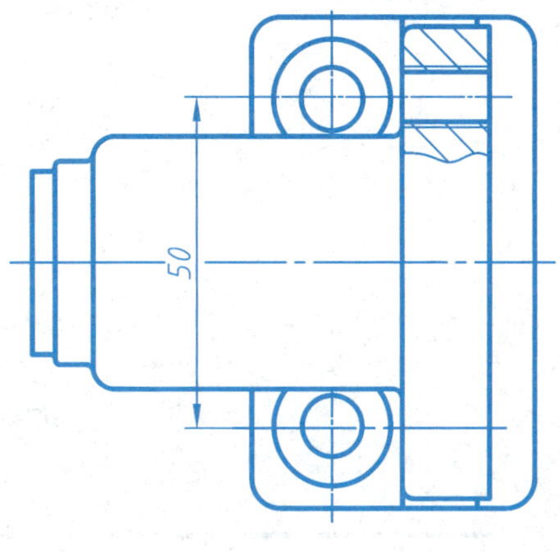

50

序号	零件名称	数量	材料
1	泵　体	1	HT150

班级　　　　　姓名　　　　　学号

续12-3 读柱塞泵装配图，并拆画零件（按装配图中零件图形大小拆画）泵体1、螺塞11和管接头13，并将装配图中与该零件相关的尺寸移到零件图中。

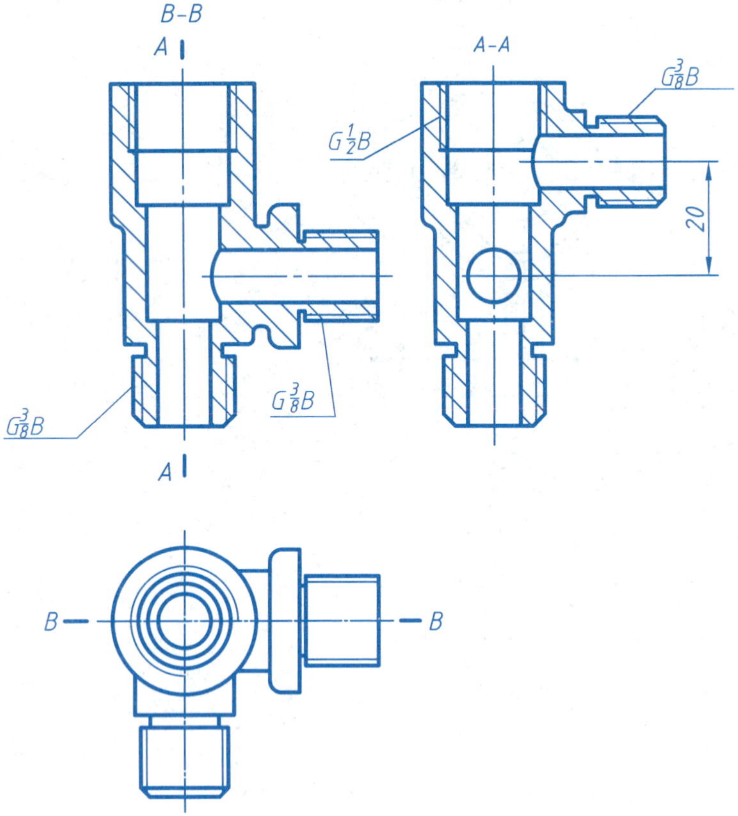

B-B

A-A

$G\frac{3}{8}B$

$G\frac{1}{2}B$

20

$G\frac{3}{8}B$

$G\frac{3}{8}B$

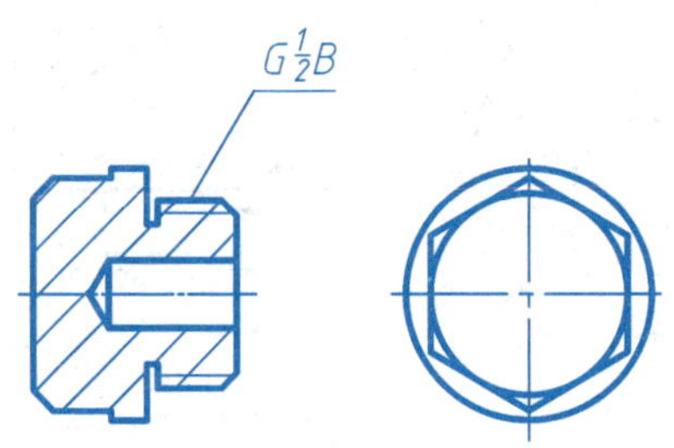

$G\frac{1}{2}B$

序号	零件名称	数量	材料
13	管接头	1	ZCuSn5Pb5Zn5

序号	零件名称	数量	材料
11	螺塞	1	ZCuSn5Pb5Zn5

班级　　　　姓名　　　　学号

12-4 读懂装配图，并拆画零件泵体1和泵盖2。

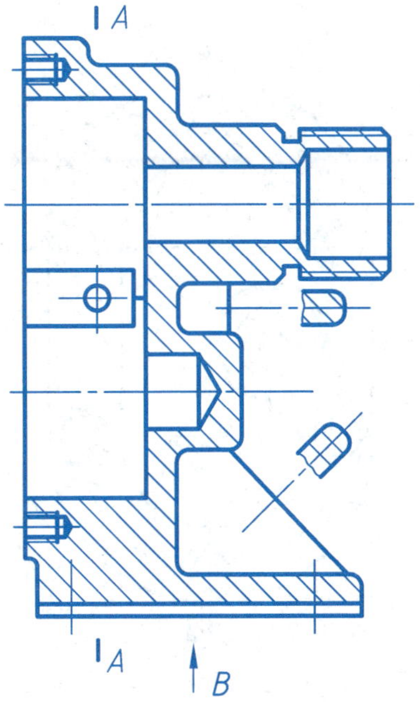

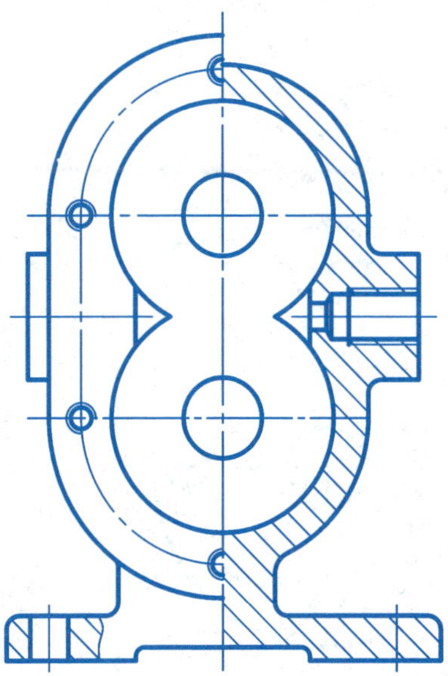

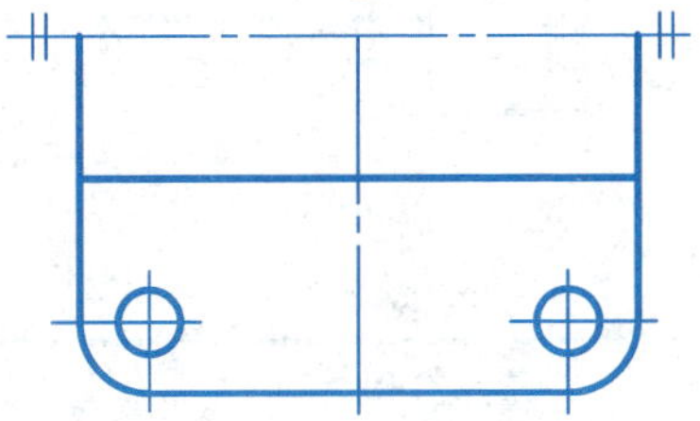

A-A

A

A

B

B

序号	零件名称	数量	材料	比例
1	泵　体	1	ZL200	1:2

班级　　　　姓名　　　　学号

续12-4 读懂装配图并拆画零件泵体1和泵盖2。

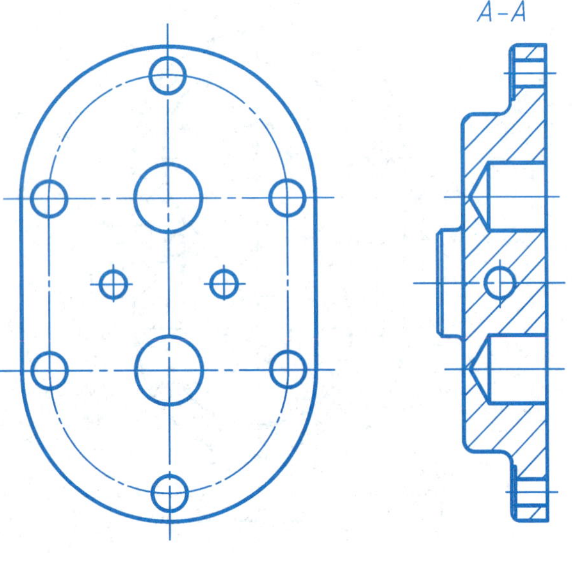
A-A

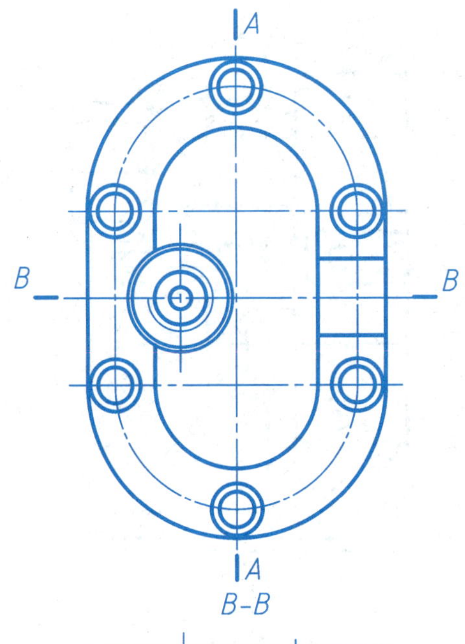
A
B
B
A

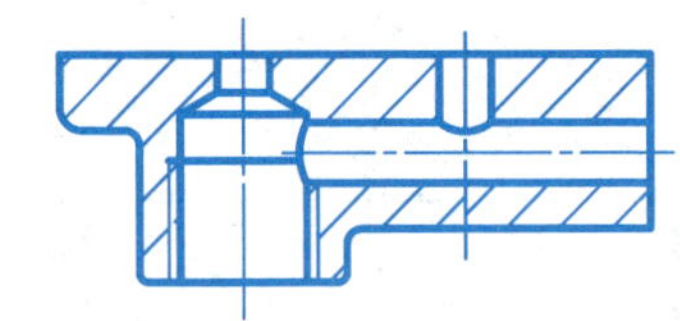
B-B

序号	零件名称	数量	材料	比例
2	泵　盖	1	ZL200	1:2

13-1　解释下列焊缝符号的含义。

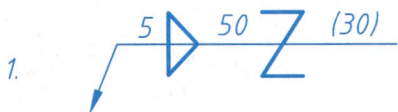

1. 5　50　(30)

(1) 表示双面角焊缝。

(2) 表示交错焊缝。

(3) 5　表示焊缝的焊角高度为5 mm。

(4) 50　表示断续焊缝，每段焊缝的的长度为50 mm。

(5) (30)　表示断续焊缝的间距为30 mm。

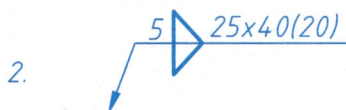

2. 5　25x40(20)

(1) 表示双面角焊缝。

(2) 5　表示焊缝的焊角高度为5 mm。

(3) 25X40　表示有25段断续焊缝，每段焊缝的的长度为40 mm。

(4) (20)　表示断续焊缝的间距为20 mm。

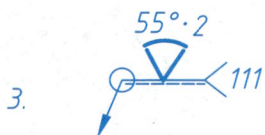

3. 55°·2　111

(1) 表示表面凸起的V形对接焊缝。

(2) 表示环绕工件周围均需焊接。

(3) 55°　表示焊缝坡口角度为55°。

(4) 2　表示焊缝根部间距。

(5) 111　表示焊接方法为手工电弧焊。

图书在版编目(CIP)数据

画法几何与机械制图习题集(含解答) / 邱龙辉，叶琳主编. —3 版. —西安：西安电子科技大学出版社，2019.8(2023.8 重印)
ISBN 978-7-5606-5405-8

Ⅰ. 画… Ⅱ. ①邱… ②叶… Ⅲ. ①画法几何—高等学校—习题集 ②机械制图—高等学校—习题集 Ⅳ. ①TH126-44

中国版本图书馆 CIP 数据核字(2019)第 165687 号

策　　划　毛红兵
责任编辑　刘玉芳
出版发行　西安电子科技大学出版社(西安市太白南路 2 号)
电　　话　(029)88202421　88201467　　邮　　编　710071
网　　址　www.xduph.com　　电子邮箱　xdupfxb001@163.com
经　　销　新华书店
印刷单位　陕西天意印务有限责任公司
版　　次　2019 年 8 月第 3 版　2023 年 8 月第 11 次印刷
开　　本　787 毫米×1092 毫米　1/16　印 张 19
字　　数　449 千字
印　　数　29 001～32 000 册
定　　价　49.00 元
ISBN 978 - 7 - 5606 - 5405 - 8 / TH
XDUP　5707003 - 11